U0247563

边疆治理与地缘学科（群）"边疆生态治理与生态文明建设调查与研究"
（项目编号：C176210102）；
2019年度云南省哲学社会科学研究基地项目"云南少数民族本土生态智慧研究"
（项目编号：JD2019YB04）

生态文明建设的云南模式研究丛书

丛书主编：周　琼

云南环境史志资料汇编第二辑

（2011—2017年）

周　琼　米善军◎编

科学出版社

北　京

内 容 简 介

　　本书按照环境保护史料的来源、内容进行分类，对 2011—2017 年云南不同地区环境保护情况进行梳理和归纳。全书共分为四章，包括 2011—2017 年云南环境污染、云南环境保护、云南气象灾害、云南地质灾害，内容涉及 2011—2017 年云南出现的各种环境问题及相应的对策、措施。有利于读者了解 2011—2017 年云南环境变化和发展趋势，以期为云南环境保护事业的发展提供坚实的史料基础。

　　本书可供历史学、地理学、生态学等相关专业的师生阅读和参考。

图书在版编目（CIP）数据

云南环境史志资料汇编第二辑（2011—2017 年）/周琼，米善军编. —北京：科学出版社，2020.11
　（生态文明建设的云南模式研究丛书）
　ISBN 978-7-03-066159-3

Ⅰ．①云… Ⅱ．①周… ②米… Ⅲ．①环境-史料-云南-2011-2017 Ⅳ．①X-092.74

中国版本图书馆 CIP 数据核字（2020）第 174892 号

责任编辑：任晓刚 / 责任校对：韩 杨
责任印制：张 伟 / 封面设计：润一文化

科 学 出 版 社 出版
北京东黄城根北街 16 号
邮政编码：100717
http://www.sciencep.com

北京九州迅驰传媒文化有限公司 印刷
科学出版社发行 各地新华书店经销

*

2020 年 11 月第 一 版　开本：787×1092　1/16
2020 年 11 月第一次印刷　印张：27
字数：520 000
定价：168.00 元
（如有印装质量问题，我社负责调换）

前　　言

　　生态环境是人类赖以生存的基础，但随着社会的发展，环境问题日渐凸显。早在中华人民共和国成立初期，国家已经出现局部性的生态破坏和环境污染。1978 年以后，我国开始以经济建设为中心，实行改革开放，社会生产力迅速提高，社会财富日渐积累，人民日益富裕，但是，伴随而来的则是水污染、大气污染、土壤污染等一系列环境灾害不断发生，经济发展与环境保护的矛盾愈加突出。仅就云南省来说，昆明滇池的污染最为典型。20 世纪 50—60 年代，滇池湖水清澈，岸边水清若无，水质为Ⅱ类，可以游泳嬉戏，捕鱼抓虾；20 世纪 70 年代，滇池污染凸显并开始加剧，大规模围湖造田，对滇池水体造成极大破坏，水质由Ⅱ类降为Ⅲ类。20 世纪 80—90 年代，随着城市化建设进程的加快，城市人口增加，城镇规模扩大，城市工业污染越来越严重，滇池污染愈加严重。总之，从"涸水谋田"到"围海造田"，从内地化到城市化、工业化、现代化，从苴兰城、拓东城到现代新昆明，滇池之滨已形成拥有 300 多万人口的现代化超大城市，并向区域性国际城市迈进。与此同时，滇池水域不断"萎缩"，水质污染，功能衰退，滇池在"小化""富营养化""'异化''毒化''退化'"中"老化"[①]，至今，滇池污染仍为云南省人民的痛点。因此，这种以牺牲环境为代价片面追求 GDP（国内生产总值）增长的发展之路越来越受到质疑。

　　环境治理与保护是一项关系党和国家、中华民族长治久安的重要事业，面对环境危机的日益严峻，党和政府高度重视环境治理工作。1973 年，我国政府在北京召开了第一次全国环境保护会议，颁布了中华人民共和国第一个环境保护文件——《关于保护和改善环境的若干规定（试行草案）》，为我国环境保护事业奠定了基础。随着环

---

① 董学荣、吴瑛：《滇池沧桑——千年环境史的视野》，北京：知识产权出版社，2013 年，第 1 页。

境保护作为我国的基本国策正式确立，党和政府将环境保护工作提上重要议事日程，不断召开各种类型的环境保护工作会议，制定各种类型的环境保护政策，并在中央和地方陆续成立专门的环境保护机构，有力推动了我国环境保护工作的进展。云南省顺应时代潮流，认真贯彻执行中央各项环境保护政策与方针，环境保护事业走在全国前列。正是如此，2015 年 1 月 19—21 日，习近平总书记在云南调研时指出："希望云南主动服务和融入国家发展战略，闯出一条跨越式发展的路子来，努力成为民族团结进步示范区、生态文明建设排头兵、面向南亚东南亚辐射中心，谱写好中国梦的云南篇章。"[①]从此，云南省生态文明建设成为全省工作的重中之重。环境保护是建设生态文明排头兵的重要内容之一，全面、系统地收集、总结云南省历年来的环境事件，对于云南建成"生态文明排头兵"具有积极意义。

环境往往指相对于人类这个主体而言的一切自然环境要素的总和数。环境既包括以大气、水、土壤、植物、动物、微生物等为内容的物质因素，也包括以观念、制度、行为准则等为内容的非物质因素；既包括自然因素，也包括社会因素；既包括非生命体形式，也包括生命体形式。环境是相对于某个主体而言的，主体不同，环境的大小、内容等也就不同。因此环境事件就是指人类主体围绕着一切物质要素或非物质要素所产生或衍生出的，发生在一定时间和空间的事情。《云南环境史志资料汇编（2011—2017 年）》立足云南，较为全面地收集了 2011—2017 年云南省重要环境事件，力求全景展现云南人民在云南环境事业中做出的努力与贡献。《云南环境史志资料汇编（2011—2017 年）》的资料来源广泛，主要包括《云南年鉴》《云南减灾年鉴》《云南卫生年鉴》等。随着科学技术的迅猛发展，世界进入信息时代和互联网时代，对传统史学研究产生了重要影响。网络对史料最直接的影响，就是传播载体变化和速度增加，由纸质版向电子版、数字化转换。在电子化和数字化时代，史料的收藏、传播、查找、获取和阅读都与以往不同。《云南环境史志资料汇编（2011—2017 年）》的部分资料是电子化资料，主要来源于《中国环境报》、《云南日报》、云南省环境保护厅主管的"七彩云南保护行动网"、云南各地方州（市）的环境保护局主管的网站，如保山市生态环境局官网、曲靖市生态环境局官网、大理白族自治州生态环境局官网、临沧市生态环境局官网及昆明市生态环境局官网等，具有权威性、丰富性、时效性的特点。《云南环境史志资料汇编（2011—2017 年）》按照专题将资料以时间为序划分为环境污染、环境治理、气象灾害、地质灾害 4 个部分，具有重要的学术研究及现实意义，可为当代云南环境史、生态文明等研究提供史料支撑，同时对云南

---

① 《习近平在云南考察工作时强调：坚决打好扶贫开发攻坚战　加快民族地区经济社会发展》，《人民日报》2015 年 1 月 22 日，第 1 版。

省争当"生态文明建设排头兵"具有积极的现实价值。

　　《云南环境史志资料汇编（2011—2017 年）》具有重要的史学意义与现实意义。首先，作为史学家，我们不仅有义务研究历史、还原历史，更有责任记录历史、传承历史。作为生活在环境污染严重、环境危机加重、环境治理困难的剧烈变革时代之中的当代人，应当忠实地记录和保存当代环境事件的原貌，这是史学家应当担负的使命；其次，中华人民共和国早期尽管亦有环境污染，但总体来说数量较少，人们对环境的关注度较低，记录也较少。但随着时间的拉近，越到后面破坏越严重，环境事件越多，人们的关注度也越高，记录也越多；我们记录这些环境事件，不仅可以使人们从中了解此前的环境污染与治理状况，还能把握当前环境污染的状况、环境治理的进展与困境，从而唤醒与增强人们的环境保护意识，促使更多的人加入环境保护事业之中，更能从纷繁复杂的环境事件中，寻找与发现历史深处的规律，对当前的环境治理具有重要的现实意义；最后，十八大从新的历史起点出发，做出大力推进生态文明建设的战略决策，十九大更是提出"加快生态文明体制改革，建设美丽中国"[①]的目标，《云南环境史志资料汇编（2011—2017 年）》为研究云南生态文明建设提供了一个强有力的证据，同时对云南争当"生态文明建设排头兵"具有积极的现实价值。

　　"安者非一日而安也，危者非一日而危也，皆以积渐然"。因此，环境保护工作是一项漫长的持久战，需要做好充分的思想准备，相信随着社会的进步，人们环境保护意识的提高，青山绿水的良好生态环境定会展现在世人面前，人与自然定会和谐相处。

周　琼

2019 年 10 月 22 日

---

① 习近平：《决胜全面建成小康社会 夺取新时代中国特色社会主义伟大胜利——在中国共产党第十九次全国代表大会上的报告》，北京：人民出版社，2017 年，第 50 页。

目　　录

第一章　2011—2017年云南环境污染

环境污染指自然或人为的破坏（向环境中添加某种物质而超过环境的自净能力而产生危害的行为），环境受到有害物质的污染，使生物的生长繁殖和人类的正常生活受到有害影响，环境的构成或状态发生变化，环境素质下降，从而扰乱和破坏生态系统与人类的正常生产和生活条件的现象。本章主要介绍2011—2017年云南发生的废水污染、废气污染、工业固体废弃物污染、电磁辐射污染及环境污染事故。

第一节　2011—2017年环境状况概要

一、2011年

2011年，全省环境保护工作以十七大和十七届四中、五中全会精神为指导，以科学发展观为统领，坚决贯彻落实中央和云南省委、云南省人民政府的各项重大决策部署，面对国际金融危机的影响和百年一遇的特大干旱，以实施"七彩云南保护行动网"为载体，以争当生态文明建设排头兵为总目标，把加强环境保护与提高发展质量效益、促进社会和谐有机结合起来，从经济社会发展的全局定位环境保护工作，努力把环境保护与转方式、调结构、惠民生有机结合起来，着力推进生态文明建设和面向西南开放桥头堡建设，突出抓好主要污染物减排、以九大高原湖泊为重点的水环境综合整治和以滇西北生物多样性保护为重点的生态环境建设与保护等各项工作，积极开展农村环境保护，加大环境保护执法监管力度，有效防控各类环境污染和环境风险，着力解决危害群众健康、影响可持续发展的突出环境问题，加强环境保护能力建设，全力推进环境保护各项工作，圆满地完成了"十一五"确定的各项工作任务，为"十二五"环境保护工作起了个好头，开了个好局。[①]

二、2012—2013 年

2012—2013 年，全省环境保护系统认真学习贯彻十八大和十八届三中全会精神，在云南省委、云南省人民政府的正确领导下，在环境保护部的关心指导下，按照"谋求重点工作突破，推动生态文明建设"的思路，努力拼搏、真抓实干、转变作风、狠抓落实，全面落实《云南省"十二五"环境保护规划》，推进生态文明建设和生态环境保护，提升环评审批质量和效率，扎实推进主要污染物总量减排工作，高位推动水污染防治工作，加强环境监管工作，不断完善环境监测机制，扎实开展法律法规宣传教育和科技交流合作，在圆满完成各项工作任务、积极服务云南科学发展和谐发展跨越发展的同时，最大限度地避免环境污染问题发生。[②]

三、2014—2015 年

2014—2015 年，全省环境保护系统在云南省委、云南省人民政府的正确领导下，在环境保护部的关心指导下，深入学习贯彻十八大和十八届三中、四中、五中全会精神，以及习近平总书记考察云南重要讲话和全国环境保护工作会议精神，按照"生态立省、环境优先"的发展战略，依法加强环境保护，不断改善环境质量，各项工作有序推进。

第二节　2011—2017 年废水、废气排放

一、2012 年

2012 年，全省废水总排放量 15.8 亿吨，比 2011 年增长 7.11%。其中：工业源排放

---

① 云南减灾年鉴编辑委员会：《云南减灾年鉴：2010—2011》，昆明：云南科技出版社，2012 年，第 180 页。
② 云南减灾年鉴编委会：《云南减灾年鉴：2012—2013》，昆明：云南科技出版社，2014 年，第 185 页。

量 4.45 亿吨，比 2011 年减少 5.71%；城镇生活源排放量 11.33 亿吨，比 2011 年增长
13.02%。化学需氧量总排放量 54.86 万吨，比 2011 年减少 1.10%。其中：工业源排放
量 16.96 万吨，城镇生活源排放量 29.17 万吨。氨氮总排放量 5.87 万吨，比 2011 年减
少 1.09%。其中：工业源排放量 0.43 万吨，城镇生活源排放量 4.09 万吨①。工业废气
排放量 14 799.34 亿立方米，比 2011 年减少 15.65%。二氧化硫总排放量 67.23 万吨，
比 2011 年减少 2.75%。其中：电力行业排放量 18.59 万吨，钢铁行业排放量 10.20 万
吨，其他行业排放量 38.44 万吨。氮氧化物总排放量 54.43 万吨，比 2011 年减少
0.77%。其中：电力行业排放量 15.99 万吨，水泥行业排放量 8.16 万吨，机动车排放量
20.31 万吨，其他行业排放量 9.97 万吨。废气中烟（粉）尘总排放量 29.65 万吨，比
2011 年减少 22.44%。①

二、2013 年

2013 年，全省废水总排放量 156 583.28 万立方米。其中：工业源排放量 41 843.86
万立方米；城镇生活源排放量 114 635.37 万立方米；集中式治理设施排放量 104.05 万立
方米。化学需氧量总排放量 547 239 吨。其中：工业源排放量 167 521 吨，城镇生活源
排放量 294 369 吨，农业源排放量 72 369 吨，集中式治理设施排放量 12 980 吨。氨氮总
排放量 58 071 吨。其中：工业源排放量 4311 吨，城镇生活源排放量 40 636 吨，农业源
排放量 11 473 吨，集中式治理设施排放量 1651 吨①。全省工业废气排放量 15 958.05 亿
立方米。二氧化硫总排放量 663 095 吨。其中：电力行业排放量 169 826 吨，钢铁行业
排放量 115 783 吨，其他行业排放量 377 486 吨。氮氧化物总排放量 523 754 吨。其中：
电力行业排放量 132 494 吨，水泥行业排放量 92 405 吨，机动车排放量 200 231 吨，其
他行业排放量 98 624 吨。废气中烟（粉）尘总排放量 386 895.16 吨。②

三、2014 年

2014 年，全省废水总排放量 157 544.15 万吨。其中：工业源排放量 40 442.79 万
吨；城镇生活源排放量 116 905.20 万吨；集中式治理设施排放量 196.16 万吨。化学需氧
量总排放量 533 822 吨，减少 2.45%。其中：工业源排放量 162 470 吨，城镇生活源排放
量 286 925 吨，农业源排放量 71 448 吨，集中式治理设施排放量 12 979 吨。氨氮总排放

① 云南减灾年鉴编委会：《云南减灾年鉴：2012—2013》，昆明：云南科技出版社，2014 年，第 189 页。
② 云南减灾年鉴编委会：《云南减灾年鉴：2012—2013》，昆明：云南科技出版社，2014 年，第 189 页。

量 56 484 吨，减少 2.73%。其中：工业源排放量 3983 吨，城镇生活源排放量 39 548 吨，农业源排放量 11 302 吨，集中式治理设施排放量 1651 吨[①]。全省工业废气排放量 16 664.09 亿立方米，增长 4.42%。二氧化硫总排放量 636 683 吨，减少 3.98%。其中：电力行业排放量 140 974 吨，钢铁行业排放量 93 252 吨，平板玻璃制造行业排放量 8459 吨，其他行业排放量 393 998 吨。氮氧化物总排放量 498 886 吨，减少 4.75%。其中：电力行业排放量 89 613 吨，水泥行业排放量 102 320 吨，平板玻璃制造行业排放量 4739 吨，机动车排放量 200 454 吨，其他行业排放量 101 760 吨。废气中烟（粉）尘总排放量 366 818.71 吨，减少 5.19%。[①]

四、2015 年

2015 年，全省废水总排放量 173 332.68 万吨。其中：工业源排放量 45 932.54 万吨，城镇生活源排放量 127 082.04 万吨，集中式治理设施排放量 318.10 万吨。化学需氧量总排放量 510 264 吨。其中：工业源排放量 146 677 吨，农业源排放量 68 183 吨，城镇生活源排放量 281 477 吨，集中式治理设施排放量 13 927 吨。氨氮排放总量 54 905 吨。其中：工业源排放量 3650 吨，农业源排放量 10 994 吨，城镇生活源排放量 38 606 吨，集中式治理设施排放量 1655 吨。[①]全省工业废气排放量 15 549.45 亿立方米，减少 6.69%。二氧化硫总排放量 583 739 吨。其中：电力行业排放量 107 823 吨，钢铁行业排放量 55 373 吨，平板玻璃制造行业排放量 3312 吨，其他行业排放量 417 231 吨。氮氧化物总排放量 449 366 吨。其中：电力行业排放量 55 829 吨，水泥行业排放量 95 868 吨，平板玻璃制造行业排放量 2472 吨，机动车排放量 187 568 吨，其他行业排放量 107 629 吨。废气中烟（粉）尘总排放量 312 563 吨，减少 14.8%。[②]

第三节　2011—2017 年工业固体废弃物排放

一、2012 年

2012 年，一般工业固体废弃物产生量 1.61 亿吨，比 2011 年减少 7.29%；综合利用

---

① 云南减灾年鉴编委会：《云南减灾年鉴：2014—2015》，昆明：云南科技出版社，2016 年，第 167 页。
② 云南减灾年鉴编委会：《云南减灾年鉴：2014—2015》，昆明：云南科技出版社，2016 年，第 167 页。

量 7772.79 万吨，减少 10.94%；处置量 4993.67 万吨，增长 0.50%；贮存量 3485.17 万吨，减少 5.48%；排放量 42.71 万吨，减少 74.68%。危险废物产生量 194.41 万吨，增加 44.98%；综合利用量 84.54 万吨，减少 3.65%；处置量 33.84 万吨，增长 73.45%；贮存量 77.08 万吨，增长 184.95%；排放量为 1.85 吨。[①]

二、2013 年

2013 年，一般工业固体废弃物产生量 16 039.97 万吨；综合利用量 8413.87 万吨；处置量 4833.79 万吨；贮存量 2862.72 万吨；排放量 48.86 万吨。危险废物产生量 193.76 万吨；综合利用量 98.16 万吨；处置量 28.70 万吨；贮存量 69.24 万吨；无排放。[②]

三、2014 年

2014 年，一般工业固体废弃物产生量 14 480.63 万吨，与 2013 年相比减少 9.72%；综合利用量 7215.67 万吨，减少 14.24%；处置量 4632.60 万吨，减少 4.16%；贮存量 2826.08 万吨，减少 1.28%；倾倒丢弃量 6.73 万吨，减少 86.23%。危险废物产生量 239.72 吨，增长 23.72%；综合利用量 136.73 万吨，增长 39.29%；处置量 28.58 万吨，减少 0.42%；贮存量 80.01 万吨，增长 15.55%；无倾倒丢弃量。[③]

四、2015 年

2015 年，一般工业固体废弃物产生量 14 109.46 万吨，与 2014 年相比减少 2.56%；综合利用量 7197.51 万吨，减少 0.25%；处置量 4163.37 万吨，减少 10.1%；贮存量 2894.02 万吨，增加 2.40%；倾倒丢弃量 6.86 万吨，增加 1.93%。危险废物产生量 223.00 万吨；综合利用量 110.13 万吨；处置量 49.44 万吨；贮存量 71.18 万吨；无倾倒丢弃量。[④]

① 云南减灾年鉴编委会：《云南减灾年鉴：2012—2013》，昆明：云南科技出版社，2014 年，第 189 页。
② 云南减灾年鉴编委会：《云南减灾年鉴：2012—2013》，昆明：云南科技出版社，2014 年，第 190 页。
③ 云南减灾年鉴编委会：《云南减灾年鉴：2014—2015》，昆明：云南科技出版社，2016 年，第 167 页。
④ 云南减灾年鉴编委会：《云南减灾年鉴：2014—2015》，昆明：云南科技出版社，2016 年，第 168 页。

第四节　2011—2017 年电磁辐射污染

一、2011 年

2011 年，云南省辐射环境质量监测覆盖全省 16 个州（市），γ 辐射剂量率为 37.7—115.9 纳戈瑞/小时，均值为 72.5 纳戈瑞/小时（已扣除宇宙射线响应值），辐射环境质量保持稳定，辐射环境水平处于正常波动水平范围，重点辐射污染源周围辐射环境水平正常。"3·11"日本特大地震引发福岛核电站发生核事故后，云南省立即启动应急监测工作，监测结果表明核事故未对云南省环境产生影响。全省共有核技术利用单位 2304 家，其中放射源使用单位 465 家，在用放射源 2178 枚，射线装置使用单位 1839 家，射线装置 3435 台（套）。云南省核技术利用中的放射性同位素和射线装置总体处于安全状态。[①]

二、2012 年

2012 年，云南省辐射环境质量监测覆盖全省 16 个州（市），γ 辐射剂量率为 15.0—109.0 纳戈瑞／小时，均值为 51.8 纳戈瑞／小时（已扣除宇宙射线响应值）。全省辐射环境质量保持稳定，辐射环境水平处于正常波动水平范围，重点辐射污染源周围辐射环境水平正常。[②]

三、2013 年

2013 年，云南辐射环境质量监测覆盖全省 16 个州（市），γ 辐射剂量率为 51.8—150.0 纳戈瑞/小时，均值为 92.0 纳戈瑞/小时（已扣除宇宙射线响应值）。云南省 4 个辐射环境监测自动站连续 γ 辐射剂量率全年为 62.4—158.5 纳戈瑞/小时，均值为 99.5 纳戈瑞/小时（已扣除宇宙射线响应值）。全省辐射环境质量保持稳定，辐射环境水平处于

① 云南减灾年鉴编委会：《云南减灾年鉴：2010—2011》，昆明：云南科技出版社，2012 年，第 183 页。
② 云南减灾年鉴编委会：《云南减灾年鉴：2012—2013》，昆明：云南科技出版社，2014 年，第 189 页。

正常波动水平范围，重点辐射污染源周围辐射环境水平正常。[1]

四、2014 年

2014 年，云南省辐射环境质量监测覆盖全省 16 个州（市），γ 辐射剂量率为 50.2—151.0 纳戈瑞/小时，均值为 91.4 纳戈瑞/小时（已扣除宇宙射线响应值）。昆明、临沧、保山 γ 辐射剂量率全年为 62.7—158.5 纳戈瑞/小时，均值为 97.6 纳戈瑞/小时（已扣除宇宙射线响应值）。全省辐射环境质量保持稳定，辐射环境水平处于正常波动水平范围，重点辐射污染源周围辐射环境水平正常。[2]

五、2015 年

2015 年，全省辐射环境质量监测涵盖空气、土壤、水体、电磁辐射四大类，监测点位覆盖16个州（市），其中国控监测点位61个，省控监测点位54个，监测项目27项。建在昆明、保山、临沧等地的 4 个辐射环境监测自动站连续 γ 辐射剂量率全年为 73.7—137.4 纳戈瑞/小时，均值为 95.1 纳戈瑞/小时。全省辐射环境质量保持稳定，辐射环境水平处于正常波动水平范围，重点辐射污染源周围辐射环境水平正常。[3]

第五节　2011—2017 年环境污染事故

一、2011 年

（一）富宁县交通事故致纯苯泄漏事件[3]

2011 年 3 月 7 日 7 时，一辆车牌号为赣 D70911 的重型半挂牵引车（赣 D9950 挂重型罐式半挂车）装载 32.8 吨纯苯行至文山壮族苗族自治州富宁县者桑段广昆高速公路 G80 线下行线 K887+ 900m 处时，因制动失效冲进者桑一号自救车道，造成罐体内约 29

① 云南减灾年鉴编委会：《云南减灾年鉴：2012—2013》，昆明：云南科技出版社，2014 年，第 189 页。
② 云南减灾年鉴编委会：《云南减灾年鉴：2014—2015》，昆明：云南科技出版社，2016 年，第 167 页。
③ 云南减灾年鉴编委会：《云南减灾年鉴：2014—2015》，昆明：云南科技出版社，2016 年，第 167 页。

吨纯苯泄漏，其中约 24 吨被自救车道内的沙石、泥土吸附，约 5 吨顺着高速公路下水井流入者桑河。接到事件报告后，李克强总理做出重要批示，环境保护部领导高度重视，要求采取有针对性的措施，指导地方做好工作，确保群众饮水安全。李江副省长、和段琪副省长对事件处置工作也分别做出重要批示，要求云南省安全生产监督管理局会同有关部门派人赶赴事故现场，查明事故原因，做好应急处置工作。云南省、州、县 3 级环境保护局及时启动应急预案，迅速开展事故应急救援工作，对罐体残留的纯苯进行倒罐转移，对自救车道内污染的沙石、泥土进行就地焚烧处置，在事故点下游者桑河的金坝、剥隘那岗、者宁筑建了 4 道拦污坝进行拦截，利用活性炭、干草、泥沙对进入水体的纯苯进行吸附，并实施焚烧处置，同时，开展应急监测，编制上报监测数据 29 组，有效控制了污染势态。文山壮族苗族自治州政府及时向社会发布了信息，第一时间向下游的广西壮族自治区百色市通报了事件情况。该事件未造成人员伤亡，未对下游水质产生明显影响，污染物没有进入广西壮族自治区境内。①

（二）盈江县地震抗震救灾环境应急

2011 年 3 月 10 日 12 时 58 分 10 秒，盈江县发生了 5.8 级地震，造成了县城电力、通信中断，多处民房倒塌，部分企业环境保护设施损坏。地震发生后，云南省委、云南省人民政府领导高度重视，立即做出重要批示。德宏傣族景颇族自治州、盈江县环境保护局及时启动突发事件应急预案，第一时间组织人员对震区污染源、危险源、饮用水水源地进行拉网式排查，制定落实隐患整治措施，并及时开展盈江县木乃河集中排查，制定落实隐患整治措施，掌握水质动态情况，确保了灾区群众的饮用水安全，有效防止次生环境事件的发生。②

（三）陆良化工违法转移倾倒铬渣事件

2011 年 6 月 12 日，曲靖市麒麟区环境保护局接到三宝镇张家营村民委员会群众反映有放养的山羊死亡的情况后，立即组织人员进行了现场勘查，发现该村民委员会黑煤沟有一堆来源不明的工业废渣。经曲靖市、麒麟区两级环境保护部门查实，该工业废渣是云南省陆良化工实业有限公司（以下简称陆良化工）产生的，系负责帮助贵州兴义三力燃料有限公司承运的司机吴某某、刘某某非法倾倒的。经查实，倾倒车次为 140 余车，数量为 5222.38 吨，地点分别为麒麟区三宝镇、茨营镇、越州镇的山上偏僻处。接报后，曲靖市、麒麟区、陆良县环境保护局及相关部门及时启动环境突发事件应急预案，积极

---

① 云南减灾年鉴编委会：《云南减灾年鉴：2014—2015》，昆明：云南科技出版社，2016 年，第 167 页。
② 云南减灾年鉴编委会：《云南减灾年鉴：2010—2011》，昆明：云南科技出版社，2012 年，第 189 页。

开展应急处置工作,采取抽取受污染水源、建立拦水坝、表土剥离、铬渣回运等措施,共清理铬渣及受污染的泥土 9130 吨,至 6 月 15 日处置工作基本结束。6 月 13 日,陆良县环境保护局对陆良化工下达了限期整改通知,并以未经批准违法转移、非法擅自倾倒危险废物铬渣为由处以 30 万元的罚款;8 月 13 日,陆良县人民政府对陆良化工下达了停产通知,该企业于当日 6 时全面停产;非法倾倒铬渣的吴某某、刘某某已被检察机关批准逮捕。2011 年 8 月 12 日,《云南信息报》报道了陆良化工铬渣异地非法倾倒事件,随后部分媒体也报道了相关内容,引起社会各界关注。国务院总理温家宝、环境保护部部长周生贤、代省长李纪恒、副省长和段琪等领导对此事件做了重要批示;该事件披露的当晚,云南省环境保护厅召开了紧急会议,成立了调查组,对陆良化工铬渣非法倾倒地点进行了现场调查与核实,13 日通过新华快讯和七彩云南保护行动网站向社会公布了 2011 年 1—6 月南渡江水质监测数据,并建议曲靖市人民政府及时通报事故情况。15 日、16 日,云南省环境保护厅两次召开专题会议,认真学习云南省委、云南省人民政府领导的重要批示精神,在听取调查组情况汇报的基础上,对该事件提出了 7 项处理措施,指导曲靖市积极应对该事件。该事件未对南盘江水质造成污染,没有影响曲靖境内的珠江源和饮用水安全,没有造成跨省界环境污染。截至 2011 年,回运铬渣、受污染土壤及 2006 年以来厂内堆存的铬渣 4.7 万余吨,已全部安全处置。[①]

二、2012—2013 年

2012—2013 年,云南省发生了两起一般(Ⅳ级)突发环境事件,没有发生特大(Ⅰ级)、重大(Ⅱ级)、较大(Ⅲ级)突发环境事件;共发生两起辐射事故,两起事故类型均为放射源丢失,事故等级均为一般(Ⅳ级)辐射事故。[②]

(一)"1·29"勐海废水漫坝致鱼死亡事件[③]

2013 年 1 月 29 日,企业环境保护管理不善,职工违反操作规程,勐海热水塘金矿有限公司拦水坝废水渗漏漫坝影响了南满河水质,导致部分鱼类(包括自然的和渔民养殖的)死亡。由于信息上报及时、处置迅速,影响范围小,事件损失得到有效控制。

(二)"4·27"鲁地拉水电站泡沫漂流金沙江事件

2013 年 4 月 27 日,企业环境管理制度不健全,未制定水污染突发环境事件应急预

---

① 云南减灾年鉴编委会:《云南减灾年鉴:2010—2011》,昆明:云南科技出版社,2012 年,第 189 页。
② 云南减灾年鉴编委会:《云南减灾年鉴:2012—2013》,昆明:云南科技出版社,2014 年,第 192 页。
③ 云南减灾年鉴编委会:《云南减灾年鉴:2012—2013》,昆明:云南科技出版社,2014 年,第 192 页。

案，鲁地拉水电站尾水岩梗拆除爆破发生泡沫翻网安全事故后未及时报告，导致事件影响范围扩大。泡沫虽未对下游的金沙江水质产生明显影响，但由于瞒报事件信息，错过了事件的最佳处置时机，大量泡沫漂浮在金沙江上，范围波及云南、四川两省，造成了一定的环境影响。

（三）辐射事故

两起辐射事故分别为云南建水东糖糖业有限公司辐射事故、云南天安化工有限公司辐射事故，丢失的放射源分别为Ⅳ类和Ⅴ类放射源，危害较小，其中Ⅳ类放射源为低危险源，基本不会对人造成永久性损伤，但对长时间、近距离接触这些放射源的人可能造成可恢复的临时性损伤；Ⅴ类放射源为极低危险源，不会对人造成永久性损伤。事故现场监测和调查结果显示，两起辐射事故周边环境均未受到辐射污染，也没有人员致伤情况。①

---

① 云南减灾年鉴编委会：《云南减灾年鉴：2012—2013》，昆明：云南科技出版社，2014 年，第 192 页。

第二章　2011—2017 年云南环境保护

　　环境保护是指人类为解决现实的或潜在的环境问题，协调其与环境的关系，保障经济社会的可持续发展而采取的各种行动的总称。其方法和手段有工程技术的、行政管理的，也有法律的、经济的、宣传教育的等。环境保护是人类有意识地保护自然资源并使其得到合理的利用，防止自然环境受到污染和破坏；对受到污染和破坏的环境做好综合的治理，以创造出适合于人类生活、工作的环境，协调人与自然的关系，让人们做到与自然和谐相处。本章主要介绍 2011—2017 年历年环境治理与保护概况、环境会谈、环境保护合作、环境法规、环境监管、环境治理与环境宣传的内容。

第一节　历年环境治理与保护概况

一、2011 年

　　2011 年，全省城市空气质量总体良好，首要污染物为可吸入颗粒物；酸雨分布区域保持稳定，酸雨污染变化不大，19 个主要城市降水 pH 年平均值为 4.06—8.84。河流总体水质为轻度污染，主要河流水质污染状况呈现由东向西逐渐减缓趋势，主要出境、跨界河流断面达到水环境功能要求。与 2010 年相比九大高原湖泊水质总体保持稳定，滇池外海、滇池草海主要超标水质指标年均监测值有所下降，滇池草海由重度富营养状态下降为中度富营养状态，阳宗海水质由 Ⅳ 类好转为 Ⅲ 类。21 个主要城市的 43

个集中式饮用水水源地中38个能满足集中式饮用水水源地水质要求。城市环境质量总体良好，夜间超标率高于昼间，交通干线两侧的超标率高于其他区域，影响范围最大的噪声超标率高于其他区域，影响范围最大的噪声源是生活噪声源。生态环境状况保持稳定。

（一）污染减排

2011年，云南省人民政府召开"十二五"低碳节能减排工作会议，与16个州（市）人民政府签订目标责任书，将污染减排指标纳入当地经济社会发展综合评价体系，实行"一岗双责"。通过健全完善减排目标、任务分解、分析预警、督查考核机制，强化工程减排、结构减排、管理减排3大措施，4项主要污染物减排工作稳步推进。2011年省级重点减排项目230个，完成211个，占92%。经国家初步核定，云南省2011年化学需氧量排放量比上年下降1.58%，氨氮下降1.06%，二氧化硫下降1.78%，氮氧化物上升5.54%。

（二）环境管理

2011年，云南省环境保护厅以优化经济发展和保障改善民生为目标，做好重点建设项目环评服务。全省共审批建设项目环评文件15 270项，涉及固定资产总投资额5961.52亿元，环境保护投资额201.84亿元；共审批验收环境保护建设竣工项目3900项，涉及总投资额559.68亿元，环境保护投资额47.44亿元。协调环境保护部加大对机场、公路、水电站等重大建设项目的环评审查。以建设项目环评审查倒逼机制，强力推进规划环评，对涉及水电、旅游、公路运输等71项规划及38个工业园区规划进行环评审查。充分发挥环评"撒手锏"的作用，从严控制高能耗、高污染、资源消耗型项目建设，严把环境准入关。暂缓或不予受理10多个不符合条件的建设项目环评文件。在建设项目"三同时"监管中实行联动机制，依照属地管理的原则，分辖区监管，对5家存在环境违法行为的项目（企业）进行严肃查处。

（三）九大高原湖泊水污染防治

云南省委、云南省人民政府高度重视九大高原湖泊水污染防治，多次专题研究九大高原湖泊水污染防治工作。2011年，云南省环境保护厅编制完成九大高原湖泊治理"十二五"规划，规划项目设置295个，总投资552.74亿元。截至2011年底，九大高原湖泊治理投资62.74亿元，其中，滇池治理投资47.8亿元，其他八湖治理投资14.94亿元。规划项目完工17项，开工113项，开展前期工作136项。2011年，洱海、抚仙湖被列入国家湖泊生态环境保护试点范围，并得到2.8亿元的国家专项资金支持。编制完成洱海、抚仙湖生态环境保护试点实施方案及 2011 年度实施方案。启动实施 19 个项目，完工 12 个，完成投资 8.59 亿元。其中，洱海完成投资 6.9 亿元，抚仙湖完成投资 1.69 亿元。九大高原湖泊累计建成污水处理厂 27 座，污水日处理能力达 140.6 万吨，累计建设垃圾处理厂 16 座，日处理能力达 4927 吨。完成 344 个村落环境综合整治，年处理村落污水 2286 万吨，整治入湖河道 60 条，完成湖滨带修复工程 3500 公顷和生态修复工程 66 万公顷，实施测土配方工程 28 万公顷，完成底泥疏浚 935 万立方米，清除富集蓝藻水 2123 万立方米。九大高原湖泊水质总体保持稳定，湖泊生态环境明显改善，主要污染物入湖总量基本得到控制，其中，抚仙湖（Ⅰ类）、泸沽湖（Ⅰ类）、程海（Ⅲ类）实现"十一五"规划水质目标，达到水环境功能要求。滇池（劣Ⅴ类）、洱海（Ⅲ类）、星云湖（劣Ⅴ类）、杞麓湖（劣Ⅴ类）、异龙湖（劣Ⅴ类）、阳宗海（Ⅲ类）主要污染指标有所改善。滇池流域国家考核由一般提高为较好。

（四）重点流域水污染防治

2011 年，三峡库区水污染防治工作国家考核结果为好。牛栏江水质明显好转，昆明出境河口断面水质达到Ⅱ类，干流曲靖段至德泽水质保持或优于Ⅲ类。南盘江出境断面水质整体达标，泸江水质明显好转。红河干流水质有一定好转，完成地表水环境功能区划。

（五）重金属污染防治

2011 年，云南省组织 11 个国家级重点防控区域编制完成《云南省重金属污染综合防治规划》，加快推进规划项目实施，依法关停淘汰一批涉重金属污染企业。南盘江出境断面，红河干流及文山南北河、小白河出境断面水质稳定达标，泸江流域水质明显好转。对全省涉重金属排放企业和尾矿库开展全面排查。加强红河卡房大沟、藤条江流域、南盘江、泸江、螳螂川等流域重金属排放企业的环境整治。历史遗留重金属污染治理进展顺利，陆良化工铬渣解毒一期工程运行正常，一期 14 万吨铬渣全部完成处置，铬渣解毒二期工程正在进行，二期 14.84 万吨铬渣开始处置。牟定县铬渣无害化解毒生产线投入试运行，并已处置 5000 吨铬渣。文山历史遗留砷渣防流失应急措施全部完成，水泥窑协同处置试验完成。2010 年中央重金属污染防治专项资金补助的 10 个项目，有 9 个已经完成。

（六）重点污染源管理

2011 年，全省 180 家企业的 330 台（套）自动监控设施联网上传数据，自动监控设施较上年增加 52 台（套）。完成国控企业换证工作；办理 5 家上市公司环境保护核查，核发企业危险废物综合经营许可证 5 件，办理危险废物跨省转移 29 件、许可证年检及变更 9 件、有毒化学品出口登记环境保护报告初审 2 件；开展全省稀土、制革相关行业环境保护核查，汞污染现状调查，危险废物环境风险大排查，重点行业企业环境风险及化学品环境管理专项执法检查。全省 3 个危险废物处置项目和 13 个医疗废物处置项目，试运行 5 个（大理、保山、普洱、文山、德宏），完工 7 个（临沧、昭通、西双版纳、楚雄、昆明、怒江、玉溪），在建 3 个（丽江、红河、迪庆），未建 1 个（曲靖）。

（七）生态创建

2011 年，云南省贯彻落实《七彩云南生态文明建设规划纲要》，编制完成生态文明建设"10 大工程"实施方案，全省 15 个州（市）、70 个县（市）开展生态创建工作，累计建成 10 个国家级生态示范区、16 个全国环境优美乡镇、1 个国家级生态村、218 个省级生态乡镇，创建绿色学校 2664 所、绿色社区 324 个、绿色酒店 60 家、环境教育基地 31 个。昆明市命名 197 个行政村为"昆明市生态村"（社区），走在全省前列。

（八）生物多样性保护

2011 年，云南省环境保护厅完善了生物多样性联席会议工作机制，组建云南生物多样性研究院，组织编制《云南省生物多样性保护战略与行动计划（2012—2030年）》《云南省重点生态功能区、生态脆弱区保护与建设规划纲要》，在滇西北 18 个县开展生物物种资源重点调查。启动生物多样性基础数据库和自然保护区信息管理系统建设，西双版纳傣族自治州建立"热带雨林保护基金"，并与越南科学院就跨境区域生物多样性联合调查签订合作谅解备忘录，与老挝三省六县签订《边境防火协议》。普洱市财政安排 400 万元作为"市生物多样性保护基金会"原始基金。国家级自然区评估 7 个为优、10 个为良。

（九）环境执法监管

2011 年，云南省深入开展工程建设专项治理，发现问题项目 269 个，整改完成 219 个，责令限期补办手续 32 个。全年出动环境监察人员 5929 人次，对 1588 家企业（含 263 家国控企业）进行污染减排执法监管，定期组织对火电企业脱硫减排项目现场检查，不定期抽查，"点对点"督办。出动 9627 人次，对九大高原湖泊流域内的 41 家国控省控企业（含 24 家污水处理厂）及 2010 年未完工的部分责任书项目进行现场检查，对流域内 29 家企业或建设项目进行处理处罚，对牛栏江流域省级挂牌督办事项进行突击检查。继续开展整治违法排污企业保障群众健康环境保护专项行动，全省 21 家铅酸蓄电池企业停产整治，9 家完成整改，昆明市、楚雄彝族自治州对 4 家达不到整改要求的回收废旧蓄电池再生铅企业实施关闭，对 3 家实施拆除。全省出动 2580 人次，对 420 家放射源使用单位、10 家放射源销售单位进行辐射安全检查，检查放射源 1860 枚，对 7 家放射源销售单位分别予以通报批评及限期整改。

（十）环境应急管理

2011 年，全省共发生 3 起一般（Ⅳ级）突发环境事件，环境保护部门及时赶赴现场，展开调查取证，积极应对，事件得到妥善处置。分层次、分类别组织开展不同形式的应急演练，出动 100 多名监测人员、26 辆应急监测车、近 100 台现场采样及分析设备。组队参加全国环境应急监测演练，环境保护部评定为"指令明确、信息完整、准备充分、响应及时高效、方案科学周密、质控措施运用合理"。云南省环境监察总队联合玉溪市环境保护局开展"运输车辆安全事故引发危险化学品泄漏突发环境事件应急演练"。16 个州（市）环境保护局及冶金、化工、涉重金属等国控企业基本完成应急预案的修制、评估、编制、申请备案工作；76 家污水处理厂、省控企业及县级环境保护部门开展备案工作，环境应急风险管理得到加强。针对曲靖陆良化工非法倾倒铬渣造成铬污染事件，云南省环境保护厅先后 9 次赶赴现场调查取证，联合云南省监察厅完成对事件的调查，加大对后续处置工作的指导，协调中国科学院地球化学研究所对铬渣非法倾倒地点和陆良化工厂区进行环境风险评估，督促曲靖市和相关企业加快铬渣污染治理，组织省内外专家完成对新铬渣处置利用方案的审查。

（十一）环境科技

2011 年，水专项"十一五"课题进入验收阶段；科技成果获 2011 年度云南省科技进步二等奖 1 项、三等奖 2 项，环境保护部科技进步三等奖 1 项。与中国科学院地球化学研究所签署科技合作协议，以解决云南生态环境保护重大科技问题。加强环境保护设施运营资质监管，截至 2011 年底，全省持有环境保护部颁发的运营资质的单位 27 家。组织制定 9 项地方标准，重点企业清洁审核工作成效明显，100 家通过评估或验收，培训企业清洁生产人员 1258 人。

（十二）环境宣传教育

2011 年，云南省环境保护厅利用"六五"世界环境日等重大环境宣传节点，强化环境保护宣传、弘扬生态文化。通过开展"七彩云南保护行动"实施 5 周年《云南日报》专刊宣传，拍摄《感悟造化天道、保护灵性自然》《生态环境也是生产力》等电视片，举办"七彩云南保护行动环境保护奖"颁奖晚会，开展环境保护部"'十一五'环保成就展"，以及 2011 年香港国际环境保护博览生物多样性图片展等宣传活动，积极搭建环境保护公众互动平台，深化与环境保护民间组织、志愿者及普通公众的交流、合作和互动，增加了社会对生态环境保护的认识，推动了社会对生态环境保护的参与。

（十三）环境信访

2011 年，全省环境保护系统共受理群众来信 2157 件，办结 2084 件，办结率 96.62%，接待群众来访 1330 批 2234 人次，办结 1245 批，办结率 93.6%。云南省环境保护厅承办云南省人大代表建议 24 件、云南省政协委员提案 40 件、全国政协委员提案 2 件，均按时按质办理完毕，办结率 100%。全省受理 12369 环境保护投诉案件 9793 件，办理 9770 件，办结率 99.8%。回复"网上环保咨询"25 件，答复"领导信箱"42 件，网络信访办结率 100%。96128 政务查询热线受理 54 个查询、咨询问题，严格按照办理时限给予答复。

（十四）环境信息

2011 年，通过七彩网站树立"七彩云南保护行动"品牌，共发布更新信息 3810 条，网站访问量近 200 万次，平均日访问量达 1800 次。环境保护部网站采用云南省环境保护政务信息 248 条，云南省委、云南省人民政府采用 85 条。发布重大决策听证 1 条、重要事项公示 7 条、重点工作通报 379 条。报送《重要环境信息》66 期、《重要环境信息专报》20 期。完成省—州（市）—县（区）3 级环境保护专网联网及调试工作，初步完成减排应用系统支撑平台、数据传输与交换平台、地理信息系统平台及建设项目环境管理系统的建设。省市电子公文交换系统和视频会议系统正常投入使用。

（十五）环境保护能力建设

2011 年，第一阶段批复云南省的 28 个建设项目，中央补助资金已全部到位。第一批下达资金项目 18 个，已建成 5 个，在建 12 个，未开工 1 个。第二批下达资金项目 10 个，已建成 2 个，在建 2 个，未开工 6 个。中央财政下达云南省环境保护专项资金 6.72 亿元，占全国中央环境保护资金的 6.13%，比上年增长 103%，排名全国第 7。云南省环境保护厅项目预算支出 2.01 亿元，执行进度达 97%，在省级机关预算执行中排前 8 名。环境应急、执法、监测、重金属防治能力建设得到国家有力支持。年度下达资金 4345 万元。

（十六）主要河流水环境质量

云南省主要河流呈现由东向西水质污染逐渐减缓趋势，主要出境、跨界河流达到水环境功能要求，全省河流总体水质为轻度污染。六大水系主要河流受污染程度由大到小排序依次如下：长江水系、珠江水系、澜沧江水系、红河水系、怒江水系和伊洛瓦底江水系。

2011 年，在 75 条主要河流（河段）的 156 个监测断面中，水质优符合 I—II 类标准的断面占 25.0%；水质良好符合 III 类标准的断面占 42.3%；水质已受轻度污染符合 IV 类标准的断面占 14.7%；水质已受中度污染符合 V 类标准的断面占 3.9%；水质已重度污染劣于 V 类标准的断面占 14.1%。云南省主要河流（河段）水质的主要污染指标为生化需氧量、总氨氮、化学需氧量，污染严重的河流（河段）主要是长江水系的秃尾河、新河、螳螂川，澜沧江水系的思茅河，珠江水系的泸江。

2011 年，在 19 个出境、跨界河流监测断面中，水质优符合 II 类标准的断面 11 个，占 57.9%；水质良好符合 III 类标准的断面 6 个，占 31.6%；水质中度污染符合 V 类标准的断面 1 个，占 5.3%；水质重度污染劣于 V 类标准的断面 1 个，占 5.3%。17 个断面达到水环境功能要求，占出境、跨界断面的 89.5%。与上年相比，出境、跨界断面水质达标率略有提高。六大水系干流出境、跨界主要断面水质状况如下：金沙江干流三块石出境断面水质 II 类，南盘江干流设里桥出境断面水质 III 类，红河干流红河出境断面水质 III 类，澜沧江干流关累出境断面水质 II 类，怒江干流红旗桥断面水质 III 类，伊洛瓦底江水系主要出境断面大盈江汇流电站、瑞丽江姐告大桥出境断面水质均为 II 类，以上六大水系干流出境、跨界主要断面均达到水环境功能要求。

（十七）湖泊（水库）水质

2011 年，开展水质监测的 61 个湖泊（水库）中，水质优符合 I—II 类标准的湖泊（水库）23 个，占 37.7%；水质良好符合 III 类标准的湖泊（水库）20 个，占 32.8%；水质轻度污染符合 IV 类标准的湖泊（水库）6 个，占 9.84%；水质中度污染符合 V 类标准的湖泊（水库）1 个，占 1.64%；水质重度污染符合劣 V 类标准的湖泊（水库）11 个，占 18.03%。全省湖泊（水库）水质总体良好。61 个湖泊（水库）中，有 30 个水质达到水环境功能要求，占总数的 49.18%。开展湖泊（水库）富营养化状况监测的湖泊（水库）共有 21 个，其中处于贫营养状态的有 2 个、处于中营养状态的有 8 个、处于轻度富营养状态的有 3 个、处于中度富营养状态的有 6 个、处于重度营养状态的有 2 个。九大高原湖泊水质优及良好的是山湖、泸沽湖、洱海、阳宗海；水质重度污染的是滇池草海、滇池外海、异龙湖、星云湖、杞麓湖。与 2010 年相比九大高原湖泊水质总体保持稳定，滇池外海、滇池草海主要超标指标年均监测值有所下降，滇池草海由重度富营养状态下降为中度富营养状态；阳宗海水质由Ⅳ类好转为Ⅲ类。滇池草海水质类别为劣Ⅴ类，水质重度污染，未达到水环境功能要求（Ⅳ类），主要超标水质指标为总磷、总氮，分别超标1.4倍、3.1倍。全湖平均营养状态指数为69.7，处于中度富营养状态。滇池外海水质类别为劣Ⅴ类，水质重度污染，未达到水环境功能要求（Ⅲ类）。主要超标水质指标为化学需氧量、总氮，分别超标2.7倍、1.8倍。全湖平均营养状态指数为69.3，处于中度富营养状态。

阳宗海水质类别为Ⅲ类，水质良好，未达到水环境功能要求（Ⅱ类）。主要超标水质指标为总磷、总氮，均超标0.12倍。全湖平均营养状态指数为40.5，处于中营养状态。洱海水质类别为Ⅲ类，水质良好，未达到水环境功能要求（Ⅱ类），主要超标水质指标为化学需氧量、总氮，分别超标0.01倍、0.05倍。全湖平均营养状态指数为38.6，处于中营养状态。抚仙湖水质类别为Ⅰ类，水质优，达到水环境功能要求（Ⅰ类）。全湖平均营养状态指数为17.9，处于贫营养状态。

星云湖水质类别为劣Ⅴ类，水质重度污染，未达到水环境功能要求（Ⅲ类），主要超标水质指标为总磷，超标8.2倍。全湖平均营养状态指数为64.4，处于中度富营养状态。杞麓湖水质类别为劣Ⅴ类，水质重度污染，未达到水环境功能要求（Ⅳ类）。全湖平均营养状态指数为66.3，处于中度富营养状态。程海水质类别为Ⅳ类，水质轻度污染，未达到水环境功能要求（Ⅱ类）。主要超标水质指标为化学需氧量，超标0.9倍。全湖平均营养状态指数为43.0，处于中营养状态。泸沽湖水质类别为Ⅰ类，水质优，达到水环境功能要求（Ⅰ类）。全湖平均营养状态指数为17.1，处于贫营养状态。异龙湖水质类别为劣Ⅴ类，水质重度污染，未达到水环境功能要求（Ⅲ类），主要超标水质指标为高锰酸盐指数、化学需氧量、生化需氧量、总氮，分别超标2.6倍、4.4倍、1.6倍、3.7倍。全湖平均营养状态指数为77.2，处于重度富营养状态。

（十八）环境空气质量

2011年，全省18个丰季城市以二氧化硫、二氧化氮、可吸入颗粒物的年平均浓度值评价，普洱市、六库镇符合空气环境质量一级标准，占11.1%；昆明市等14个城市符合环境空气质量二级标准，占77.8%；昭通市和个旧市符合环境空气质量三级标准，占11.1%。影响云南省城市环境空气质量的首要污染物为可吸入颗粒物。全省18个开展自动监测的城市中，空气质量优良率均为90.0%以上。与上年相比，玉溪市环境空气质量优良率由98.6%上升为100%，监测结果均为优良的城市由上年的12个增加为13个，全年未出现超过轻微污染的情况。18个主要城市二氧化硫年平均浓度为0.003—0.078毫克/米^3，与上年持平。最大值（0.078毫克/米^3）出现在昭通市，比上年的 0.082 毫克/米^{3}相比，下降 0.004 毫克/米^3，超过环境空气质量二级标准 0.3 倍；按年平均浓度评价，保山市、丽江市、普洱市、临沧市、文山市、景洪市、芒市、六库镇 8 个城市符合环境空气质量一级标准的要求，占城市总数的 44.44%；昆明市、曲靖市、玉溪市、楚雄市、蒙自市、大理市、香格里拉县城、开远市 8 个城市符合环境空气质量二级标准的要求，占城市总数的 44.44%；昭通市、个旧市 2 个城市超过了环境空气质量二级标准限值，占城市总数的 11.1%。二氧化氮的年平均浓度为 0.004—0.044 毫克/米^3，与上年持平。最大值（0.044 毫克/米^3）出现在昆明市。按年平均浓度评价，18 个主要城市除昆明市符合环境空气质量二级标准的要求，占 5.6%，其余 17 个城市均符合环境空气质量一级标准的要求，占 94.4%。可吸入颗粒物的年平均浓度为 0.025—0.070 毫克/米^3，最大值（0.070 毫克/米^3）出现在开远市。按年平均浓度评价，普洱市、大理市、六库镇、香格里拉县城符合环境空气质量一级标准要求，占 22.2%；昆明市等 14 个城市符合环境空气质量二级标准要求，占 77.8%。

（十九）降水和酸雨

2011 年，开展降水酸度监测的 19 个主要城市中，降水 pH 年平均值为 4.06—8.84。19 个城市中有 8 个监测到酸雨，占城市总数的 42.1%。其中，昆明、安宁、昭通、普洱、临沧 5 个城市虽然出现酸雨，但降水 pH 年平均值尚在 5.6 以上，为非酸雨区；楚雄、个旧、蒙自的降水 pH 年平均值低于 5.6，分别为 5.03、4.76、5.52，为酸雨区，占城市总数的 15.8%。

19 个主要城市酸雨频率为 0—57.1%，平均为 6.0%。酸雨频率最高的是个旧市，其次为楚雄市。19 个城市中，未出现过酸雨的城市有 11 个，占 57.9%；酸雨频率小于 20%的有 5 个，占 26.3%；酸雨频率为 20%—40%的城市有 1 个，占 5.3%；酸雨频率大于 40%的有 2 个，占 10.5%。

（二十）森林资源

2011 年，云南省林地面积 2476.11 万公顷，其中，森林面积 1817.73 万公顷（含岩溶地区石山灌木林 115.67 万公顷），占林地面积的 73.41%。森林覆盖率 47.5%。活立木总蓄积 17.12 亿立方米，其中，森林蓄积 15.54 亿立方米。全省乔木林面积、森林面积、森林覆盖率持续增长，活立木蓄积、森林蓄积有所增加，林木生长量明显大于消耗量，森林资源总体上继续保持持续增长的态势。

（二十一）物种

云南自然生态系统类型按群系有 445 种，分属于 12 个植被型或植被亚型。已知云南高等植物 18 340 种（含种下等级），其中苔藓植物 1658 种、蕨类植物 1325 种、裸子植物 116 种、被子植物 15 241 种，分别占全国植物的 49%以上；已记录脊椎动物 1972 种，约占全国的 47.4%。云南境内的中国特有物种记录数为 9225 种，其中植物 8772 种、动物 453 种；云南特有物种记录 4280 种，其中植物 4018 种、动物 262 种。

（二十二）湿地

全省有 4 处湿地列为国际重要湿地，已建湿地类型自然保护区 17 处。2011 年新增"普洱五湖"和"普者黑喀斯特" 2 个国家湿地公园，全省共有 4 个被《人民日报》组织评选为"中国最美湿地"称号的湿地公园。

（二十三）自然保护区

2011 年，轿子山省级自然保护区晋升为国家级自然保护区。截至 2011 年 12 月，全省共建有自然保护区 162 个（其中国家级 17 个、省级 42 个、州市级 60 个、县级 43 个），形成各种级别、多种类型的自然保护区网络体系，使全省典型生态系统及 85%的珍稀濒危野生动植物得到有效保护。

（二十四）废水排放

2011 年，全省废水排放总量 14.7 亿吨，比上年增长 20.6%。其中，工业废水排放量 4.68 亿吨，比上年增长 17.3%。化学需氧量排放量 55.47 万吨，比上年减少 1.58%。其中，工业废水中化学需氧量排放量 17.54 万吨，生活污水中化学需氧量排放量 29.35 万吨，农业源化学需氧量排放量 7.29 万吨，集中式治理设施化学需氧量排放量 1.29 万吨。

氨氮排放量 5.93 万吨，比上年减少 1.06%。其中，工业废水中氨氮排放量 0.51 万吨，生活污水中氨氮排放量 4.08 万吨，农业源氨氮排放量 0.16 万吨，集中式治理设施氨氮排放量 1.18 万吨。

（二十五）废气排放

2011 年，全省工业废气排放总量 17 448.98 亿立方米，比上年减少 32.5%。二氧化硫排放量 69.13 万吨，比上年减少 1.78%。氮氧化物排放量 54.85 万吨，比上年增长 5.54%。其中，工业氮氧化物排放量 34.83 万吨，生活氮氧化物排放量 0.60 万吨，机动车氮氧化物排放量 19.42 万吨。烟粉尘排放量 37.38 万吨，比上年减少 11.2%。

（二十六）固体废物排放

2011 年，全省工业固体废物产生量 1.76 亿吨，较上年增长 5.9%，其中，危险废物产生量 133.80 万吨，比上年减少 1.8%。工业固体废物综合利用量 8754.31 万吨，综合利用率 48.9%；工业固体废物储存量 4735.56 万吨；工业固体废物处置量 4059.71 万吨；工业固体废物排放量 227.90 万吨，比上年减少 22.4%。危险废物连续 4 年无排放量。

（二十七）污染防治

2011 年，全省工业废水治理投资 8.70 亿元，完成治理项目 146 个；工业废气治理投资 6.88 亿元，完成治理项目 187 个；工业固体废物污染治理投资 1.20 亿元，完成治理项目 53 个。

（二十八）自然保护区建设

2011 年，云南省人民政府先后出台《关于进一步加强自然保护区建设和管理的意见》《关于做好自然保护区管理有关工作的意见》。国家组织对云南西双版纳等 17 个国家级自然保护区进行管理评估，评估结果为 7 个"优"、10 个"良"。继续争取国家对野生动植物保护及国家级自然保护区建设投入，中央和省级投资 5150 万元。

（二十九）天然林保护及退耕还林

2011 年，云南省天然林保护工程经过 13 年的实施，完成试点阶段和一期工程的各项任务，二期工程顺利启动。天然林保护工程二期实施期限为 10 年，即 2011—2020 年，实施范围包括 13 个州（市）的 72 个县（市、区）和 3 个重点森林工业局，实施完成 2010 年国家下达云南省退耕还林工程建设任务 16.54 万公顷，总投资 3.78 亿元。

（三十）水土保持

2011 年，云南省完成水土流失治理面积 3250 平方千米，新实施生态修复面积 6000 平方千米。执行全国第一批坡耕地水土流失综合治理试点工程、水土保持小流域综合治理工程等项目。中央预算内投资约 1.31 亿元，其中，中央投资 1 亿元，地方配套 3061.54 万元。世界银行贷款、欧盟赠款水土保持项目基本完成，投资约 2.71 亿元，其中，世界银行贷款 1.16 亿元、欧盟赠款 2217 万元、国内配套 1.33 亿元。

（三十一）农村环境保护

2011 年，云南省环境保护厅争取中央农村环境保护专项资金 3500 万元、省级生态建设专项资金1360万元，安排62个村庄进行农村环境综合整治，在西双版纳傣族自治州景洪市勐罕镇和勐海县勐海镇开展农村环境连片整治及农村环境综合整治目标责任制试点。在全省所有县（市、区）推广测土试点。在全省所有县（市、区）推广测土配方施肥317.47万公顷；全省"三品"产值255.25亿元；"农村能源建设投品"产值255.25亿元。农村能源建设投资2.2亿元，户用沼气15.65万户，推广完成农村节柴改灶14.91万户，推广农村太阳能热水器6.3万台20.28万平方米。

（三十二）生态建设示范区

2011年，全省15个州、70个县（市、区）开展生态州、县（市、区）创建工作；各地积极推进生态乡镇、村创建，累计建成10个国家级生态示范区、16个国家级生态乡镇、1个国家级生态村、218个省级生态乡镇。昆明市命名197个行政村为"昆明市生态村"（社区），走在全省前列。

（三十三）重点城市集中式饮用水水源地环境状况

2011年，云南省昆明市、曲靖市、玉溪市、昭通市、保山市、红河哈尼族彝族自治州、普洱市、丽江市、临沧市等18个主要集中式饮用水水源地开展环境状况评估。其中，3个河流型饮用水水源地，15个湖泊（水库）型饮用水水源地，供水人口共799.8万人，设计取水量为6.53亿吨/年。评估结果显示，除普洱市木乃河水库未开展水质常规检测，其他17个水源地均开展常规检测，水质全年12个月均达到饮用水标准，饮用水水源地达标率为100%，水量达标率100%，达标供水量4.32亿吨。18个主要集中式饮用水水源地全部完成水源保护区的划分，并制定完善了饮用水水源地环境应急预案。

（三十四）城市环境基础设施建设

至2011年末，全省建成污水处理厂117座，污水处理能力达320.65万吨/日，城镇污水处理率由上年的74.74%提高到79.61%。建成无害化垃圾处理厂（场）115座，无害化处理能力达到1.66万吨/日。全省城市燃气普及率73.85%，垃圾处理量分别为7.45亿立方米和541.53万吨。

（三十五）城市机动车污染防治

2011年，全省机动车保有量达807.25万辆，新增注册114.71万辆。全省环境保护委托检验机构共计20个。昆明市机动车保有量150.68万辆，机动车检测（简易工况法）46.08万辆，发放环境保护合格标志41.99万辆（含新车）。

（三十六）辐射环境管理

开展各项辐射安全检查活动，全省共组织出动检查人员 2580 人次。对 420 家放射源使用单位、10 家放射源销售单位进行现场检查，涉及放射源 860 枚；开展安保用 X 射线装置专项检查活动，对全省 147 家使用单位，共计 332 台（套）安保用 X 射线装置进行检查；强化核与辐射安全培训，对来自全省的 220 名核技术利用单位从业人员和 126 名辐射安全监管人员进行培训；强化废旧放射源管理，全省共收贮废旧放射源 159 枚。2011 年云南省环境保护厅共办理辐射类行政许可事项 191 件，其中，辐射安全许可证审批 48 项、项目环评审批 49 项、项目竣工环境保护验收 3 项、放射性同位素转让审批 91 件。[①]

二、2012 年

2012 年，全省严格环境评价制度，完成年度污染减排目标，环境保护促进"转方式调结构"的效果良好；加大环境监管力度，切实解决了一批突出环境问题；以九大高原湖泊为重点的水环境治理工作成效明显；自然生态保护与建设取得新进展；环境保护宣传教育取得新成效；环境监管保障能力进一步加强；全省城市空气质量总体良好，昆明市新环境空气质量标准监测信息按时向社会发布；主要河流总体水质为轻度污染，总体保持稳定；六大水系主要河流干流出境、跨界断面水质全部达标；九大高原湖泊水质总体保持稳定，局部有所改善，与上年相比，综合营养状态指数有不同程度下降；抚仙湖、洱海、泸沽湖被列入国家水质良好湖泊生态环境保护试点；集中式饮用水水源地保护进一步加强；城市环境质量总体良好，自然生态环境状况保持稳定。

（一）主要河流水环境质量

2012 年，全省主要河流总体水质为轻度污染，保持稳定。六大水系主要河流受污染程度由大到小排序，依次为长江水系、珠江水系、澜沧江水系、红河水系、怒江水系和伊洛瓦底江水系。在 95 条主要河流（河段）的 179 个监测断面中，水质优符合Ⅰ—Ⅱ类标准的断面占 40.8%，水质良好符合Ⅲ类标准的断面占 29.6%，水质已受轻度污染符合Ⅳ类标准的断面占 10.1%，水质已受中度污染符合Ⅴ类标准的断面占 7.8%，水质已受重度污染劣于Ⅴ类标准的断面占 11.7%。按断面水质达到水环境功能要求衡量 179 个断面，达标的有 130 个断面，达标率为 72.6%。在新增 23 个监测断面

---

① 云南年鉴编辑委员会：《云南年鉴（2011）》，昆明：云南年鉴社，2012 年，第 248—252 页。

的情况下，与上年相比达标率保持稳定。全省主要河流（河段）水质的主要超标水质指标为氨氮、生化需氧量、总磷、化学需氧量。

（二）出境、跨界河流水质状况

2012 年，全省六大水系布设的 20 个出境、跨界河流监测断面，水质优符合Ⅱ类标准的断面 13 个；水质良好符合Ⅲ类标准的断面 5 个；水质轻度污染符合Ⅳ类标准的断面 1 个；水质重度污染劣于Ⅴ类标准的断面 1 个。18 个断面达到水环境功能要求，与上年相比，出境、跨界断面水质达标率略有提高。其中，六大水系干流出境、跨界断面水质状况如下：金沙江干流三块石断面水质Ⅰ类，南盘江干流设里桥断面水质Ⅱ类，红河干流河口县断面水质Ⅲ类，澜沧江干流关累断面水质Ⅱ类，怒江干流红旗桥断面水质Ⅱ类，伊洛瓦底江水系主要出境河流大盈江汇流电站、瑞丽江姐告大桥断面水质均为Ⅱ类，均达到水环境功能要求。

（三）城市水域水质状况

2012 年，全省 19 个主要城市的 68 个城市环境综合整治及定量考核水域水质总体为中度污染，在 104 个监测断面（点位）中，水质优符合Ⅰ—Ⅱ类标准断面（点位）22 个；水质良好符合Ⅲ类标准断面（点位）32 个；水质轻度污染符合Ⅳ类标准断面（点位）13 个；水质中度污染符合Ⅴ类标准断面（点位）9 个；水质重度污染劣于Ⅴ类标准断面（点位）28 个。城市环境综合整治及定量考核水域的主要超标水质指标为氨氮、总磷、总氮、化学需氧量、生化需氧量等。

（四）湖泊（水库）水质状况

2012 年，全省湖泊（水库）水质总体稳定。在开展水质监测的 64 个湖泊（水库）中，水质优符合Ⅰ—Ⅱ类标准的湖泊（水库）24 个；水质良好符合Ⅲ类标准的湖泊（水库）17 个；水质轻度污染符合Ⅳ类标准的湖泊（水库）10 个；水质中度污染符合Ⅴ类标准的湖泊（水库）4 个；水质重度污染劣于Ⅴ类标准的湖泊（水库）9 个。与上年相比，水质恶化趋势得到遏制，部分监测指标有所好转。开展湖泊（水库）营养状况监测的湖泊（水库）共 49 个，其中处于贫营养状态的 6 个、处于中营养状态的 29 个、处于轻度富营养状态的 6 个、处于中度富营养状态的 4 个、处于重度富营养状态的 4 个。

（五）集中式饮用水水源地水质状况

2012 年，全省 21 个主要城市（所有州市府所在地和 5 个县级市）的 43 个集中式饮用水水源地水质监测结果表明：按《地表水环境质量标准》（GB3838—2002）评价（总氮不纳入评价），能满足Ⅲ类水功能要求的有 42 个，不能满足要求的有 1 个。主要超标水质指标为总磷。

（六）环境空气质量

2012 年，全省 18 个主要城市以二氧化硫、二氧化氮、可吸入颗粒物的年平均浓度值评价，普洱市、大理市符合空气环境质量一级标准，占 11.1%；昆明等 14 个城市符合环境空气质量二级标准，占 77.8%；个旧市和开远市符合环境空气质量三级标准，占 11.1%。影响全省城市环境空气质量的首要污染物为可吸入颗粒物。18 个主要城市二氧化硫年平均浓度为 0.003—0.091 毫克/米³；最大值（0.091 毫克/米³）出现在开远市，超过环境空气质量二级标准。二氧化氮的年平均浓度为 0.005—0.033 毫克/米³，可吸入颗粒物的年平均浓度为 0.024—0.071 毫克/米³。18 个主要城市以二氧化硫、二氧化氮、可吸入颗粒物的日平均浓度值评价，空气质量优良率均在93%以上，与上年相比，优良率有所上升。全年未出现劣于环境空气质量三级标准的情况。玉溪市等 11 个城市的优良率为100%，昆明市、大理市的优良率为99.7%，芒市的优良率为98.3%，较上年有所下降；曲靖市、昭通市、个旧市、开远市的优良率分别为 99.7%、98.9%、93.4%、98.7%，较上年有所上升。

（七）降水和酸雨状况

2012 年，全省开展降水酸度监测的 19 个主要城市中，降水 pH 年平均值为 4.57—8.03。有 9 个城市监测到酸雨，其中安宁市、昭通市、楚雄市、个旧市的降水 pH 年平均值低于 5.6，为酸雨区；丽江市、普洱市、临沧市、蒙自市、大理市 5 个城市虽然出现了酸雨，但降水 pH 年平均值尚在 5.6 以上，为非酸雨区。9 个城市酸雨频率为 0—77.8%，平均为 10.0%。9 个城市中酸雨频率小于 20%的有 5 个，酸雨频率在 20%—40%的有 1 个，酸雨频率为 40%—60%的有 1 个，酸雨频率为 60%—80%的有 2 个。

（八）城市道路声环境质量状况

2012 年，全省 19 个主要城市的道路交通噪声平均等效声级值范围为 60.7—73.1 分贝，最高是六库。除六库外其余 18 个城市均在 70 分贝以下，道路声环境质量有所好转。19 个城市共设置 638 个监测点，对总长约 830 千米的城市道路进行监测。监测结果表明：声级值为 48.5—77.5 分贝，最大值出现在六库向阳南路的永乐大酒店监测点。有 30.8 千米的路段声级值超过 70 分贝，仅占监测道路总长 3.7%。

（九）城市区域声环境质量状况

2012 年，全省 19 个主要城市共设置 2418 个区域噪声监测点，对面积为 689 平方千米的城区声环境质量进行监测。总体来说，保山市、蒙自市、文山市、大理市、瑞丽市 5 个城市区域声环境质量一般，普洱市、楚雄市为好，其余 12 个城市均为较好。在 689 平方千米的监测区域中，声环境质量为一般的区域占 26.3%，声环境质量为好或较好的区域占 73.7%。区域声环境质量较上年有所好转。

（十）污染治理

2012 年，云南省人民政府印发《"十二五"低碳节能减排综合性工作方案》和《云南省人民政府关于进一步加强"十二五"全省主要污染物总量减排工作的若干意见》，明确各级人民政府、各相关部门和重点企业的减排责任。全省重点减排项目完成情况总体顺利，712 个省级重点减排项目已完成 693 个，占 97%；未完成 19 个，占 3%；部分污水处理厂运行情况得到改善，火电和水泥行业脱硝项目推进顺利，畜禽养殖污染减排取得突破性进展。全省主要污染物总量减排目标任务顺利完成。化学需氧量排放量 54.86 万吨，氨氮排放量 5.87 万吨，二氧化硫排放量 67.23 万吨，氨氧化物排放量 54.43 万吨。

（十一）三峡库区上游水污染防治

2012 年，云南省加快《三峡库区及其上游水污染防治规划（2011—2015 年）》项目实施，114 个规划项目启动率达 84.2%，累计完成投资 11.23 亿元。流域水质整体保持稳定，江边、三块石、横江桥、普渡河桥、江底桥 5 个控制断面的水质达标率均能满足规划年度要求。重点推进金沙江一级支流牛拦江的水环境保护工作，确保牛栏江昆明段水质整体达标，曲靖段达到或优于Ⅲ类水功能要求，满足调水水质要求。

（十二）工业污染防治

2012 年，全省工业废水治理投资 10.05 亿元，完成治理项目 73 个；工业废气治理投资 6.87 亿元，完成治理项目 138 个；工业固体废弃物污染治理投资 0.57 亿元，完成治理项目 14 个。安全处置和综合利用危险废物（不含医疗废物）45.26 万吨；安全处置医疗废物 1.30 万吨。全年新颁发危险废物经营许可证 17 份，其中综合经营许可证 14 份，医疗废物经营许可证 3 份。162 家重点国控企业纳入省级排污许可证管理范围。全年共办理 13 家企业上市再融资环境保护核查。

（十三）重金属防治

2012 年，云南省全力推进《重金属污染综合防治"十二五"规划》项目实施，截至年底，完成 33 个项目，其余项目正在积极推进中。全力推进个旧选矿示范工业园区建设；陆良 17.95 万吨、牟定 8.83 万吨历史遗留铬渣全部实现无害化处置。沘江、南北河、小白河、倘甸双河、浑水河（卡房大沟）等河流水质均明显好转。69 个地表水国控企业断面重点重金属污染物达标率为 93.48%。六大水系主要河流出省跨界断面、县级以上城镇集中式饮用水地表水源均未出现重金属超标现象。全年无涉重金属环境污染事件发生。

（十四）环境执法监管

2012 年，根据环境保护部和云南省人民政府统一安排部署，全省环境保护专项行动围绕全面整治重点行业、重金属排放企业环境污染问题；全面排查危险废物产生、利用、处置企业，严肃查处违法行为；进一步强化污染减排重点项目的监管督查力度；进一步加大牛栏江调水水源区水环境保护工作力度等重点开展。全省环境保护专项行动共出动环境保护执法人员 39 654 人次，检查企业 14 357 家，立案查处企业 101 家，结案企业 74 家，结案率为 73.3%。行政处罚 71 家，罚款金额 353.15 万元，完成省、州（市）、县挂牌督办事项 118 件。依法公布第八批、第九批重点企业清洁生产审核名单 271 家，155 家重点企业通过评估或验收，比上年增长 55%。全省排污费共征收 3.64 亿元，其中各州（市）征收 2.76 亿元、省级征收 8778.91 万元，全省排污费共上缴中央 3629.60 万元，上缴省级 1.34 亿元。对环境违法行为予以严惩，省级环境保护部门直接实施行政处罚 41 件，共处罚金 1557.25 万元。

（十五）保障群众环境权益

2012 年，省级环境保护部门处理群众来信 151 件（含传真、邮件、网上信访），办结率 96%；接待群众来访 16 批 49 人次，办结率 100%。全省"12369"环境保护投诉 7174 件，办结 7137 件，办结率 99.48%。回复"网上环保咨询"32 件、答复"领导信箱"65 件、网络信访 190 件，全部办结。出台《云南省依申请公开政府环境信息管理办法（试行）》，规范了环境信息公开的程序和制度。"96128"政务查询热线受理 53 个查询、咨询问题，均按照办理时限给予答复。

（十六）环境监管能力建设

2012 年，云南省争取 1.07 亿元中央专项资金，用于 72 个县级环境保护部门的环境监察和环境监测能力建设，配备各类专业仪器 2000 余台（套）。全省环境监测系统共有监测站 114 个，其中：一级站 1 个，二级站 16 个，三级站 97 个。通过计量认证的环境监测站有 77 个。全省环境监测系统人数 1403 人，比上年增加 43 人；拥有业务用房 6.92 万平方米，比上年增加 7888 平方米；拥有各种大型仪器、设备共 4738 台（套）。红河哈尼族彝族自治州环境监测站等 21 家环境监测站通过国家标准化建设达标验收。截至年底，全省共有 261 家企业的 466 套自动监测设备与省监控中心联网上传数据。其中，废水自动监测设备有 253 套、废气自动监测设备有 213 套。根据环境保护部监控中心的统计，全省共有 259 家企业的自动监控设备向该中心上传监控数据，其中：实时数据传输正常的企业 160 家、数据上传率超过 75%的有 173 家。设施联网率、数据稳定上传率分别比上年增长 42.9%、68%。

（十七）环境保护科技建设

2012 年，全省"十一五"国家水体污染控制与治理科技重大专项湖泊主题（简称水专项）"滇池项目"5 个研究课题和"洱海项目"6 个研究课题通过国家初步验收。"十二五"水专项"滇池项目"4 个研究课题、"洱海项目"3 个研究课题完成论证立项。1 项环境科技成果获云南省科技进步三等奖。在主要产胶州（市）推广制胶废水"厌氧+接触氧化法"处理工艺，为污染物削减提供技术支撑。

（十八）城市环境保护

2012 年，云南省积极开展城市环境保护并取得新成效。一是开展重点城市集中式饮用水水源地环境状况评估。全省 16 个州（市）29 个地级以上城市集中式饮用水水源地开展环境状况评估，涉及供水人口 918.13 万人，供水量 5.40 亿吨。评估结果显示：除宝象河水库、自卫村水库、西河水库、勐板河水库、玛布河等水源地部分月份存在超标现象外，其他 24 个水源地水质全年 12 个月均达标，供水量达标率 99.53%。二是加强城市环境基础设施建设。截至年末，全省已建成污水处理厂 137 座，污水处理能力达 337 万吨/日。建成无害化垃圾处理厂 123 座，无害化处理能力达到 1.95 万吨/日。全省城市燃气普及率 66.56%、绿地率 35.29%。三是推进城市机动车污染防治。全省环境保护委托检验机构达到 20 个。机动车环境保护检测（简易工况法）59.99 万辆，发放环境保护合格标志 62.39 万辆（含新车），其中黄标 6.31 万辆、绿标 56.08 万辆。昆明市实施黄标车区域限行政策，于 7 月 1 日开始分路段、分步骤对未取得绿色环境保护合格标志的车辆实施限行。四是实施城市环境综合整治定量考核。全省 19 个设市城市环境综合整治定量考核结果显示：地级市前 5 名为玉溪、昆明、临沧、普洱、丽江；县级市前 5 名为景洪、芒市、楚雄、安宁、开远。

（十九）生物多样性保护

2012 年，云南省全面推进生物多样性保护工作并取得新成效。云南省人民政府召开云南省生物多样性保护联席会议，发布《云南省生物多样性保护西双版纳约定》，提出云南省生物多样性保护的 10 条措施。云南省环境保护厅编制完成《云南省生物多样性保护战略与行动计划（2012—2030 年）》。实施老君山生物多样性保护减贫示范、纳板河保护区胶林复合生态种植等一批生物多样性保护和可持续利用项目。

（二十）自然保护区建设监管

2012 年，云南省采取措施规范全省自然保护区建设监管工作，制定并发布《自然保护区与国家公园生物多样性监测技术规程》《自然保护区与国家公园巡护技术规程》。对乌蒙山省级自然保护区整合晋升国家级、寻甸黑颈鹤市级自然保护区晋升省级进行评审论证。省级自然保护区纳入全国环境卫星遥感监测监察试点，初步分析出 8 个保护区的相关数据。《云南省迪庆藏族自治州白马雪山国家级自然保护区管理条例》通过迪庆藏族自治州人大常委会的审议和云南省人大常委会的批准，至此全省有 5 个自然保护区制定了保护区管理单行条例。自然保护区建设投入力度不断加大，争取中央专项投资 5 432 万元。用于保护区机构能力、管护基础设施建设。截至年底，全省已建各种类型、不同级别的自然保护区 159 个（其中国家级 20 个、省级 38 个、州市级 58 个、区县级 43 个），总面积 282 万公顷，占全省总面积的 7.2%，居全国自然保护区数量第 6 位。基本形成各种级别、多种类型自然保护区网络体系，使全省典型生态系统及 85% 的珍稀濒危野生动植物物种得到有效保护。

（二十一）农村环境保护

2012 年，云南省争取中央农村环境保护专项资金 2500 万元、省级生态建设专项资金 1510 万元，安排 44 个村庄进行农村环境综合整治（中央资金支持 25 个、省级资金支持 19 个）。全省上年安排的 63 个整治项目有 62 个完工。全省推广测土配方施肥 294.2 万公顷。农村户用沼气累计保有量 293.37 万户。无公害农产品、绿色食品和有机食品认证累计达到 972 家企业 2160 个品种。4 家申报"国家级有机食品生产基地"的生产企业通过环境保护部审查和筛选。

（二十二）生态建设示范区

2012 年，云南省环境保护厅组织修订、发布《云南省生态乡镇建设管理规定》《云南省省级生态村申报及管理规定（试行）》，完成 18 个国家级生态乡镇的考核；

完成第七批共计 58 个省级生态乡镇的复核，并获云南省人民政府命名。截至年底，全省累计建成 10 个国家级生态示范区、29 个国家级生态乡镇、3 个国家级生态村、276 个省级生态乡镇。全省 15 个州（市）、80 多个县（市、区）开展生态州（市）和生态县（市、区）建设，全省生态建设示范区工作呈现出蓬勃发展的态势。

（二十三）九大高原湖泊治理

2012 年 4 月，国务院批复包括滇池在内的重点流域水污染防治规划，5 月，云南省人民政府批复其他八湖水污染防治"十二五"规划，9 月，云南省人民政府与九大高原湖泊所在地 5 州（市）人民政府及 13 个省级有关部门签订目标责任书。截至 12 月底，九大高原湖泊水污染防治"十二五"规划项目完工 14 项，在建 131 项，开展前期工作 115 项，累计完成投资 102.56 亿元。泸沽湖被列入国家湖泊生态环境保护试点范围。抚仙湖、洱海生态环境保护试点实施方案得到云南省人民政府批复。截至 12 月底，试点项目完工 1 个，正在实施 16 个，累计完成投资 2.58 亿元。九大高原湖泊水质与上年相比总体保持稳定。滇池草海总磷年均监测值较上年有所下降，阳宗海水质由Ⅲ类下降为Ⅳ类，主要超标水质指标为总磷、砷，其他湖泊无明显变化。九大高原湖泊水质优及良好的是泸沽湖、抚仙湖、洱海；重度污染的是滇池草海、滇池外海、异龙湖、星云湖。滇池草海水质类别为劣Ⅴ类，水质重度污染，未达到水环境功能要求（Ⅳ类），主要超标水质指标为生化需氧量、总磷、氨氮、化学需氧量。全湖平均营养状态指数为 69.8，处于中度富营养状态。滇池外海水质类别为劣Ⅴ类，水质重度污染，未达到水环境功能要求（Ⅲ类），主要超标水质指标为化学需氧量、总磷、高锰酸盐指数。全湖平均营养状态指数为 68.4，处于中度富营养状态。阳宗海水质类别为Ⅳ类，水质轻度污染，未达到水环境功能要求（Ⅱ类），主要超标水质指标为砷、总磷。全湖平均营养状态指数为 43.7，处于中营养状态。洱海水质类别为Ⅱ类，水质良好，达到水环境功能要求（Ⅱ类）。全湖平均营养状态指数为 41.0，处于中营养状态。抚仙湖水质类别为Ⅰ类，水质优，达到水环境功能要求（Ⅰ类）。全湖平均营养状态指数为 17.1，处于贫营养状态。

星云湖水质类别为劣Ⅴ类，水质重度污染，未达到水环境功能要求（Ⅲ类），主要超标水质指标为总磷、高锰酸盐指数、化学需氧量、生化需氧量。全湖平均营养状态指数为 70.2，处于重度富营养状态。杞麓湖水质类别为Ⅴ类，水质中度污染，未达到水环境功能要求（Ⅲ类），主要超标水质指标为化学需氧量、高锰酸盐指数、总磷、生化需氧量、氟化物。全湖平均营养状态指数为 63.9，处于中度富营养状态。程海水质类别为Ⅳ类，水质轻度污染，未达到水环境功能要求（Ⅱ类），主要超标水质指标为化学需氧量。全湖平均营养状态指数为 41.0，处于中营养状态。

泸沽湖水质类别为Ⅰ类，水质优，达到水环境功能要求（Ⅰ类）。全湖平均营养状态指数为 17.1，处于贫营养状态。异龙湖水质类别为劣Ⅴ类，水质重度污染，未达到水环境功能要求（Ⅲ类），主要超标水质指标为化学需氧量、高锰酸盐指数、生化需氧量、总磷、石油类。全湖平均营养状态指数为 77.8，处于重度富营养状态。

（二十四）环境保护宣传教育

2012 年，全省命名表彰第七批绿色学校 93 所、第五批绿色社区 35 家、第三批环境教育基地 10 个；全省有省级绿色学校 639 所、省级绿色社区 191 家、省级环境教育基地 41 个。云南省环境保护厅与云南广播电视台合作开设"环保之声"专栏，组织 10 个州（市）环境保护部门的负责人参加 10 期"生态环境保护"专访节目。落实新空气环境质量标准，在昆明电视台、昆明日报等媒体上发布昆明市环境空气质量指数及空气质量等级等空气质量信息。①

三、2013 年

2013 年，全省环境保护系统按照"谋求重点工作突破，推动生态文明建设"的思路，转变作风，狠抓落实，全面推进生态文明建设和生态环境保护，各项工作取得积极进展。全省城市空气质量总体良好，昆明市新环境空气质量标准监测信息按时向社会发布；曲靖市、玉溪市完成新标准监测能力建设任务；主要河流总体水质为轻度污染，总体保持稳定；六大水系主要河流干流出境、跨界断面水质全部达到水环境功能要求，九大高原湖泊水质总体保持稳定；集中式饮用水水源地保护进一步加强；城市环境质量总体良好，自然生态环境状况保持稳定。

（一）水环境质量

2013 年，全省主要河流水质为轻度污染，总体保持稳定；六大水系主要河流干流出境、跨界断面水质全部达到水环境功能要求；九大高原湖泊水质总体保持稳定；集中式饮用水水源地保护进一步加强。主要河流水质状况：六大水系主要河流受污染程度由大到小排序依次为长江水系、珠江水系、澜沧江水系、红河水系、伊洛瓦底江水系、怒江水系。在 94 条主要河流（河段）的 179 个监测断面中，水质优符合Ⅰ—Ⅱ类标准的断面占 45.8%；水质良好符合Ⅲ类标准的断面占 24.6%；水质轻度污染符合Ⅳ类标准的断面占 12.3%；水质中度污染符合Ⅴ类标准的断面占 6.7%；水质重度污染劣于Ⅴ

① 云南年鉴编辑委员会：《云南年鉴（2012）》，昆明：云南年鉴社，2013 年，第 232—235 页。

类标准的断面占 10.6%。179 个断面中，达标断面有 135 个，占 75.4%。全省主要河流（河段）的主要超标水质指标为氨氮、生化需氧量、总磷、化学需氧量。出境、跨界河流水质状况：全省 25 个出境、跨界河流监测断面中，有 14 个断面水质优符合Ⅱ类标准，占 56.0%；有 10 个断面水质良好符合Ⅲ类标准，占 40.0%；有 1 个断面水质重度污染劣于Ⅴ类标准，占 4.0%。仅北盘江旧营桥断面未达标。在新增 5 个监测断面的情况下，与上年相比，出境、跨界断面水质达标率有所上升。六大水系干流出境、跨界主要断面水质状况：金沙江干流三块石出境断面水质为Ⅱ类；南盘江干流设里桥出境断面水质为Ⅱ类；红河干流河口县断面水质为Ⅲ类；澜沧江干流关累出境断面水质为Ⅱ类；怒江干流红旗桥断面水质为Ⅱ类；伊洛瓦底江水系主要出境河流大盈江汇流电站断面、瑞丽江姐告大桥出境断面水质均为Ⅱ类，均达到水环境功能要求。城市水域水质状况：全省城市水域水质总体为中度污染。19 个主要城市 68 个水域的 101 个监测断面（点位）中，有 34 个断面（点位）水质优符合Ⅰ—Ⅱ类标准，占 33.7%；有 23 个断面（点位）水质良好符合Ⅲ类标准，占 22.8%；有 11 个断面（点位）水质轻度污染符合Ⅳ类标准，占 10.9%；有 9 个断面（点位）水质中度污染符合Ⅴ类标准，占 8.9%；有 24 个断面（点位）水质重度污染劣于Ⅴ类标准，占 23.8%。有 53 个断面（点位）达标，达标率为 52.5%。城市水域主要超标水质指标为氨氮、总磷、总氮、化学需氧量、生化需氧量等。湖泊（水库）水质状况：全省湖泊（水库）水质总体良好。开展水质监测的 134 个湖泊（水库）中，水质优符合Ⅰ—Ⅱ类标准的有 68 个，占 50.75%；水质良好符合Ⅲ类标准的有 46 个，占 34.33%；水质轻度污染符合Ⅳ类标准的有 9 个，占 6.72%；水质中度污染符合Ⅴ类标准的有 2 个，占 1.49%；水质重度污染劣于Ⅴ类标准的有 9 个，占 6.72%。开展湖泊（水库）营养状况监测的湖泊（水库）共有 49 个，其中处于贫营养状态的有 8 个、处于中营养状态的有 29 个、处于轻度富营养状态的有 4 个、处于中度富营养状态的有 4 个、处于重度富营养状态的有 4 个。集中式饮用水水源地水质状况：全省 21 个城市（所有州市人民政府所在地和 5 个县级的 42 个水源地）水质状况监测结果表明：按《地表水环境质量标准》（GB3838—2002）评价（总氮不纳入评价），有 41 个达到饮用水水质标准要求；楚雄团山水库未达到饮用水水质标准要求，主要超标水质指标为石油类。地下水状况：对昆明、玉溪、曲靖、楚雄、大理、开远和景洪 7 个监测区的地下水开展水位、流量、水质监测。监测区域内地下水水位变化动态如下：孔隙水水位保持基本稳定态势；基岩水水位保持基本平衡，占水位监测点总数的 72.22%；水位为弱下降的，占 11.11%；水位为强下降和弱上升的分别占 9.72% 和 6.95%。水位上升的监测区域主要位于城区，与近年来控制开采地下水有一定关系；水位下降的监测区域主要位于城郊或距离城市较远地区，与近年来连续干旱有密切关系。本年度未出现水位强上升的监测点。孔隙水优良级占 2.63%、良好级占 21.05%、较

好级占 2.63%、较差级占 65.79%，极差级占 7.90%，主要超标水质指标为锰、氨氮、硝酸盐、亚硝酸盐、pH、铁、氯化物、化学需氧量、总硬度、溶解性总固体、细菌总数、大肠菌群等。基岩水优良级占 36.61%、良好级占 42.86%、较好级占 4.46%、较差级占 16.07%，主要超标水质指标为锰、铁、亚硝酸盐、氨氮、氟、化学需氧量、pH、细菌总数、大肠菌群等。

（二）九大高原湖泊水质

2013 年，云南九大高原湖泊水质总体保持稳定。滇池草海总氮年均监测值有所下降。九大高原湖泊水质优及良好的是泸沽湖、抚仙湖、洱海；水质重度污染的是滇池草海、滇池外海、异龙湖、星云湖、杞麓湖。滇池草海水质重度污染，未达到水环境功能要求（Ⅳ类），主要超标水质指标为生化需氧量、总磷。全湖平均营养状态指数为 69.2，处于中度富营养状态；滇池外海水质类别为劣Ⅴ类，水质重度污染，未达到水环境功能要求（Ⅲ类），主要超标水质指标为化学需氧量、总磷、高锰酸盐指数、生化需氧量。全湖平均营养状态指数为 67.6，处于中度富营养状态。

阳宗海水质类别为Ⅳ类，水质轻度污染，未能达到水环境功能要求（Ⅱ类），主要超标水质指标为砷、总磷、化学需氧量。全湖平均营养状态指数为 44.1，处于中营养状态。洱海水质类别为Ⅲ类，水质良好，未能达到水环境功能要求（Ⅱ类），主要超标水质指标为总磷。全湖平均营养状态指数为 40.1，处于中营养状态。抚仙湖水质类别保持Ⅰ类，水质优，达到水环境功能要求（Ⅰ类）。全湖平均营养状态指数为 19.4，处于贫营养状态。星云湖水质类别为劣Ⅴ类，水质重度污染，未达到水环境功能要求（Ⅲ类），主要超标水质指标为 pH、总磷、总氮、化学需氧量、高锰酸盐指数、生化需氧量。全湖平均营养状态指数为 70.7，处于重度富营养状态。杞麓湖水质类别为劣Ⅴ类，水质重度污染，未达到水环境功能要求（Ⅲ类），主要超标水质指标为总氮、化学需氧量、高锰酸盐指数、生化需氧量、总磷、氟化物。全湖平均营养状态指数为 71.9，处于重度富营养状态。程海水质类别为Ⅴ类，水质中度污染，未达到水环境功能要求（Ⅲ类），主要超标水质指标为化学需氧量。全湖平均营养状态指数为 42.4，处于中营养状态。泸沽湖水质类别Ⅰ类，水质优，达到水环境功能要求（Ⅱ类）。全湖平均营养状态指数为 14.1，处于贫营养状态。异龙湖水质类别为劣Ⅴ类，水质重度污染，未能达到水环境功能要求（Ⅲ类），主要超标水质指标为化学需氧量、高锰酸盐指数、总氮、生化需氧量、总磷、石油类。全湖平均营养状态指数为 78.3，处于重度富营养状态。

（三）环境空气质量

2013 年，全省有 18 个主要城市（16 个州市人民政府所在地及个旧市、开远市）开展城市环境空气质量监测与评价，其中昆明市作为首批实施环境空气质量新标准的城市，按《环境空气质量标准》（GB3095—2012）进行监测和评价；其余 17 个城市，按《环境空气质量标准》（GB3095—1996）进行监测和评价。在标准限值收紧、评价指标增加的情况下，以年平均浓度评价，昆明市环境空气质量超过二级标准限值，影响指标为可吸入颗粒物和细颗粒物。按日平均浓度评价，全年达标天数 333 天，达标率 91.2%，其中二氧化硫、二氧化氮、一氧化碳、臭氧 4 项指标，全年均达到或优于二级标准限值；可吸入颗粒物日平均浓度最大值为 187 微克/米^3，超过二级标准 0.25 倍；细颗粒物日平均浓度最大值为 115 微克/米^3，超过二级标准 0.53 倍。其余 17 个城市，以二氧化硫、二氧化氮、可吸入颗粒物 3 项监测指标年平均浓度综合评价，普洱市、大理市和香格里拉县符合空气环境质量一级标准。与上年相比，香格里拉县从二级上升为一级，环境空气质量得到改善；曲靖等 12 个城市符合环境空气质量二级标准，个旧市符合环境空气质量三级标准，保持稳定；开远市超过环境空气质量三级标准，环境空气质量有所下降，导致个旧市和开远市环境空气质量超过二级标准的指标为二氧化硫。17 个城市二氧化硫年平均浓度为 0.004—0.112 毫克/米^3，最大值出现在开远市，超过环境空气质量三级标准 0.12 倍。17 个城市二氧化氮年平均浓度为 0.005—0.031 毫克/米^3，均符合环境空气质量一级标准，最大值出现在昭通市。17 个城市可吸入颗粒物的年平均浓度为 0.024—0.067 毫克/米^3，均符合环境空气质量二级标准，最大值出现在玉溪市。17 个城市以二氧化硫、二氧化氮、可吸入颗粒物 3 项监测指标的日平均浓度评价，玉溪市、保山市等 10 个城市的达标率为 100%，芒市等 6 个城市的达标率在 98.0% 以上，仅个旧市的达标率为 87.8%，有 9 天环境空气质量超过三级标准，轻度污染，影响因子为二氧化硫。与上年相比，昭通市、芒市、开远市环境空气质量达标率有所上升，蒙自市和六库镇达标率略有下降。

（四）降水和酸雨

2013 年，全省开展降水酸度监测的 19 个城市降水 pH 年平均值为 4.91—7.22。有 6 个城市监测到酸雨，其中安宁市、昭通市、楚雄市的降水 pH 年平均值低于 5.6，为酸雨区；普洱市、临沧市、个旧市 3 个城市虽然出现酸雨，但降水 pH 年平均值尚在 5.6 以上，为非酸雨区。与上年相比，全省出现酸雨面积及酸雨区面积均有所下降。19 个城市酸雨频率为 0—66.7%，平均为 8.6%。有 13 个城市未出现过酸雨；有 3 个城市出现过酸雨但频率小于 20%；楚雄市、个旧市酸雨频率为 20%—40%；昭通市酸雨

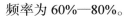

频率为 60%—80%。

（五）城市声环境质量

2013 年，全省城市声环境质量总体良好。城市道路交通声环境质量：全省 20 个城市（州市人民政府所在地城市及宣威市、个旧市、开远市、瑞丽市）昼间道路交通的平均声级值为 62.7—71.2 分贝，总体而言，声环境质量较好，仅六库镇平均声级值在 70 分贝以上。在 854 千米的监测路段中，声级值在 70 分贝以下，声环境质量为好和较好的路段占 90.6%；声级值为 70—72 分贝，声环境质量一般的路段占 4.2%；声级值在 72 分贝以上，声环境质量较差和差的路段占 5.2%。全省 9 个城市（昆明、曲靖、玉溪、文山、保山、蒙自、宣威、个旧、开远）夜间道路交通的平均声级值为 48.4—63.0 分贝，总体而言，声环境质量较好，仅个旧和昆明的平均值在 60 分贝以上。在 561 千米的监测路段中，声级值在 60 分贝以下，声环境质量为好和较好的路段占 62.5%；声级值为 60—62 分贝，声环境质量一般的路段占 7.5%；声级值在 62 分贝以上，声环境质量较差和较差的路段占 30.0%。城市区域声环境质量：全省 20 个主要城市昼间共设置 2396 个区域声环境质量监测点，对 690 平方千米的城区声环境质量进行监测。有 17 个城市的平均声级值在 55 分贝以下，声环境质量为好和较好；有 3 个城市的平均声级值为 55—60 分贝，声环境质量一般。在 690 平方千米的城区中，声级值在 55 分贝以下，声环境质量为好或较好的区域占 64.9%；声级值为 55—60 分贝，声环境质量为一般的区域占 29.3%；声级值在 60 分贝以上，声环境质量为差或较差的区域占 5.8%。全省 12 个城市（昆明、曲靖、玉溪、保山、昭通、普洱、蒙自、文山、宣威、个旧、开远、六库）夜间共设置 1427 个区域声环境质量监测点，对 565 平方千米的城区声环境质量进行监测。有 9 个城市的平均声级值在 45 分贝以下，声环境质量为好和较好；有 3 个城市的平均声级值为 45—50 分贝，声环境质量一般。城市功能区声环境质量：16 个州（市）人民政府所在地城市昼间各类功能区的超标率范围为 1.1%—21.9%，平均为 10.1%。超标率最低的是 3 类区（混合区），最高的是 0 类区（康复疗养区）；夜间各类功能区的超标率范围为 5.0%—34.0%，平均为 17.6%，超标率最低的仍然是 3 类区（混合区），最高的是 4 类区（交通干线两侧）；总体上，夜间超标率高于昼间，昼间 0 类区（康复疗养区）的超标率高于其他区域，夜间交通干线两侧的超标率高于其他区域。

（六）水污染防治

2013 年，云南省修订《云南省九大高原湖泊水污染综合防治"十二五"规划目标责任书考核办法》，开展九大高原湖泊"十二五"规划中期评估，全力推进九大高原湖泊水污染综合防治项目实施。截至年底，九大高原湖泊"十二五"水污染防治综合规划项目 295 项中，完工 73 项、在建 152 项、开展项目前期工作 66 项。经过积极努力，与上年相比，九大高原湖泊水质总体保持稳定。抚仙湖被纳入国家重点支持的 15 个生态良好湖泊名录。积极推进《重点流域水污染防治规划（2011—2015 年）》实施，规划项目进展整体顺利。流域水质整体稳中有升，江边、三块石、横江桥、普渡河桥、江底桥 5 个控制断面水质满足规划年度考核要求。继续推进牛栏江水环境保护，切实加大流域内工业企业督察力度，牛栏江昆明段水质持续改善，曲靖段达到或优于Ⅲ类水环境功能要求，满足调水水质要求。

（七）工业污染防治

2013 年，全省工业废水治理投资 3.48 亿元，完成治理项目 62 个；工业废气治理投资 12.66 亿元，完成治理项目 149 个；工业固体废弃物治理投资 3.18 亿元，完成治理项目 24 个。云南省环境保护厅新颁发危险废物经营许可证 22 份，共接收跨省市转移危险废物的申请材料 52 份，审核后办理联单 48 份，跨省转移危险废物约 2.92 万吨（其中有色金属行业 2.71 万吨、化工行业 1252.2 吨、其他行业 860.6 吨，均为转移出省）。进一步规范排污许可证管理，完成 16 家国控企业排污许可证换证工作。

（八）重金属污染防治

2013 年，全省继续实施《重金属污染综合防治"十二五"规划》，完成规划重点项目 10 个，淘汰涉水重金属污染物落后产能项目 26 个、涉气重金属污染物落后产能项目 28 个。全省县级以上城镇集中式饮用水水源地均未受到重金属污染；69 个地表水国控断面达标率为 98.14%；11 个重点区域水环境质量监测断面达标率为 91.53%；南盘江、红河干流出省、跨界断面全面达标；文山壮族苗族自治州南北河、小白河和红河藤条江水质实现总体达标；沘江水质持续好转；六大水系主要河流出省、跨界断面重金属污染物继续保持全面达标。全年无涉重金属环境污染事件发生。

（九）清洁生产

2013 年，云南省环境保护厅依法公布第十批强制性清洁生产审核名单 211 家，160 家重点企业通过评估或验收。通过实施生产环节的全过程控制和废弃物的循环利用，促进企业稳定达到国家或地方要求的污染物排放标准。

（十）环境保护专项行动

2013 年，全省认真开展整治违法排污企业专项行动，围绕查处群众反映强烈的大气污染和废水污染地下水的环境违法问题，集中开展涉铅、汞、镉、铬和类金属砷排放的重有色金属矿采选冶炼、铅蓄电池、皮革鞣制和电镀等重点行业的"回头看"，全面排查整治医药行业环境污染问题，进一步加大城市河流型集中式饮用水水源地保护工作等 4 项重点工作开展。共出动环境保护执法人员 3.73 万人次，检查企业 1.33 万家，立案查处企业 135 家，结案企业 132 家，结案率为 97.8%。

（十一）机动车污染防治

2013 年，全省各地认真加强机动车污染防治工作。7 月，印发《云南省人民政府关于加强机动车排气污染防治工作的意见》；11 月，云南省人大审议批准通过《昆明市机动车排气污染防治条例（修订）》。全面启动新注册机动车环境保护检验合格标志核发管理工作。昆明市机动车检测（简易工况法）59.4 万辆，发放环境保护合格标志 65.22 万辆（含新车）；其他州（市）共核发绿色环境保护检验合格标志 7215 辆。

（十二）辐射环境监管

2013 年，云南省环境保护厅印发《国家核安全与放射性污染防治"十二五"规划及 2020 年远景目标》，下放行政许可审批权限，将生产、销售、使用Ⅳ类、Ⅴ类放射源，生产、销售、使用Ⅲ类射线装置核技术利用单位辐射安全许可证的核发工作委托州（市）环境保护局开展。全省环境保护部门办理辐射类行政许可审批 1330 项，其中：辐射类建设项目环境影响评价审批 567 项；辐射安全许可证 575 项；放射性同位素转让 53 项；建设项目竣工环境保护验收 135 项。开展以"巩固成果、督促整改、消除隐患"为主题的辐射安全检查专项行动和核与辐射安全生产大检查，共出动检查人员 7686 人次，对 2600 家核技术利用单位、80 家废旧金属回收熔炼单位进行了检查；全省共收贮废旧放射源 234 枚。

（十三）环境监管能力建设

2013 年，全省投入中央及省级财政资金 1.13 万元，用于 44 家州（市）级和县级环境保护监测执法业务用房建设、16 个州（市）城市环境空气自动监测能力建设、县级环境监测站标准化建设、环境监察能力及省级环境信息化建设。截至年底，全省环境监测系统共有监测站 132 个，其中：一级站 1 个，二级站 16 个，三级站 115 个。全省环境监测系统人数 1528 人，比上年增加 125 人；拥有业务用房 8.39 万平方米，比上年增加 1.47 万平方米；拥有各种大型仪器、设备共计 6197 台（套）；云南省环境监测中心站、昭通市环境监测站等 38 家环境监测站通过国家标准化验收；云南省污染源监控中心接入企业达到 345 家，其中国控企业 205 家，其他企业 140 家，分别比上年增长

30.7%、52.6%。全省共计618个排口监控设施实现联网，其中477个排口监控设施数据上传正常，自动监控数据交换率较上年增加33.1%。

（十四）生物多样性保护

2013年，经云南省人民政府同意，云南省环境保护厅印发实施《云南省生物多样性保护战略与行动计划（2012—2030年）》。相关部门组织实施了滇池金线鲃、蒜头果、滇牡丹、绿孔雀、羚牛等一批珍稀濒危物种的繁育、保护或开发利用项目，并取得积极成效。

（十五）自然保护区建设与管理

2013年，云南省继续推进省级自然保护区环境卫星遥感监测监察试点，完成全省自然保护区基础调查与评估工作。全面启动国家级、省级自然保护区总体规划编制工作，印发《云南省自然保护区与国家公园巡护办法》《云南省国家级自然保护区与国家公园生物多样性监测办法》。自然保护区建设投入力度不断加大，全年争取中央能力建设项目资金1630万元，基础设施建设项目投资3719万元，自然遗产地保护项目投资1700万元。截至年底，全省已建各种类型、不同级别的自然保护区162个，其中国家级21个、省级38个、州（市）级57个、区县级46个，总面积约281万公顷，占全省面积的7.1%，居全国自然保护区数量第6位。基本形成了布局合理、类型较为齐全的自然保护区网络体系。乌蒙山、寻甸黑颈鹤分别晋升为国家级和省级自然保护区。

（十六）农村环境保护

2013年，全省争取中央农村环境保护专项资金6093万元，支持52个村庄开展农村环境综合整治示范，对12个国家级生态乡镇实施"以奖代补"。省级生态建设专项资金安排1780万元，用于29个村庄开展环境综合整治；安排125万元，开展两个规模化畜禽养殖污染防治与废弃物综合利用示范项目，全省农村环境综合整治示范效应进一步扩大。

（十七）生态建设示范区

2013年，云南省环境保护厅完成15个国家级生态乡镇的省级验收，其中12个乡镇基本达到国家级生态乡镇建设要求，上报环境保护部审批。组织完成第八批省级生态文明乡镇和第一批省级生态文明村的考核验收和上报工作，其中52个乡镇和9个村获得云南省人民政府命名。完成20个县（市、区）生态建设规划的审查。截至年底，全省 16 个州（市）、82 个县（市、区）开展了生态建设示范区创建，已累计建成 10 个国家级生态示范区、55 个国家级生态乡镇、3 个国家级生态村、328 个省级生态文明乡镇、9 个省级生态文明村，全省生态建设示范区工作呈现出蓬勃发展态势。①

四、2014 年

2014 年，全省环境保护系统以改善环境质量、保障人民群众健康、服务经济社会发展为目标，坚持"保护优先、发展优化、治污有效"的工作思路，着力强化污染防治，加强生态保护，解决突出环境问题，较好完成各项工作。全省城市空气质量总体良好，16 个州（市）人民政府所在地城市完成新环境空气质量标准监测能力建设任务，昆明市、曲靖市、玉溪市环境空气质量监测信息向社会发布。主要河流总体水质为轻度污染，保持稳定。城市声环境质量总体良好。自然生态环境状况保持稳定。

（一）水环境质量

2014 年，全省河流总体水质保持稳定，六大水系主要河流干流出境、跨界断面水质全部达到水环境功能要求，湖泊（水库）水质总体良好，九大高原湖泊水质总体保持稳定，集中式饮用水水源地保护进一步加强。主要河流水环境质量：在 99 条主要河流（河段）的 173 个监测断面中，89 个断面水质优，达到Ⅰ—Ⅱ类标准；45 个断面水质良好，达到Ⅲ类标准；24 个断面水质轻度污染，达到Ⅳ类标准；1 个断面水质中度污染，达到Ⅴ类标准；14 个断面水质重度污染，劣于Ⅴ类标准。按断面水质达到水环境功能要求衡量，173 个监测断面中，水环境功能达标的断面有 145 个，占 83.8%。主要河流（河段）的主要超标水质指标为氨氮、化学需氧量、总磷、五日生化需氧量。出境、跨界河流水质状况：25 个出境、跨界河流监测断面中，16 个断面水质优，达到Ⅱ类标准；7 个断面水质良好，达到Ⅲ类标准；2 个断面水质轻度污染，达到Ⅴ类标准。23 个断面达到水环境功能要求，占出境、跨界断面的 92.0%。北盘江旧营桥断面、南北河断面未达到水环境功能要求。六大水系干流出境、跨界断面水质状况：金沙江干流三块石跨界断面水质Ⅱ类；南盘江干流设里桥跨界断面水质Ⅱ类；红河干流河口县出境断面水质Ⅲ类；澜沧江干流关累出境断面水质Ⅱ类；怒江干流红旗桥出境断面水质Ⅱ类；伊洛瓦底江水系主要出境河流大盈江汇流电站出境断面、瑞丽江姐告大桥出境断面水质均为Ⅱ类，均达到水环境功能要求。城市水环境功能区水质状况：城市水环境功能区总体水质为轻度污染。全省 19 个主要城市 68 个城市水环境功能区的 102 个监

① 云南年鉴编辑委员会：《云南年鉴（2014）》，昆明：云南年鉴社，2014 年，第 222 页。

测断面（点位）中，43个断面（点位）水质优，达到Ⅰ—Ⅱ类标准；22个断面（点位）水质良好，达到Ⅲ类标准；10个断面（点位）水质轻度污染，达到Ⅳ类标准；7个断面（点位）水质中度污染，达到Ⅴ类标准；20个断面（点位）水质重度污染，劣于Ⅴ类标准。总体水质由中度污染好转为轻度污染。城市水环境功能区的主要超标水质指标为氨氮、总磷、总氮、化学需氧量、五日生化需氧量等。湖泊（水库）水质状况：在开展监测的61个湖泊（水库）中，40个湖泊（水库）水质优，达到Ⅰ—Ⅱ类标准；11个湖泊（水库）水质良好，达到Ⅲ类标准；3个湖泊（水库）水质轻度污染，达到Ⅳ类标准；7个湖泊（水库）水质重度污染，劣于Ⅴ类标准。45个湖泊（水库）水质达标，占73.8%。56个湖泊（水库）开展湖泊（水库）营养状况监测，16个处于贫营养状态、34个处于中营养状态、1个处于轻度富营养状态、4个处于中度富营养状态、1个处于重度富营养状态。集中式饮用水水源地水质状况：21个主要城市（16个州市人民政府所在地和5个县级市）的46个取水监测点水质监测结果表明：按《地表水环境质量标准》（GB3838—2002）评价，46个取水监测点均能满足饮用水水质要求，达标率为100%。167个县级城镇集中式饮用水水源地开展水质监测，其中，地表水源157个、地下水源10个。监测结果表明，159个饮用水水源地满足饮用水水质要求；8个不能满足饮用水水质要求，其中，3个为地表水饮用水水源地，主要超标水质指标为总磷，5个为地下水饮用水水源地，主要超标水质指标为铁、氨氮、硝酸盐、锰、亚硝酸盐和总大肠菌群。

（二）城市环境空气质量

2014年，全省有18个主要城市（16个州市人民政府所在地和个旧市、开远市）开展城市环境空气质量监测与评价，其中，昆明市、曲靖市、玉溪市按《环境空气质量标准》（GB3095—2012）进行监测和评价，其余15个城市按《环境空气质量标准》（GB3095—1996）进行监测和评价。以日平均浓度按环境空气质量指数评价，昆明市环境空气质量优良率为97.0%，曲靖市环境空气质量优良率为97.3%，玉溪市环境空气质量优良率为98.1%；按年平均值评价，3个城市均达到环境空气质量二级标准，与上年相比，昆明市各项污染物指标均有下降，其中二氧化硫下降幅度较大，为28.6%。其他15个城市，以日平均浓度按环境空气污染指数评价，丽江市、普洱市、临沧市、楚雄市、文山市、蒙自市、大理市、六库镇、香格里拉市9个城市的优良率为100%，保山市、昭通市为99.7%，芒市为98.9%，景洪市为91.5%，个旧市89.6%，开远市87.4%。与上年相比，个旧市、蒙自市和六库镇环境空气质量优良率有所提高，开远市、芒市、景洪市、保山市环境空气质量优良率略有下降。按二氧化硫、二氧化氮、可吸入颗粒物的年平均浓度值评价，15个城市中，普洱市、大理市和香格里拉市达到环境空气质量一级标准；保山市等 11 个城市达到环境空气质量二级标准；开远市超过环境空气质量三级标准，主要污染指标是二氧化硫。与上年相比，个旧市空气质量类别从三级上升为二级。

（三）降水和酸雨

2014 年，全省开展降水酸度监测的 19 个城市（除香格里拉市外的 15 个州市人民政府所在地和安宁市、宣威市、个旧市、开远市）中，昭通市、楚雄市、个旧市降水 pH 年平均值低于 5.6，为酸雨区；玉溪市、临沧市、蒙自市出现过酸雨，但降水 pH 年平均值在 5.6 以上，为非酸雨区。13 个城市未出现过酸雨。与上年相比，全省降水 pH 总平均值由 5.84 上升为 5.86，酸雨频率由 8.6% 下降为 4.9%，酸雨污染有所减轻。

（四）城市声环境质量

2014 年，全省城市声环境质量总体良好。城市道路交通声环境质量：20 个城市（16 个州市人民政府所在地城市及宣威市、个旧市、开远市、瑞丽市）的平均声级值为 63.8—69.9 分贝，总体上声环境质量较好。在 860 千米的监测路段中，声级值在 70 分贝以下、声环境质量为好和较好的路段占 91.8%；声级值为 70—72 分贝、声环境质量一般的路段占 5.3%：声级值在 72 分贝以上、声环境质量差和较差的路段占 2.9%。城市区域声环境质量：20 个城市共设置 2424 个监测点，对 718 平方千米的城区声环境质量进行监测。20 个城市中，声环境质量为好或较好的有 17 个，声环境质量一般的有 3 个。718 平方千米的城区中，声环境质量为好或较好的区域占 64.3%；声环境质量为一般的区域占 28.8%；声环境质量为差或较差的区域占 6.9%。城市功能区声环境质量：全省 17 个城市（昆明市、曲靖市、宣威市、玉溪市、保山市、昭通市、丽江市、普洱市、楚雄市、个旧市、开远市、蒙自市、文山市、景洪市、大理市、六库镇、香格里拉市）昼间各类功能区的超标率平均为 12.5%，范围为 2.7%—43.80%，超标率最低的是 4 类区（交通干线两侧）、最高的是 0 类区（康复疗养区）；夜间各类功能区的超标率平均为 20.5%，范围为 5.8%—40.6%，超标率最低的是 3 类区（混合区）、最高的是 0 类区（康复疗养区）；总体上，夜间超标率高于昼间，0 类区（康复疗养区）的超标率高于其他区域。

（五）主要污染物总量减排

2014 年，云南省坚持把污染减排纳入全省"稳增长、保安全、促减排"总基调，加大资金投入，强化保障措施，严格考核问责，着力予以推进。云南省 4 项主要污染物减排目标任务均超额完成。与上年相比，化学需氧量排放量下降 2.45%、氨氮排放量下降 2.73%、二氧化硫排放量下降 3.98%、氮氧化物排放量下降 4.75%。主要污染物总量减排监测体系建设运行工作通过国家考核，污染源自动监控数据传输有效率达到 76.9%、企业自行监测信息公布率达到 94%、国控企业污染源监督性监测信息公布率达到 97%。

（六）水污染防治

2014 年，云南省全力推进九大高原湖泊水污染防治和重点流域水污染防治。针对滇池流域规划实施情况国家考核连续两年不及格的问题，云南省委、云南省人民政府领导专门做出批示，并召开专题会议，云南省环境保护厅约请昆明市委、昆明市人民政府主要领导座谈，督促昆明市进一步采取措施。九大高原湖泊所在地的州（市）人民政府认真落实云南省人民政府现场办公会议精神，加快实施各湖泊的"十二五"规划项目。玉溪市实施沿湖 4 县生态建设目标任务考核，大理白族自治州开展洱海流域"三清洁"活动，丽江市开展程海流域环境违法行为有奖举报。截至年底，九大高原湖泊水污染综合防治"十二五"规划项目完工 141 项，在建 116 项，累计完成投资 332.81 亿元。九大高原湖泊水质总体保持稳定，水质局部得到改善，主要入湖污染物总量基本得到控制，重污染湖泊水质恶化趋势得到遏制，主要污染指标呈稳中有降的态势。与上年相比，洱海水质类别由 Ⅲ 类上升为 Ⅱ 类。其余湖体水质保持稳定。异龙湖、星云湖、杞麓湖由重度富营养状态好转为中度富营养状态，滇池草海由中度富营养状态下降为重度富营养状态。湖体主要水质超标指标为化学需氧量、总磷、高锰酸盐指数、五日生化需氧量、氨氮、总氮。全省《重点流域水污染防治规划（2011—2015 年）》规划项目进展整体顺利。重点流域水质整体稳中有升，江边、三块石、横江桥、普渡河桥、江底桥 5 个控制断面水质满足规划年度考核要求。

（七）工业污染防治

2014 年，全省新颁发危险废物经营许可证 7 份，办理危险废物转运联单 46 份，依法跨省转移出危险废物约 3.68 万吨（其中有色金属行业 3.20 万吨、化工行业 2670 吨、其他行业 2142 吨）。新发放省级排污许可证 6 份，累计发放 148 份。年末，昆明市、曲靖市、滇中产业新区辖区企业在重点污染源协同动态管理系统开展网上申报审核试点工作。继续实施《重金属污染综合防治"十二五"规划》，完成金属污染物落后产能项目 18 个。发布实施 2014 年清洁生产审核企业名单 272 户，其中，实施强制性清洁生产审核企业 160 户，73 户重点企业通过强制性清洁生产审核。

（八）城市机动车污染防治

2014 年，云南省人民政府印发实施《云南省大气污染防治行动实施方案》《云南省治理淘汰黄标车及老旧车工作方案》。全省注销黄标车及老旧车 18.51 万辆，超额完成黄标车及老旧车年度淘汰任务。昆明市继续稳步推进机动车环境保护检验工作，玉溪市、文山壮族苗族自治州机动车环境保护检验站建成投运。全省累计核发环境保护检验合格标志 78 万余个。

（九）辐射环境管理

2014 年，云南省环境保护厅印发《放射性同位素与射线装置辐射安全和防护监督检查大纲》和《放射性同位素与射线装置辐射安全和防护监督检查技术程序》。进一步推进简政放权，下放审批权限，将销售Ⅳ、Ⅴ类放射源和生产、销售Ⅲ类射线装置的核技术利用 4 类辐射类项目的环境影响评价审批委托各州（市）环境保护局实施。全省环境保护部门共计办理辐射类行政许可审批 1705 项，其中：辐射类建设项目环境影响评价审批 531 项；辐射安全许可证 777 项；放射性同位素转让 63 项；辐射类建设项目竣工环境保护验收 334 项。全年共收贮 283 枚废旧（闲置）放射源。

（十）环境监管执法

2014 年，全省环境监管执法工作进一步加强。出台《云南省环境保护厅云南省公安厅关于建立环境执法衔接配合机制的实施意见》，建立联动执法联席会议制度、联络员制度、信息通报机制、紧急案件联合调查机制、案件移送机制、重大案件会商和联合督办机制、奖惩机制 7 个方面的工作机制。开展环境保护专项行动，查处群众反映强烈的大气污染和废水污染地下水等环境违法问题，共出动环境保护执法人员 2.93 万人次，检查企业 1.33 万家，立案查处企业 47 家，结案企业 47 家，结案率为 100%。针对环境违法行为，全省下达行政处罚决定书 681 份，共计罚款 2456.21 万元；下达责令改正违法行为决定书 1042 份。

（十一）生态文明体制改革

2014 年，云南省深入推进生态文明体制改革。云南省委成立深化生态文明体制改革专项小组；云南、省委、云南省人民政府颁布实施《云南省全面深化生态文明体制改革总体实施方案》，方案着眼建立完整的生态文明制度体系，围绕实施最严格的源头保护制度、损害赔偿制度、责任追究制度，完善环境治理和生态修复制度等方面细化 19 项重点举措，明确 52 项具体改革任务的时间表和路线图。启动生态保护红线划定工作。

（十二）自然保护区建设与管理

2014 年，云南省贯彻落实《国务院办公厅关于做好自然保护区管理有关工作的通知》，严格建设项目生态准入。出台《自然保护区建设项目生物多样性影响评价技术规范》，绿春黄连山、云龙天池国家级自然保护区和云南会泽驾车华山松省级自然保护区 3 个保护区总体规划获得批准。截至年底，全省有各种类型、不同级别的自然保护区 161 个（其中国家级 21 个、省级 38 个、州市级 57 个、区县级 45 个），总面积 281 万公顷。基本形成各种级别、多种类型自然保护区网络体系，全省典型生态系统及 85% 的珍稀濒危野生动植物物种得到有效保护。

（十三）农村环境保护

2014 年，云南省深化"以奖促治"，扩大农村环境综合整治试点示范。全年共投入国家和省级资金 1.84 亿元，支持 160 个村庄开展农村环境综合整治。开展两个规模化畜禽养殖污染防治与废弃物综合利用示范项目。全省推广测土配方施肥 266.67 万公顷；农村户用沼气累计保有量达到 318.5 万户。

（十四）生态文明建设示范区创建

2014 年，全省有 9 个县（市、区）通过省级生态文明县（市、区）技术评估和考核验收，获得省政府命名，实现省级生态文明县零的突破。完成 34 个国家级生态乡镇的省级审查和验收，并上报环境保护部待复核命名。完成第九批省级生态文明乡镇和第二批省级生态文明村的技术审查。截至年底，全省累计建成 85 个国家级生态乡镇、8 个省级生态文明县（市、区）、328 个省级生态文明乡镇、3 个国家级生态村、9 个省级生态文明村。[1]

五、2015 年

2015 年，全省环境保护系统坚持保护优先、发展优良、治理有力、治污有效，着重做好生态文明体制改革、环境监管、污染减排、环评管理、污染防治、自然生态保护等方面工作。全省城市空气质量总体良好，主要河流总体水质由轻度污染转为良好，六大水系主要河流干流出境、跨界断面水质全部达到水环境功能要求。九大高原

---

① 云南年鉴编辑委员会：《云南年鉴（2014）》，昆明：云南年鉴社，2015 年，第 238—240 页。

湖泊水质总体保持稳定，集中式饮用水水源地保护进一步加强，自然生态环境状况保持稳定。

（一）城市环境空气质量

2015 年，云南省 16 个州（市）人民政府所在地全部按照新修订的《环境空气质量标准》（GB 3095—2012）开展监测。按年平均值评价，16 个州（市）的二氧化硫、二氧化氮、可吸入颗粒物和细颗粒物年平均浓度分别为 15 微克/米^3、17 微克/米^3、45 微克/米^3 和 28 微克/米^3。与 2014 年相比，二氧化硫和可吸入颗粒物年平均浓度分别下降 16.7%和 8.2%，二氧化氮保持稳定。昆明、曲靖、玉溪等 14 个城市符合环境空气质量二级标准。文山、保山超过环境空气质量二级标准，超标指标均为细颗粒物，超标倍数分别为 0.09 倍和 0.06 倍。按环境空气质量指数值评价，16 个州（市）优良天数比例为 93.1%~100%，其中丽江和香格里拉为 100%，景洪为 93.1%。16 个州（市）累计超标158 天，其中重度污染 1 天、中度污染 7 天、轻度污染 150 天。按照首要污染物分析，101 天为细颗粒物，占 63.9%；52 天为臭氧，占 32.9%；3 天为可吸入颗粒物，占 1.9%；2 天为一氧化碳，占 1.3%。昆明、曲靖、玉溪优良天数比例分别为 97.8%、97.0%和 99.5%。

（二）地表水水质状况

2015 年，云南省监测河流国控省控断面 184 个，全省河流总体水质为良好。红河水系、怒江水系、伊洛瓦底江水系水质为优，澜沧江水系水质为良好，长江水系、珠江水系水质轻度污染。与 2014 年相比，全省河流总体水质由轻度污染好转为良好，红河水系水质由良好好转为优，珠江水系优良率大幅提高。184 个水质断面中，达到Ⅲ类水质标准以上、水质优良的断面占 78.3%；水质劣于Ⅴ类、重度污染的断面占5.4%。达到水环境功能要求的断面有 158 个，占 85.9%。有 26 个监测断面的水质类别超过水环境功能要求。南盘江花山水库入口、星宿江水文站水质比 2014 年下降 1 个类别，主要超标水质指标均为氨氮。25 个出境、跨界河流监测断面，均达到水环境功能要求。九大高原湖泊中，抚仙湖、泸沽湖符合Ⅰ类标准，洱海符合Ⅱ类标准，3 个湖泊水质均未达到水环境功能要求，符合Ⅳ类标准，水质轻度污染，主要超标水质指标分别为砷、化学需氧量。滇池草海、滇池外海、异龙湖、杞麓湖、星云湖劣于Ⅴ类标准，水质重度污染，主要超标水质指标为化学需氧量、高锰酸盐指数、总磷、生化需氧量。湖泊富营养状态：抚仙湖、泸沽湖为贫营养状态，阳宗海、洱海、程海为中营养状态，滇池外海、滇池草海、异龙湖、杞麓湖、星云湖为中度富营养状态。与 2014年比较，滇池草海由重度富营养状态好转为中度富营养状态。其他监测的 50 个湖泊

（水库）中，48 个水质优良，占 96.0%。个旧湖和长桥海水质重度污染，个旧湖主要超标水质指标为氟化物，长桥海主要超标水质指标为化学需氧量、高锰酸盐指数、总磷、五日生化需氧量。

（三）饮用水水源地水质

2015 年，云南省 21 个主要城市 46 个监测点水质均满足饮用水水环境功能要求（Ⅲ类），达标率为 100%。与 2014 年相比，达标率稳定。全省 164 个县级城镇集中式饮用水水源地开展了水质监测，其中地表水源 155 个、地下水源 9 个。按《地表水环境质量标准》（GB3838—2002）、《地下水质量标准》（GB/T 14848—1993）中Ⅲ类标准和环境保护部办公厅《地表水环境质量评价办法（试行）》进行评价，160 个水源满足或优于Ⅲ类水环境功能要求，占 97.6%，较 2014 年上升 2.4%。4 个水源不能满足水环境功能要求，大理白族自治州巍宝山水库主要超标水质指标为五日生化需氧量，弥渡县饮用水 1 号、3 号、5 号取水井主要超标水质指标为铁、锰、氨氮。

（四）水污染防治

2015 年，云南省环境保护厅推进《重点流域水污染防治规划（2011—2015 年）》实施，督促相关州（市）人民政府及滇中产业新区管理委员会全力推进《重点流域水污染防治规划（2011—2015 年）》项目实施，同时统筹协调省级相关部门继续对《重点流域水污染防治规划（2011—2015 年）》涉及的城镇生活污水和垃圾处理项目实行行政许可"绿色通道"：加强水质动态分析，按时调度三峡库区及其上游水质考核断面水质监测结果，确保水质稳定。国家考核结果显示，2014 年云南省重点流域水污染防治规划实施情况较好，三峡库区上游流域 5 个水质考核断面全部满足年度水质控制目标。配合国家完成重点流域水污染防治"十三五"规划编制工作。加强集中式饮用水水源地保护，组织开展州（市）级以上城市、县级以上城镇集中式饮用水水源地环境状况评估并完成《全省地级以上集中式饮用水水源状况评估报告》和《云南省地级以下集中式饮用水水源环境状况评估报告》。2015 年，全省县级以上城镇集中式饮用水水源地未发生重大环境污染事故和突发环境事件。

（五）主要污染物总量减排

2015 年，云南省通过强化监管、加强指导、实施约谈、区域行业限批及"以奖代补"等综合措施，全省化学需氧量排放量为 51.03 万吨，较 2014 年下降 4.41%，比 2010年下降 9.47%；氨氮排放量为 5.49 万吨，同比下降 2.80%，比 2010 年下降 8.45%；二氧化硫排放量为 58.37 万吨，同比下降 8.32%，比 2010 年下降 17.06%；氮氧化物排放量为

44.94 万吨，同比下降 9.93%，比 2010 年下降 13.54%，超额完成 2015 年度任务及"十二五"减排任务。

（六）大气污染防治

2015 年，云南省开展大气污染防治行动。云南省人民政府建立大气污染防治联席会议制度，省直部门共同推进，通过产业结构调整优化、实施清洁生产、整治燃煤小锅炉、治理工业大气污染、控制城市扬尘污染、防治机动车污染、大力推广使用清洁能源等综合措施，全省环境空气质量持续保持优良。

（七）土壤环境保护和综合治理

2015 年，云南省环境保护厅指导 16 个州（市）开展土壤环境保护和综合治理方案编制，昭通、昆明、普洱 3 个市方案已经政府批准实施；文山、曲靖、红河等 7 个州（市）方案已通过审查。组织开展全省土壤环境保护优先区和重点治理区划定工作。有序开展兰坪、会泽等县耕地土壤污染治理与修复项目前期准备工作，争取国家支持，兰坪白族普米族自治县耕地土壤污染治理与修复项目作为全国首轮启动的 14 个土壤污染治理重点项目获得国家支持，下达资金 2400 万元。推动"有机农业—土壤—水质耦合调控关键技术研究与应用示范"等一批土壤重点项目的实施。

（八）重金属固体废弃物等污染防治

2015 年，云南省纳入考核的 100 个重金属污染综合防治"十二五"规划项目中，已完成 94 个。通过强化涉重金属行业（企业）环境监管、开展土壤污染重金属治理等措施，全省重金属污染防治取得良好成效，全省重金属污染物排放总量有所下降，环境质量总体稳中趋好，各流域重金属污染情况均不同程度好转，环境风险得到有效控制，全年未发生涉重金属突发环境事件。按照"减量化、无害化、资源化"原则，大力推进清洁生产和循环经济发展，从生产源头减少固体废弃物的产生，强化工业固体废弃物的综合利用和安全处置。完成 2014 年全省城镇污水处理厂污泥产生处置情况调查，2014 年全省城镇污水处理厂污泥产生量为 48.7 万吨，安全处置率 100%。加强化学品环境管理，认真执行国家关于有毒化学品进出口环境管理登记审批工作的要求，完成 3 家有毒化学品出口企业年度备案工作，完成 1 家首次申请有毒化学品出口企业环境管理预审工作。实施持久性有机污染物统计报表制度，完成 2014 年度云南省持久性有机污染物统计报表制度实施情况的报告。

（九）工业污染防治

2015 年，云南省环境保护厅将排污许可证管理作为污染源环境综合管理和精细化管理的重要举措。推进重点污染源协同动态管理系统建设和运行，开展昆明市、曲靖市、滇中产业新区辖区企业试点先行网上申报审核工作。认真组织开展全省排污许可证核发情况调查。摸底调查全省主要污染物排放许可总量及区域、行业分布情况，为排污权交易奠定基础。2015 年基本完成全省排污许可证核发情况调查数据收集。

（十）环境污染第三方治理

2015 年，云南省对第三方治理制度和模式开展研究，探索政府和社会资本合作实施环境保护工程等有效投融资试点工作。结合云南省实际，强调综合整治公共服务领域、重点行域、湖泊（水库）流域环境，推行第三方治理，营造有利的市场和政策环境，制定三方治理的治污新机制，不断提升云南省污染治理水平。

（十一）生态保护

2015 年，云南省环境保护厅继续推进全省生态保护红线划定工作，进一步完善生态保护红线划定工作方案和技术方案，组织开展生态保护红线与国家技术对接工作。配合省旅游发展委员会，开展七彩云南——古滇文化旅游名城等创建国家生态旅游示范区工作，七彩云南——古滇文化旅游名城获得国家生态旅游示范区命名。

（十二）生物多样性保护

2015 年，云南省环境保护厅协调云南省人大常委会环境与资源保护工作委员会组织开展全省生物多样性保护专题调研，《云南省生物多样性保护条例（草案）》通过云南省人民政府法制办公室组织的立项论证。争取中国生物多样性博物馆项目列入国家生物多样性保护重大工程，推动召开博物馆建设前期工作协调会。组织编制《云南省实施国家生物多样性保护重大工程方案设计》。争取纳板河国家级自然保护区野外综合观测站列入国家生物多样性保护重大工程。开展对省级环境保护专项资金生物多样性保护项目的实施督促落实，完成 2014 年度环境保护专项资金项目绩效自评，省级生物多样性保护项目实施成效显著。在"全国自然生态保护工作视频会议"和"全国生物多样性保护与管理培训班"做交流发言。

（十三）自然保护区监管

2015 年，云南省环境保护厅完成红河阿姆山省级自然保护区范围调整；文山市新马房水库、玉磨铁路工程等涉及自然保护区项目环境影响评价报告生态专题，获环境保护部审核同意；苍山洱海国家级自然保护区总体规划由环境保护部审核后获云南省人民政府批复，红河阿姆山省级自然保护区总体规划获云南省人民政府批复。组织开展对全省19个国家级自然保护区内的人类活动、开发建设情况进行核实、监督、整改。完成轿子山、元江、云龙天池3个国家级自然保护区管理评估。对云南白马雪山、文山国家级自然保护区范围调整申报材料进行优化调整，研究南捧河、珠江源等省级自然保护区范围调整。加强对国家级自然保护区的支持和管理，推进规范化和信息化建设，指导、监督专项资金项目实施。会泽黑颈鹤国家级自然保护区、苍山洱海国家级自然保护区获得中央财政下达的专项资金3433万元。加强森林防火工作，纳板河流域国家级自然保护区连续20年保持无森林火灾，苍山洱海国家级自然保护区无森林火灾。截至2015年12月，全省已建各种类型、不同级别的自然保护区161个（其中国家级21个、省级38个、州市级56个、区县级46个），总面积约286万公顷，占全省总面积的7.3%，基本形成布局合理、类型较为齐全的自然保护区网络体系。

（十四）农村环境保护

2015年，云南省环境保护厅在洱源、芒市等7个县（市、区）开展农村环境综合整治整县推进试点。全面贯彻落实《云南省深入实施兴边富民工程改善沿边群众生产生活条件三年行动计划（2018—2020）》，安排20个沿边建制村开展环境综合整治。加大对中国传统村落的环境保护，会同财政、住建部门实施206个中国传统村落环境整治。全年争取中央资金4.59亿元，投入省级资金3 288万元，共组织开展422个建制村的环境综合整治。积极探索农村生活垃圾就地减量化、无害化处置途径及长效运维机制，示范推广农村垃圾热解汽化技术，受到环境保护部高度重视，给予充分肯定，广西、重庆及省内多地前往示范点调研学习。

（十五）九大高原湖泊治理

2015年，云南省坚持"一湖一策"、分类施策，以大幅削减入湖污染物为基础，以恢复流域生态系统功能、改善湖泊水环境质量为重点，通过强化领导、加大投入、综合治理，联动治湖机制广泛形成、依法治湖理念深入人心、公众环境保护意识进一步增强，在流域经济快速增长、人口环境压力不断加大的情况下，九大高原湖泊水污染综合防治工作初见成效，水质优良，湖泊水质保持稳定。对水质优良的抚仙湖和泸沽湖，始终都坚持生态优先、保护优先原则，通过划定生态保护红线，实施分区管理，明确禁止开发管理区，严格限制开发，实行源头严控、过程严管、违法严惩和湖泊保护一票否决，有效控制了开发利用对湖泊生态环境及水质的影响。通过开展城镇污染、农业农村面源污染综合治理，加强流域面山林业建设、小流域综合治理、湖滨生态湿地建设，确保了水质稳定。"十二五"期间，抚仙湖、泸沽湖总体水质稳定保持 I 类，营养状态指数保持贫营养状态，水质良好，湖泊水质持续改善，生态系统功能逐步恢复。对水质良好的洱海、程海、阳宗海，突出保护为主的原则，通过产业结构调整、农业农村面源治理及村落环境整治、控污治污、生态修复及建设等措施进行了综合治理，主要入湖污染物总量基本得到控制。通过扎实推进集镇污水收集、环湖村落综合治理、垃圾收集清运处置系统建设、畜禽粪便污染治理与资源化利用、"三退三还"和湖滨湿地建设、入湖小流域治理等措施，洱海水质达到 II 类的月份明显增加，阳宗海砷污染治理目标基本实现，程海水环境质量有所改善。作为我国典型富营养化初期湖泊，洱海初步探索出了一条"循法自然、科学规划、全面控污、行政问责、全民参与"的"洱海保护治理模式"向全国推广。重度污染湖泊水质改善明显，控污、治污及生态修复有所突破。对滇池、星云湖、杞麓湖、异龙湖等重度污染湖泊，通过全面控源截污、入湖河道整治、农业农村面源治理、生态修复及建设、污染底泥清淤等强化综合治污措施，水质恶化趋势得到遏制，主要污染指标明显改善。滇池持续推进环湖截污、农业农村面源污染治理、生态修复与建设、入湖河道综合整治、生态清淤、外流域调水及节水"六大工程"建设，多措并举，治理体系不断完善，水质趋稳向好，顺利通过国家 2014 年度考核；星云湖以控源—减污为重点，通过产业结构调整、城镇与农业农村面源治理、入湖河道清水产流修复、湖滨带生态建设等综合施治，入湖污染负荷得到控制，湖滨生态得到初步恢复；杞麓湖以污染物总量减排为重要抓手，进一步减少流域污染负荷，湖滨缓冲带生态功能有所恢复；异龙湖初步完成农村环境综合整治、底泥疏挖、四退三还等工程，加之有效补水，水质得到明显改善。

（十六）九大高原湖泊"十二五"规划目标总体完成

九大高原湖泊"十二五"规划项目共计 292 项，规划总投资 548.99 亿元，截至 2015 年底，完成 221 项、在建 60 项、开展前期工作 10 项、未启动 1 项，开工率 96.23%、完工率 75.68%，累计投资 377.79 亿元，投资完成率 68.82%。监测结果表明：九大高原湖泊水质总体保持稳定，主要入湖污染物总量基本得到控制，重污染湖泊水质恶化趋势得到遏制，主要污染指标呈稳中有降的态势；抚仙湖和泸沽湖总体水质保持 I 类；洱海水质在 II 类和 III 类之间波动；阳宗海水质为 IV 类；程海湖水质为 IV 类（pH、氟离子除外）；滇池、星云湖、杞麓湖、异龙湖 4 个湖泊水质虽为劣 V 类，但水质恶化趋势得到遏制，主要超标水质指标有明显改善，特别是滇池、异龙湖主要超标水质指标浓度大幅度下降。

（十七）加强能源生产消费监控

2015 年，全省电力生产稳步增长，清洁一次电力占发电量比重继续提高。全省共完成发电量 2553.37 亿千瓦时，比上年增长 1.07%。其中，水力发电 2177.56 亿千瓦时，增长 5.77%；火力发电 266.47 亿千瓦时，下降 31.99%；风力发电 92.28 亿千瓦时，增长 49.30%。水电所占比重达 85.28%，比上年提高 3.7 个百分点；风电所占比重为 3.61%，比上年提高 1.3 个百分点；火电所占比重为 10.44%，比上年降低 5.07 个百分点。全省以水电为主的清洁一次电力达 2275.52 亿千瓦时，占全省发电量的 89.12%，所占比重较上年提高 4.95 个百分点。重化工业生产疲软，能源消费结构不断优化。全社会用电量 1438.61 亿千瓦时，比上年下降 5.94%。规模以上工业企业电力累计消费 950.13 亿千瓦时，比上年下降 4.46%。其中，轻工业电力消费 39.73 亿千瓦时，增长 5.44%；重工业电力消费 910.4 亿千瓦时，下降 4.85%。规模以上工业企业原煤累计消费 7512.95 万吨，比上年下降 9.13%，其中，轻工业消费 216.56 万吨，重工业消费 7296.39 万吨，下降 9.51%。电力消费大幅下降，而原煤消费则较上年有小幅度收窄，电和煤的用量趋势与全省工业能耗趋势的匹配性，充分体现出重化工业生产对电的依赖增加，工业能源消费结构在不断优化。严格监管预警，遏制高耗能、高排放行业过快增长。面对 2015 年全省工业生产低速增长的情况，避免因为经济发展压力较大而盲目新建高耗能项目。严格执行节能评估审查制度，从源头上控制能耗过快增长。加强竣工验收，遏制高耗能产业盲目发展。加强节能指标预警预测，预防能耗爆发式增长。为防止能耗随经济政策及市场行情变化出现爆发式增长，加强能耗统计和监测，每月发布能耗统计监测信息、节能专报和晴雨表；每季度做好节能形势分析和预测预警，及时发现倾向性、苗头性问题，并采取针对性措施，找准工作切入点，制订实施节能预警调控方案，明确调控目标、调控对象、调控措施和调控力度等；定期召开节能工作协调会议，对阶段工作进行分析，及时研究提出应对措施。

（十八）推进国土资源节约集约利用

2015 年，云南省推进保护坝区农田、建设山地城镇工作，坚决推进闲置土地处置，不断推进矿产资源综合利用示范基地建设。全面落实基本农田保护责任，全省共划定基本农田 526.13 万公顷。不断加大土地整治工作力度，优先安排资金开展土地整治、坡改梯、旱改水等工程。全年审查通过 124 个土地整治项目。切实加强土地复垦监管。从土地复垦方案审查、费用预存、工程实施等方面，全面加强监管，实现土地复垦费用监管信息化，土地复垦工作走在全国前列。

（十九）深化水资源管理体制改革

2015 年，云南省全面贯彻落实"节水优先、空间均衡、系统治理、两手发力"的新思路，以最严格水资源管理制度为核心，以取用水管理为重点，以行政许可为载体，以监控能力建设为基础，以试点示范为引领，全面统筹制度建设，深化水资源管理体制改革，创新工作体制，各项工作任务取得阶段性成效。最严格水资源管理制度考核取得良好成绩，国务院考核工作组对云南省现场考核结果为优秀。水资源统一调度和能力建设增强。水生态文明、节水型社会建设加速推进。全省新增高效节水灌溉面积 8 万公顷，工业万元产值取用水力下降到 46 立方米。

（二十）发展循环经济

2015 年，云南省按照减量化、再利用、资源化的原则，加快构建循环型工业、农业、服务业体系，提高全社会资源产出率。按照"两证一库一评估"的清洁生产管理机制组织清洁生产审核。组织 95 家企业开展清洁生产审核，对 21 家清洁生产咨询服务机构开展年检工作。加强再生资源回收利用体系建设，开发利用"城市矿产"，推进秸秆、畜禽粪便等农林废弃物及建筑垃圾、餐厨废弃物资源化利用，推广再制造和再生利用产品，鼓励纺织品、汽车轮胎等废旧物品回收利用，推进尾矿、有色冶炼渣及工业石膏等大宗固体废弃物综合利用。2015 年重点行业资源综合利用水平明显提升，其中，煤气/炉渣、黄磷炉渣利用率分别达到 45% 和 80%，煤矸石利用量占全国 50% 以上，矿山资源采选综合利用率已超过 90%，制糖行业蔗渣、糖泥综合利用率基本达到 100%，废醪液利用率达到 90%。深化循环经济示范试点建设，曲靖市、祥云县列入国家第二批循环经济示范试点。昆明市、丽江市国家餐厨废弃物资源化利用和无害化处理试点和昆明高新技术产业开发区园区循环化改造示范试点完成中期评估工作，个旧市、云南锡业集团（控股）有限责任公司、云南铜业（集团）有限公司国家"双百工程"（资源综合利用示范基地和骨干企业）完成自评估工作。昆明"城市矿产"、东川资源和利用示范基地积极申报在国家层面的试点示范，昆明静脉产业园、丽江废弃物再生产业园等再生资源加工园区建设稳步推进。

（二十一）培育壮大节能环境保护产业和服务业

2015 年，云南省充分发挥高新技术在节能降耗、提高资源利用效率等方面的积极作用，加大关键技术研发和推广，加快节能环保技术咨询、评估、监测等节能环保服务业的发展。用先进技术实现节能环保和循环利用，发展精深加工，延伸产业链。充分利用已有产业基础，引进先进技术和合作伙伴，支持节能环保设备生产骨干企业发展壮大，利用市场化手段，培育发展专业化节能环保服务公司，技术支撑能力稳步增强。

（二十二）加大保障资源节约财政支持力度

2015 年，云南省通过节能改造重点工程、循环经济试点项目建设等形式，争取国家、云南省资金支持，推进资源节约工作取得实效。中央预算内投资节能项目 8 项，总投资 3.27 亿元，其中中央预算内投资 3911 万元。全省安排节能降耗专项资金 9000 万元支持节能技术改造项目。中央预算内投资循环经济示范项目 5 项，总投资 3.12 亿元，其中中央预算内投资 3389 万元。中央预算内投资"双百工程"示范项目 2 项，总投资 1.32 亿元，其中中央预算内投资 1580 万元。中央预算内投资清洁生产示范项目 1 项，总投资 2.87 亿元，其中中央预算内投资 3000 万元。①

第二节 环 境 会 谈

一、大理白族自治州 2011 年排污收费征收工作会议召开（2011 年 2 月）

为规范全州排污费征收行为，大力加强排污申报登记工作，全面推广使用排污费征收管理系统软件，2011 年 1 月 20 日大理白族自治州组织召开 2011 年度全州排污费征收工作会议。全州 12 县（市）、"两区"环境保护局分管领导、大队长及负责排污费征收管理系统软件操作人员参加了会议。会上大理白族自治州环境保护局谢宝川副局长做重要讲话，认真回顾了"十一五"期间全州环境监察执法工作取得的成绩及存在的问题，明确指出"十二五"环境监察执法工作思路。云南省环境监察总队副总队长张守君就排污申报登记、排污费征收工作中存在的问题及注意事项进行了认真详细讲解。大理白族自治州环境监察支队季光明副支队长通报 2010 年排污费申报登记、排污费征收工作情况，并安排部署 2011 年排污费征收工作。同时，会议结合全州环境监察工作的开展情况进行了分组讨论，与会人员积极发言，共谋全州环境监察及排污费征收工作大计。会议期间州支队对各县（市、区）软件操作人员进行了排污费征收管理系统软件培训。会议的召开，为提前谋划"十二五"环境监察工作和 2011 年全州排污

---

① 云南年鉴编辑委员会：《云南年鉴（2015）》，昆明：云南年鉴社，2016 年，第 269—272 页。

申报登记核定与排污费征收工作再上新台阶奠定了坚实的基础。

二、云南省召开电视电话会议启动 2011 年环境保护专项行动（2011 年 3 月）

2011 年 3 月 28 日，环境保护部、国家发展和改革委员会、工业和信息化部、监察部、司法部、住房和城乡建设部、国家工商行政管理总局、国家安全生产监督管理总局、国家电力监管委员会 9 部委联合召开了 2011 年全国整治违法排污企业保障群众健康环保专项行动电视电话会议。环境保护部副部长对环境保护专项行动做了动员部署，并对开展好 2011 年的环境保护专项行动提出了具体要求。会上，环境保护部等 9 部委参会领导做了专题发言。国家电视电话会议结束后，云南省继续召开了全省环境保护专项行动电视电话会议，和段琪副省长做了动员讲话，就贯彻落实全国电视电话会议精神、结合实际开展云南省环境保护专项整治行动做了部署。会上，和段琪副省长强调，云南省 2011 年开展环境保护专项行动要切实抓好两个方面的工作：一是集中整治重金属排放企业环境违法行为；二是加强监管污染减排项目的建设和运营。全省各级有关部门要紧紧围绕这两个方面的工作，积极行动起来，认真贯彻全国电话会议精神，确保云南省 2011 年整治违法排污企业保障群众健康环境保护专项行动取得实效，并就开展好这次环境保护专项行动提出了 5 项措施：一要加强组织领导，密切分工协作；二要加强监督指导，严格考核检查；三要加强挂牌督办，完善案件管理；四要加强综合整治，落实责任追究；五要加强舆论宣传，接受公众监督。最后，和段琪副省长要求，2011 年是"十二五"的开局之年、起步之年，要深入贯彻落实科学发展观，加快转变经济发展方式，认真落实环境保护"一岗双责"制度，重点解决危害群众健康和影响可持续发展的突出环境问题，重点整治重金属污染问题，严厉打击环境违法行为，坚决遏制重金属污染事件频发势头，保障人民群众身体健康。各级人民政府要按照国务院的要求，继续把深入开展环境保护专项行动作为重要工作内容抓实抓好，抓出成效；加强领导，完善工作制度，制订具体实施方案，各部门要加强协调配合，定期协商、联合办案，共同打击环境违法行为，做到查处到位、整改到位、责任追究到位。

三、云南省召开 2011 年环境监察工作会议进一步部署 2011 年环境保护专项行动工作（2011 年 5 月）

2011 年 5 月 6 日、7 日，云南省在德宏傣族景颇族自治州芒市召开了云南省环境监察工作会议。会议的主要内容如下：认真贯彻落实全国环境执法工作会议及全省环境保护工作会议精神、总结"十一五"环境监察工作，研究部署"十二五"及 2011 年环境监察工作任务，安排 2011 年全省环境保护专项行动，落实重金属污染防治规划编制实施等有关问题。会上，杨志强副厅长对全省环境监察工作做了重要指示，并对云南省 2011 年环境保护专项行动省级挂牌督办事项提出了具体要求。会议强调，在开展 2011 年全省环境保护专项行动中，一是加大对云南省涉重金属重点区域和重点行业的督查督办力度。二是昆明、红河、曲靖、文山、保山、玉溪、怒江 7 个重点州（市）环境保护局，要尽快组织实施昆明市东川片区、安宁片区、红河哈尼族彝族自治州个旧片区、金平片区等 11 个重点区域的综合防治规划。重点推进红河卡房大沟及藤条江、南盘江、泚江、螳螂川等流域重金属排放企业环境违法整治工作。三是加强对云南省纳入国家规划的 358 家重金属污染物排放企业的监管，严厉打击环境违法行为。四是对全省铅酸蓄电池行业企业环境污染问题整治、红河哈尼族彝族自治州个旧市卡房大沟片区采选企业环境综合整治、红河哈尼族彝族自治州境内藤条江流域采选企业环境综合整治、牛栏江流域云南龙蟒磷化工有限责任公司环境问题整治、云南云维集团有限公司 4.8 万吨/日污水处理减排项目存在问题整治 5 个省级挂牌督办事项进行督查，按时完成整治和验收工作。五是按照《云南省人民政府关于全面推行环境保护"一岗双责"制度的决定》要求，继续把深入开展环境保护专项行动作为重要工作内容，明确责任，制订具体实施方案。六是切实加强环境保护专项行动的督办督查。各地要继续将群众反映强烈、污染严重、影响社会稳定的典型环境污染问题作为重点，分批进行挂牌督办，落实相关责任，做到处理到位、整改到位、责任追究到位，挂牌督办结果要向社会公布。

四、云南省环境保护厅召开非政府组织环境保护工作座谈会（2011 年 5 月）

2011 年 5 月 17 日上午，云南省环境保护厅组织召开了非政府组织环境保护工作座谈会。大自然保护协会、云南省绿色环境发展基金会、昆明野地环境发展研究所、云南生态网络等 14 家非政府组织代表出席了会议。肖唐付副厅长对参加会议的非政府组织代表表示热烈的欢迎，介绍了云南省 2011 年的环境保护重点工作和云南省环境保护"十二五"规划（初稿）的编制情况，并希望加强与云南环境保护非政府组织的交流与合作，更好地为云南环境保护工作服务。会议代表们对云南省环境保护厅召开此次会议表示感谢，对云南省环境保护工作所取得的进展表示赞赏。代表们畅所欲言，对云南省环境保护"十二五"规划（初稿）进行了讨论，积极为云南省环境保护工作建言献策。此次会议促进了云南省环境保护厅与从事和关注云南环境保护工作的非政府组织间的交流。云南省环境保护厅对外交流与合作处、湖泊处、法规处、自然处，以及云南省环境保护宣传教育中心和云南省环境科学研究院也参加了会议。

五、大理白族自治州"十二五"环境保护规划评审会在下关召开（2011年7月）

2011年7月12日，《大理州"十二五"环境保护规划》评审会在下关明珠宾馆召开，评审会由大理白族自治州环境保护局段彪副局长主持，大理白族自治州人大、政协、发改委、财政局等相关单位领导、专家列席会议。《大理州"十二五"环境保护规划》是大理白族自治州国民经济和社会发展第十二个五年总体规划的重要专项规划之一，是指导大理白族自治州"十二五"时期环境保护工作的纲领性文件，是加强环境管理的重要基础，是环境保护参与宏观决策的基本手段。会上，段副局长首先对参会的人员做了简要的介绍，并对《大理州"十二五"环境保护规划》的指导思想、基本思路、总体目标等内容做了扼要说明。随后征求了各单位领导、专家对《大理州"十二五"环境保护规划》的意见和建议，与会领导、专家联系本部门实际踊跃发言，提出了很多有价值的意见和建议，大理白族自治州人大常委会尚榆民副主任做了重要讲话。最后，会议通过了《大理州"十二五"环境保护规划》的评审，认为该规划思路清晰、结构合理、目标明确、措施得力，符合大理白族自治州环境保护发展实际，并建议选择性采纳各单位领导、专家的意见、建议，进行完善后，报大理白族自治州人民政府审批。

六、大理白族自治州环境保护局召开2011年度全州重大经济发展项目环境保护工作推进会（2011年7月）

为进一步贯彻落实全州工业经济发展大会精神，加快大理白族自治州工业发展步伐，为工业经济发展创造良好的软环境，2011年7月26日，大理白族自治州环境保护局召开2011年度全州重大经济发展项目环境保护工作推进会，大理白族自治州环境保护局领导及12县市环境保护局、大理省级经济开发区、大理省级旅游度假区环境保护局的主要领导、环评审批负责人及大理白族自治州环境保护局相关科室负责人参加会议。会议指出，全州环境保护部门要统一思想、提高认识，进一步提高对工业经济发展重要性的认识，增强在工业发展中加强环境保护的责任感、紧迫感和危机感，充分认识环境保护与经济发展的协调统一，是实现工业经济又好又快发展的重要保证。环境保护部门要将环境保护工作融入全州经济建设主战场，坚持环境保护工作服务于经济发展大局，正确处理好发展与保护、监管与服务的关系，切实做到在积极服务中加强监管，在严格监管中做好服务。在进一步加快全州工业经济大发展的过程中，要按照"超前思考、提前介入、积极协调、主动服务"的原则，转变作风，增强主动性，预先考虑项目可能存在的环境影响，提前介入项目前期工作，做到热情服务、主动服务、超前服务。要提高审批效率，提升服务质量，加快环评速度，严把环评质量关及环境监管关，不以牺牲环境为代价来发展经济。做到环评审批与环境监管并重，加强建设项目的"三同时"监察，做到全过程跟踪督查。及时发现问题，及时进行整改，有效解决问题，最大限度将环境污染隐患消除在萌芽状态。要竭尽全力为全州经济发展出谋划策，全面提高环境保护服务经济发展的能力和水平，努力实现经济建设与环境保护协调发展。

七、云南省环境保护专项行动领导小组办公室召开铅蓄电池行业整治和验收恢复生产征求意见会（2011 年 8 月）

根据云南省环境保护厅领导对铅蓄电池企业进一步明确整治和验收恢复生产条件实施"一厂一策"的指示要求，为了完成好对铅蓄电池行业环境污染综合整治任务，云南省环境保护专项行动领导小组办公室初步制定了《铅蓄电池行业验收恢复生产征求意见稿》，并于 8 月 10 日下午在云南省环境保护厅办公楼八楼会议室召开会议征求意见。参加会议的有云南省环境保护厅环评处、污防处、环境监测处和昆明、楚雄、红河、曲靖、大理的州（市）环境保护局。会议由云南省环境保护专项行动领导小组办公室主任、云南省环境保护厅副厅长杨志强主持。会上，参会的各个代表就意见稿的内容，按照管理范围和监管权限充分发表了自己的意见。会议要求，一是各州（市）环境保护局要高度重视，及时向州（市）人民政府汇报这项工作，召开专题会研究制订出具体的实施方案，严格按照国家对铅蓄电池"六个一律"要求组织好验收工作。二是进一步明确铅蓄电池行业整治和验收恢复生产工作，由各州（市）环境保护局负总责，并为第一责任人。三是各州（市）要积极做好工作，引导铅蓄电池企业健康发展。

八、大理白族自治州召开国控、省控企业污染源自动监控系统管理工作座谈会（2011 年 9 月）

2011 年 9 月 8 日，大理白族自治州国控、省控企业污染源自动监控系统管理工作座谈会在大理市召开。大理白族自治州环境保护局及下属单位、7 个县市环境保护局领导及业务骨干，15 家国控、省控企业及 2 家第三方运维企业负责人、业务主管，共 70 人参加座谈会。会议由大理白族自治州环境保护局污控科科长李文华主持，大理白族自治州环境保护局段彪副局长做了"大力推进污染源自动监控工作，全面提高环境执法效能"重要讲话，大理白族自治州环境保护局污控科唐国富传达学习了全省污染源自动监控系统管理工作会议精神及《云南省环保厅关于进一步推进国控及省控污染源自动监控系统管理工作的通知》，部署了全州国控、省控污染源自动监控系统管理工作；大理白族自治州环境监察支队季光明副支队长就国控、省控企业筛选方法进行了简要说明，并回答了与会人员的提问；县（市）环境保护局汇报了辖区内国控、省控企业污染源自动监控系统安装及运行情况，第三方运维企业简要介绍了公司运维情况，国控、省控企业与第三方运维企业就污染源自动监控系统安装与运维进行交流互动。会议强调，要从 4 个方面切实抓紧做好污染源自动监控管理工作。一是要认清形势，提高对污染源自动监控重要性的认识；二是要精心组织，加快污染源自动监控系统建设项目实施进度；三是要找准问题，正确处理好环境保护企业与运维企业关系；四是要扎实工作，全面推进污染源自动监控工作。

九、大理白族自治州环境保护局召开 2011 年主要污染物减排和洱海流域违法排污专项整治工作会议（2011 年 9 月）

2011 年 9 月 27 日，大理白族自治州环境保护局召开了 2011 年主要污染物减排和洱海流域违法排污专项整治工作会议，大理白族自治州环境保护局领导、相关科室及监测站、监察支队负责人，6 个有减排任务县市环境保护局、洱海流域两县市环境保护局局长及业务骨干共 26 人参加了会议，会议由大理白族自治州环境保护局污控科李文华科长主持。会议通报了大理白族自治人民政府主要污染物减排工作督查情况，听取了各县市主要污染物减排项目进展情况汇报，大理白族自治州环境监察支队、大理市、洱源县专题汇报了洱海流域违法排污专项整治工作开展情况。会议分析了 2011 年主要污染减排的现状，提出了一些有针对性意见和建议，协调解决了存在的问题。会议强调，一是要高度重视，充分认清当前减排工作的形势与要求；二是要突出重点，加快项目建设进度和运行；三是严格监管，从源头上减少污染物总量；四是要加强组织领导、夯实责任，确保年度污染减排工作任务顺利完成。会议要求，大理白族自治州环境监察支队、大理市、洱源县要按职责分工，狠抓落实，整体推进洱海流域违法排污专项整治工作，从源头上控制好污染物进入洱海，为改善洱海水质打下坚实基础。

十、两期交通运输类建设项目环境影响评价专题培训班在昆明成功举办（2011 年 9 月）

为进一步提高云南省建设项目环境影响评价队伍水平，满足云南省环评单位的需求，云南省环境工程评估中心与环境保护部环境工程评估中心培训部积极沟通协调，最终达成在昆明举办两期交通运输类建设项目环境影响评价专题培训班的共识。2011年 9 月 19—23 日，第一、二期交通运输类建设项目环境影响评价专题培训班成功举办，共计有来自全国的 300 多人参加了此次培训，其中云南籍的参训人员约 90 人。这两期交通运输类建设项目环境影响评价专题培训班在昆明举办，一方面促进了云南省环境工程评估中心与环境保护部环境工程评估中心的交流合作，体现了云南省具备举办各类培训班的良好条件，为将来更多地与环境保护部环境工程评估中心合作举办各类培训班奠定了良好的基础；另一方面对不断提高全国特别是云南省交通运输类建设项目环境影响评价工程师从业人员素质，更好地在云南省桥头堡建设、西部大通道建设、道路交通建设中把好关、服好务起到了基础性的推进作用。培训期间，云南省环境工程评估中心抽调十余人参与了培训准备及会务工作，得到了环境保护部环境工程评估中心的充分肯定。

十一、提质系列活动拉开帷幕 生态环评专题研讨会顺利召开（2011 年 10 月）

为跟踪学习环境影响评价最新技术规范，提高云南省环评文件编制及评审质量，为云南省广大环评单位提供直面导则编制专家的机会，云南省环境工程评估中心充分利用与环境保护部环境工程评估中心建立起的合作平台，于2011年10月15日邀请环境保护部环境工程评估中心技术开发与咨询部主任梁学功博士对新出台的《环境影响评价技术导则生态影响》（HJ19—2011）进行了解读并对重点生态类项目的环评关注重点进行了详解。云南省环境工程评估中心为进一步推进中心事业稳步发展，逐步提升环评技术评估质量和服务工作水平，结合 2011 年下半年中心工作实际情况，特制定《2011 年云南省环境工程评估中心关于提升环评技术评估质量的实施方案》（云环评估字〔2011〕18 号），并围绕工作目标，以单项环境影响要素评估要求及评估意见的编制规范为主题，开展系列学习活动。此次研讨会的召开是云南省环境工程评估中心提升环评编制及评审质量的系列活动之一，其以"事前精心准备、事中认真参与、事后及时总结"为活动组织原则，精心酝酿了活动中的每一个环节。结合预备会的初步成果及云南省生态类建设项目的行业特点，组织专人与梁学功博士优化了研讨会的主讲内容，使研讨会更好地服务好云南实际。为扩大研讨会成果，云南省环境工程评估中心特邀了近 15 人在昆明的生态评审专家及所有在昆明的环评单位参与了此次研讨，为云南省广大生态环评技术人员提供了学习的平台。在近 6 个小时的研讨中，到场参会人员充分了解了生态导则的编制背景、特点、评价等级及评价范围的确定依据、工程分析的关注重点、生态环评的主要技术方法等，并进一步加深了对公路类及水利水电开发类重点生态问题的理解。与会人员也利用此次难得的交流机会，与梁学功博士就生态环境影响评价中重点问题进行了互动、统一了认识。此次研讨会的召开，为云南省环评技术人员第一时间了解国家的技术要求、关注重点提供了学习平台，为提升云南省环评文件编制及评审质量奠定了良好基础，为更好地服务于云南省经济发展与环境保护提供了有力的技术保障。而作为云南省环境工程评估中心提质系列活动之一，研讨会的顺利召开也为后续活动的开展奠定了良好的基础。

十二、云南省人民政府召开泸沽湖保护与治理工作会议（2011 年 10 月）

2011 年 10 月 30 日，云南省人民政府在丽江市宁蒗彝族自治县召开泸沽湖保护与治理工作会议，专题研究泸沽湖保护与治理工作，会议进行了沿湖实地调研，听取了丽江市、云南省水利厅、云南省九湖办有关泸沽湖保护治理工作的汇报，举行了母亲湖——泸沽湖志愿护湖队授旗、颁证、颁牌仪式。会议认为，泸沽湖是我国现有为数不多的仍然保持原始风貌且水质较好的高原湖泊，但是泸沽湖流域内生态环境总体比较脆弱，治理保护工作面临一些新的问题，流域水环境保护和治理的形势比较严峻。会议指出，要从全省九大高原湖泊水污染治理工作和实现流域科学发展的全局和战略高度，充分认识泸沽湖保护治理工作的重大意义，切实把泸沽湖水污染防治摆到更加突出的位置，采取更加有力的措施，切实保护治理泸沽湖，为流域地区经济社会可持续发展和各族群众脱贫致富提供有力保障。泸沽湖保护与治理工作要按照 14410 的思路抓好落实。会议强调，九大高原湖泊水污染综合防治是云南省生态文明建设重中之重的工作。云南省委、云南省人民政府始终把九大高原湖泊治理作为全省经济社会发展的大事来抓，尤其是"十一五"期间，进一步加强了对九大高原湖泊治理工作的领导和推动，有关州（市）和省直部门共同采取有力措施，合力开创了九大高原湖泊治理力度最大、投入力度最大、治理效果最为明显的局面。下一步要坚定信心，按照既定目标推进工作措施落实，确保九大高原湖泊治理工作取得更大成效。要着力推动完善综合防治体系，重点是建立健全"五大体系"。要重点做到"四个坚持、四个着力、四个突破"。会议决定 2012—2014 年对泸沽湖"十大重点工程"和环境监管能力建设省级安排 25 660 万元资金，其中，省财政安排 1 亿元，省级相关部门安排 15 660 万元。

十三、"云南省第三届环境影响评价论坛——规划环评"顺利在蒙自召开（2011 年 11 月）

为认真总结云南省在规划环评方面的工作经验，贯彻落实《云南省国民经济和社会发展第十二个五年规划纲要》中的相关要求，使各级各部门领导、各相关领域的专家学者及广大市民共同参与到"七彩云南保护行动"，经报请云南省环境保护厅同意，云南省环境科学学会与云南省环境工程评估中心于 11 月 26 日在红河哈尼族彝族自治州蒙自市联合举办了"云南省第三届环境影响评价论坛——规划环评"。本次论坛以国家相关规划环评技术规范和《云南省国民经济和社会发展第十二个五年规划纲要》中的相关要求为指导，贯彻实施生态立省的方针，针对经济发展与环境保护的现状和问题，结合云南省实际情况，围绕"城市规划环评""工业园区规划环评""矿区规划环评"等议题进行了学术交流和探讨。会议由云南省环境科学学会理事长邓家荣主持，会上，云南省环境保护厅副厅长杨志强做了重要讲话，总结了云南省内环境影响评价的现状，并指出了此次论坛的必要性和及时性；环境保护部环境工程评估中心副总工程师任景明和云南省环境保护厅环评处处长方雄分别做了《战略环境评价形势任务与五大区战略环评》《云南省开展规划环境影响评价工作有关情况及问题探讨》的特邀报告。下午的会议中，各与会代表围绕会议相关议题进行了广泛的学术交流和讨论。与会期间，云南省环境工程评估中心参会人员同各界参会代表进行了广泛的交流，并宣传了其在电力工业发展、风电场规划等方面取得的成绩，为今后中心在规划环评研究和开展合作方面打下了良好的基础。

十四、第一次"全省环境工程评估中心主任座谈会"召开（2011 年 11 月）

为进一步提高建设项目环境影响评价文件技术评估工作质量，加强各州（市）技术评估工作交流，11 月 29 日，云南省环境工程评估中心在昆明组织召开了"全省环境工程评估中心主任座谈会"。来自云南省环境保护厅环评处，保山、文山、大理等 9 个州（市）评估中心及红河哈尼族彝族自治州环境保护局的 35 名与会代表参加了此次会议。会上，云南省环境保护厅环评处处长方雄表示，评估工作是民主决策、科学决策的重要依据，建设项目环评文件技术评估意见对于项目可行与否具有重要决策作用，建议各州（市）加强评估中心的建设，进一步加强队伍建设，注重人才培养，为环评审批提供强有力的支撑，下一步的建设要具有针对性，量体裁衣，加强与审批机构的联动。中心主任杨永宏向各与会代表介绍了全国环境评估机构的基本情况、发展历史，以及云南省环境工程评估中心的基本情况，提出各地评估中心要找准定位，工作范围要以技术评估为主业，共同推进全省评估事业的发展。随后，中心党支部书记赵维钧介绍了中心党风廉政建设开展的工作情况，各部门负责人分别介绍了部门工作职责和基本情况。在下午的讨论交流中，各地评估中心分别介绍了各单位工作开展情况、工作方法、存在的困难和问题，以及下一步的工作打算。云南省环境保护厅副厅长高正文针对各地提出的问题和困惑发表了自己的看法。会后，各州（市）参会代表纷纷表示此次座谈会为全省各地评估中心提供了很好的交流平台，并希望以后能继续举办此类交流会。通过此次座谈会了解到，全省评估中心队伍共 81 人，其中在编 26 人。技术评估队伍的逐年壮大，有利于全省技术评估工作的开展，同时也能更好地推进全省环境保护事业的发展。

十五、云南省九大高原湖泊水污染综合防治办公室组织召开九大高原湖泊水污染综合防治办公室主任会议（2011 年 11 月）

为全面贯彻云南省人民政府泸沽湖保护与治理工作会议精神，认真总结"十一五"九大高原湖泊水污染防治的成绩和经验，明确"十二五"工作的思路、目标和任务，确保九大高原湖泊生态环境不断持续改善，2011 年 11 月 17—18 日，云南省九大高原湖泊水污染综合防治办公室在红河哈尼族彝族自治州石屏县组织召开九大高原湖泊水污染综合防治办公室主任会议，会议指出："十一五"期间九大高原湖泊水污染综合防治取得新成效。一是领导重视、机制健全，为九大高原湖泊治理提供了强有力的组织保障；二是转变思路、一湖一策，为九大高原湖泊治理探索出了新模式；三是加快工程建设、加强项目管理，为九大高原湖泊治理提供了强有力的硬件保障；四是拓宽渠道、加大投入，为九大高原湖泊治理提供了强有力的资金保障；五是加强立法、强化监管，为九大高原湖泊治理提供了强有力的法制保障。会议强调要高度认识九大高原湖泊保护与治理面临的重大机遇与挑战。一是中共中央、国务院和云南省委、云南省人民政府高度重视湖泊治理工作；二是准确把握九大高原湖泊保护与治理的基本思路、总体目标和重点任务，着力开展九大高原湖泊水污染防治"五大体系"建设,即以工业污染防治、城市(镇)污水治理、农村农业面源污染控制为主的湖泊污染控制体系;以"四退三还"工程、湖滨湿地、湖滨生态廊道、水土保持和植树造林为主的湖泊生态保护体系;以湖泊科研、监测、监察、宣传教育机制为主的湖泊环境监管体系;以湖泊治理投融资及收费机制为主的湖泊融资体系;以健全领导和管理体制、建立良性工作机制为主的湖泊环境领导责任体系,把九大高原湖泊治理推向新台阶。会议要求:九大高原湖泊治理要按照云南省委、云南省人民政府的安排全面落实"四个坚持、四个着力、四个突破"的新要求,即坚持环境保护优先,环境保护与经济协调发展战略不动摇,着力推进湖泊生态经济示范区建设,实现湖泊保护与经济发展协调的新突破;坚持治污优先、生态为本、加强监管、科学治湖的工作思路不动摇,着力建设湖泊保护的试点示范区,实现湖泊保护模式的新突破;坚持一湖一策、突出重点的工作原则不动摇,着力构建湖泊的良性生态系统,实现水质改善和生态安全的新突破;坚持工程治理与非工程治理相结合的思路不动摇,着力建立湖泊保护的长效机制,实现湖泊保护投入机制、监管机制、责任机制、政策体系的新突破。

十六、云南省召开工作会议全面部署环境保护专项行动(2012年3月)

2012 年 3 月 28—30 日,云南省环境监察和污染防治工作会议在普洱市召开。会议回顾总结了上年的工作,并对 2012 年的环境保护专项行动做了进一步安排部署。云南省环境保护厅副厅长杨志强,普洱市副市长杨林,云南省 16 州(市)及 18 个重点县(区、市)环境保护部门相关负责人共计 160 余人参加会议。杨志强副厅长在会上强调:全省各级环境保护部门要认真贯彻落实第七次全国环境保护工作大会、2012 年全国环境保护工作会议和全国环境执法工作会议精神,紧紧围绕国务院整治违法排污、维护人民群众利益的专项行动电视电话会议精神,切实加强全省环境保护中心工作和重点任务,持续深入开展环境保护专项行动。一是全面整治重点行业重金属排放企业环境污染问题。二是全面排查危险废物产生、利用、处置企业,严肃查处违法行为。三是继续加大污染减排重点企业的监管力度。四是切实组织实施 2012 年的挂牌督办事项。五是切实做好上年挂牌督办事项的后督查工作。杨志强副厅长强调,各州(市)人民政府要把继续深入开展环境保护专项行动作为重要工作内容,进一步加强政府主管负责同志牵头、各相关部门参加的环境保护专项行动领导小组的领导,做到明确责任,完善工作制度,制订具体实施方案,落实各项重点工作。

十七、云南省生物多样性保护联席会议在西双版纳召开（2012 年 4 月）

2012 年 4 月 24 日上午，云南省生物多样性保护联席会议在西双版纳傣族自治州景洪市召开。云南省生物多样性保护联席会议成员、联络员及有关单位主要负责人，滇西北、滇西南 9 州（市）环境保护局局长、林业局局长及 44 个县（市、区）政府负责人，云南省生物多样性保护专家咨询委员会委员，部分民间环境保护组织代表等约 180 人参加会议。云南省委副书记、委员李纪恒同志出席会议并做重要讲话。李纪恒委员对实现全省生物多样性的全面有效保护和科学开发利用提出 7 点要求：一是切实加强生物多样性保护利用政策法规体系建设。二是扎实推进生物资源科学有序利用。三是积极探索开展生物多样性减贫示范工作。四是充分发挥自然保护区、自然遗产地、湿地、国家公园、森林公园、风景名胜区等各级各类保护地对加强生物多样性保护的重要作用。五是整合已有科技资源，加强企业自主创新，切实增强生物多样性保护和利用的科技支撑。六是加快构建严密高效的生物安全防范体系，切实保护云南省生物多样性，筑牢西南生态安全屏障。七是加强对各民族生物多样性保护传统文化和乡土知识的收集、整理、保护、总结、推广，努力传承和弘扬民族生态文化。24 日下午，云南省人民政府召开云南省生物多样性保护工作座谈会，听取与会专家学者、国内外民间环境保护组织代表对生物多样性保护工作及《云南省生物多样性保护战略与行动计划（征求意见稿）》的意见和建议。云南省林业科学院杨宇明院长代表云南省生物多样性保护联席会议环境保护办公室介绍了《云南省生物多样性保护战略与行动计划（征求意见稿）》编制的相关情况，与会的 12 名专家学者和民间组织负责人做了发言。李纪恒委员主持会议并做了总结讲话，他代表云南省委、云南省人民政府对专家学者、民间环境保护组织长期以来对云南生态环境保护、生物多样性保护与可持续利用所做出的不懈努力和积极贡献表示感谢。特别强调，做好生物多样性保护和利用工作，必须注重发挥专家、学者和民间环境保护组织的积极性。

十八、2012 年污染源自动监控系统管理领导小组第一次会议顺利召开（2012 年 4 月）

为进一步推进云南省污染源自动监控系统的管理工作，根据云南省环境保护厅主要领导的指示，污染源自动监控系统管理领导小组于 4 月 7 日在云南省环境保护厅 7 楼第一会议室组织召开了 2012 年第一次领导小组会议，本次会议由领导小组办公室主持，左伯俊副厅长和兰骏副厅长出席了会议。会议分别听取了 4 家社会化运维单位工作开展情况汇报和云南省环境保护厅环境监测处、云南省生态环境科学研究院、云南省环境信息中心 2011 年度工作情况及 2012 年度工作计划汇报。会上还对污染源自动监控管理领导小组及办公室组成人员调整名单进行了审议，并原则通过。云南省环境保护厅规划财务处、环评处、法规处、污防处、总量处、科技处及云南省生态环境科学研究院、环境监测站及环境监察总队等成员单位分别就 2011 年污染源自动监控系统建设工作存在的问题和 2012 年工作计划进行了讨论。本次会议还征求了《社会化监测机构能力认定工作方案（征求意见稿）》意见，各相关部门分别对监测业务开放范围、认定要求和认定后的管理等几个方面发表了意见。会议最后，兰骏副厅长对污染源自动监控系统建设工作提出了建议，左伯俊副厅长代表云南省环境保护厅党组进行了总结讲话，并对相关处室下一步工作和要求进行了部署。

十九、云南省李纪恒委员在云南省生物多样性保护联席会议上要求加大统筹力度兼顾各方利益（2012 年 5 月）

2012 年 5 月，云南省生物多样性保护联席会议第三次会议在西双版纳召开。云南省李纪恒委员在会议上强调，要加大统筹力度，兼顾各方利益，加强规划引导，更加科学务实地抓好生物多样性保护利用工作。李纪恒指出，云南是全球生物多样性最富集的地区之一，保护好以滇西北、滇西南地区为重点的生物多样性，是贯彻落实国家部署、更好地维护我国负责任的发展中大国形象的必然要求；也是保障生态安全，维护自然生产力，推动云南实现科学发展、和谐发展、跨越发展的重要基础。云南省特殊的自然地理环境，以及经济社会发展水平相对落后的发展阶段，决定了生物多样性保护工作的艰巨性、复杂性和长期性。从当前情况看，要实现全省生物多样性的全面有效保护和科学开发利用，还面临一些不容忽视的问题。李纪恒强调，要针对存在的问题，加大统筹力度、兼顾各方利益、加强规划引导，从切实加强生物多样性保护利用政策法规体系建设、扎实推进生物资源科学有序利用、积极探索开展生物多样性减贫示范工作、充分发挥各级各类保护地对加强生物多样性保护的重要作用、切实增强生物多样性保护和利用的科技支撑、加快构建严密高效的生物安全防范体系、努力传承和弘扬民族生态文化 7 个方面，更加科学务实地抓好生物多样性保护利用工作。要完善组织领导机制、工作落实机制、投入增长机制、社会动员机制等工作机制，确保生物多样性保护各项任务落实到位。

二十、全国 2011 年度排污申报核定与排污费征收汇审工作会议在昆明召开（2012 年 5 月）

2012 年 5 月 21—23 日，环境保护部环境监察局在昆明召开了"全国 2011 年度排污申报核定与排污费征收汇审工作会议"。来自全国各省、自治区、直辖市及生产建设兵团的 100 余名代表参加了会议。会议由环境保护部环境监察局主持，云南省环境保护厅兰骏副厅长出席会议并致辞。环境保护部环境监察局副局长陈善荣在会上做了重要讲话，进一步强调了开展排污申报核定及排污费征收工作的重要性、必要性和紧迫性，并就排污收费政策变化和未来的发展趋势，尤其是二氧化硫、氮氧化物排污费征收工作做了全面的阐述。会上，环境保护部环境监察局处长杨子江通报了全国 2011 年度排污申报核定、排污费征收工作情况。针对各省、自治区、直辖市在排污申报核定及排污费征收业务工作中存在的问题，提出了 2012 年度工作的具体要求，部署了今后工作的要点和重点。同时，会议对全国各省、自治区、直辖市 2011 年度排污申报核定、排污费征收情况进行了会审考评，云南省环境监察总队分别荣获 2011 年度全国排污申报核定二等奖和 2011 年度全国排污费征收工作二等奖。

二十一、大理白族自治州召开 2012 年环境保护工作会议（2012 年 5 月）

为认真贯彻全国环境保护工作会议、大理白族自治州第七次党代会、全州"两会"精神，总结经验、分析形势，部署当时和以后一段时期环境保护工作，5 月 23 日，大理白族自治州人民政府组织召开了 2012 年环境保护工作会议。会上，大理白族自治州人民政府副州长许映苏做了重要讲话，要求全州要认清形势，切实增强做好环境保护工作的紧迫感和责任感；要抓好落实，坚持在发展中保护，在保护中发展，坚定不移地抓好洱海保护治理，积极做好重大项目建设的服务工作，切实解决事关民生的环境突出问题。会上，大理白族自治州环境保护局党组书记、局长曾勇做了题为《服务科学发展、和谐发展、跨越发展，努力为幸福大理建设做贡献》的环境保护工作报告。在总结时认为 2011 年的全州环境保护工作措施有力、成效明显，圆满完成了年度目标任务，全州环境保护工作取得了新的成绩，集中体现在：一是洱海保护有了新突破；二是总量消减上了新台阶；三是生态保护有了新推进；四是监管执法有了新进步；五是队伍素质有了新提升；六是各项工作协调发展。在对全州环境保护形势做了认真分析的基础上，提出了 2012 年环境保护工作的主要任务：一是要加速推进水污染综合治理；二是要全面服务好海东开发和工业园区建设；三是要切实完成年度污染物减排任务；四是要加大自然生态保护工作力度；五是要加强环境执法和应急管理；六是要严格执行环境影响评价制度；七是要认真做好环境管理支撑服务；八是要深入推进队伍能力建设。会议通报了大理白族自治州《七彩云南保护行动 2011 年度工作责任制》考核结果和大理白族自治州第一次污染源普查工作州级先进集体和个人，为《七彩云南保护行动 2011 年度工作责任制》考核获奖单位进行了颁奖。许映苏副州长代表大理白族自治州人民政府与各县市人民政府签订了《2012 年度主要污染物减排目标考核责任书》和《七彩云南保护行动 2012 年度工作目标考核责任书》。

二十二、云南省九大高原湖泊水污染综合防治领导小组办公室召开良好湖泊生态环境保护工作座谈会（2012 年 6 月）

云南省九大高原湖泊水污染综合防治领导小组办公室于 2012 年 6 月 11 日在昆明召开良好湖泊生态环境保护工作座谈会，交流良好湖泊保护工作进展情况，研究 2012 年度良好湖泊保护实施方案的修改完善工作。玉溪市环境保护局、抚仙湖管理局，大理白族自治州环境保护局，丽江市环境保护局，泸沽湖管理委员会，云南省环境保护厅相关处室和云南省生态环境科学研究院等有关负责人参加会议。云南省九大高原湖泊水污染综合防治领导小组办公室副主任、云南省环境保护厅副厅长左伯俊出席会议并讲话。会上，云南省九大高原湖泊水污染综合防治领导小组办公室传达了环境保护部良好湖泊保护 2012 年度实施方案审查会议精神，认真学习了国家良好湖泊保护专家组的技术审查意见，并就抚仙湖、洱海、泸沽湖的 2012 年度湖泊生态环境保护试点实施方案修改完善统一了要求。玉溪市抚仙湖管理局、大理白族自治州环境保护局、丽江市环境保护局分别汇报了抚仙湖、洱海、泸沽湖良好湖泊保护工作的进展情况。最后，左副厅长对下一步试点工作做了安排和部署。一是要求 3 州（市）按照中央资金使用的有关规定，使用好国家湖泊生态环境保护试点专项资金，做好审计及自查自纠工作，云南省九大高原湖泊水污染综合防治领导小组办公室要立即开展检查，迎接国家的督查。二是要求 3 州（市）认真总结前一阶段试点工作的经验和做法，积极稳妥地推进良好湖泊保护工作。同时，要尽快按照国家良好湖泊保护专家组的审查意见，修改完善 2012 年度良好湖泊保护实施方案，并上报云南省财政厅、环境保护厅审批。按照国家要求，云南省的《泸沽湖（云南部分）良好湖泊生态环境保护实施方案》与四川省的《泸沽湖（四川）良好湖泊保护实施方案》由中国环境科学研究院统筹整合后联合上报财政部、环境保护部。三是抓紧《良好湖泊生态环境保护实施方案》治理保护项目的前期工作，力争 2013 年 6 月底前完成实施方案中所有项目的前期工作，做好项目储备，争取国家更大的支持。

二十三、云南省第九批重点企业清洁生产审核培训班在玉溪举行（2012 年 7 月）

2012 年 7 月 24 日，云南省第九批重点企业清洁生产审核培训班在玉溪举行。云南省环境保护厅科技处处长李焱昆到会讲话、云南省清洁生产中心主任张筱鹏讲授清洁生产审核法规知识，玉溪市环境保护局、发展和改革委员会等部门领导分别介绍了玉溪市企业清洁生产审核、企业发展等情况，全市重点工业企业负责人参加会议。玉溪市环境保护局副局长普辉对玉溪市重点企业清洁生产审核工作提出了具体要求：一是认清形势，深刻领会清洁生产工作的重要性。环境保护部颁布实施的《国家环保模范城市考核指标及其实施细则（第六阶段）》中，企业清洁生产审核是创模的硬性考核要求。结合玉溪市创模目标，2014 年玉溪市必须完成所有基础工作，工业企业要实现达标排放，所有重点企业都要完成清洁生产审核。根据环境保护部 54 号文件《关于深入推进重点企业清洁生产的通知》，玉溪市涉及重金属污染、产能过剩和其他重污染行业企业近 200 个，必须在 2014 年完成清洁生产强制审核，全市各级环境保护部门要提高认识、严格要求、扎实推进，按期完成强审工作，确保创模达到考核验收要求。二是明确职责，促进清洁生产工作稳步开展。全市各级环境保护部门要负起清洁生产监督、组织实施强制性清洁生产审核的职责，按程序上报、初审材料，最终报云南省环境保护厅组织验收，2012 年要完成纳入云南省环境保护厅公布名单的 40 家企业强审；企业是清洁生产审核工作的主体，要严格按照清洁生产审核程序（7 个阶段 35 个步骤）组织实施。普副局长指出，创建国家环境保护模范城市是玉溪市委、玉溪市人民政府向全市人民做出的庄严承诺，也是一项硬性的目标任务，清洁生产工作是环境保护、污染防治的重要手段和有力措施，更是创模的硬性考核要求，事关大局，不可懈怠。全市各级环境保护部门要更加清醒地认识到全面推行清洁生产的紧迫性和重要性，切实担负起在推行清洁生产中的重要职责，企业界也要积极行动起来，用实际行动为玉溪市的环境保护和创建国家环境保护模范城市工作做贡献。

二十四、云南四川两省环境保护协调委员会第七次会议（2012 年 8 月）

2012 年 8 月 28 日，云南四川两省环境保护协调委员会第七次会议在昆明召开。云南省环境保护厅副厅长周东际、四川省环境保护厅副厅长钟勤建，以及两省环境保护厅相关处室和直属单位、相关州（市）环境保护局等单位代表 30 余人参加了会议。会议总结了 2010 年以来滇川双方在环境保护协调和合作方面所做的工作，讨论并提出了 2013 年度合作计划。经双方协商，确定了 2013 年云南、四川环境保护合作的主要内容和目标，形成并签署了《云南四川两省环境保护协调委员会第七次会议纪要》。

二十五、大理白族自治州召开洱海流域保护及生态文明建设工作大会（2012 年 9 月）

2012 年 9 月 13 日，洱海流域保护及生态文明建设工作大会召开。这次会议的主题如下：进一步深化对做好洱海流域保护、加快生态文明建设重要性的认识，全面部署《大理州实现洱海Ⅱ类水质目标三年行动计划》，促进全州经济社会科学发展、和谐发展、跨越发展，开启生态文明建设新征程，加快建设美丽幸福新大理。大理白族自治州委书记尹建业指出，洱海是大理人民的"母亲湖"，是大理人民赖以生存和发展的基础，是大理的核心竞争力和魅力所在，也是大理人民幸福生活的重要源泉。多年来，大理白族自治州委、大理白族自治州人民政府始终高度重视洱海保护治理工作，并将其放在关乎发展全局的战略高度，不断加大力度、强化措施，保护治理工作取得了显著成效，探索了有效路径，积累了宝贵经验，非常值得我们认真思考、总结和坚持。在充分肯定成绩的同时，我们必须十分清醒地认识到，洱海保护治理形势仍然十分严峻，主要表现在：一是洱海湖体自净能力十分脆弱；二是流域面源污染治理仍然十分艰巨；三是主要入湖河流水质和流量下降；四是水资源综合利用调节能力存在严重问题；五是洱海保护治理经费筹措困难；六是洱海保护治理体制机制不畅。尹建业要求，科学谋划洱海保护治理工作，全面开启生态文明建设新征程。以这次大会为标志，洱海保护治理进入了生态文明建设的新阶段。站在新的历史起点上，我们要科学谋划、系统推进、突出重点、强化措施，全面开启洱海保护治理新征程，以良好的生态保障跨越发展，加快建设美丽幸福新大理。

二十六、云南省九大高原湖泊水污染综合防治领导小组办公室召开云南省九大高原湖泊水污染综合防治领导小组办公室主任会议暨湖泊流域管理培训会议（2012 年 10 月）

为认真贯彻 2012 年云南省九大高原湖泊水污染综合防治领导小组暨洱海保护工作会议精神，研究部署 2013 年九大高原湖泊水污染综合防治工作，云南省九大高原湖泊水污染综合防治领导小组办公室于 2012 年 10 月 24—25 日在丽江泸沽湖召开了云南省九大高原湖泊水污染综合防治领导小组办公室主任会议暨湖泊流域管理培训会议。云南省九大高原湖泊水污染综合防治领导小组 13 个省级成员单位处级联络员，昆明市、玉溪市、大理白族自治州、丽江市、红河哈尼族彝族自治州环境保护局局长、环境保护局分管领导及相关处室负责人，九大高原湖泊流域县（市、区）人民政府分管领导及环境保护局局长，滇池、抚仙湖、洱海、星云湖、杞麓湖、程海、异龙湖管理局，阳宗海、泸沽湖管理委员会负责人共 176 人参加会议。云南省九大高原湖泊水污染综合防治领导小组办公室副主任、云南省环境保护厅副厅长左伯俊出席会议并做了重要讲话。会议实地考察了泸沽湖大渔坝湿地建设工程、里格村农村污水收集处理设施、竹地污水处理厂建设项目；昆明市滇池管理局和大理白族自治州环境保护局就滇池流域内实施"河（段）长"责任制情况和创新机制、强化管理确保洱海流域河道整洁及环境保护设施正常运营做了交流发言；云南省发展和改革委员会和云南省财政厅就九大高原湖泊流域的重点项目审批和资金落实提出了要求。会议还就如何贯彻九大高原湖泊水污染综合防治领导小组暨洱海保护工作会议精神，坚决完成九大高原湖泊治理"十二五"规划进行认真、充分的讨论。

二十七、云南省环境保护重点工作推进会提出攻坚克难抓减排（2012 年 10 月）

云南省 2012 年环境保护重点工作推进会在西双版纳召开。云南省环境保护厅副厅长杨志强、左伯俊、高正文、张志华及各州（市）环境保护局局长等领导出席了会议。会议提出，冲刺第四季度，攻坚克难，以"六厂（场）一车"为重点，全力以赴打好污染减排这场硬仗。截至 8 月 31 日，全省 472 个省级重点减排项目已完成 109 个，129 个县（市、区）中已有 103 个建成投运 117 座污水处理厂。会议提出，全省要继续把污染减排作为转变发展方式和改善环境质量的重要抓手，严格落实减排目标责任制，扎实推进重点领域工程减排，突出结构减排，充分发挥管理减排的导向性作用。挖掘减排潜力，开拓工业化学需氧量、氨氮减排新领域；继续加快淘汰落后产能，实施节能减排发电调度。会议要求，加大对电力、水泥等重点行业脱硝工程建设进度的督促协调力度，确保年内建成投运 20 个氮氧化物减排工程；对 8 个运行不正常的城镇污水处理厂进行整改，有效消化化学需氧量、氨氮新增量；促进养殖业向清洁养殖方式转变，向农业源减排要效益。确保《2012 年云南整治违法排污企业保障群众健康环保专项行动方案》落到实处、取得实效。会议强调，要采取有力措施完成重点监控企业污染源自动监控设施建设任务，狠抓重点监控企业污染源自动监控设施建设验收，加强已投运自动监控设施监督考核。

二十八、云南省 2012 年度主要污染物总量减排监测体系建设考核工作会在昆明召开（2012 年 11 月）

2012 年 11 月 1 日，云南省环境保护厅在昆明召开了云南省 2012 年度主要污染物总量减排监测体系建设考核工作会。本次会议既是工作部署会，也是业务培训会。会议传达了环境保护部 2012 年主要污染物总量减排监测体系建设考核会议精神，通报了 2012 年全省污染源自动监控系统管理情况，讲解了云南省污染源自动监控系统管理考核工作方案及 2012 年国家考核工作重点，明确了下一步的工作重点。左伯俊副厅长以《攻坚克难、突出重点、努力完成我省主要污染物总量减排监测体系建设考核任务》为题对会议做了总结，要求各单位要完善工作机制、统筹协调、真抓实干，完成好 2012 年既定的工作任务，确保云南省顺利通过国家考核。来自 14 个州（市）环境保护局分管领导、监测站领导、业务骨干，云南省环境保护厅相关处室、直属单位的领导及 4 家运维机构的代表共计 70 余人出席了会议。

二十九、保山市召开 2012 年环境保护重点工作推进会议（2012 年 11 月）

2012 年 11 月 3 日，保山市组织召开 2012 年环境保护重点工作推进会议，保山市环境保护局主要责任人主持会议并做讲话。市纪委第二纪工委副书记杨志华就党风廉政建设和廉政文化建设进行了强调。各县区环境保护局局长、党组书记、环评科长、办公室主任和监察大队，以及保山市环境监测站、评估中心负责人和局机关实职副科长以上干部共计 70 多人参加了会议。会议总结回顾了 2012 年前三季度全市环境保护重点工作情况，传达了 2012 年全国、全省环境保护重点工作会议精神，对 2012 年第四季度环境保护重点工作提出总体要求，部署了 2013 年环境保护重点工作。保山市环境保护局主要责任人在讲话中指出：2012 年前三季度的环境保护重点工作在保山市委、保山市人民政府的正确领导下，在环境保护部和云南省环境保护厅的关心指导下，全市环境保护系统牢固树立"科学发展、求真务实"的监管理念，坚定信心、扎实工作，认真履行环境保护工作职责，不断提高管理能力，因地制宜、突出重点，圆满完成了前三季度各项工作任务。保山市环境保护局主要责任人强调，要深刻学习领会国家、云南省《关于加强环境保护重点工作的意见》和李克强总理在第七次全国环境保护大会上的重要讲话，紧紧围绕省委九届二次全会、市委三届二次党代会提出的桥头堡建设的战略目标，全力做好加强污染减排工作，督促减排企业限期完成年度各项任务，确保完成全市减排指标；优化环评审批流程，严格执行环评制度，严把项目源头关，提高环评审批效率，做好经济服务发展工作；加强环境保护基础设施和监测监控能力建设，各县区环境监测站要尽快形成工作能力；妥善解决好群众关注的环境热点、难点和环境信访问题，以扎实的工作成效推动全市经济平稳较快发展。第四季度要着力抓好污染减排、农村环境整治、项目推进、维稳等工作，要以促进发展为中心，坚持突出工作重点，坚持创新工作机制，以更加科学的理念统筹推进环境保护事业的发展，努力推动全市环境保护工作再上新台阶。保山市环境保护局主要责任人要求，要认清形势、牢记宗旨，切实履行管理为民之责；完善机制、优化结构，扎实打牢管理为民之基；全力绷紧党风廉政建设之弦，加强反腐倡廉文化建设，为推动环境保护工作提供纪律保障。

三十、曲靖市环境保护局召开 2013 年环境保护工作会议（2013 年 1 月）

2013 年 1 月 22 日，曲靖市环境保护局在富源县召开全市环境保护工作会议。富源县、宣威市、会泽县环境保护局在会上做交流发言，钱良昆副局长安排了 2013 年环境保护重点工作目标责任考核工作，栾云春支队长安排了 2013 年排污收费工作；会上，对 2012 年核技术利用辐射安全检查专项行动和 2012 年度全市环境监察工作先进集体和先进个人进行了表彰。曲靖市环境保护局主要领导在会上做重要讲话。要求以科学发展观为指导，按照党的十八大关于生态文明建设要求，紧紧围绕建设"美丽曲靖"的目标，以解决损害群众健康突出环境问题为重点，强化水、大气、土壤等污染防治，着力推进主要污染物总量减排，持续改善环境质量，为人民群众创造良好的生产生活环境，以环境保护的实际成效推进全市经济社会科学发展、跨越发展。要求 2013 年环境保护要重点抓好 6 项工作：一是要落实减排措施，紧盯减排项目，确保完成主要污染物总量减排任务。二是要严格环评管理，强化项目监管，着力提升环评服务科学发展的能力。三是要加大执法力度，突出监察效果，全面提高环境保护监管水平。四是要加强污染防治，开展综合治理，切实解决损害群众健康的突出环境问题。五是要深化城市环境综合整治，努力改善人居环境。六是要加强农村环境保护，大力推进生态文明建设。他最后指出，实现 2013 年各项工作目标，需要全市环境保护系统努力拼搏、扎实工作。各级环境保护部门要进一步强化责任意识，加强组织领导，强化能力建设，以强有力的措施抓班子、带队伍，转变工作作风，最大限度凝聚各方力量，为推进环境保护各项工作提供坚强保障。一要落实目标责任，严格考核奖惩。二要加强能力建设，提高保障水平。三要加大协调力度，凝聚工作合力。四要认真总结经验，创新工作举措。五要加强作风建设，提高工作效能。

三十一、江川县九溪镇召开两污项目初步设计专家咨询会（2013 年 3 月）

江川县九溪镇位于玉溪市中心城区集中式饮用水水源地东风水库径流区，是东风水库饮用水水源保护区。九溪镇生活污水和生活垃圾治理是玉溪市创模重点工程项目。2013 年 3 月 30 日，由江川县九溪镇两污治理工程建设指挥部组织召开了两污治理工程初步设计编制的专家咨询会议。省、市、县住建部门的专家领导对初步设计方案存在的问题逐一提出了科学可行的见解和建议，编制初步设计的单位云南省设计院集团有限公司和玉溪永立建筑设计有限公司将对九溪镇污水处理厂及配套管网工程、九溪镇生活垃圾收运设施工程建设项目的初步设计方案进行及时修正，为初步设计的评审工作做准备。

三十二、保山市环境保护局召开生产化学品环境情况调查培训会（2013 年 3 月）

为了提高保山市各县区对辖区内生产化学品环境的管理水平，确保全市生产化学品环境情况调查工作的顺利开展，2013 年 3 月 13 日，保山市环境保护局组织召开了生产化学品环境情况调查培训会，参会人员有 5 县（区）环境保护局污控股、保山市固体废物管理中心的负责人及统计员，会议对《全省生产化学品环境情况调查实施方案》、《全国生产化学品环境情况调查实施方案》和《全国生产化学品环境情况调查统计报表制度》进行了详细介绍，并对全国生产化学品环境情况调查系统进行了现场演示。会议要求与会代表统一思想、提高认识，全面加强全市化学品生产企业环境管理，2013 年基本摸清全市生产化学品底数，建立全市生产化学品环境信息动态数据系统，逐步建立健全化学品环境制度，为下一步构建生产化学品环境管理长效机制和防范风险机制奠定基础。通过此次培训，与会人员对全市生产化学品环境情况调查工作有了全面而系统的了解，认识到了调查工作的重要性和紧迫性，掌握了全国生产化学品环境情况调查系统的填报方法，为全市生产化学品环境情况调查工作的顺利进行打下了良好的基础。

三十三、保山市人大常委会召开保山市环境保护局工作评议动员会（2013 年 3 月）

2013 年 3 月 13 日上午，保山市人大常委会在保山市环境保护局 5 楼会议室召开了保山市环境保护局工作评议动员会，保山市人大常委会副主任杨习超出席并做了动员讲话。保山市人大常委会城建环资工作委员会主任姚云军及保山市环境保护局全体干部职工、保山市环境监测站的班子成员共 40 余人参加了动员会。会议由保山市环境保护局主要责任人主持。保山市环境保护局主要责任人根据评议要求汇报了"十一五"以来环境保护工作情况。保山市环境保护局在保山市委、保山市人民政府的领导下，在保山市人大的法律监督和工作监督下，认真贯彻落实加强环境保护、"生态立市"重要战略，坚持在发展中保护，在保护中发展，不断创新思路、完善措施、狠抓落实，全市环境保护工作取得了新的进步。保山市环境保护局主要责任人要求，全局干部职工要自觉接受人大监督，积极配合评议调查工作，使环境执法水平和服务意识不断增强，保证评议工作顺利进行，把学习贯彻党的十八大精神落到实处，为建设生态、活力、绿色、文化、和谐、美丽保山经济发展做出努力。杨习超强调，保山市委对这次评议工作十分重视，全力支持人大常委会依法行使监督职权；评议采取听取企业汇报、现场视察、访谈调查等形式，广泛征求社会各界对保山市环境保护局的工作和行政管理、行政执法情况的意见和建议，对保山市环境保护局的工作进行了一个全面评议；保山市环境保护局要把接受评议工作作为 2013 年的一项重要工作任务，认真接受评议，积极主动自查自纠。最后，保山市人大常委会城建环资工作委员会主任姚云军就开展测评工作做出安排，并对测评内容进行了讲解，发放了评议测评表，对保山市环境保护局工作进行测评。

三十四、保山市召开 2013 年环境保护工作会议（2013 年 3 月）

2013 年 3 月 26 日，保山市召开了 2012 年总结表彰暨 2013 年环境保护工作会议，全面回顾了 2012 年的各项工作，总结经验、表彰先进，安排部署 2013 年各项工作。会上，王力副市长代表保山市委、保山市人民政府与县（区）人民政府、各园区管理委员会和保山市直有关部门签订《2013 年污染减排责任书》。王力副市长在讲话中对全市 2012 年环境保护工作取得的成绩给予充分肯定，并就认真抓好 2013 年的环境保护工作提出要求：一是要切实抓好污染减排。各县（区）人民政府要对本辖区污染减排工作负总责，各级环境保护部门要充分发挥牵头作用，充分发挥综合协调作用，积极做好对上争取和横向协调工作。各相关部门要切实履行职责，形成减排工作合力。二是要切实抓好污染防治。三是要切实抓好生态文明建设和农村环境保护。四是要切实抓好环境监管。五是要切实抓好能力建设和提升服务水平。在随后召开的全市环境保护工作业务会上，保山市环境保护局主要责任人做了工作报告，全面总结了 2012 年度各项工作，客观分析了环境保护形势，并对 2013 年工作做了周密安排和部署。2012 年保山市环境保护局认真贯彻落实科学发展观，紧紧围绕全市环境保护工作目标，一是依法加强环评审批，严格"三同时"监管；二是分解落实减排目标责任，强化减排措施力度；三是抓现场监管，提高环境监测水平；四是生物多样性保护和农村环境综合整治工作稳步推进；五是调处污染纠纷，化解社会矛盾。保山市环境保护局主要责任人要求，2013 年要着力做好以下几个方面的工作：一是力求在学习贯彻十八大精神上取得新突破。二是力求在改革与创新环境管理上取得新突破。三是力求在完成重点工作上取得新突破。四是力求在改进作风密切联系群众上取得新突破。

三十五、曲靖市 2013 年主要污染物总量减排工作会议顺利召开（2013 年 3 月）

2013 年 3 月 8 日，曲靖市人民政府组织召开了曲靖市 2013 年主要污染物总量减排工作会议，曲靖市人大常委会副主任李玉雪、曲靖市人民政府副市长宁德刚、秘书长李建军，以及曲靖市各县（市、区）人民政府分管领导、各县（市、区）环境保护局、曲靖市减排领导小组成员单位等有关部门负责人参与本次会议，会议由曲靖市人民政府秘书长李建军主持。会上，曲靖市人民政府副市长宁德刚客观分析了曲靖市减排工作中面临的严峻形势，科学总结了减排工作中存在的突出问题，要求各级各部门进一步增强对减排工作的责任感和紧迫感，目标不改变、决心不动摇、工作不减弱，突出重点、强化举措，大力实施增量控制、机动车污染减排、脱硫脱硝、农业减排等工程，确保完成 2013 年减排任务。宁德刚要求，各级各有关部门要全面落实减排措施，着力抓好减排项目建设，进一步提高减排管理水平，完善减排统计、监测和考核体系，确保全面完成 2013 年目标任务。一是严格控制新增污染物排放量。二是大力推进污染减排重点工程。三是强化污染减排工作监督管理。四是明确职责，落实责任。就做好 2013 年的环境保护重点工作，宁德刚强调，要严格环评管理，强化项目监管，着力提升环评服务科学发展的能力；加大执法力度，突出监察效果，全面提高环境保护监管水平；加强污染防治，开展综合治理，切实解决损害群众健康的突出环境问题；深化城市环境综合整治，努力改善人居环境；加强农村环境保护，大力推进生态文明建设；强化环境信息公开，妥善应对环境突发事件。会上，曲靖市环境保护局主要领导对当前急需抓好的总量减排、水污染防治、空气质量新标准实施、重金属污染防治等重点工作做了具体安排部署。宁德刚副市长代表曲靖市人民政府与各县（市、区）人民政府和曲靖市减排领导小组成员单位签订了目标责任书。

三十六、曲靖市环境保护局召开环境安全评估会议（2013 年 4 月）

截至 2013 年 3 月，全市共排查环境安全隐患 100 余件，报请曲靖市人民政府督办环境安全隐患 53 件，部分环境安全隐患已彻底消除。通过开展环境安全月评估工作，全市环境安全风险逐渐降低。4 月 7 日，由曲靖市环境保护局局长主持召开 3 月全市环境安全评估会议，参会人员共 18 人，会议对 2 月排查确定的 2 个环境安全隐患的整改落实情况进行了分析总结。会议还对全市环境安全形势分县（市、区）、分区域、分流域、分重点污染源等存在的环境污染或环境风险隐患逐项进行了排查、分析和评估；对全市大气、水体、噪声、固体废弃物、土壤、生态等环境要素受到污染影响的危害程度逐项进行了环境安全排查，确定了 3 月存在的 3 个环境安全隐患，研究提出了消除环境安全隐患措施办法及解决问题建议，并上报曲靖市人民政府批示督办。

三十七、2013 年全省环境监测工作现场会在曲靖召开（2013 年 4 月）

2013 年 4 月 25—26 日，全省环境监测工作现场会在曲靖召开。各州（市）环境保护局、环境监测站，云南省环境保护厅各处室、厅属各单位，曲靖市环境保护局、各县（市、区）环境保护局、监测站及部分社会环境监测机构参加会议。曲靖市人民政府副市长宁德刚代表曲靖市委、曲靖市人民政府向大会致辞。云南省环境保护厅副厅长左伯俊总结了 2012 年全省环境监测工作，对 2013 年环境监测工作做出安排部署。云南省环境保护厅王建华厅长做了讲话，分析了环境保护尤其是加强环境监测工作、加大监测信息公开力度的形势，对 2013 年全省环境保护重点工作做了全面安排。昆明市、曲靖市、德宏傣族景颇族自治州、玉溪市分别做了交流发言。云南省环境监测站站长施择通报了 2013 年全省环境质量状况，对 2013 年全省环境监测具体业务工作做出安排。参会人员参观了马龙县环境监测站建设情况。近些年，曲靖市加大环境监测能力建设力度，提高队伍素质和监测水平，不断扩大监测业务开展范围。目前，全市拥有 1 个二级市环境监测站和 9 个县级环境监测站。9 个县级环境监测站均已取得计量认证资质，其中马龙县、麒麟区、富源县、罗平县环境监测站通过了云南省第一批环境监测站标准化建设达标验收，仅市环境监测站就取得 233 个项次的合格证，共认证监测项目 183 个。2012 年，曲靖市人民政府建立境内主要河流水环境保护"河长制"，全市环境监测机构以"河长制"考核监测为契机，在 12 条主要河流设置水质监测断面 32 个，并在全省开创了跨界断面水质联合监测、数据共享、共防共治的新举措。此次会议选择在曲靖召开，为全省其他州（市）提供了良好的交流学习平台。2013 年，曲靖市开展对中心城区环境空气质量实施细颗粒物监测，并发布监测数据。

三十八、曲靖市环境保护局召开 5 月环境安全评估会议（2013 年 5 月）

自 2011 年 9 月，曲靖市在全省率先建立环境安全月评估机制，曲靖市环境保护局每月都组织召开环境安全评估专题会议，会议由局长主持，参会人员包括曲靖市环境保护局副处级以上领导、局机关各科室负责人、下属事业单位负责人。会议通报上月环境安全隐患整改落实情况，研究确定当月环境安全隐患，并将环境安全隐患上报曲靖市人民政府督办。截至 2013 年 5 月，全市共排查环境安全隐患 100 余件，报请曲靖市人民政府督办环境安全隐患 59 件，部分环境安全隐患已彻底消除。通过开展环境安全月评估工作，全市环境安全风险逐渐降低。6 月 13 日，由局长主持召开 5 月环境安全评估会议，参会人员共 18 人。会议对 4 月排查确定的 3 项环境安全隐患进行跟踪问效，对 5 月各县（市、区）环境保护局，局属各科（室）、单位上报隐患逐一分析研判，确定 5 月环境安全隐患，提出整改意见。

三十九、玉溪召开环境资源保护执法协调联席会议（2013 年 5 月）

2013 年 5 月 9 日，玉溪市环境保护局主持召开了玉溪市环境资源保护执法协调联席会议。玉溪市人民检察院、中级人民法院、人民政府法制办公室、国土资源局、公安分局、林业局、环境保护局、抚仙湖管理局等单位领导及相关人员共 26 人参加会议。协调会上，玉溪市中级人民法院环境保护庭潘万红庭长、检察院环境保护检察处处长杨旭、环境监察支队主要责任人结合各职能部门的实际情况做了专题汇报。参加协调会的各部门领导根据 2012 年 6 月玉溪市人民检察院、中级人民法院、人民政府法制办公室、公安局、环境保护局、国土资源局、林业局、抚仙湖管理局 8 家单位联合印发的《玉溪市环境资源保护执法协调联动工作实施办法》的要求，结合玉溪经济发展与环境保护实际畅所欲言，就如何建设生态文明、幸福美丽玉溪，做好环境资源保护协调联动工作提出了建设和意见，达成以下共识：一是加强信息互通，整合执法力量。二是建立联动机制，推进环境执法。三是加大宣传力度，鼓励公益诉讼。四是加强能力建设，提高执法水平。五是设置联系机构，建立协调制度。此次协调会上，成立了以玉溪市人民政府法制办公室为主的玉溪市环境资源保护执法联席会议办公室，进一步明确了办公室及 8 个主体单位的工作职责，指定了联络人员，并要求将联席会议形成制度，定期或不定期召开，玉溪市人民政府法制办公室要做好协调指导、信息交流、具体案件审查、典型案件梳理、会议组织召开等工作。

四十、玉溪市召开《玉溪市创建国家环境保护模范城市规划（修编本）》听证会（2013 年 6 月）

2013 年 6 月 20 日，玉溪市环境保护局组织召开《玉溪市创建国家环境保护模范城市规划（修编本）》听证会。玉溪市人大、政协、水利、住建、红塔区等部门代表、社会各界人士及新闻、广播媒体等 30 余人参加会议。参会的听证代表认为《玉溪市创建国家环境保护模范城市规划（修编本）》编制内容详细、目标任务明确、创模工作和工程项目具体、可操作性强，充分肯定了其对玉溪市创模工作的指导作用。结合《玉溪市创建国家环境保护模范城市规划（修编本）》修改意见，听证代表就提高玉溪市创模工作认识、加强部门配合、增加创模资金投入、饮用水水源地保护、城镇污水和生活垃圾处理厂建设等相关具体工作提出了很好的意见和建议。《玉溪市创建国家环境保护模范城市规划》于 2005 年编制完成。多年来国家创模考核指标已历经 3 个阶段的调整，指标内容及考核要求有了较大变化，《玉溪市创建国家环境保护模范城市规划》早已不能满足玉溪市创模要求。2012 年 6 月 4 日，玉溪市人民政府第八十三次常务委员会决定对《玉溪市创建国家环境保护模范城市规划》进行修编，创模目标调整为 2015 年。为积极贯彻落实玉溪市人民政府第八十三次常务委员会决定事项，玉溪市环境保护局委托昆明市环境保护联合会对《玉溪市创建国家环境保护模范城市规划》进行修编，2013 年 1 月 18 日，《玉溪市创建国家环境保护模范城市规划（修编本）》通过了云南省环境保护厅组织的专家评审。为规范行政决策行为，提高行政决策的科学性、民主性，落实重大决策听证制度的要求，玉溪市环境保护局受玉溪市人民政府的委托组织《玉溪市创建国家环境保护模范城市规划（修编本）》听证会。6 月 3 日和 9 日分别在玉溪市人民政府重大决策听证网、《玉溪日报》、玉溪市环境保护局网站上发布了听证会的第一号和第二号公告，广泛征集参会听证代表意见，按听证制度和程序要求圆满召开了听证会。

四十一、云南省召开环境保护专项行动电视电话会议（2013 年 6 月）

2013 年 6 月 26 日，环境保护部、国家发展和改革委员会、工业和信息化部、司法部、住房和城乡建设部、国家工商行政管理总局、国家安全生产监督管理总局七部委联合召开了 2013 年全国整治违法排污企业保障群众健康环保专项行动电视电话会议。云南省环境保护厅杨志强副厅长做了动员讲话，就贯彻落实全国电视电话会议精神、结合实际开展云南省环境保护专项整治行动做了部署。会上，杨志强副厅长总结了 2012 年全省环境保护专项行动后，指出 2013 年是国家连续组织开展整治违法排污企业保障群众健康环境保护专项行动的第 11 年，各地、各有关部门要高度重视，按照国家和云南省的统一部署，精心组织好环境保护专项行动。一要加强组织领导，按照《云南省人民政府关于全面推行环境保护"一岗双责"制度的决定》（云政发〔2010〕42 号）要求，继续把深入开展环境保护专项行动作为重要工作内容，进一步加强组织领导，明确责任，完善工作制度，将各项整治任务作为 2013 年各级人民政府环境保护目标责任制的考核目标。二要联合监督检查，进一步健全联合执法机制，突出重点区域、重点行业、重点企业。三要强化责任追究，对排查不到位、整治工作没有实质进展的，要公开点名批评，约谈当地人民政府或有关部门主要负责人。四要加大信息公开，充分发挥新闻媒体的舆论引导和监督作用，将宣传工作贯穿行动始终，保持声势，营造良好的社会氛围。要及时发布环境保护专项行动进展情况、查处情况、挂牌督办案件等相关信息，回应媒体报道和社会关切。要加大曝光力度，公开曝光恶意违法排污行为和典型违法案件，强化警示教育。要鼓励广大人民群众举报环境违法行为，邀请人民群众参与执法检查，保障人民群众的环境知情权、表达权、监督权和参与权。

四十二、江川县九溪镇召开东风水库水源地保护工作会议（2013年8月）

2013年8月2日，九溪镇召开东风水库水源地保护工作会议，详细安排部署东风水库水源地保护工作。按照江川县人民政府办公室《关于印发东风水库径流区江川片区水污染综合整治工作方案的通知》（江政办发〔2013〕100号），对九溪镇综合整治工程中涉及的小流域水土流失防治工程、农村生活污水综合治理工程、河口村A3/O污水处理项目整改工程、畜禽养殖污染治理工程、河口村人工湿地净化工程整改恢复工程、九溪河河道综合治理工程、小流域工业污染治理工程、水源涵养林保护8个工程的内容、范围、时间要求和责任情况进行安排和强调，并要求明确目标任务，落实责任分工，整合各项资源，结合工程性和非工程性措施，对重点区域进行重点管护，将日常管护工作做深、做细、做实，严格信息报送制度，强化督查检查力度，建立健全东风水库水源地保护和环境污染综合整治长效管理机制，确保东风水库环境综合整治工作取得实效。

四十三、全国良好湖泊生态环境保护基线调查和工作进展推进会议在大理召开（2013年8月）

2013年8月17—18日，2013年度全国良好湖泊生态环境保护基线调查和工作进展推进会议在大理召开。环境保护部规划财务司、污染防治司和中国环境科学研究院等部门的领导出席会议，并分别对开展好湖泊生态环境保护试点工作和推进湖泊生态环境保护基线调查项目等提出具体要求。据介绍，良好湖泊生态环境保护基线调查项目涉及湖泊的生物多样性、流域基本性状、污染负荷、湖体水质、流域污染源、湿地面积等方面的内容，开展好此项工作，能够为正确识别良好湖泊的生态问题提供可靠依据，进一步更加科学有效地促进湖泊生态环境保护。会上，来自云南、青海、四川、重庆、贵州、西藏、河北、浙江、辽宁、黑龙江等20多个省区市湖泊生态环境保护工作的负责人和专家，分别就抚仙湖、泸沽湖、千岛湖、镜泊湖、洪湖、查干湖、兴凯湖、白洋淀等29个湖泊的生态环境保护情况进行汇报和经验交流。

四十四、大理白族自治州环境保护专项资金项目储备库建设专题会议在下关召开（2013 年 8 月）

为认真贯彻落实 2013 年 8 月 27 日云南省环境保护专项资金项目储备库建设专题会议精神，圆满完成大理白族自治州项目储备库建设工作，8 月 29 日，大理白族自治州环境保护局在下关召开大理白族自治州环境保护专项资金项目储备库建设专题会议。大理白族自治州苍山管理局，12 县市环境保护局、"两区"环境保护局、大理市洱海管理局领导及局机关各科室、直属各单位负责人参加会议。大理白族自治州环境保护局各科室负责人依次讲解了各自负责项目的申报要点，对于存在的疑问，大家积极提问，各科室认真解答，与会人员对环境保护项目储备库建设工作有了全面深入的了解。会议指出，各县市（"两区"）环境保护局要充分认识项目储备库建设的重要性和必要性。项目储备库建设事关大理白族自治州环境保护项目资金争取的全局，各县市（"两区"）环境保护局要在继续抓好环境监管的同时抓好环境保护项目储备和实施，要一手抓监管、一手抓项目，两手抓，两手都要硬。会议要求，与会各单位、各部门要分析形势、突出重点，通力合作建好项目储备库。要根据各县市的实际，确立项目支持的重点。州级要加强指导，县市环境保护部门要加强互通互助，大家齐心协力建好项目储备库。会议强调，与会各单位、各部门要抢抓机遇、主动作为，确保项目落实到位。党的十八大为我们建设生态文明指明了方向，提出了更高的目标要求，要抓住机遇，严格按国家、云南省的要求，加大项目实施力度，确保项目早日建成，发挥效益。

四十五、洱海项目召开"十一五"成果凝练会（2013 年 8 月）

根据国家水专项管理办公室的相关要求，为顺利完成洱海项目"十一五"验收，洱海项目会同相关各级水专项管理办公室于 2013 年 8 月 6—8 日在北京召开了洱海项目成果凝练会议。会议对已完成验收的"十一五"洱海项目"洱海全流域清水方案与社会经济发展友好模式研究"课题、"大规模农村与农田面源污染的区域性综合防治技术与规模化示范"课题、"上游入湖河流净化及沿河低污染水的生态处理技术及工程示范"课题、"湖滨带生物多样性修复与缓冲区构建技术及工程示范"课题、"湖泊生态系统退化调查研究与修复途径的关键技术研究及工程示范"课题、"典型湖湾水体水污染防治与综合修复技术及工程示范"课题共 6 个课题成果逐一进行了总结凝练，并在此基础上进一步凝练形成项目〔"营养化初期湖泊（洱海）水污染综合防治技术及工程示范"项目〕成果及洱海"一湖一策"成果，为洱海项目验收做好准备。

四十六、大理白族自治州主要污染物总量减排领导小组办公室组织召开污水处理厂专题约谈会（2013 年 8 月）

为进一步贯彻落实云南省人民政府与大理白族自治州人民政府签订的年度主要污染物总量减排目标责任书要求，针对 2013 年 5 月云南省环境保护厅督查中提出的问题，督促指导各县市污水处理厂认真整改落实，确保按期完成整改。8 月 23 日，大理白族自治州主要污染物总量减排领导小组办公室组织召开污水处理厂专题约谈会。被约谈县市有大理市、大理创新工业园区管理委员会、巍山彝族回族自治县、漾濞彝族自治县、祥云县、洱源县、云龙县。会议由大理白族自治州主要污染物总量减排领导小组办公室主任、大理白族自治州环境保护局副局长段彪主持，大理白族自治州环境保护局相关业务科室、各县市分管住建的副县（市）长、住房和城乡建设局局长、环境保护局局长、污水处理厂负责人参加了会议。会议以各县市顺序单独约谈的方式进行，由大理白族自治州环境保护局副局长段彪分别说明约谈目的，强调了整改时限及要求，听取了各县市关于整改情况和存在问题的专题汇报。各县市均明确了整改完成时限，承诺将加强领导、认真整改落实，下一步将加强污水处理厂管理工作、加大配套管网建设力度，确保污水处理厂正常运行。会上大理白族自治州环境保护局相关业务科室、大理白族自治州环境监察支队和大理白族自治州环境监测站分别针对运行管理、程序审批、日常监管、技术规范等做了要求。最后段彪副局长强调要求各县市切实加强运行管理，加大管网建设力度、提高污水收集率。加快在线监测验收及主体工程竣工验收工作，云龙县、漾濞彝族自治县加快试运行报批工作，确保 8 月底完成整改。对难以按期完成整改的创新工业园区管理委员会、祥云县，要求加快设备安装调试，倒排时间表，积极争取云南省环境保护厅的帮助和支持，确保完成整改。通过此次会议，进一步对各县市污水处理厂整改工作进行了再梳理、再督促、再落实，切实加大了督促指导的力度。我们将进一步狠抓落实、按时间节点，加快项目整改进度，有效推进年度主要污染物总量减排目标任务完成。

四十七、云南省九大高原湖泊水污染综合防治领导小组办公室主任会议在大理召开（2013 年 9 月）

2013 年 9 月 23—24 日，云南省九大高原湖泊水污染综合防治领导小组办公室主任会议在大理召开。会议提出，认真学习洱海治理保护经验，努力推进九大高原湖泊治理工作，确保各项任务目标顺利实现，让高原明珠绽放光彩。云南省九大高原湖泊水污染综合防治领导小组办公室主任、云南省环境保护厅厅长王建华参加会议并讲话，大理白族自治州人民政府副州长许映苏致辞。云南省发改、工信、财政、科技、国土资源、住建、交通、林业、水利、审计、旅游等部门负责人和云南省环境保护厅相关处室负责人参加会议。参加会议的还有昆明、玉溪、丽江、红河、大理 5 州（市）的环境保护局局长，相关县市环境保护局局长，湖泊保护与治理企业代表等。会议期间，大理白族自治州做重点经验交流。与会人员还专程考察了大理市洱海流域垃圾收集清运系统建设运行情况、上关镇江尾湿地生态恢复建设情况、罗时江湿地运营管理情况、银桥镇灵泉溪入湖河流生态环境保护清水产流机制修复情况、大理镇才村环境综合整治情况等；分组讨论云南省九大高原湖泊水污染综合防治"十二五"规划目标责任考核办法等 4 个征求意见稿。

四十八、保山市积极参加全省环境工程评估中心主任座谈会（2013 年 9 月）

2013 年 9 月 6 日，保山市环境工程评估中心主任杨花、副主任张宝丽参加了由云南省环境工程评估中心在昆明组织的 2013 年全省环境工程评估中心主任座谈会。座谈会邀请了全省 16 家地州环评中心负责人及主管环评工作的云南省环境保护厅领导共计 51 人参加。座谈会期间，与会人员学习了《云南省环境工程评估中心关于调整中心领导职责分工的通知》等文件，并结合党的群众路线教育实践活动要求，围绕如何提升评估工作的质量、效率进行了讨论发言。座谈会上，保山市环境工程评估中心对开展的工作、取得的经验、存在的困难做了交流发言。保山市环境工程评估中心以本次会议为契机，充分借鉴省中心、各州（市）中心的宝贵经验，积极寻求各级各部门的政策和技术支持，进一步增强责任意识，加强自主创新、广泛开展合作交流与培训，切实抓好党风廉政建设、建立健全奖惩制度，全面提升中心服务水平，为区域环境保护和地方经济发展做出应有的贡献。

四十九、2013 年度全省州（市）环境监测站长培训班在玉溪市举办（2013 年 9 月）

按照国家环境监测"三年培训计划"的要求，为进一步落实、推进云南省环境监测人员的培训工作，2013 年 9 月 26—27 日，2013 年度全省州（市）环境监测站长培训班在玉溪市举办，主要培训内容是分析环境监测新形势，统一认识、梳理思路，总结前三季度监测工作完成情况，查缺补漏，为重点工作完成做最后冲刺。培训班上，左伯俊副厅长要求全省环境监测系统要结合出台的《大气污染防治行动计划》《最高人民法院、最高人民检察院关于办理环境污染刑事案件适用法律若干问题的解释》《国家重点监控企业自行监测及信息公开办法（试行）》等重要文件，正确认识环境监测工作面临的机遇和挑战，统一思想、振奋精神、抓住重点、突破难点、应对热点，加快推进重点工作任务的完成。一是做好2013年空气质量新标准监测工作，曲靖市须确保年底前向社会发布数据，昭通市、楚雄彝族自治州等州（市）尽快实施建设；二是加快推进饮用水水源地水质、土壤及农村环境质量等重点环境质量监测工作，由云南省监测中心站统筹协调全省环境监测力量，对照年初监测任务，查缺补漏；三是强化污染源监督性监测，做到全覆盖，并对已验收的自动监控设施完成比对监测，全力为总量减排考核做好服务；四是规范监测数据上报及公布程序，做好环境质量监测信息和企业监测信息公开；五是按照全省项目库建设的统一要求，梳理各监测站基本情况，按时上报监测能力建设项目并入库，同时，积极争取各地政府支持，做好人员配备、计量认证等基础工作；六是按照2013年监测站达标验收安排，尽快组织完成省监测中心站国家验收和部分州（市）级、县级监测站省级验收的工作；七是全面落实全省环境监测3年培训方案，细化各州（市）年度培训计划并加快实施，做好监测人员队伍建设；八是加强环境监测质量管理，结合第二季度全省环境空气、地表水自动监测质量检查，进行认真总结、及时整改，有效开展监测站间的质量监督检查、能力验证和对比监测，保障监测数据质量。最后，左伯俊副厅长强调，抓好监测行风建设，筑牢反腐倡廉的防线，克服事业单位体制改革过程中存在的困难，以积极的行动，争取解决长期困扰监测站绩效工作与工作积极性的难题。参加培训班的监测站长表示，举办全省州（市）环境监测站长培训班，对于及时了解监测新形势新要求，交流工作经验，推动工作进度，都具有积极的促进作用。培训班统一了思想，凝聚了共识，鼓足了干劲，为做好2013年监测工作重点任务的冲刺打下良好的基础。培训班期间，副巡视员张京麒还不辞辛劳，利用休息时间，现场察看了玉溪市空气质量自动监测站新标准建设情况并调研了抚仙湖孤山国家地表水质自动站运行情况。

五十、水专项"十一五"洱海项目预验收会议在昆明召开（2013年10月）

根据《关于进一步做好水专项"十一五"成果凝炼和项目主题验收工作的通知》

（水专项办函〔2013〕83 号）的精神，云南省水专项管理办公室于 2013 年 10 月 12 日下午在昆明组织召开了"十一五"水专项洱海项目预验收会议。云南省水专项领导小组成员单位（云南省发展和改革委员会、科学技术厅、财政厅、建设厅、农业厅、水利厅）的领导，大理白族自治州水专项管理办公室，"十一五"水专项洱海项目承担单位（上海交通大学）负责人及相关工作人员参加了会议，并组成了专家组。会议邀请了国家水专项管理办公室的领导到现场进行指导和监督。会议由"十一五"水专项洱海项目承担单位（上海交通大学）对《富营养化初期湖泊（洱海）水污染综合防治技术及工程示范》项目的实施情况进行了详细汇报，与会专家经认真查阅资料、质询、按照《评分细则》进行打分并发表意见后形成预验收意见。水专项"十一五"洱海项目以 87.6 分的评分结果顺利通过了省级预验收。

五十一、云南省环境监察总队认真学习领会《国务院关于印发大气污染防治行动计划的通知》的精神（2013 年 11 月）

2013 年 11 月 4 日，云南省环境监察总队召开全体干部职工大会，认真学习了《国务院关于印发大气污染防治行动计划的通知》和环境保护部《关于认真学习领会贯彻落实〈大气污染防治行动计划〉的通知》精神。首先原文学习了《大气污染防治行动计划》和环境保护部《关于认真学习领会贯彻落实〈大气污染防治行动计划〉的通知》精神，结合环境监察工作的实际强调了大气环境保护事关民生、事关全社会的可持续发展，总队全体干部职工要高度重视，把环境保护这个高尚的事业做好。最后，总队长黄杰对全体干部职工提出 4 点要求：一是全体干部职工都必须认真学习领会其精神实质，深入贯彻落实，扎实推进空气质量逐步改善；二是积极推进交叉执法、联合执法和区域执法等执法方式，认真开展环境监察工作，在执法过程中做到严肃客观公正；三是认真落实环境信息的公开工作，积极接受社会舆论的监督；四是坚持党的群众路线教育实践活动与总队工作相结合，扎实推进年末环境监察工作。

五十二、保山市召开全市农村垃圾收处工作现场会（2013 年 11 月）

为加快推进全市农村环境整治工作，开展农村生活垃圾集中收处，提升全市新农村建设水平，2013 年 11 月 15 日，保山市人民政府在腾冲县召开全市农村垃圾收处工作现场会。参加会议的有保山市委常委、副市长王力，保山市人大副主任杨习超，5县区人民政府、保山市政协人环境与资源保护委员会、保山市水长工业园区管理委员会、高黎贡山旅游度假区管理委员会的领导，市、县区财政、环境保护及2013年安排垃圾处理项目的乡镇、村的领导共250多人。15日上午与会代表现场考察了腾冲县明光、曲石垃圾热解处理设施，下午召开会议，首先是安徽宣城市绿保环境工程有限公司介绍垃圾焚烧炉有关情况；接着腾冲县人民政府做了交流发言，腾冲县委常委、副市长王力与各县区政府、各园区管理委员会签订《保山市农村生活垃圾处理设施建设目标责任书》；最后腾冲县委常委、副县长王力做了重要讲话。王力副县长的讲话全面分析了全市农村垃圾污染的严峻形势，要求县区人民政府、相关部门一定要增强做好农村环境保护工作的责任感和使命感，全面推广户集、村运、乡镇集中处理的腾冲经验明光模式，坚持从源头抓起，积极推行垃圾分类投放、分类收集、分类运输和分类处理，加快推进全市农村垃圾集中收处工作，确保农村生活垃圾污染得到有效控制。

五十三、"十二五"水专项洱海项目第五课题正式启动（2013年11月）

2013年11月5日，由华中师范大学承担的"十二五"水专项洱海项目第五课题，即"富营养化初期湖泊（洱海）防控整装成套技术集成及流域环境综合管理平台建设课题"在华中师范大学召开课题启动和子课题论证会议。会议由华中师范大学科技处主持。国家水专项管理办公室、云南省水专项管理办公室、大理白族自治州水专项管理办公室、武汉大学、大理市洱海保护管理局的领导在认真听取了课题组及课题参加单位对课题筹备和进展情况的汇报后分别在会上讲话。会议邀请了太湖流域管理局研究员陈荷生、环境保护部副巡视员周凤保、中国科学院水生生物研究所研究员胡征宇、武汉大学教授张万顺、云南农业大学教授张乃明参加会议并组成专家组，由陈荷生任专家组长。专家组对课题和子课题的情况和参与单位合同论证进行评估并提出建议和意见。课题及各子课题经专家质询论证后顺利通过评审。

五十四、王建华厅长约谈了重点州（市）人民政府及企业的污染减排工作（2013年11月）

为应对云南省2013年节能减排形势，根据国家和云南省人民政府主要领导的指示精神，10月30日，和段琪、刘慧晏副省长主持召开了云南省低碳节能减排及应对气候变化领导小组会议，专题研究了节能减排工作。会议要求采取目标倒逼、约谈重点州（市）的方式，即在摸清各州（市）污染减排目标完成情况的基础上，由云南省环境保护厅约谈污染减排形势严峻的州（市）人民政府、企业。2013 年 11 月 10 日、15 日，云南省环境保护厅王建华厅长先后分别约谈曲靖市、大理白族自治州、楚雄彝族自治州政府的分管副州长（副市长），针对城镇生活污水处理厂运行存在的问题提出了整改要求。11 月 14 日，针对污染减排存在问题，云南省环境保护厅杨志强副厅长分别约谈了云南北控城投水务有限公司和安宁市永昌钢铁有限公司的总经理，并提出了限期整改要求。

五十五、云南城市环境建设二期项目设计单位约谈会（2013 年 12 月）

2013 年 12 月 14 日，云南省财政厅、省环境保护厅/省项目办在省项目办会议室就世界银行贷款云南城市环境建设二期项目昭通中心城市河道整治工程设计工作致使启动建设迟缓的问题约谈设计单位中国水电顾问集团华东勘测设计研究院。昭通市财政局、昭阳区人民政府、建设管理委员会/项目综合推进指挥部、项目办、城投公司及各部门相关人员参加会议。会议听取了设计单位关于昭通中心城市河道整治工程设计工作的情况汇报，分析了项目推进缓慢存在的问题，并对下一步工作提出具体要求和安排部署。

五十六、保山市召开 2013 年主要污染物总量减排监测体系考核工作培训会议（2013 年 12 月）

2013 年 12 月 3 日，保山市环境保护局组织召开了 2013 年主要污染物总量减排监测体系考核工作培训会议。保山市环境保护局领导及相关科室，5 县区环境保护局分管领导、污控科科长、环境监察大队长、监测站长，水长工业园区环境保护局、保山市环境监测站领导及相关技术人员，19 家国控企业环境保护管理员，云南深隆环保（集团）有限公司等 60 人参加了会议。保山市环境保护局采用以会代训的方式，学习贯彻了国家、省、市环境保护部门关于开展减排监测体系考核工作的相关文件和法规，安排部署了全市 2013 年总量减排监测体系考核工作，组织开展了县、区管理人员业务培训，明确了工作重点和各部门职责。为加强对总量减排监测体系考核工作的组织领导，保山市环境保护局成立了减排监测体系考核工作领导小组，并下设办公室和技术组，制定下发了《保山市主要污染物总量减排监测体系考核工作方案》。在国家重点监控企业名单的基础上，进一步核查确定辖区内可实施自动监控的企业的名单。保山市计划在 12 月 20 日前完成国控企业自行监测方案备案工作，在保山市环境保护局网站公布国控环境监测信息。

五十七、大理市环境保护局召开专题民主生活会（2013 年 12 月）

根据《关于认真开好 2013 年度领导干部专题民主生活会的通知》精神，大理市环境保护局于 2013 年 3 月 8 日上午在大理市纪工委的监督下，召开了大理市环境保护局党组、行政领导班子的专题民主生活会。会上，党政班子成员通过认真开展自查和互查相结合、集中查找与个别征求意见相结合的办法，查出了班子及成员存在的问题及根源，明确了努力的方向，指导了整改方法和措施，达到了民主生活会的预期效果。通过对会前征求意见情况和会上班子成员开展批评和自我批评的原始记录归纳为理论学习不够深入等 3 个问题，并制定《2013 年度民主生活会评议问题整改方案》。

五十八、云南省召开《畜禽规模养殖污染防治条例》学习贯彻电视电话会议（2014 年 1 月）

2014 年 1 月 6 日下午，继组织参加国务院法制办公室、环境保护部、农业部联合召开的《畜禽规模养殖污染防治条例》学习贯彻电视电话会议后，云南省人民政府法制办公室、环境保护厅、农业厅联合召开了全省《畜禽规模养殖污染防治条例》学习贯彻电视电话会议，省、州、县共设 134 个会场，全省各级政府法制、环境保护、农业部门干部和养殖企业代表共有 3122 人参加会议。按照国家电视电话会议的要求和部署，结合云南省实际，云南省环境保护厅高正文副厅长就认真组织好《畜禽规模养殖污染防治条例》的学习宣传、摸清云南省畜禽养殖"底数"、掌握养殖污染情况、强化分区管理、积极划定禁养区、强化环境监管、抓好源头控制、以污染物减排为硬抓手、推进"以减促治"、做好技术推广和服务、强化技术支撑和建立部门联动机制、形成工作合力方面提出了具体要求。云南省农业厅副厅长寸强也就认真做好《畜禽规模养殖污染防治条例》宣传工作、超前规划、科学规划畜禽规模养殖用地和加强协调，处理好畜禽养殖与生态建设的关系明确了要求。会议指出，畜禽养殖污染防治工作事关畜牧业的持续健康发展，事关人民群众切身利益，事关生态文明建设，各地要认真学习好、宣传好《畜禽规模养殖污染防治条例》，领会好、把握好《畜禽规模养殖污染防治条例》的精神实质和特点、要点，不断加强制度建设，切实严格依法行政，加大政策支持力度，积极主动做好服务，加强协作、狠抓落实，确保云南省畜禽养殖科学发展、蓬勃发展，为推进云南省农村生态文明建设，改善农村人居环境做出应有的贡献。

五十九、云南环境保护局局长会议明确工作重点——治理大气水体土壤污染（2014 年 1 月）

2014 年 1 月，云南省环境保护局局长会议在昆明召开。会议在明确了重点领域和关键环节推进生态环境保护领域改革的同时，对着力抓好治理大气、水体、土壤污染等重点工作提出了具体要求。会议提出，云南省 2014 年要结合自身实际，积极推进生态环境保护领域改革，争取在 8 个重点领域和关键环节上有新举措、新突破、新成就。一是推进生态文明建设；二是推进生态保护红线划定；三是深化环评审批制度改革；四是进一步减少（下放）行政审批事项；五是完善排污许可证制度；六是完善环境政策法规；七是强化责任考核和追究制度；八是启动省级环境保护专项资金整合试点。与此同时，云南 2014 年要突出抓好治理大气水体土壤污染、服务转方式调结构、强化自然生态保护、加强环境监督管理、提升环境监管能力和水平、强化保障措施 6 个方面的重点工作。

六十、曲靖市环境保护局组织召开云南省环评管理工作视频会议曲靖分会场会议（2014 年 1 月）

2014 年 1 月 15 日，曲靖市环境保护局认真组织召开云南省环评管理工作视频会议曲靖分会场会议，视频会议分会场设在曲靖市环境保护局，分会场参会人员包括：曲靖市环境保护局分管项目环评审批工作和技术评估工作领导，监督管理科、辐射科、自然保护科、技术评估中心、曲靖市环境科学研究所领导及相关人员。会上，曲靖市环境保护局领导要求全市环境保护系统认真学习、领会副厅长兰骏视频会议讲话精神，认真贯彻执行《建设项目环境影响评价政府信息公开指南（试行）》《云南省建设项目环境影响评价文件分级审批目录（2013 年本）》，切实做好全市建设项目环评管理工作。

六十一、大理白族自治州环境保护局组织召开 2013 年工作总结及 2014 年工作部署会议（2014 年 2 月）

2014 年 2 月 10 日，大理白族自治州环境保护局组织召开 2013 年工作总结及 2014 年工作部署会议，局机关各科室、直属各单位全体干部职工参加会议。会议首先由局机关各科室、直属各单位负责人汇报 2013 年工作总结、存在的问题及 2014 年工作安排，分管领导分别点评并提出工作要求。大理白族自治州环境保护局党组书记、局长李继显在会上做了 4 点要求：一是强化学习，提高工作能力。全体干部职工要加强政策、法规、业务知识、公务基本技能的学习，以学促干，提高自身工作能力。二是强化作风建设，增强服务意识。严格按照大理白族自治州委、大理白族自治州人民政府开展干部作风专项整治活动的实施意见，扎实开展干部作风建设，"治庸提能、治懒提效、治散提神、治慢提速、治玩促干、治浮促实"，以务实的工作作风、扎实的工作态度，全力推进全州生态文明建设。三是强化责任，认真履职。每位干部职工都要做好职责范围的工作，群策群力做好全州环境保护工作。四是清正廉洁，务实为民。严格执行中央八项规定及省州实施办法，厉行节约，反对铺张浪费，廉洁从政、务实为民。做到时刻管住自己的嘴、管住自己的手、管住自己的腿，做到自警、自省、自重、自律，居安思危、恪尽职守，堂堂正正做人、老老实实做事。

六十二、保山市召开 2014 年度环境保护工作会议（2014 年 2 月）

2014 年 2 月 21 日，保山市环境保护工作会议在隆阳区召开。会议主要任务是深入贯彻落实党的十八届三中全会、云南省委九届七次全会、保山市委三届四次全会、保山市人大三届三次全会和全省环境保护局长会议精神，总结 2013 年工作和部署 2014 年工作任务。保山市委常委、副市长王力出席会议并做重要讲话。保山市环境保护局党组书记、局长万青做工作报告。腾冲县、昌宁县人民政府和水长工业园区管理委员会做工作交流。保山市人民政府副秘书长罗沿磊主持会议。保山市环境保护局党组书记、局长万青对 2014 年保山市环境保护工作进行了 9 个方面的安排部署：一要进一步提高行政审批效能，积极服务地方经济发展；二要深化目标责任制考核，努力完成污染减排任务；三要加强污染防治，提高环境质量；四要加强环境监管，切实维护群众环境权益；五要深入实施"生态立市"战略，加强生态环境保护；六要加快环境监管能力建设；七要积极推动生态文明制度改革；八要扎实有效地开展党的群众路线教育活动，切实做好社会综治维稳工作；九要深入推进党风廉政建设。保山市委常委、副市长王力在讲话中充分肯定了 2013 年全市环境保护工作和腾冲县、昌宁县人民政府与水长工业园区管理委员会的交流发言。王力要求，一要继续落实污染减排责任；二要继续抓实农村生活垃圾处理工作；三要继续抓好污染防治工作；四要继续创建生态文明示范区；五要继续解决好损害群众健康的环境问题。会上，保山市委常委、副市长王力与各县区人民政府、各园区、市直有关部门分别签订了《2014 年污染减排责任书》和《农村生活垃圾集中收处工作责任书》。

六十三、大理白族自治州召开 2014 年度环境保护工作会议（2014 年 3 月）

2014 年 3 月 28 日上午，大理白族自治州 2014 年度环境保护工作会议召开，大理白族自治州环境保护党组书记、局长李继显做了题为《深入贯彻党的十八届三中全会精神，以创新精神和务实作风推进新时期全州环境保护事业》的工作报告。2013 年全州环境保护系统紧抓重点工作，开拓进取、奋发有为，全州环境保护工作取得新的积极进展。2014 年，全州环境保护系统要抓住国家、省、州深化生态环境保护领域改革的发展机遇，紧紧围绕大理白族自治州委、大理白族自治州人民政府关于全州生态文明建设的总体要求，创新工作方法、突出工作实效，求真务实，狠抓落实，着力做好以下重点工作：一是深入开展以为民务实清廉为主要内容的党的群众路线教育实践活动。二是扎实推进洱海保护治理工作，确保水质保持稳定。三是深入推进全州生态文明建设工作，努力改善全州生态环境。四是下大力气开展主要污染物总量减排工作，确保完成目标任务。五是强化全州环境监管，努力提高监管水平。六是创新全州环境保护宣传教育形式，主动应对舆论热点，提高全民环境保护意识。大理白族自治州人民政府许映苏副州长出席会议并做工作要求：充分认识环境保护工作面临的新形势，切实增强责任感，认真落实目标责任，全力推进洱海流域保护治理、污染减排等重点工作，确保洱海流域保护治理目标责任、主要污染物减排目标任务全面完成；科学规划、多措并举，积极推进全州生态文明建设，力争将大理建成全国生态文明先行示范区；突出重点、破解难点，切实解决事关民生的环境突出问题，确保全州环境质量安全，努力为建设美丽幸福新大理积极做贡献。会上宣读了"七彩云南保护行动 2013 度工作目标考核"结果及"2013 度主要污染物总量减排目标"责任考核结果；许映苏副州长与各县市人民政府分管领导签订了《七彩云南保护行动 2014 度工作目标考核责任书》及《大理州 2014 度主要污染物总量排放目标责任书》，与州级相关部门领导签订了《大理州 2014 度主要污染物总量排放目标责任书》。

六十四、以完成总量减排监测体系考核为第一要务，全面完成总量减排各项工作任务（2014 年 5 月）

2014 年 5 月 22 日，云南省环境保护厅在昆明召开 2014 年度环境监测工作会。全省 16 个州（市）环境保护局、总量减排监测体系考核负责人及环境监测站、厅机关各相关处室及直属单位负责人、省环境监测中心站领导及各科室主任参加了会议。云南省环境保护厅副厅长高正文出席会议并做重要讲话。会上认真学习了全国环境监测工作现场会议精神，总结了 2013 年全省环境监测工作取得的成绩，深入分析环境监测改革、发展面临的新形势、新要求，认真查找总量减排监测体系考核工作存在的问题。面对总量减排任务完成的严峻形势，高正文副厅长要求：各级环境保护部门要围绕全省环境保护的中心工作，把完成总量减排监测体系考核作为第一要务，按照"突出重点、明确责任、分级管理、逐级考核"的总体要求，确保"污染源自动监控数据传输有效率，自行监测结果公布率和监督性监测结果公布率"达标并通过国家考核，同时要继续抓好环境质量监测、污染源监督性监测、自行监测、应急监测等各项工作。各州（市）要认真研究国家相关政策要求，结合辖区实际，统筹协调监测、监察、总量、信息等部门力量，全面抓好辖区内考核企业自动监控设施安装建设、自动监控设施运行管理、自行监测、监督性监测的组织实施、监测数据有效性审核等工作。此次会议，既是总量减排监测体系考核工作的动员会，更是重点工作开展的布置会。全省各州（市）要高度重视、落实责任、周密部署，强化监督考核，确保云南省年度监测体系考核任务的顺利完成。

六十五、保山市召开 2014 年全市主要污染物总量减排工作推进会（2014 年 5 月）

2014 年 5 月 4—5 日，保山市环境保护局组织召开了全市 2014 年主要污染物总量减排工作推进会议。保山市环境保护局领导及相关科室，5 县区环境保护局主要领导、分管领导、污控科科长、环境监察大队长、监测站长，工业园区环境保护局、市环境监测站领导及相关技术人员，36 家国控企业环境保护管理员，云南深隆环保（集团）有限公司等 60 人参加了会议。会议通报了 2013 年度全市减排考核情况，安排部署了 2014 年度主要污染物总量减排工作，并采用以会代训的方式，学习贯彻了国家、省、市环境保护部门关于开展减排工作的相关文件和法规，组织开展了县、区环境保护局工作人员及企业环境保护管理人员减排监测体系考核工作业务培训，明确了本辖区内的减排工作重点，专题讲解了污水处理厂、水泥厂和糖厂有关减排管理和减排核查核算要求。

此次会议对全面推进保山市主要污染物总量减排工作，加强保山市污染防治和环境监管，具有促进作用。为确保完成云南省人民政府下达给保山市 2014 年度减排目标任务打下坚实基础。

六十六、大理白族自治州环境保护局组织召开《大理国家环保产业园建设规划》方案审查会（2014 年 5 月）

2014 年 5 月 9 日，大理白族自治州环境保护局组织召开了《大理国家环保产业园建设规划》方案审查会。大理白族自治州人民政府副州长许映苏出席会议并讲话，大理白族自治州发展和改革委员会、工业和信息化委员会、财政局、科技局、国土局、住房和城乡建设局、规划局及大理市、洱源县人民政府、大理创新工业园区管理委员会、邓川工业园区管理委员会有关领导参加会议。规划编制单位中国环境科学研究院对规划背景、国内外环境保护产业园发展动态、规划目标指标、主导产业发展等规划重点内容进行了全面系统汇报。相关部门对规划目标指标、主导产业发展等重点内容与规划编制组进行了全面沟通，并结合大理白族自治州实际情况提出了修改意见和建议。目前，大理白族自治州环境保护局委托中国环境科学研究院编制的《大理国家环保产业园建设规划》，经过项目组前期的考察、调研和征求意见，已进入初稿定稿阶段，编制单位根据审查会意见修改完善，州环境保护局在成果完成后组织专家进行论证。《大理国家环保产业园建设规划》编制完成后，对推进加快大理白族自治州环境保护产业发展起到指导性作用。

六十七、向污染宣战《云南省大理白族自治州洱海保护管理条例（修订）》先行（2014 年 6 月）

2014 年 6 月 5 日，大理白族自治州环境保护局纪念"六五"世界环境日活动在大理市人民公园隆重举行，活动包括《云南省大理白族自治州洱海保护管理条例（修订）》颁布施行公益演出及环境保护知识宣传。

《云南省大理白族自治州洱海保护管理条例（修订）》，将洱海保护管理的范围从湖区扩大到 2565 平方千米的整个径流区，统筹保护和管理，强化责任的落实。补充了原《云南省大理白族自治州洱海保护管理条例》不够全面的禁止限制行为，加大了违法行为处罚力度。配合《云南省大理白族自治州洱海保护管理条例（修订）》的施行，大理白族自治州将以环洱海为重点强化流域截污治污。划定洱海 1966 米（85 高程）界桩范围线、界桩外 15 米的湖滨带保护范围线、洱海西岸界桩外 100 米的禁建线 3 条生态红线，坚决取缔侵占洱海湖面、湖滨带、滩地的违法违规建筑，恢复洱海滩地自然生态。继续规范整治环湖粗放型客栈、餐饮业，对污水直排洱海实行"零容忍"。完善水质监测考核体系，定期公布监测考核结果。同时，加快推进海西片区统筹取水供水工程，促进优质低温水入湖。活动聘请环境保护义务监督员，建立公众参与环境保护监管机制。制定《环境违法行为有奖举报（暂行）办法》，提高公众参与环境保护的积极性。

六十八、保山市副市长王力到市环境保护局调研（2014 年 6 月）

2014 年 6 月，保山市委常委、副市长王力和市政协副主席苏正平等一行 4 人到市环境保护局进行专题调研，召开座谈会，听取隆阳区人民政府，市、区两级环境保护部门的有关意见和建议。与会人员重点围绕如何推进全市农村垃圾集中处理工作、开展保山建设生态文明城市等工作，积极建言献策，纷纷结合保山实际，就农村垃圾集中处理工作中热解气化炉建设与在垃圾收运处中出现的问题和困难、乡镇环境保护能力建设、体制机制完善、建设生态文明城市的措施和办法等方面提出意见和建议。王副市长认真倾听大家的发言，仔细做着记录，与大家进行深入交流。在听取大家发言后，王力副市长指出：一要坚定信心和决心，扎实推进环境保护和治理工作，督促各乡镇提高认识加快热解气化炉建设步伐，做好整治农村生活垃圾的破题之举，确保如期完成目标任务。二要在近期召开一次生态文明领导小组座谈会，会上统一思想，着力解决建设生态文明城市的瓶颈，突出解决机制怎么看、措施怎么做、创新怎么办的问题。三要认真做好热解气化炉建设的规划，督促各县区、各乡镇开展农村生活垃圾综合整治工作，完善农村生活垃圾收运处设施，并确保其正常运转。对热解气化炉建设要摸清底数，把握好发展与环境保护的关系，建立长效机制，要着力解决资金问题，充分调动乡镇积极性，加大跟踪落实、督查督办力度。四是以农村环境综合整治为切入点，开展建设"洁净乡村·美丽保山"行动，采取多种形式，加大宣传力度。

六十九、云南省环境监察总队召开全省排污申报核定与排污费征收工作会议（2014 年 7 月）

2014 年 7 月 8 日，云南省环境监察总队在昆明组织召开了全省排污申报核定与排污费征收专题工作会议，会议得到云南省环境保护厅和各州（市）环境保护局的高度重视，各州（市）环境保护局环境监察工作分管领导、环境监察机构主要负责人和负责排污申报及排污收费的工作人员参加了会议。会议传达了全国关于 2013 年度排污申报与排污费征收会审工作会议精神。总结了云南省排污收费改革 10 年来的工作情况，通报了国家对云南省 2013 年度排污申报核定和排污费征收情况的会审考评结果，通报了云南省环境保护厅对云南省环境监察总队及各州（市）2013 年度排污申报核定与排污费征收会审考评打分情况。部署了全省下一步排污申报及排污收费工作，重点对全省全面开展排污费征收全程信息化管理提出了要求。会议进一步强调了排污申报登记、审核、核定及排污费征收程序等基础工作的重要性。针对云南省在排污费征收基础工作方面存在的问题进行了分析并提出了具体的整改要求。会议期间，对各州（市）级环境监察机构负责人及业务人员进行排污费征收全程信息化管理系统（州、市级管理业务）培训，并对县（市、区）级排污费征收机构人员运用"排污费征收全程信息化管理系统"培训工作提出了要求，以确保 2015 年 1 月 1日起实现全省排污费征收全程信息化管理。同时，根据国家会议精神，部署了 2014年下半年在全省范围内开展钢铁行业排污费征收稽查工作，要求各州（市）认真布置、精心组织开展本次稽查工作，并借助对钢铁行业排污费征收稽查工作的进行，总结经验，进一步对辖区内重点行业（企业）及县（市、区）排污费征收情况进行稽查，从而规范排污费征收程序，真正做到依法、全面、足额、及时征收排污费。

七十、云南省土壤环境保护和综合治理工作联席会议第一次会议在昆明召开（2014 年 7 月）

2014 年 7 月 4 日上午，云南省环境保护厅组织召开了云南省土壤环境保护和综合治理工作联席会议第一次会议。联席会议成员单位云南省环境保护厅、国土资源厅、农业厅等 12 家省级相关部门 30 余人出席了会议。会上云南省环境保护厅高正文副厅长就全面推进云南省土壤环境保护和综合治理工作做了重要讲话。深入分析了开展土壤环境保护和综合治理工作的重要性和紧迫性，总结了云南省环境保护系统在土壤环境保护和综合治理方面主要开展的工作和取得的成绩，并对云南省近期的土壤环境保护和综合治理工作做了安排部署。参加会议的省级各相关部门结合本部门职责，就如何开展土壤环境保护和综合治理工作做了积极发言。这次会议得到了省级各有关部门、单位的大力支持，为深入推进全省土壤环境保护和综合治理工作奠定了坚实的基础。

七十一、亚洲开发银行大湄公河次区域核心环境项目二期西双版纳示范项目启动会在西双版纳召开（2014 年 8 月）

2014 年 8 月 22 日，西双版纳傣族自治州环境保护局在景洪市组织召开了亚洲开发银行大湄公河次区域核心环境项目二期西双版纳示范项目启动会。西双版纳傣族自治州人民政府副秘书长岩罕恩、云南省环境保护厅对外交流合作处处长周波、亚洲开发银行环境运营中心专家陈洁先生出席会议并致辞。西双版纳傣族自治州人民政府办公室、发展和改革委员会、林业局、环境保护局、西双版纳国家级自然保护区科研所、纳板河流域国家级自然保护区管理局，勐海县人民政府、环境保护局、林业局和勐海镇、勐宋乡及曼兴村等有关单位 30 余位代表参加了启动会。大湄公河次区域核心环境项目二期云南项目执行协议由亚洲开发银行、环境保护部环境保护对外合作中心和云南省环境保护厅于 2014 年 1 月共同签署，该项目执行期为 3 年，主要内容：一是在西双版纳开展纳版河—曼稿保护区生物多样性保护廊道建设示范和中国老挝跨国界自然保护区合作示范；二是开展德钦生态旅游减贫和生态保护示范。西双版纳示范项目主要活动是以纳板河—曼稿廊道为示范廊道，开展廊道管理机制的建设和社区层面的廊道建设示范，以及中国和老挝的跨境联合保护等活动。

七十二、环境监测处与滇中产业聚集区环境保护局召开环境监测工作对接会（2014 年 9 月）

为贯彻落实厅长办公会精神，做好滇中产业聚集区环境监测工作，确保各项工作有序对接，实现聚集区各项环境监测工作平稳过渡，2014 年 9 月 12 日下午，环境监测处与滇中产业聚集区环境保护局召开工作对接会，就聚集区环境监测工作进行对接。会议双方认真分析了聚集区环境监测工作存在的困难，就需要开展的监测工作逐项进行了对接，特别是对总量减排监测体系考核工作进行了梳理。在交流过程中，处长邓加忠特别强调总量减排监测体系建设考核工作重要性，分析了工作形势及任务，请聚集区各位同志务必高度重视，做好 3 项考核指标的组织工作，真抓实干，务必完成考核任务。同时表示环境监测处将根据工作需要，在业务培训、环境监测能力建设等方面给予聚集区力所能及的支持和帮助。聚集区环境保护局局长郝玉昆表示将尽快落实本次对接会确定的事项，采取有力措施推动聚集区环境监测工作，确保各项工作任务顺利完成。

七十三、大理市召开洱海流域环境保护联动执法工作推进会（2014 年 9 月）

为进一步解决洱海流域突出环境问题，强化环境保护、公安、水务、洱海管理局等职能部门在执法工作中的衔接配合与联动执法协作，加快推进洱海流域生态文明建设，9 月 25 日下午，大理市召开洱海流域环境保护联动执法工作推进会，会议邀请大理白族自治州环境保护局李继显局长到会指导。会议宣读了《大理市人民政府办公室关于印发大理市洱海流域环境保护联动执法工作实施意见的通知》，明确了工作目标，细化了职责任务。大理市委常委、副市长李彪就联动执法做了具体要求，各职能部门要切实履行执法监管责任，依法严惩污染破坏环境保护违法犯罪行为。李继显局长针对如何定位各自职责、如何发现和处理环境违法案件等方面进行了执法培训。

大理市各乡镇和环境保护局、公安局、洱海管理局、水务局、监察局等部门参加了工作会议。

七十四、曲靖市环境保护局召开全市主要污染物总量减排工作推进会议（2014 年 9 月）

2014 年 9 月 2 日下午，曲靖市环境保护局主要领导主持召开全市主要污染物总量减排工作推进会议，贯彻落实全省主要污染物总量减排工作推进会议精神，总结 1—8 月全市主要污染物总量减排工作，分析存在的问题，安排布置下一步工作。曲靖市环境保护局总量控制科科长冉光华传达了全省主要污染物总量减排工作推进会议精神，通报了 1—8 月全市主要污染物减排工作存在的问题，对 2014 年重点减排项目实施及确保完成减排任务进行了安排布置；污染防治科科长沈贵宝就在线监测数据联网传输工作做了发言。曲靖市环境保护局主要领导要求，各县（市、区）环境保护局要围绕全年目标任务，进一步全面搞清 2014 年以来主要污染物减排尤其是污水处理厂运行存在的突出问题及原因，逐一研究解决问题办法措施；要进一步加强指导督促和协调，帮助减排责任主体切实解决问题，确保减排设施正常运行；要进一步增强责任感，强化措施，落实责任，确保 2014 年主要污染物减排任务全面完成；要及早谋划，结合实际确定 2015 年重点减排项目。

七十五、环境监测处赴安宁就总量减排监测体系考核工作要点开展培训（2014 年 9 月）

2014 年 9 月 24 日，安宁市环境保护厅环境监测处组织专家赴安宁市就总量减排监测体系考核工作要点开展培训。培训现场对污染源自动监控数据传输有效率、国控企业自行监测信息及监督性监测信息发布率考核工作进行了培训，对国家考核有关的要求进行了讲解，着重对自动监控数据有效性审核工作的过程和要件、自行监测及监督性监测调度发布平台的使用进行了逐一解析，并现场回答提问。新区环境保护局、安宁市、嵩明县具体负责减排监测体系建设考核工作同志参加了培训会。

七十六、大理白族自治州环境监测站顺利举办全州饮用水监测培训（2014 年 9 月）

根据云南省环境监测中心站文件《关于开展 2014 年云南省部分州、市及县级城镇集中式生活饮用水地表水源地特定项目监测采样工作的通知》（云环发〔2014〕48 号）及《2014 年云南省集中式生活饮用水水源地特定项目监测工作方案》要求，为顺利完成大理白族自治州的工作，大理白族自治州环境监测站于 2014 年 9 月 10—11 日在方圆酒店组织开展了集中式饮用水水源地特定项目监测采样技术培训，参训人员为大理市及 11 个县环境监测站监测业务骨干 40 人，培训内容包括：《2014 年大理州县城城镇集中式饮用水水源地特定项目监测工作方案》、样品保存器皿的准备、采样要求及采样注意事项等。通过理论知识学习、采样操作演示及练习，参训人员已能熟练掌握集中式生活饮用水水源地特定项目采、送样及样品保存技术，培训取得了良好效果，为下一步完成大理白族自治州县级城镇集中式生活饮用水地表水水源地样品 109 项全分析工作打下了基础。

七十七、云南省环境监察总队落实"推进会"精神 全力抓好环境监察工作（2014 年 9 月）

云南省环境监察总队于 2014 年 9 月 30 日 9 时召开了干部职工大会，学习传达了相关文件和会议精神，会上首先传达学习了云南省委、纪委及财政厅的相关文件，重点传达了姚国华厅长在 2014 年全省环境保护重点工作推进会上的讲话精神，最后安排部署了 10 月的环境监察工作。一是认真学习，筑牢思想防线，强化责任意识。二是以重点工作推进会精神为指导，强化职责，狠抓工作落实。三是落实责任制，全力抓好环境监察工作。会上由黄杰总队长安排部署了 10 月的环境监察工作，一是根据厅领导指示要求，组织对在线监控运维企业整改情况进行后督察；二是根据年度环境监察工作计划安排，组织在红河举办 2014 年第二期全省环境监察干部岗位培训班，开展全省环境监察网格化管理试点工作和新《中华人民共和国环境保护法》解读；三是根据 2014 年滇川黔三省联合环境监察工作方案，参加三省交界区域赤水河流域环境联合执法检查与滇川联合环境监察及工作总结会议；四是根据 2014 年环境保护专项行动工作计划，对省级挂牌督办事项整改情况进行督查、验收；五是各科室对照年初《全省环境监察工作要点》，回顾和梳理后 3 个月工作，逐一抓好落实；六是完成厅相关处室移交的其他涉嫌环境违法案件和其他临时交办的现场环境监察任务。

七十八、云南省环境保护厅召开推进事业单位环境影响评价体制改革工作会议（2014 年 10 月）

2014 年 10 月 24 日，云南省环境保护厅组织召开推进事业单位环境影响评价体制改革工作会议，贯彻落实环境保护部办公厅《关于推进事业单位环境影响评价体制改革工作的通知》（环办〔2013〕109 号）和《关于进一步加强环境影响评价机构管理的意见》（环办〔2014〕24 号）的要求。会议由副厅长兰骏主持，厅环评处、厅人事处、厅辐射处、省环境工程评估中心、涉及环境保护系统事业单位环评体制改革的 13 家州（市）环境保护局及 16 家环评机构负责人参加会议。会议听取了各相关州（市）及环评机构改制工作进展情况、困难和问题；针对反映的问题和困难，云南省环境保护厅相关处室负责人分别做了解答、说明，提出了指导性的意见和建议；最后，兰骏副厅长进一步强调了改革工作的重要性、基本要求、进度安排和保障措施；对全省环境保护系统事业单位环评体制改革相关工作做了安排布置，对全面推进全省环境保护系统事业单位环评机构体制改革工作起到了促进作用。

七十九、保山市召开城镇污水处理厂建设管理推进会（2014 年 10 月）

2014 年 10 月 11 日，保山市人民政府召开城镇污水处理厂建设管理推进会，保山市委常委、常务副市长刘刚出席并主持会议，各县（区）人民政府分管领导和市、县（区）住房和城乡建设局、环境保护局主要领导及污水处理厂负责人参加了会议。会上，各县（区）及住建、环境保护等市直相关单位就污水处理厂配套管网建设管理及减排工作情况分别做了汇报发言。刘刚要求，要提高认识、认清形势，切实增强做好城镇污水处理厂运行管理、配套管网建设和污染减排工作的责任感和紧迫感；环境保护和住建部门要加强指导；各部门要高度重视、科学处置、方法得当，要结合群众路线教育实践活动内容列出问题清单，明确责任人，限时解决、逐一解决，确保顺利完成 2014 年减排目标任务。

八十、云南省召开环境监察专项稽查通报会（2014 年 10 月）

2014 年 10 月 8 日下午，总队利用在红河哈尼族彝族自治州组织培训时机，召开了2014 年环境监察专项稽查通报会。参加会议的为 16 个州（市）分管局领导、支队长及具体承办环境监察稽查工作人员。会议首先通报了 2012—2014 年全省环境监察专项稽查的情况，指出了各单位存在的主要问题，分析了原因，明确了今后的稽查工作方向，表扬先进、激励后进。曹俊副总队长围绕全省开展环境监察稽查工作情况，阐明了开展环境监察稽查的目的意义，针对今后开展稽查工作提出了整改落实措施和要求。会后，大家围绕如何进一步开展好云南省的环境监察稽查工作进行了认真讨论，提出了不少工作思路和方法，有力促进了今后环境监察稽查工作的开展。

八十一、云南省环境保护厅在丽江市召开程海化学需氧量指标居高原因分析研究会（2014 年 11 月）

云南省环境保护厅于 2014 年 11 月 9 日在丽江市召开程海化学需氧量指标居高原因分析研究会。会议通报了程海保护治理的基本情况，并就下一步开展程海化学需氧量指标居高原因、湖泊地表水水质评价、化学需氧量来源解析及对策措施等方面进行深入讨论，提出下一步研究思路。会议邀请中国环境科学研究院、中国科学院南京地理与湖泊研究所、中国科学院地球化学研究所、云南大学、昆明理工大学、云南省环境监测中心站、云南省环境科学研究院等单位专家参加。丽江市环境保护局、永胜县环境保护局、云南省环境保护厅相关处室负责同志参加了会议。云南省环境保护厅副厅长贺彬出席会议并讲话。研究会上，环境监测中心站汇报了程海化学需氧量历史监测结果及相关研究开展情况；中国环境科学研究院专家介绍了湖泊化学需氧量特征及其变化原因初步分析；中国科学院南京地理与湖泊研究所专家从国内外湖泊水质情况研究、湖泊藻类含量对化学需氧量影响、污染来源调查等方面谈了看法；中国科学院地球化学研究所专家从地球化学角度谈了湖泊地下水、湖内藻类、湖泊地质等方面对化学需氧量的影响；云南大学专家从湖泊生态学角度谈了对化学需氧量来源分析和对策方面的建议；昆明理工大学专家从化学分析的角度谈了化学需氧量分析的影响因素及下一步研究建议。最后，贺副厅长对下一步工作做了安排和部署。一是希望各研究单位发挥各自的优势，进一步分析问题，提出研究思路。二是抓紧完成研究方案，力争 11 月 20 日前完成，以利于尽快推进该项研究工作，并得到国家的支持。

八十二、全力以赴做好自动监控系统数据传输有效率的年度检查准备工作（2014 年 11 月）

为做好国家年度总量减排监测体系建设现场考核工作，确保年度考核成绩，2014 年 11 月 19 日，云南省环境保护厅环境监测处组织云南省监控中心、云南省生态环境科学研究院运维监管部召开 2014 年污染源自动监控数据传输有效率考核指标管理工作会。会议听取了云南省污染源监控中心及云南省生态环境科学研究院运维监管部 2014 年度工作总结报告，对总结中反映出来的问题进行了梳理和讨论，对 2014 年底做好迎接国家年度现场检查需要落实的重点工作进行了部署。会上处长邓加忠要求监控中心及时反馈监控平台数据传输情况，发挥监控平台调度中枢的作用；生态环境科学研究院运维监管部要在最后一个月对重点州（市）、重点企业开展巡查，重点巡查那些以生产不正常为借口，"放任设施不正常运行、故障长期不处理、设施现场运维流于形式"等问题，对于现场数据失真的，要及时反馈信息，并做好证据采集、取证工作，及时对企业、第三方运维机构进行处罚，同时对相关州（市）进行约谈，确保国家现场核查顺利通过。

八十三、亚洲开发银行技术援助云南省生物多样性保护战略与行动计划项目成果咨询研讨会召开（2014 年 11 月）

2014 年 11 月 6 日，由亚洲开发银行提供技术援助、云南省环境保护厅执行的"云南省生物多样性保护战略与行动计划项目成果咨询研讨会"在昆明顺利召开。亚洲开发银行项目经理马克先生、大湄公河次区域环境运营中心陈洁先生出席会议，来自云南省生物多样性保护省级相关部门、科研院所、非政府组织的 30 余位代表参加了会议。会议就项目已完成的成果《云南省生物多样性保护五年行动计划（征求意见稿）》进行咨询研讨，并向与会各相关单位汇报了项目宣传教育活动及能力建设方案的执行情况。

八十四、全国农业资源环境保护工作会议在昆明召开（2014 年 11 月）

2014 年 11 月 14 日，全国农业资源环境保护工作会议在昆明召开。会议提出，下大力气治理农业突出环境问题，推进生态友好型农业发展，努力开创农业资源环境保护工作新局面。农业部副部长张桃林出席会议并讲话，副省长张祖林在会上致辞。张桃林指出，党的十八届三中、四中全会首次提出推进生态文明制度建设，用严格的法律制度保护生态环境，农业资源环境保护工作要创新观念、厘清思路，提高工作部署的前瞻性和措施的针对性。要把握好坚持农业资源环境保护与农业生产相统筹、坚持外源污染防控与内源污染治理相协同、把握农业资源环境工作重点 3 项原则，重点推进农业面源污染综合防控常态化；扎实推进秸秆综合利用步伐；推动农田残膜污染治理取得新成效；推进农业物种资源保护工作再提升；加快推进现代生态农业创新发展；推动形成"美丽乡村"建设新局面。张祖林代表云南省人民政府对会议召开表示祝贺。他说，云南省委、云南省人民政府始终都把农业工作摆在国民经济的基础地位，强化基础设施建设，做大做强龙头企业，着力打造特色品牌，探索出了一条大力发展高原特色农业的道路。下一步，云南将认真落实会议对农业资源环境保护的部署和要求，结合云南实际，加强农业基地标准化建设和市场体系建设，推动高原特色农业走集约化生态友好型道路，提升云南优质特色农产品在国际市场的影响力和竞争力。

八十五、消耗臭氧层物质管理培训在昆明举办（2014 年 11 月）

2014 年 11 月 20 日，云南省环境保护厅污染防治处、对外交流合作处和云南省环境保护对外合作中心在昆明共同举办"消耗臭氧层物质管理培训"，讲解臭氧层和消耗臭氧层物质基本知识，介绍中国保护臭氧层相关法律法规和政策及云南省加强地方消耗臭氧层物质淘汰能力建设项目。环境保护部环境保护对外合作中心高凌云同志应邀做相关专题讲座，全省各州（市）环境保护局、滇中产业新区环境保护分局和部分县（区）环境保护局的有关人员参加了培训。

八十六、云南省环境保护厅召开全省强制性清洁生产审核工作会议（2014 年 11 月）

2014 年 11 月 28 日，云南省环境保护厅在昆明召开了全省强制性清洁生产审核工作会议。会议认真总结了"十二五"以来云南省强制性清洁生产审核工作取得的成效和经验，分析了云南省环境保护科技工作面临的形势，并就下一步云南省强制性清洁生产审核工作进行了安排部署。张志华副厅长出席会议并做了重要讲话，玉溪市、红河哈尼族彝族自治州、东川区、陆良县环境保护局分别在会上做了发言。各州（市）环境保护局分管领导及负责清洁生产审核工作的业务科室、厅相关处室、直属单位和在云南省从事清洁生产审核工作的培训机构等有关负责同志共 90 余人参加了会议。会上，张副厅长总结了云南省在强制性清洁生产审核方面取得的成绩：一是完善了工作机制，规范了审核程序；二是完善了工作平台，提升了审核水平；三是突出了重点行业，减污降耗增效明显。同时，也指出了存在的问题和面临的困难，主要是工作总体滞后、咨询机构行业管理还不够规范、对重点企业底数还不够清楚、清洁生产人员素质普遍不高等问题。他强调，下一步要进一步提高各级对清洁生产工作的重要性认识；进一步摸清重点企业基本情况，完善工作计划；进一步加强咨询队伍的建设和管理，提高审核质量；进一步突出重点，着力提升重点企业清洁生产审核质量。会议期间，邀请了云南省生态环境科学研究院清洁生产中心的张兴华对有关强制性清洁生产合规性知识进行了专题讲解；云南省环境保护厅科技与环境保护产业发展处处长侯鼎对如何开展好强制性清洁生产工作进行了针对性解读。

八十七、水专项洱海流域 2014 年度中期评估暨年度检查会在大理召开（2014 年 11 月）

根据《水体污染控制与治理科技重大专项管理办法（试行）》和《水专项 2014 年工作要点及计划》的要求，由国家水专项管理办公室组织，会同云南省水专项管理办公室和大理白族自治州水专项洱海项目办公室，于 2014 年 11 月 30 日—12 月 2 日，在大理明珠宾馆召开"水专项洱海流域 2014 年度中期评估暨年度检查会"，会议采取现场查看示范工程点和听取汇报质询、专家打分的形式。国家水专项管理办公室邀请了 7 位业务专家和 3 位财务专家参加会议，分别来自水利部太湖流域水资源保护局、环境保护部南京环境科学研究所、中国科学院水生生物研究所、中国水利水电科学研究院、北京注册会计师协会、中日友好环境保护中心。同时还邀请了湖北省环境保护厅、安徽省水专项管理办公室和重庆市环境保护局作为开展水专项的观摩单位参加会议。11 月 30 日上午，专家对评估课题的示范工程点进行了现场查看。下午评估会正式举行，会议由国家水专项管理办公室主持，出席会议的有国家水专项管理办公室、云南省环境保护厅、大理白族自治州人民政府、评估专家、云南省外观摩单位。"十二五"水专项洱海项目共开展 5 个课题，由于课题分期启动，此次会议洱海项目涉及 4 个课题。会议组成了评估专家组，由水利部太湖流域水资源保护局陈荷生任专家组长，各课题围绕任务合同书中签订的年度工作进展计划、考核指标、预期产出成果和关键技术研发情况分别向专家组进行汇报，专家组认真听取汇报，并进行质询，最后按照《评分细则》进行考核打分。经专家考核评估，水专项洱海项目 2012 年启动的 3 个课题顺利通过专家评估，其中由上海交通大学牵头的"入湖河流污染治理及清水产流机制修复关键技术与工程示范"课题被评为优秀。2013 年启动的一个课题也通过了年度检查。

八十八、大理白族自治州举行新《中华人民共和国环境保护法》专题培训电视电话会议（2014 年 12 月）

2014 年 12 月 11 日下午，大理白族自治州举行新《中华人民共和国环境保护法》专题培训电视电话会议，特邀环境保护部政策法规司副司长别涛做专题培训。大理白族自治州州长何华出席，大理白族自治州人民政府马中华秘书长主持会议，并要求各级各部门要高度重视，学深学透，贯彻落实好新《中华人民共和国环境保护法》，做好全州的环境保护工作，推动经济社会与生态文明建设协调发展。培训会上，别涛结合自身参与新《中华人民共和国环境保护法》修改的立法实践，从新《中华人民共和国环境保护法》修改的时代背景、立法起源、历程回顾，以及修改的思路和主要内容等方面全面系统地进行了讲解。他指出，新《中华人民共和国环境保护法》修改和新增的内容主要突出了创新环境理念、创新多元共治、强化政府责任、明确企业义务、增加环境保护授权、加强信息公开、严惩违法企业等多个方面。州级有关部门主要负责人，大理市主要负责人，州（市）环境保护局全体班子成员和各科室负责人，国控、省控重点污染企业负责人在主会场；各县主要负责人、各乡（镇）长、各街办处主任、相关部门负责人、辖区内部分重点污染企业负责人在各分会场收听收看了此次培训讲座。

八十九、大理白族自治州环境保护局在全州环境保护系统举办新《中华人民共和国环境保护法》培训（2014 年 12 月）

新《中华人民共和国环境保护法》于 2015 年 1 月 1 日正式施行，按照环境保护部和云南省环境保护厅有关工作要求，由大理白族自治州环境保护局法规宣传教育科会同大理白族自治州环境保护局活动办共同组织，于 2014 年 12 月 16—18 日，在大理苍山饭店举办新《中华人民共和国环境保护法》培训工作，培训工作由分管领导谢宝川副局长主持召开。培训工作采取集中授课和培训考核的形式，合格后及时发放培训考核合格证。法规宣传教育科专门邀请了 4 位长期从事法律工作的专家负责培训授课，分别来自最高人民法院中国应用法学研究所、中国政法大学、环境保护部政策法规处、云南省环境保护厅法规处。同时还邀请了西南林业大学有关专家作为协助单位人员参加培训工作。12 月 17 日上午，培训工作由谢宝川副局长代表局主要领导进行了动员。随后，云南省环境保护厅法规处处长陈丽就新《中华人民共和国环境保护法》对云南省社会经济发展的影响及如何实施展开培训工作。培训的主要目的是为进一步保护和改善大理白族自治州环境，防治污染和其他公害，保障人民群众健康，推进大理白族自治州生态文明建设，促进大理白族自治州经济社会可持续发展，全面贯彻执行新《中华人民共和国环境保护法》及《最高人民法院 最高人民检察院关于办理环境污染刑事案件适用法律若干问题的解释》，维护人民群众的环境权益。此次培训主要围绕大理白族自治州环境状况，对新《中华人民共和国环境保护法》和《最高人民法院 最高人民检察院关于办理环境污染刑事案件适用法律若干问题的解释》的重点、难点及新的政策亮点、关键条款，用事实事例导入法律法规，对《中华人民共和国环境保护法》新增的法规进行解答。通过培训，提高了全州环境保护系统党员干部职工有法可依、有法必依的工作能力及有关企业从业人员的知法、懂法、守法的业务水平。通过培训，为新《中华人民共和国环境保护法》2016 年在大理白族自治州顺利实施奠定了坚实的基础。培训工作于 12 月 18 日下午顺利结束。

九十、云南省州（市）土壤环境保护和综合治理方案编制研讨会在昆明召开（2014 年 12 月）

2014 年 12 月 10 日，云南省州（市）土壤环境保护和综合治理方案编制研讨会在昆明召开。全省 16 个州（市）环境保护局相关工作负责同志及方案编制技术支撑单位 30 余人参加了研讨会。会上，云南省环境监测中心站张榆霞总工对州（市）土壤环境保护和综合治理方案编制技术要求做了详细讲解。昆明市、普洱市、玉溪市交流了方案编制工作经验。各州（市）参会人员简要汇报了本州（市）方案编制情况，并对编制工作中存在的困难和问题进行了讨论研究。高正文副厅长到会听取了各州（市）编制工作汇报和讨论，深入分析了开展土壤环境保护和综合治理工作的重要性和紧迫性，并对云南省土壤环境保护和综合治理工作做了安排部署，要求各州（市）要高度重视，加快方案的编制和实施。通过研讨，各州（市）进一步明确了土壤环境保护和综合治理方案编制的目的和任务，掌握了相关技术要求，有力地抓紧划定优先保护区和重点治理区，提高监测能力，加强指导服务，做好项目储备的前期工作，推动了全省各州（市）土壤环境保护和综合治理方案编制工作。

九十一、2014 年全省环境行政处罚案卷评查会在昆明召开（2014 年 12 月）

为规范和监督环境行政处罚工作，提升环境依法执法水平和能力，根据《2014 年全省环境监察工作要点》要求和环境保护厅领导指示，2014 年 12 月 11—12 日，由云南省环境监察总队牵头组织全省 16 个州（市）在昆明召开了全省环境行政处罚案卷评查会。会议由监察总队曹俊副总队长主持。监察总队黄杰总队长就召开本次案卷评查会的背景、意义、内容及程序进行了要求。曹俊副总队长在会上通报了 2014 年云南省人民政府法制办公室集中评查全省环境行政处罚案卷情况。本次案卷评查共抽取 16 个州（市）2013 年以来结案的环境行政处罚案卷 27 件（案卷由云南省环境监察总队从各州、市环境保护局自带的备选 10 件案卷中随机抽取 2 件）。评查内容涵盖主体合法、事实清楚、证据充分、适用法律正确、程序合法、文书规范、执行到位、归档规范 8 个方面。评查方式采取 3 级评查法，即先分组交叉互评，再由复核组复核，最后向被评查单位反馈意见，力求对每个案卷的评查结论都客观、公正、公平，达到发现问题、改正问题、规范执法的目的。经评查，玉溪市、大理白族自治州环境保护局等 13 个州（市）提供的案卷为优秀等级；西双版纳傣族自治州一个案卷为良好等级，另一个为不合格等级；丽江市提供案卷为不合格等级；临沧因无法提供案卷被评为不合格等级。

九十二、云南省湿地保护专家委员会成立（2015 年 2 月）

2015 年 2 月，云南省湿地保护专家委员会第一次会议暨"世界湿地日"座谈会召开，来自不同学科领域的专家学者齐聚一堂，共谋云南省湿地保护发展大计。据介绍，云南省湿地保护专家委员会的成立，进一步提升云南省湿地保护管理工作的科学决策水平。会上，专家委员围绕湿地资源有偿使用、生态效益补偿等湿地保护政策的制定，以及长效机制的建立和完善，进行深入研究，建言献策，为省级重要湿地认定、湿地资源监测评估和利用、退化湿地科学恢复等提供技术支持。全省林业系统开拓创新，加强湿地资源保护管理和合理利用，自然湿地保护力度不断加大。截至 2015 年，全省已建立各种级别的湿地类型保护区 17 处、国家湿地公园 11 处，全省湿地保护面积达 15.82 万公顷，自然湿地保护率为 40.27%。退化湿地恢复步伐不断加快，"十二五"以来，云南省已有 8 个国家级和省级湿地类型自然保护区，4 处国家湿地公园分别实施了湿地保护建设、湿地保护和恢复，以及农业湿地保护项目，湿地管护、检测、监控、科普设施得到较大完善，退化湿地恢复区域物种多样性增加，水质提高，成效明显。

九十三、纪念第二十三届"世界水日"、第二十八届"中国水周"座谈会，提出节约水资源保障水安全（2015 年 3 月）

2015 年 3 月 20 日，云南省水利厅组织召开纪念第二十三届"世界水日"、第二十八届"中国水周"座谈会。会议提出，要加强水资源开发利用节约保护，加快农田水利基础设施建设，支撑高原特色农业发展；切实抓好少数民族地区民生水利尤其是饮水安全和生态环境建设，加快实施藏区新增饮水安全工程；全面深化改革，加快改革试点，突破水价和引入市场力量参与水利发展等改革难点，进一步激发云南水利发展的活力。会议强调，节约水资源、保障水安全是新常态下水利工作的新要求。第一，要以保障饮水安全为目标，强化水资源保护。第二，要以水资源优化配置为目标，推动节水型社会建设。第三，要以维护河湖健康生命为目标，促进水生态修复；第四，要以依法行政为目标，提高水行政管理能力。

九十四、云南省人民政府在玉溪召开现场会 推进全省城镇污水处理厂管网建设和运营管理工作（2015 年 4 月）

2015 年 4 月 24 日，云南省人民政府在玉溪市召开全省城镇污水处理厂管网建设和运营管理现场推进会。会议提出，确保"十二五"主要水污染物总量减排目标任务圆满完成，为云南省争当生态文明建设排头兵做出新贡献。会议指出，2014 年云南省大力推进污水管网建设和污水处理厂运营管理，共新建污水管网 1373 千米，完成年度任务的 126.4%；144 座污水处理厂已投入运行 141 座，投入运行率达 97.9%。经环境保护部审核认定，2014 年全省生活源化学需氧量排放量 28.69 万吨，比计划目标多下降 1.23 个百分点；氨氮排放量 3.95 万吨，比计划目标多下降 0.38 个百分点，超额完成了国家下达的目标任务。会议要求，进一步加强组织领导，把 2015 年管网建设、化学需氧量和氨氮减排任务分解落实到每一座污水处理厂，确保管网建设和减排工作任务到厂、责任到人；大力推进配套管网建设，强化突出问题的整改落实，确保新建污水处理厂尽快投入运行；探索推进城镇污水排污权有偿使用交易和第三方治理工作，不断提高污水处理运营管理能力；改革创新投融资运营模式，全面执行污水处理征收标准，积极推行政府与社会资本合作模式；完善监督考核体系，促进污水处理工作有序展开。

九十五、环境保护部专家组在滇调研 推动农业面源污染防治工作（2015 年 8 月）

2015 年 8 月，环境保护部环境工程评估中心"集约化种植面源污染监测、负荷核算和防治集成技术模式及绩效评估"课题专家组在大理白族自治州大理市、洱源县、祥云县开展调研。专家组参观了大理市、洱源县、祥云县的农业示范园区、农业企业、农村污水处理厂和湿地恢复治理工程，走访了种植、养殖大户，并与当地环境保护主管部门、农业主管部门进行了座谈，对各县市在农业面源污染防治过程中采取的主要对策、措施进行了调查。在与大理市、洱源县、祥云县有关部门的座谈过程中，专家组详细听取了 3 地在防治农业面源污染过程中的工作情况，对 3 地围绕保护洱海的目标，大力减少农药和化肥施用量、促进规模化养殖和农村污水处理等工作给予了高度评价，并提出了意见和建议。

九十六、科学编制"十三五"规划 云南构建环境保护工作八大体系（2016 年 1 月）

2016 年 1 月，在昆明召开的云南省环境保护工作会议明确提出，"十三五"期间，云南省环境保护系统要以改善提升环境质量为核心，创新工作方法和理念，着力弥补短板，全面构建环境保护工作八大体系，在成为生态文明建设排头兵上取得重大突破。作为全国重要的生态屏障，云南省生态环境质量整体优良，但生态环境脆弱，环境基础设施欠缺，环境保护能力薄弱，局部环境问题依然突出。云南生态文明建设和环境保护面临着重大战略机遇和诸多挑战。张纪华说，"十三五"期间，云南全省环境保护系统将立足已有条件，以改善提升环境质量为核心，在着力构建环境保护工作八大体系（确立环境质量改善目标体系、健全环境法律制度体系、完善环境预防防控体系、构建环境综合治理体系、加强自然生态保护体系、强化环境监管执法体系、落实环境保护责任体系、建立健全保障体系）上取得实质性成效。张纪华强调，"十三五"开局之年，云南省将扎实做好科学编制实施"十三五"规划、精准有效开展污染防治、切实加强环境监管执法、积极服务经济社会发展、高度重视生态文明体制改革和生态保护、完善环境保护法制和科技保障、不断提升环境宣传教育和信息化水平、持续加强环境保护队伍能力建设 8 项重点工作。

九十七、大森林论坛年会在景洪市召开（2016 年 4 月）

2016 年 4 月，大森林论坛年会在景洪市召开。本次年会由国家林业局和美国产权与资源组织共同举办，主题是"国有林场改革与绿色增长"。来自中国、美国、加拿大、巴西等 12 个林业大国的林业主管部门负责人及有关国际组织专家出席会议，就气候变化对林业的意义、各国国有林场改革面临的挑战、林业在绿色增长中发挥的作用等议题进行交流讨论。

国家林业局副局长陈凤学在会上介绍了 2015 年以来中国政府出台和实施《国有林场改革方案》《国有林区改革指导意见》，全面推进国有林场改革，推动林业发展模式由以木材生产为主向以生态修复和生态服务为主转变等情况，分享了推进国有林场改革、林业绿色发展的经验。他说，2016 年，中国贯彻创新、协调、绿色、开放、共享的发展理念，深入实施以生态建设为主的林业发展战略，全面深化改革创新，加快国土绿化，强化资源保护，增进绿色惠民，扩大开放合作，加快推进林业现代化建设。据悉，大森林论坛是非官方的国际林业问题高层论坛，自 2006 年以来已连续举办 10 届，成为全球主要林业国家林业部门负责人交流思想、分享经验的国际平台。

九十八、世界生态城市与屋顶绿化大会 7 月在昆明举办（2016 年 4 月）

2016 年世界生态城市与屋顶绿化大会于 7 月 2—4 日在昆明举办。据了解，世界屋顶绿化大会从 2010 年起在上海、杭州、南京、青岛等地成功举办了 5 届，推动了城市生态环境建设。2014 年，世界屋顶绿化大会更名为世界生态城市与屋顶绿化大会。2016 年世界生态城市与屋顶绿化大会的主题是"创建新型海绵城市·圆美丽中国梦"。大会就海绵城市建设和生态规划、新能源利用、科学智慧管理、雨洪收集利用、垃圾分类、污水处理、土地改良等有利于生态城市建设的新理念、新技术进行研讨、推广。

九十九、云南召开环境资源审判工作座谈会 探索建立跨行政区划专门审判机构（2016年4月）

2016年4月，云南省高级人民法院在曲靖召开部分法院环境资源审判工作座谈会。会议提出，全省法院要全面加强环境资源审判工作，加大对污染环境、破坏资源犯罪的打击力度，切实维护人民群众生命健康，推动全省经济社会可持续发展。会议强调，要稳妥推进环境资源审判庭建设，进一步加强环境保护司法专门机构和专业队伍建设，着力打造一支政治强、业务精、素质高的专业化环境资源审判队伍。要积极推动环境司法与行政执法协调机制的建设，进一步推动审判机关、检察机关、公安机关和环境资源保护行政执法机关之间的沟通协调。要加快构建云南省环境公益诉讼生态修复机制，支持检察机关公益诉讼试点工作，力争走在全国前列。会议还明确提出，要积极探索设立以流域等生态系统或生态功能区为单位的跨行政区划环境资源专门审判机构，实行对环境资源案件的集中管辖。

一百、云南省人大常委会举行2015年度环境状况和环境保护目标完成情况汇报会（2016年8月）

2016年8月，云南省人大常委会在昆明举行会议，专题听取云南省人民政府相关部门和云南省高级人民法院、云南省人民检察院关于云南省2015年度环境状况和环境保护目标完成情况汇报。根据新《中华人民共和国环境保护法》关于建立人民政府向同级人大报告年度环境状况的规定，云南省人大常委会在9月举行的常委会议上首次听取和审议云南省人民政府年度环境状况和环境保护目标完成情况的报告。据汇报，2015年，云南主要城市环境空气质量总体保持良好，主要污染物减排超额完成，重点流域污染治理稳步推进，全省生态环境质量状况保持稳定向好。同时，局部地区仍存在责任落实不到位、保护不到位、污染治理不到位、监管执法不到位等问题。

一百〇一、首届中国清洁文化节在昆明开幕（2016年11月）

2016年11月1日，以"洁净中国、七彩云南"为主题的2016年首届中国清洁文化节系列活动在昆明开幕。据介绍，本次活动是云南省首次举办的大型清洁、环卫行业系列活动，为期3天，举行中国清洁行业协会筹备会议，全国清洁商协会第三次联席会议，云南省清洁服务行业协会揭牌、授牌仪式等活动，参会人员近千人，不仅有全国

20 多个省区市的代表出席，还吸引了美国、俄罗斯等国外优秀团体参加。截至 2016 年，中国清洁行业从业人员超过 2300 万人，年营业额超 7136 亿元。云南省清洁行业企业有 500 多家，从业人员超过 100 万人。本次活动由中国商业联合会、中国中小商业企业协会指导，中国中小商业企业协会清洁行业分会主办。

一百〇二、云南省环境保护工作会议暨九大高原湖泊水污染综合防治领导小组会议召开（2017 年 3 月）

2017 年 3 月 20 日下午，云南省环境保护工作会议暨九大高原湖泊水污染综合防治领导小组会议在昆明召开，传达学习全国两会和全国环境保护工作会议精神，总结 2016 年工作，分析存在问题，部署 2017 年工作。云南省委委员、省长、九大高原湖泊水污染综合防治领导小组组长阮成发强调，要全面落实中共中央、国务院关于生态文明建设和环境保护的一系列决策部署，以实际行动深入贯彻落实习近平总书记系列重要讲话和考察云南重要讲话精神，增强"四个意识"，压实责任，不断改善环境质量，增强人民群众的获得感。阮成发强调，要进一步提高思想认识，切实增强做好环境保护工作的使命感和紧迫感。必须站在讲政治的高度，切实抓好环境保护和生态文明建设；必须牢固树立绿色发展理念，正确处理好发展与保护的关系，以供给侧结构性改革为契机，不断探索环境保护新形态，坚持产业发展与生态环境保护相协调，走绿色崛起之路；必须突出问题导向，全面落实《中央环境保护督察反馈意见问题整改总体方案》各项措施，严肃认真确保中央环境保护督察反馈意见问题整改到位，切实推进生态环境保护工作取得实效。阮成发强调，要以九大高原湖泊为重点，不折不扣抓好污染治理工作。以九大高原湖泊为重点的水污染综合防治既是云南省环境保护的重点难点，也是生态文明排头兵建设的抓手和突破口。要充分认识九大高原湖泊保护治理的艰巨性和复杂性，做好打持久战的思想准备，通盘考虑、突出重点、远近结合、标本兼治，把云南省委、云南省人民政府关于九大高原湖泊保护治理的决策部署不折不扣落到实处，确保水质持续改善提升；要坚持"一湖一策"，把改善湖体水质、维护湖泊生态系统完整性放在首位，不断提高九大高原湖泊保护治理的科学化、精准化水平；要全面落实《云南省环境保护"十三五"规划》，统筹治理大气、水、土壤污染，坚决打好蓝天保卫战，实施好碧水青山专项行动，推进净土安居专项工程，不断取得环境保护与生态文明建设的新突破。阮成发要求，要进一步压实责任，形成环境保护的多元共治格局；要强化责任落实、完善配套政策、严格考核监督、营造良好氛围，努力形成政府、企业和公众共管共治的环境治理体系，努力把云南建成全国生态文明建设排头兵。刘慧晏、晏友琼讲话，刀林荫、王承才、高晓宇出席会议，何金平主持会议。

一百〇三、云南省纪念第二十五届"世界水日"、第三十届"中国水周"座谈会在昆明举行（2017 年 3 月）

2017 年 3 月 22 日，云南省纪念第二十五届"世界水日"、第三十届"中国水周"座谈会在昆明举行。座谈会提出，云南省要突出云南特点，实现所有河湖库渠推行河长制全覆盖，到 2017 年底全面构建 5 级河长制体系，为 2018 年全面建立河长制创造条件。2017 年"世界水日"的宣传主题是"废水"，中国纪念 2017 年"世界水日"和开展"中国水周"活动的宣传主题是"落实绿色发展理念，全面推行河长制"。云南省河湖众多，水系发达，分属长江、珠江、红河、澜沧江、怒江、伊洛瓦底江六大水系，其中集水面积 50 平方千米以上的河流有 2095 条；常年水面面积 1 平方千米以上湖泊有 30 个，有九大高原湖泊；已建成的水库有 6230 座，渠首设计流量每秒 5 立方米以上的渠道有 267 条。长期以来，云南省积极采取措施加强河湖水环境、水生态、水资源的治理、管理和保护。根据中共中央、国务院战略部署，云南省采取有力措施，积极组织开展全面推行河长制工作。结合实际，云南省六大水系、牛栏江及九大高原湖泊设省级河长。纳入《云南省水功能区划》的 162 条河流、22 个湖泊和 71 座水库，纳入《云南省水污染防治目标责任书》考核的 18 个不达标水体，大型水库（含水电站）设立州市级河长。其他河湖库渠，纳入州、市、县、乡、村河长管理。全省河湖库渠实行省、州（市）、县（市、区）、乡（街道）、村（社区）5 级河长制，设立总河长、副总河长，分别由同级党委、政府主要负责同志担任。"河长"是河流保护与管理的第一责任人，主要职责就是督促下一级河长和相关部门完成河流生态保护任务，协调解决河流保护与管理中的重大问题。座谈会上明确，要"河长制"更要"河长治"，要在水资源保护、岸线管理保护、水污染防治、水环境治理、水生态修复、执法监管等方面继续加大力度。

第三节　环境保护合作

一、大湄公河次区域核心环境计划与生物多样性保护走廊项目一期中国成果推介会在西双版纳傣族自治州景洪市召开（2011 年 4 月）

由环境保护部对外经济合作领导小组办公室和亚洲开发银行环境运营中心主办、云南省环境保护厅和西双版纳傣族自治州环境保护局共同承办的大湄公河次区域核心环境计划与生物多样性保护走廊项目一期中国成果推介会于 4 月 19—20 日在西双版纳傣族自治州景洪市召开。环境保护部对外经济合作领导小组办公室副主任肖学智、环境保护部国际司区域处副处长崔丹丹、云南省环境保护厅副厅长肖唐付、西双版纳傣族自治州人民政府副州长杨沙出席会议并致辞。亚洲开发银行、亚洲开发银行环境运营中心、野生动植物保护国际协会、野生动物保护协会等国际组织，泰国、越南、老挝、柬埔寨环境保护部代表，广西壮族自治区环境保护厅、云南省发改和财政等相关部门的 50 多位代表参加了会议。会议交流了次区域各国实施生物多样性保护走廊一期项目所取得的经验，探讨次区域各国生物多样性保护所面临的挑战和合作战略，促进了次区域各国在环境保护领域的交流与合作。中国生物多样性保护走廊一期项目所取得的成果和经验获得了参会代表的一致好评。

二、法国驻成都总领事鲁索到大理考察洱海保护等工作（2011 年 5 月）

2011 年 5 月 16—17 日，法国驻成都总领事鲁索、法国开发署署长唐杰一行赴大理白族自治州考察洱海保护、城市垃圾处理和清洁能源开发情况。鲁索一行先后到洱源、者磨山风力发电站、洱海湿地、古生村及大理古城，对洱海保护、清洁能源开发、城市垃圾处理等项目进行了考察。洱海保护治理是大理白族自治州委、大理白族自治州人民政府长期以来的工作重点。在该项目的实施中，不断强化保护治理的领导组织机构，建立科学的目标责任及考核体系，严格兑现奖惩；在地方财政极为困难的情况下稳步增加财政投入，千方百计筹措资金，引入社会力量全力推进流域城镇环境改善及基础设施建设、主要入湖河流水环境综合整治、农业农村面源控制、湖泊生态修复建设、流域水土保持、环境管理及能力建设 "6 大工程" 和洱海流域 "两污" 治理的实施。洱海水质连续 5 年稳定保持在Ⅲ类，有 21 个月达到Ⅱ类，目前洱海仍然是全国城市近郊保护最好的湖泊之一。洱海保护治理工作经验被环境保护部概括为 "循法自然、科学规划、全面控源、行政问责、全民参与"。本次考察的者磨山风力发电站是云南省第一个利用风力发电的电站，它的意义在于，开创了云南省建设风力发电入网型电站的先河，为中国高原地区建设风电站奠定了基础。同时，者磨山风力发电站也是中法两国在气候变化领域中进行合作的一个重大代表性项目，电站的开发建设得到了法国开发署提供的 3000 万欧元的优惠贷款。鲁索指出，风电是清洁能源，开发风电既充分利用了自然资源，又不会造成污染，有利于生态环境保护。大理的生态环境优越、风光秀丽，大理对于环境保护，特别是对洱海的保护十分重视，工作开展得非常扎实，希望通过此次的考察，能够进一步增进中法双方之间的友谊，不断拓展交流和合作。

三、国家洱海 06 水专项课题内部验收工作会议在大理白族自治州成功召开（2011 年 8 月）

洱海 06 水专项课题已进入验收结题阶段，2011 年 8 月 3 日，由课题负责人中国科学院水生生物研究所的刘永定研究员主持开展课题内部验收工作会议。课题第二负责人卫志宏高工、中国科学院水生生物研究所的虞功亮助理研究员、韩冬老师、叶少文博士、李艳晖博士及洱海湖泊中心的全体人员参加了此次会议。与会专家认真分析总结洱海 06 水专项课题的研究工作情况，课题内部就课题工作总结评出了 4 项标志性的科研成果，其中大理白族自治州主持的占 2 项。另外，洱海湖泊中心研究的硅藻精土试验示范研究工作也支持其他子课题并纳入标志性成果中。这几项课题的高效开展，为洱海流域污染物总量削减、生态水位调控、藻华预警预报、提高洱海现代化管理水平、科学决策提供了强有力的技术支撑平台。

四、中国农工民主党云南省委员会领导到大理白族自治州调研洱海和㳀江流域生态补偿情况（2011 年 8 月）

2011 年 8 月 11—12 日，中国农工民主党云南省委员会张宽寿专职副主委一行 4 人到大理白族自治州就"云南省生态补偿机制研究"专题课题对洱海和㳀江流域生态补偿建立情况进行调研。调研组一行先后考察了大理市罗时江生态湿地建设项目、洱源县西湖生态修复工程、农村环境综合整治示范区和邓北桥生态湿地建设项目。调研组还与大理白族自治州环境保护局、大理白族自治州水利局、洱源县环境保护局等单位的有关领导和人员进行了座谈，大理白族自治州环境保护局还代表大理白族自治州发改、水利、财政等部门向调研组汇报了大理白族自治州洱海和㳀江流域生态环境保护治理及生态补偿机制探索情况。张宽寿专职副主委通过现场调研后，对大理白族自治州以洱海和㳀江流域为重点的生态保护和水环境综合治理所取得的显著成效给予了大力称赞，对洱海源头生态湿地初级的生态补偿运行模式探索表示充分肯定。他指出生态补偿机制是对重要生态功能区进行保护和治理的长效和激励手段，是推动地区可持续发展和促进人与自然和谐的重要保障，同时就如何通过政府财政支付、财税政策、市场化补偿模式、生态补偿立法等方面构建生态补偿机制提出了相应的措施和思路，表示以本次开展"云南省生态补偿机制研究"专题课题调研工作为契机，推动出台云南省生态补偿机制，并积极帮助将洱海和沘江流域列为云南省生态补偿机制研究和试点区域。大理白族自治州环境保护局、大理白族自治州水利局、洱源县环境保护局等单位的领导和相关人员陪同调研。

五、川滇两省联合开展溪洛渡电站环境监察联合执法行动（2011 年 10 月）

2011 年 10 月 19—20 日，滇川两省联合对溪洛渡水电站开展环境监察。此次监察行动由云南省环境保护厅、昭通市环境保护局、永善县环境保护局和四川省环境保护厅、凉山彝族自治州环境保护局、雷波县环境保护局的省、市、县三级环境保护部门共同参与，旨在贯彻落实国家环境保护法律法规和环境保护"三同时"制度，督促企业落实节能减排措施，实现重点工程建设与经济社会和谐发展。在云南省环境监察执法总队副总队长邓聪和四川省环境监察执法总队副总队长芮永峰的带领下，工作人员抽查了溪洛渡水电站部分施工企业。检查中，工作人员先后深入溪洛渡工程污水处理厂、修理车间、低线砼生产系统、混凝土拌和系统、人工骨料加工系统等，察看了有关环境保护制度、措施的落实情况和废水、废油、固体废弃物的处置情况。涉及长江三峡水电工程有限公司溪洛渡分公司、中国水电七局溪洛渡施工局等施工企业。工作人员表示严格按照国家环境保护法律法规和环境保护"三同时"制度开展工作，如发现环境保护措施落实不到位的情况，将严肃按有关规定，采取必要措施，予以纠正。据悉，截至 2011 年 9 月底，溪洛渡水电站封闭施工区、辅助道路施工区、对外交通道路施工区和普洱渡转运站施工区累计完成环境保护和水土保持投资 10.20 亿元。配套建设有 4 个集中式污水处理厂，使生活污水得到了有效处理。砂石加工、混凝土生产、机修系统配套建设了废水处理系统等环境保护设施，使溪洛渡施工区生产废水得到了充分收集处理。采取了洒水或其他的抑尘措施，以减少施工作业产生的扬尘，栽植乔木 6.8 万株、灌木 28 万株，绿化面积达 118 万平方米，极大地改善了施工环境。

六、全球环境基金援助"丽江老君山生物多样性保护示范项目"（2012 年 1 月）

全球环境基金援助"丽江老君山生物多样性保护示范项目"于 2006 年 7 月正式启动，项目实施期为 5 年，即 2006—2011 年，全球环境基金提供 744 810 美元项目资金。

云南省环境保护局作为地方环境保护主管部门与总局外经办共同负责对老君山示范区的管理，并按照云南省人民政府配套融资承诺负责对老君山示范区项目活动的资金配套和融资，确保示范区项目活动的开展，以及获得目标成果。该项目通过开展综合生态系统管理的示范，区域全球环境效益（生物多样性得到严格保护、增加碳吸收）、地方环境效益（各生态系统功能和自然资源得以保护、土地合理利用）及社会经济效益（替代生计给当地居民带来经济收入、生态旅游带动当地相关产业的发展）能够兼顾并协调。具体包括：①在老君山示范区建立高效率的组织机构框架；②建立一个公众参与式综合生态系统管理体制，加强综合生态系统管理的规章制度框架建设；③协调相关部门性项目，包括林业管理项目和能源开发项目；④建立新的保护区域，加强保护区的管理，以便可持续地保护滇金丝猴和其相关的生物多样性；⑤在保护区周边及生态功能保护示范区内的关键地区设计和开发可持续替代生计；⑥提高公众的环境保护意识，宣传和推广生态功能保护示范区项目的成果。经过 4 年多的实践，逐步摸索了政府、社会相关机构和社区民众广泛参与的综合生态系统管理方式。在示范区建立生物多样性保护的综合生态系统管理机制，制定生态保护与经济社会可持续发展综合生态系统管理规划，提高了政府管理人员、社会机构工作人员和社区民众对生物多样性保护的认识，促进了当地的生态文明建设，也使当地人民实实在在享受到了生物多样性保护带来的惠益，为在全国其他地区开展综合生态系统管理做出了有益的探索。

七、省际和区域环境保护合作（2012 年 2 月）

泛珠三角区域环境保护合作、滇沪对口帮扶合作及滇川环境保护合作是云南省环境保护省际和区域合作的 3 个重要平台。2011 年 3 项合作均取得了显著的成绩。一是泛珠三角区域环境保护合作按照《泛珠三角区域环境保护合作联席会议第六次会议年度工作计划》的要求，重点开展了环境监测、环境科研和环境保护产业等方面合作。环境监测方面：积极参加泛珠三角区域与环境监测相关的联席会议和技术交流，编制了《2010 年泛珠三角区域流域跨界断面同步监测工作方案》，与相关省区市对长江、珠江干流 16 个监测断面的 13 个项目开展同步监测，协作完成了《2010 年泛珠流域跨界断面同步监测报告》；环境科研方面：编制完成了《云南省珠江流域水污染防治"十二五"规划编制大纲》；环境保护产业方面：组织云南省环境保护企业参加在澳门举办的"2011 澳门国际环保合作发展论坛及展览"。二是滇沪对口帮扶合作按照《2011 年上海云南对口帮扶环保合作工作备忘录》要求开展合作。选派两名县级环境保护干部到上海环境保护系统挂职锻炼；组织云南省州市县环境保护系统业务骨干 20 人到上海参加为期 15 天的环境保护管理执法培训。三是滇川环境保护合作按照《滇川环保协调委员会第六次会议纪要》精神狠抓落实，取得了显著的合作成果：联合环境监察工作机制日趋完善，效率进一步提高，对长江上游观音岩、向家坝、溪洛渡 3 个水电站联合执法成效显著，泸沽湖流域联合执法稳步推进，联合监察信息报送制度得到继续巩固和完善；两省跨界水质同步监测工作持续开展，完成了滇、川两省跨界水域同步监测，按时组织召开同步监测工作会，环境监测信息交流和通报进一步加强；环境保护科研合作工作扎实推进，各项研究工作进展顺利。

八、云南省环境保护宣传教育中心加强与高校环境保护社团合作（2012 年 3 月）

2012 年 3 月 18 日上午，云南省环境保护宣传教育中心主任程伟平参加了云南大学环境保护社团唤青社成立 15 周年的庆典活动并致辞。程伟平在致辞中充分肯定了云南大学唤青社 15 年来为环境保护事业所做的工作，并对云南省环境保护宣传教育中心与唤青社等高校环境保护社团加强今后的合作从 3 个方面进行了明确。一是要形成良好的长效合作机制。希望整合昆明各高校环境保护社团的力量与资源，通过有计划开展有深度、有广度、能连续持久开展的有影响力的活动，加强与各高校环境保护社团的合作，通过开展合作形成长效机制。二是扩大合作的广度和深度。主要是多开展一些关系民生、公众关心的环境保护活动，并将此类活动不断引向深入，形成影响力，增强社团的生命力。三是积极争取社会支持。大学生环境保护社团有热情、有知识、有活力，但普遍存在经费少的难题，可以通过合作开展有社会影响力的活动争取社会各方支持。

九、中国履行《斯德哥尔摩公约》云南示范省项目启动暨培训会（2012 年 6 月）

2012 年 6 月 12 日，云南省环境保护厅在昆明组织召开"中国履行《斯德哥尔摩公约》云南示范省项目启动暨培训会"，以进一步提升云南省对持久性有机污染物的管理能力。会议由云南省环境保护厅外经处处长周波主持，云南省环境保护厅副厅长周东际到会并讲话。云南省环境保护厅污防处、环评处、科技处，直属单位监测站、监察总队、宣传教育中心、固体废弃物中心、信息中心、外资中心，以及昆明等 14 州（市）环境保护系统的相关领导及人员参加了会议。会议期间，环境保护部对外合作中心项目干部陈宇、上海市固体废弃物管理中心总工钟声浩和云南省环境保护厅外经处杨东，分别就《斯德哥尔摩公约概述及我国履约和持久性有机污染物污染防治工作进展》、《持久性有机污染物环境无害化处理》和《云南省持久性有机污染物污染防治和履约能力建设基本情况介绍》等做了专题报告。

十、"云南省高原湖泊流域污染过程与管理重点实验室"通过申请认定（2012 年 12 月）

"云南省高原湖泊流域污染过程与管理重点实验室"申请认定顺利通过了云南省科学技术厅组织的专家论证，于 2012 年 12 月 27 日正式批准作为云南省重点实验室培育对象。实验室依托单位为云南省生态环境科学研究院、北京大学环境科学与工程学院，主管部门为云南省环境保护厅，贺彬教授级高工任实验室主任。实验室以高原湖泊群为研究对象，围绕高原湖泊面临的重大环境与生态问题，结合中国及云南省高原湖泊水环境改善需求，以高原湖泊在自然与人为因素驱动下的湖泊水环境演化、格局及湖泊—流域相互作用规律为基础，重点在高原湖泊水环境演化与生态响应、湖泊—流域相互作用与调控、湖泊—流域综合管理 3 个领域展开研究，揭示湖泊水环境演变规律，建立湖泊—流域综合管理的理论与方法。

十一、世界银行专家到昆明考察全球环境基金"昆明市城市生活垃圾综合环境管理示范项目"准备情况（2013 年 1 月）

2013 年 1 月 18—19 日，世界银行环评专家王佩申、环境保护部环评专家陆亮到昆明考察全球环境基金"昆明市城市生活垃圾综合环境管理示范项目"的准备情况，并实地考察昆明鑫兴泽垃圾焚烧发电厂和西山垃圾焚烧发电厂两个项目点。云南省环境保护厅对外交流合作处、云南省环境保护对外合作中心和昆明市城市管理局有关人员陪同考察。由云南省环境保护厅组织申报的全球环境基金赠款援助"昆明市城市生活垃圾综合环境管理示范项目"，拟通过引进先进技术、理念和方法并开展示范活动，提高昆明市城市生活垃圾分类、收集、转运、资源化利用及无害化处理的综合管理水平，实现城市生活垃圾环境可持续管理和污染物达标排放。世界银行和环境保护部专家听取了项目准备情况汇报，充分肯定了相关部门所做的大量前期工作，同时对进一步优化项目内容提出了建议。

十二、云南省第十批重点企业清洁生产审核（玉溪片区）培训班在玉溪举办（2013 年 3 月）

2013 年 3 月 29 日，云南省环境保护厅在玉溪举办云南省第十批重点企业清洁生产审核（玉溪片区）培训班。来自昭通市、普洱市、玉溪市、文山壮族苗族自治州、西双版纳傣族自治州 5 州（市）环境保护部门的 23 名相关负责人和 65 个企业的 66 名代表参加了培训。

十三、保山市参加云南省重点企业清洁生产审核咨询机构专题培训会（2013 年 3 月）

2013 年 3 月 8 日，保山市清洁生产审核中心派出两名人员参加了在云南省生态环境科学研究院会议室举行的"云南省重点企业清洁生产审核咨询机构专题培训会"，会议由云南省环境保护厅科技处主持。

会议就《如何摸清审核企业环保工作家底要求》《目前省内重点企业清洁生产审核报告普遍存在的问题解析》《云南省强制性清洁生产审核报告审查要点》等内容进行讲解，并听取了部分咨询机构对重点企业开展清洁生产审核推进的汇报。通过参加培训学习，保山市参会人员收获了大量有价值的审核信息，拓展了指导企业进行强制性清洁生产审核的思路，提高了报告审核质量，增强了保山市开展清洁生产审核工作的信心和决心，为开展好保山市辖区内重点企业强制性清洁生产审核工作打下坚实基础。

十四、环境保护部环境保护对外合作中心与世界银行代表团到昆明考察全球环境基金"昆明市城市生活垃圾综合环境管理示范项目"的准备情况（2013 年 4 月）

2013 年 4 月 10—12 日，环境保护部环境保护对外合作中心副处长王开祥、世界银行项目副经理杨宁、国际环境保护专家 Walter Niessen 等一行 6 人到昆明考察全球环境基金"昆明市城市生活垃圾综合环境管理示范项目"的准备情况，云南省环境保护厅对外交流合作处、云南省环境保护对外合作中心、昆明市城市管理局和环境保护局有关人员陪同考察。代表团一行实地考察了空港垃圾焚烧发电厂、五华垃圾焚烧发电厂、西山垃圾焚烧发电厂和东郊垃圾焚烧发电厂 4 个项目备选点，详细了解了各个厂的工艺流程、设备参数、环境保护措施、在线监测等多方面的情况，并就项目实施的技术细节展开了讨论。世界银行和环境保护部专家充分肯定了云南省相关部门所做的大量前期工作，同时对项目方案的进一步优化提出了建议。

十五、云南省环境保护厅高级顾问参加"在昆外国专家五一植树活动暨招待会"（2013年4月）

应云南省外国专家局的邀请，云南省环境保护厅高级顾问卡尔·汉斯·福格先生于2013年4月27日参加了"在昆外国专家五一植树活动暨招待会"，与40名外国专家代表在云南省工人疗养院挥锹培土种下70棵象征友谊的松树。云南省人大常委会副主任、云南省省总工会主席张百如出席活动并致辞，向所有在云南工作的外国专家及关心和支持云南经济社会发展的国际友人表示感谢。希望外国专家继续发挥好桥梁纽带作用，积极宣传和推介云南，让更多人认识云南、了解云南、关注云南，促进云南与世界各国交流。卡尔·汉斯·福格先生从2003年10月开始在云南省环境保护厅担任高级顾问，热爱云南省环境保护事业，为云南省环境保护对外合作与交流做出了突出的贡献，2002年获得云南省人民政府颁发的"外国专家彩云奖"，2005年获得中华人民共和国国家外国专家局颁发的"外国专家友谊奖"。

十六、曲靖市环境保护局报请云南省"专家服务团"指导解决环境保护问题（2013年5月）

按照云南省人才工作领导小组办公室文件《关于印发专家服务团成员和州县分管领导及联络员名单的通知》（云党人才办〔2013〕1号）要求，曲靖市环境保护局于5月12日召开专题会议，研究拟定了6个环境保护项目报请云南省"专家服务团"指导解决。一是曲靖境内有5家火电企业和十余家磷化工企业，年产生400余万吨粉煤灰、200余万吨磷石膏，但粉煤灰、磷石膏综合利用率低，粉煤灰、磷石膏堆存在二次环境污染问题；二是陆良境内铬渣堆场急需进行治理修复；三是云南陆良化工含铬污染物试运行处理时因物料成分复杂，分选难度较大，耗用劳动力多，处理成本高；四是陆良5家硫酸生产企业内存储的含砷废渣，寻求综合利用或无害化处置途径；五是寻求曲靖市城市生活垃圾焚烧发电项目飞灰处置途径；六是云南驰宏锌锗股份有限公司者海生产区及关停企业遗留废渣堆场"三防"设施不完善，废渣处理的主要途径是水泥原料资源化利用、水淬渣膏体充填、水淬渣生产免烧砖，废渣处理渠道单一。

十七、中国—南盟履行生物多样性公约能力建设交流研讨会召开（2013 年 6 月）

2013 年 5 月 28 日—6 月 3 日，环境保护部在昆明、丽江组织召开中国—南盟履行生物多样性公约能力建设交流研讨会。来自环境保护部的代表、相关机构的专家，以及阿富汗、孟加拉国、不丹、尼泊尔、巴基斯坦、斯里兰卡 6 个国家的环境部门干部和专家，50 余人参加了交流研讨活动，会议由环境保护部环境保护对外合作中心和云南省环境保护厅承办。本次活动是环境保护部继 2012 年 3 月首次成功举办中国—南盟国家编制实施生物多样性战略与行动计划交流培训会以来，第二次与南盟国家就环境领域履约能力建设开展交流研讨活动。该研讨会以环境保护部《"十二五"环境保护国际合作工作纲要》"稳固、塑造、惠及周边，推动区域环境合作"为宗旨，通过对中国环境保护政策与生态文明建设进展、生物多样性战略与行动计划编制动态、履约 20 年成果与联合国生物多样性 10 年行动进展、《生物安全议定书》履约行动、遗传资源获取与惠益分享相关政策介绍等专题内容进行交流，深化中国与南盟国家环境合作，提高履行生物多样性公约能力，促进区域生物多样性保护和绿色发展，增进区域合作友谊。

十八、澳门国际绿色环境保护产业联盟代表团访问云南省环境保护厅（2013 年 6 月）

2013 年 6 月 7 日，澳门国际绿色环境保护产业联盟理事长肖晋邦先生带领澳门国际环境保护卫视、亿达再生资源（澳门）有限公司、澳门绿色建筑协会等多家企业组成的代表团访问云南省环境保护厅。副厅长周东际会见了代表团一行，对外交流合作处、湖泊处、污防处、科技处和云南省生态环境科学研究院相关人员参加了座谈。副厅长周东际首先代表云南省环境保护厅对澳门国际绿色环境保护产业联盟的来访表示欢迎，并由各相关处室负责人和云南省生态环境科学研究院专家就云南省九大高原湖泊保护与治理、污染防治、科技与环境保护产业发展等方面的现状与技术需求做了简要的介绍，最后希望澳门国际绿色环境保护产业联盟能够结合云南省环境保护的特点将国际先进环境保护产业技术和发展模式引入云南。肖晋邦理事长对周副厅长的欢迎表示感谢，并请企业代表介绍了澳门国际绿色环境保护产业联盟现有的先进技术及开展过的示范项目，希望能够进一步加强与云南省环境保护领域的交流，共同探讨在环境保护技术和污防治理等方面的合作。

十九、苏里南民族民主干部考察团赴云南进行环境保护考察（2013 年 6 月）

应中共中央对外联络部邀请，由苏里南民族副主席、国会议员安德烈·米西卡巴（正部级）先生率领民主干部考察团一行 11 人于 2013 年 6 月赴云南访问。访问期间，云南省人民政府外事办公室于 6 月 20 日在昆明饭店组织专题座谈会，云南省环境保护厅高正文副厅长向苏里南民族民主干部考察团一行专题介绍了云南省环境保护和生态文明建设情况，同时就矿产开发的环境保护问题进行了深入的交流，并安排代表团一行到滇池永昌湿地和第七污水处理厂进行实地考察。中共中央对外联络部副局级参赞何晓报、云南省人民政府外事办公室和云南省环境保护厅相关业务处室的同志出席会议并陪同考察。苏里南民族副主席、国会议员安德烈·杰西卡巴先生一行对高正文副厅长的介绍和安排的实地考察表示感谢，希望通过此次交流访问，借鉴云南在环境保护领域所取得的经验，促进双方在环境保护领域的合作与交流。

二十、云南省环境保护厅举办 2013 年首期企业环境监督员培训班（2013 年 6 月）

为深化企业环境监督员制度，强化企业环境管理规范化建设，有效提升企业自主环境管理水平，结合云南省实情，6 月 25—28 日，云南省环境保护厅在昆明市举办第一期全省企业环境监督员培训班，来自云南冶金集团股份有限公司、云南铜业（集团）有限公司、云南锡业集团（控股）有限责任公司、昆明钢铁集团有限责任公司 4 大集团分管环境保护工作的领导、环境监督员和下属 72 家企业分管环境保护工作的领导、环境监督员共 139 人参加了培训。开班动员会由云南省环境保护厅环境监察总队黄杰总队长主持，云南省环境保护厅副厅长杨志强同志出席并做了动员讲话。在培训动员大会上，杨志强副厅长明确了这次培训的主要目的和重要意义：一是落实环境保护部环境监察局《关于全国企业环境监督员制度培训工作的通知》的精神；二是提高企业环境管理人员的业务素质和管理水平，增强企业环境保护责任意识，增进环境行政主管部门与企业的沟通和联系。通过培训，大家一致认为，培训课程安排合理、内容丰富，贴近企业工作实际，操作性强。不仅提高了企业在环境管理工作中的守法自觉性，明确了环境管理人员在环境保护中的社会责任和义务，更拓宽了环境保护方面的知识和信息，全面提高了环境管理人员的素质，对推动和提升企业环境管理水平、促进企业可持续发展起到了积极的作用。学员均希望此类培训能够经常化、形式多样化。

二十一、云南省项目办调研云南城市环境建设项目丽江项目（2013 年 9 月）

2013 年 9 月 24—27 日，云南省项目办会同咨询公司专家赴丽江，对世界银行贷款云南城市环境建设项目丽江生活垃圾清运及处置工程、丽江第二污水处理厂及截污管网工程、丽江古城狮子山环境综合整治工程和华坪污水处理厂及截污管网工程进行调研，检查项目实施进展。调研期间，就项目财务约文与财务预测、垃圾/污水收费价格及收缴率、合同管理与工程变更、征地补偿、采购计划更新等问题，与丽江市项目办、丽江市发展和改革委员会、古城区发展和改革局、华坪县发展和改革局和相关项目业主及监理进行了深入讨论与交流。

二十二、亚洲开发银行技术援助"云南省生物多样性保护战略与行动计划研究项目"正式启动（2013 年 11 月）

2013 年 11 月 19 日，由亚洲开发银行提供技术援助、云南省环境保护厅执行的亚洲开发银行技术援助"云南省生物多样性保护战略与行动计划研究项目"启动会在昆明召开，标志着项目的正式启动实施。项目旨在学习和借鉴国际国内生物多样性保护的先进理论和最佳实践经验，更好地指导《云南省生物多样性保护战略与行动计划》的实施。项目于 2012 年 12 月 10 日获得亚洲开发银行正式批准，由其提供 60 万美元开展技术援助，实施周期一年半，按照其技术援助项目的要求，采用公开招标的方式聘请AECOM 国际咨询公司为项目提供技术咨询服务。云南省环境保护厅高正文副厅长、亚洲开发银行东亚局自然资源与农业处处长冯玉兰到会致辞，云南省生物多样性保护联席会议成员单位、相关科研院所、非政府组织的代表和项目咨询团队参加了会议。

二十三、云南城市环境建设项目世界银行第 8 次例行检查（2013 年 12 月）

2013 年 12 月 9—15 日，项目经理胡树农先生率世界银行检查团对世界银行贷款云南城市环境建设项目（一、二期）的实施情况进行例行检查。检查期间，现场考察了丘北供水项目、污水处理厂及昭通中心城市河道整治工程，重点讨论了滇池流域水污染物总量监控支持系统的实施方案，滇池流域综合管理规划的合同执行情况，丘北供水项目和昭通河道整治工程的设计方案，丘北普者黑子项目和富宁普厅河支流治理工程的招标文件准备及丽江古城狮子山环境综合整治工程的备案报批等，并就一期项目中期调整涉及的成本、约文及指标修改等交换了意见。云南省发展和改革委员会、财政厅、环境保护厅、住房和城乡建设厅、相关州（市、区）项目办、项目业主、设计单位、监理单位和技术援助咨询公司等有关部门及人员参加有关会议和专题讨论。

二十四、全球环境基金赠款——昆明市城市生活垃圾综合环境管理示范项目预评估（2013 年 12 月）

2013 年 12 月 16—20 日，世界银行和环境保护部环境保护对外合作中心在昆明对全球环境基金赠款"昆明市城市生活垃圾综合环境管理示范项目"进行预评估。预评估团对项目的设计活动、可行性研究、投资估算、采购计划、机构与财务管理、社会影响评价、环境审计及成果框架指标等内容进行了综合评估，肯定了项目准备取得的阶段性进展，并提出了下一步工作的意见与建议。云南省环境保护厅、云南省财政厅、云南省环境保护对外合作中心、云南省环境保护信息中心、昆明市城市管理局、昆明市环境保护局、昆明市环境监控中心和示范企业等有关单位及人员参加了相关会议和专题讨论。

二十五、云南省环境保护厅成功举办中国科协第十六届年会"海外智力助推云南经济社会发展行动"——"国际科技前沿报告会暨海智国际合作项目推介会"第 7 分会场环境保护技术研讨会（2013 年 5 月）

2014 年 5 月 23—26 日，由中国科学技术协会和云南省人民政府共同主办的第十六届中国科协年会在昆明召开，年会期间同时举办了"海外智力助推云南经济社会发展行动"引才引智国际交流活动。5 月 25 日上午，由云南省环境保护厅、云南省科学技术协会、全欧华人专业协会联合会主办，云南省环境科学学会、云南省生态学会承办的中国科协第十六届年会"海外智力助推云南经济社会发展行动"——"国际科技前沿报告会暨海智国际合作项目推介会"第 7 分会场环境保护技术研讨会在昆明成功举办，会议以"环境生态学"为主题。会议由云南省环境科学学会副理事长、昆明理工大学宁平教授主持。中国工程院陈景院士、中国地质科学院水文地质环境地质研究所孙继朝副总工程师到会并分别做了以"云南阳宗海湖泊水体砷污染工程治理效果"和"阳宗海砷污染及治理效果调查报告"为主题的发言。来自瑞典哥德堡大学的李骏副教授、加拿大 ALPC Energy 公司首席执行官夏旭、日本株式会社洁力的李品顾问、中国杭州碧创科技有限公司首席执行官夏抒 4 名海智专家向大家进行了项目推介。项目涉及区域大气污染及温室气体排放综合管理系统、高效节能可中水循环使用的先进污水处理技术、底质淤泥处理用微生物材料的研发与富营养化水体的综合治水系统及城市废弃物综合利用技术等。云南省 30 余名来自云南大学、云南省环境科学研究院、云南冶金高等专科学校、昆明金泽实业有限公司、云南三环中环化肥有限公司、云南利鲁环境建设有限公司等的环境保护专家、环境保护科技工作人员参加了会议。

二十六、老挝南塔省自然资源和环境保护厅赴西双版纳傣族自治州进行环境保护交流访问（2014 年 5 月）

为进一步开拓西双版纳傣族自治州与老挝南塔省跨境环境保护的合作，加强两地环境保护，推进区域可持续发展，应西双版纳傣族自治州环境保护局邀请，5 月 19—21 日，老挝南塔省自然资源和环境保护厅宋·席哈铁副厅长等一行 11 人赴西双版纳傣族自治州进行环境保护工作交流访问，并参观了宝莲华橡胶加工厂污水处理设施、景洪市城市"两污"处理基础建设、勐罕镇曼嘎俭农村环境综合整治及野象谷生态旅游示范建设。20 日，西双版纳傣族自治州环境保护局和老挝南塔省自然资源和环境保护厅召开了交流访问座谈会，西双版纳傣族自治州发展和改革委员会、住房和城乡建设局、交通运输局、林业局、森林公安局等相关部门的代表出席会议。座谈会上，西双版纳傣族自治州环境保护局阳勇局长对老挝此次来访表示欢迎，介绍了西双版纳傣族自治州环境保护等方面基本情况。宋·席哈铁副厅长对西双版纳傣族自治州热情友好的接待表示诚挚的感谢，并表示此行不仅增加了对云南省西双版纳傣族自治州的了解，也让其看到了西双版纳傣族自治州在环境保护规划、污染防治、环境保护基础建设、生物多样性保护、交通建设等方面的好经验和好做法，希望双方进一步加强友好往来和交流合作，推动中老双方跨界环境保护工作。会上，双方就今后进一步加强交流合作、定期互访增进了解、环境保护技术支持、人员交流学习、工作信息沟通、跨界河流保护、生物多样性保护等方面工作达成了初步的共识。

二十七、2014 年度云南省环境监测站长培训班圆满结束（2014 年 7 月）

2014 年 7 月 28 日，云南省环境监测站长培训班在普洱市举办。培训特别邀请了环境保护部监测司污染源监测处处长邢核进行了专题辅导。全省 16 个州（市）级环境监测站站长，安宁市、麒麟区等 19 个重点县（市、区）环境监测站站长、云南省环境监测中心站负责人及云南省环境保护厅环境监测处共 60 余人参加了本次培训。此次环境监测站长培训班主要围绕全省环境监测工作会议中"以完成总量减排监测体系考核为第一要务"的重点工作开展。邢核处长以"2014 年主要污染物总量减排监测体系建设考核要求"为主线，全面系统地讲解了新《中华人民共和国环境保护法》有关污染源监测工作的规定、国家对监测体系考核内容的新变化和考核的新要求等方面，要求各环境监测站认真开展好国控企业监督性监测及自动监测数据有效性审核工作，确保各项工作的有效推进。云南省环境保护厅环境监测处处长邓加忠认真传达全国环境监测会议精神，要求全省环境监测系统认真总结上半年环境监测工作，深入分析环境监测改革、发展面临的新形式和新要求，切实按要求做好总量减排监测体系建设及考核等相关工作，明确责任，采取强有力的措施，确保完成总量减排监测体系考核"3 项指标"任务，顺利通过国家考核。环境监测站长培训是云南省贯彻落实环境保护部《关于印发〈国家环境监测培训三年规划（2013—2015 年）〉的通知》等相关文件精神的重要举措，旨在通过培训班的举办，各级监测站站长能够及时了解监测新形势新要求，交流工作经验，推动工作进度，为进一步做好下半年监测工作打下良好的基础。

二十八、世界银行贷款云南城市环境建设项目文山壮族苗族自治州项目调研（2014 年 7 月）

2014 年 7 月 8—11 日，云南省环境保护厅、云南省环境保护项目办组成调研组赴文山壮族苗族自治州对世界银行贷款云南城市环境建设项目文山壮族苗族自治州项目进行现场调研，检查在建工程进展、合同管理、财务管理和移民安置实施情况；跟踪世界银行第 9 次检查备忘录和 2013 年度项目审计意见的落实与整改情况；讨论供排水项目的财务约文的履行；了解项目实施中存在的问题与困难，听取下一步工作计划或打算。文山壮族苗族自治州环境保护局、财政局、项目办、相关项目县政府、环境保护局、发展和改革局、财政局、项目业主及其设计监理单位、社区参与专家等参加相关专题会议和现场考察。考察期间，调研组实地考察了富宁县普厅河水环境综合治理项目干流工程施工现场、支流工程的征地拆迁，丘北县普者黑湖泊水环境综合治理项目摆龙湖底沟（南口）、老旧沟、摆龙湖底沟（北口）、曰者大河入湖河口湿地工程和烂泥寨农村卫生设施示范工程施工现场及丘北县污水处理厂。

二十九、缅甸全国民主联盟干部考察团到访并考察云南省滇池治理和环境保护宣传教育工作（2014 年 7 月）

应中共中央对外联络部邀请，以青年事务负责人埃吞为团长的缅甸全国民主联盟干部考察团一行 20 人于 7 月 22 日下午拜访云南省环境保护厅，并在云南省环境保护宣传教育中心进行交流座谈，实地考察了滇池永昌湿地。中共中央对外联络部、云南省人民政府外事办公室、环境保护厅、环境保护宣传教育中心等有关人员出席会议并向考察团一行介绍了云南省滇池治理和环境保护宣传教育工作的情况。埃吞团长一行对云南省环境保护厅关于滇池治理和环境保护宣传教育工作的介绍和安排表示感谢，希望通过此次交流访问，借鉴云南在环境保护领域所取得的经验，并希望在将来进一步加强与云南省在环境保护领域的交流与合作。

三十、环境保护部对外合作中心汞履约处到云南省进行汞污染防治调研（2014 年 7 月）

中国已于 2013 年 10 月正式签署《关于汞的水俣公约》，中国电石法聚氯乙烯行业用汞量占到全国用汞量的 70% 以上，是公约管控的重点用汞工艺之一，在该行业开展汞削减工作意义举足轻重。为进一步落实环境保护部《关于加强电石法生产聚氯乙烯及相关行业汞污染防治工作的通知》要求，探讨建立汞污染防治示范省事宜，环境保护部对外合作中心汞履约处孙阳昭处长一行 5 人于 2014 年 7 月 24 日到云南省进行电石法聚氯乙烯行业汞污染防治调研，24 日下午在云南省环境保护厅召开了座谈会，25 日实地考察了云南盐化股份有限公司和云南南磷集团股份有限公司。云南省环境保护厅污染防治处、对外交流合作处相关人员参加了会议并陪同现场调研。

三十一、大理白族自治州环境保护局到曲靖环境保护局考察交流总量减排管理工作（2014 年 8 月）

2014 年 8 月 12 日，大理白族自治州环境保护局副局长谢宝川、陈体韬率总量科、法规科、监测科、监察支队等 12 人到大理环境保护局参观交流学习。大理白族自治州环境保护局一行参观了在线监控设施运行情况，详细了解污水处理厂污染源在线监控、地表水自动监控系统、环境空气质量发布情况，并就总量减排的工作经验和环境保护工作的开展思路和经验进行了交流学习和探讨，通过这次交流，拓宽了两地环境保护工作及主要污染物总量减排工作思路。

三十二、亚洲开发银行环境运营中心专家组一行赴云南开展核心环境项目云南二期示范项目检查（2014 年 9 月）

2014 年 9 月 16 日，亚洲开发银行环境运营中心技术组长迈克·格林先生一行 3 人赴云南省环境保护厅开展核心环境项目云南二期示范项目检查。亚洲开发银行环境运营中心一行介绍了于 2015 年 1 月在缅甸召开的环境部长会议和项目规划的准备情况。云南省环境保护厅介绍了云南二期示范项目实施进展情况及 2015 年工作计划。双方就一些关心的问题进行了讨论。

三十三、亚洲开发银行技术援助云南省生物多样性保护战略与行动计划培训会召开（2014 年 10 月）

2014 年 10 月 28—31 日，由亚洲开发银行和云南省环境保护厅共同主办的"云南省生物多样性保护战略与行动计划培训会"在昆明召开。会议旨在帮助地方各级环境保护部门提高实施《云南省生物多样性保护战略与行动计划》的能力，指导地方生物多样性保护实施方案的编制工作，提高生物多样性保护项目申报和管理水平，并向云南省相关国家级、省级自然保护区管理部门介绍《云南省生物多样性保护战略与行动计划》主要内容，增进部门间在生物多样性保护领域的沟通与协作。云南省环境保护厅自然生态保护处和对外交流合作处、云南省环境科学研究院、西南林业大学、世界自然基金会和美国 AECOM 公司派出相关领域的负责人和专家出席会议并授课。全省各级环境保护部门及国家级、省级自然保护区管理局 120 余人参加培训。

三十四、打牢基础，为全省环境空气质量考核和监测信息发布做好技术准备（2014 年 12 月）

为进一步完善全省环境空气新标准监测能力建设，确保环境空气监测数据在线审核及监测信息及时发布，云南省环境保护厅环境监测处于 12 月 26 日在昆明举办环境空气新标准监测信息发布系统使用培训，来自昭通等 13 个州（市）环境空气自动站的运行管理技术人员及云南省环境监测中心站等相关人员近 50 人参加了培训。本次培训是云南省完成环境空气新标准监测能力建设并实现与国家的联网、试运行后的第一次技术培训，内容涵盖环境空气新标准监测发布系统使用、新标准环境空气质量指数解读与宣贯监测数据联网、在线审核上报等技术规范。昆明市就环境空气新标准监测数据传输、在线审核和监测信息发布进行了经验交流。同时，培训班还组织学员到昆明市环境监测中心现场教学演示。本次培训通过理论知识讲解和现场演示等培训方式，为各州（市）空气自动站管理和技术人员进一步掌握新老标准的实施、监测数据在线审核、报送及监测信息发布等打牢了技术基础，为云南省做好城市空气质量评价及排名工作、进一步贯彻落实好大气污染防治行动计划做好技术准备。

三十五、亚洲开发银行技术援助项目《云南省生物多样性保护"十三五"行动计划》评审会召开（2014年12月）

2014年12月2日，亚洲开发银行技术援助项目《云南省生物多样性保护"十三五"行动计划》评审会在昆明召开，会议由云南省环境保护厅对外交流合作处与自然生态保护处联合主持。来自云南省发展和改革委员会、旅游发展委员会、扶贫开发办公室、财政厅、国土资源厅、科学技术厅、林业和草原厅、中国科学院昆明分院、中国科学院昆明植物研究所、中国科学院昆明动物研究所、云南大学、西南林业大学等相关政府部门、科研单位及非政府组织的代表和专家应邀参加了会议。会议听取了编制单位AECOM公司代表对《云南省生物多样性保护"十三五"行动计划》的汇报，与会专家和领导审阅了文本，并进行了讨论。专家组一致认为，《云南省生物多样性保护"十三五"行动计划》回顾了《云南省生物多样性保护战略与行动计划（2012—2030年）》的编制及实施情况，在已有框架下，通过国际通行的方法对生物多样性保护优先区和重要物种进行排序，识别保护的优先性，并根据识别的优先区、生态系统和物种，规划了"十三五"的8项重点任务、27个行动计划和项目安排，编制依据充分、保障措施较全面、组织实施可行，切合云南省实际，同意通过评审。此外，专家组就进一步完善《云南省生物多样性保护"十三五"行动计划》提出意见和建议。

三十六、世界银行贷款云南城市环境建设项目重点工作推进会在昆明召开（2014年12月）

2014年12月10日，世界银行贷款云南城市环境建设项目重点工作推进会在昆明召开。会议以落实世界银行项目检查备忘录和国家发展和改革委员会、财政部的有关要求，进一步推进项目实施和提款报账进度，实现项目预期目标为目的，总结2014年度项目工作开展情况，研究部署 2015 年项目重点工作。云南省环境保护厅外经处处长、云南省环境保护对外合作中心主任周波同志主持会议，云南省环境保护厅杨志强副厅长出席会议并讲话。云南省财政厅、审计厅相关处室负责同志，昆明、丽江、文山环境保护局和昭阳区人民政府分管领导，州、市、区项目办负责人及丽江古城狮子山环境综合整治、丘北县供水、普者黑湖泊水环境综合治理、砚山县排水管网工程等项目业主负责人参加会议。

三十七、大湄公河次区域环境合作第一次能力建设培训会议在昆明召开（2014 年 12 月）

2014 年 12 月 14 日，由环境保护部环境保护对外合作中心主办的"大湄公河次区域环境合作第一次能力建设培训会议"在昆明召开。培训主题是生物多样性价值评估和自然资本管理，主要内容包括：大湄公河次区域生物多样性价值评估方法及案例、遗传资源价值评估进展与挑战、生物多样性主流化途径和方法等内容。环境保护部环境保护对外合作中心主任陈亮、云南省环境保护厅副厅长杨志强出席了此次培训会开幕式并致辞。会议邀请中国科学院地理科学与资源研究所教授鲁春霞、环境保护部环境与经济政策研究中心研究员吴玉萍、中国环境科学研究院张春风研究员和刘冬梅高工进行专题讲座。来自云南及广西各级环境保护部门代表共计 40 余人参加了会议。

三十八、环境保护部环境保护对外合作中心到大理白族自治州调研（2014 年 12 月）

2014 年 12 月 15—16 日，环境保护部环境保护对外合作中心主任陈亮一行到昆明出席大湄公河次区域环境合作会议之际，在云南省环境保护厅杨志强副厅长的陪同下专程到大理白族自治州调研履行《斯德哥尔摩公约》情况。大理白族自治州环境保护局李继显局长向调研组成员简要介绍了大理白族自治州履行《斯德哥尔摩公约》和开展持久性有机污染物防治情况，调研组一行还深入大理市第二（海东）垃圾焚烧发电厂实地察看垃圾焚烧发电情况。陈主任和杨副厅长强调，云南省是中国履行《斯德哥尔摩公约》能力建设示范省，为进一步加强云南省对持久性有机污染物的管理和组织协调《斯德哥尔摩公约》在云南省的履约工作，切实加强云南省环境保护系统《斯德哥尔摩公约》履约工作的组织领导，云南省环境保护厅成立了云南省履行《斯德哥尔摩公约》工作领导小组、云南省履约《斯德哥尔摩公约》工作协调组和云南省持久性有机污染物履约专家委员会。2010 年 10 月，云南省环境保护厅编制完成了《云南省持久性有机污染物（POPs）"十二五"污染防治规划》，明确了持久性有机污染物污染防治的基本指导思想、基本原则、保障措施和工作目标，云南省逐步建立了持久性有机污染物管理体制和机制，《云南省持久性有机污染物（POPs）"十二五"污染防治规划》实施进展顺利，实施持久性有机污染物统计报表制度已常态化，掌握了持久性有机污染物排放源及其分布和动态变化。

三十九、新疆维吾尔自治区政协赴滇考察座谈会召开　交流探讨生态文明建设和生态环境保护（2015 年 3 月）

2015 年 3 月 3 日，新疆维吾尔自治区政协赴滇考察座谈会在昆明召开，交流了新、滇两地在生态文明建设和生态环境保护方面的成功做法和经验，并就一些重点和难点问题进行了深入的交流探讨。座谈会上，考察组介绍了本次考察的有关情况，云南省环境保护厅、昆明市滇池管理局等部门介绍了云南省生态文明建设和滇池管理等相关情况。与会同志指出，生态文明建设和生态环境保护要坚决避免和摒弃先污染后治理的方式；要认真处理好保护与开发的关系，努力做到在保护中开发，在开发中保护；要特别注意抓好城乡规划和功能定位，统筹协调推进各项工作。新疆维吾尔自治区政协常务副主席刘晏良、云南省政协副主席杨嘉武出席座谈会。刘晏良在发言时说，新疆和云南虽然在经济结构、能源结构等方面存在差异，但在保护生态环境上目标是一致的。此次考察，一路看、一路听，收获很大。云南生态文明建设抓得紧、抓得实，抓出了成效，并形成了许多好的经验做法和新理念、新思路，考察组将在梳理总结后，认真向自治区政协党组和自治区党委汇报。杨嘉武对考察组一行表示欢迎。他说，云南省委、云南省人民政府历来高度重视生态文明建设和生态环境保护工作，云南将深入贯彻落实习近平总书记考察云南重要讲话精神，进一步增强对生态文明建设和生态环境保护的认识，转变政绩观，抓好总体规划，坚持系统治理，争取国家资金和项目支持，做好农村生态环境保护，努力当好生态文明建设排头兵。

四十、昆明环境保护局、气象局携手共治大气污染（2015 年 4 月）

昆明市环境保护局、气象局签署《加强环境保护和气象业务合作框架协议》，并联合下发《关于进一步深化部门合作的通知》。今后环境保护、气象两局将从完善区域大气环境监测网、建立健全环境保护气象信息共享机制、建立重污染天气监测预警体系和评估工作机制、联合开展城市空气质量预报、加强宣传和信息服务工作、加强大气环境科学研究合作、建立完善合作沟通机制七方面展开合作，共同提高昆明市大气污染防治工作水平，进一步优化昆明市空气质量。双方将以已有环境空气质量监测站点和环境气象观测站点为基础，共同规划、完善大气环境空气质量监测网和环境气象观测网，在昆明主城、滇池流域、工业园区等重点区域加设监测站点，对已有监测网形成科学、有效的补充；建立环境保护气象信息共享机制，及时互通大气成分、环境空气质量监测信息、地面气象、高空观测数据、天气预报等信息。联合对环境保护专业气象监测站的设备进行定期标定和检测，保证环境保护专业气象监测网的平稳运行。

四十一、科学技术部与云南省共建国家重点实验室　推动生物资源保护与利用（2016 年 1 月）

科学技术部与云南省人民政府联合发文，批准依托云南大学与云南农业大学，省部共建云南生物资源保护与利用国家重点实验室。省部共建云南生物资源保护与利用国家重点实验室，立足于云南省及周边地区丰富的生物多样性，瞄准国家战略生物资源与生态安全的需求，致力于解决生物多样性保护、生物资源可持续利用和特色生物资源发掘中的科学问题和关键技术问题。实验室将主要围绕区域发展的战略布局与区域特色开展高水平基础研究和应用基础研究，引领区域科技创新，服务地方经济发展。实验室建成后，将为云南创新驱动发展战略的实施提供有力科技支撑，对推动面向南亚东南亚辐射中心建设，促进国家和地方生物产业与资源环境保护发展具有十分重要的意义。据了解，云南大学生物学科历史悠久、实力强劲，与云南农业大学合作共建云南生物资源保护与利用国家重点实验室，是校际优势互补、协同发展、协同创新的有益探索。

四十二、中国首个"林业大数据中心和林权交易（收储）中心"落户云南（2016 年 2 月）

2016 年 2 月 4 日，中国首个"林业大数据中心和林权交易（收储）中心"在昆明正式挂牌。这是 2014 年"云南林业惠农云服务"上线以来，云南省推进生态文明建设排头兵和"互联网+林业"的又一重大举措。项目采用全球领先的信息科技和大数据技术，创新性构建"一网一图双中心，智慧林业三朵云"架构。"一网"是贯通已有各种林业信息化系统的信息网络，"一图"是智能多维的可视化林业图，"林业大数据中心和林权交易（收储）中心"则将"一图一网"链接整合起来，搭建云南乃至中国智慧林业的新体系。"三朵云"包括"云资源""云平台""云应用"，通过"三朵云"不仅可以规范林业信息化基础设施，对行业数据加工和业务逻辑进行分析，还能通过运行"林业大数据中心和林权交易（收储）中心"在内的应用业务平台，打破信息孤岛，为林业产业链管理及参与各方提供综合性服务，实现中国林业从纸笔时代迈向移动互联的信息化时代。当天，由云南省林业厅、中兴通讯股份有限公司发起，联合云南林业投资有限公司、云南产权交易所有限公司，签署四方战略合作协议，成立"林业大数据、林权交易——建设运营中心""中兴通讯智慧林业研究院"，共同推动云南省"林业大数据中心和林权交易（收储）双中心"建设工作。

四十三、云南共建共育大学绿色教育示范点（2016 年 2 月）

2016 年 2 月，云南省环境保护宣传教育中心与云南师范大学商学院合作共建"大学绿色教育"项目在昆明启动，旨在共同打造大学绿色教育示范点，让绿色教育融入教学、进入课堂。双方表示，今后将不断加强共建活动组织领导，保持经常性的沟通交流，注重总结活动经验，发现和培养先进典型，确保绿色教育与实践活动有组织、有计划、有质量地开展，让学生建立起绿色的知识体系，树立起绿色生活观念，共同做环境保护的宣传队、生态文明的传播人和绿色生活的先行者。启动仪式上，双方签订了合作意向备忘录，云南省环境保护宣传教育中心向商学院赠送了近 500 册《环保字典》等环境保护图书资料。与会人员还就今后双方如何发挥各自优势推动共建共育活动进行了深入讨论与交流。

四十四、昆明市与北京朝阳区开展环境保护交流（2016 年 4 月）

"北京·朝阳高端人才昆明行"环境保护领域专家组到云南省昆明市开展环境保护工作实地考察，与当地环境保护系统干部职工、专家学者和企业界人士进行座谈交流，双方就共同拓展环境保护领域合作空间进行了深入探讨。考察期间，中国工程院院士许建民等朝阳区环境保护领域专家一行 9 人先后到昆明市环境监控指挥中心、昆明滇池水务股份有限公司、昆明市第七机动车安全检测站及昆明市环境科学研究院进行考察。有专家认为，昆明环境保护信息系统很有特色，朝阳区的相关企业可以发挥在环境保护设备、智能化管理方面的优势，与昆明开展环境保护设备进一步节能、信息化管理升级等方面合作。此外，可对昆明的环境保护数据进行深度挖掘，结合地理信息技术建立整个昆明的环境保护大数据，分析昆明的污染源头在哪儿，打通环境保护痛点，合理规划产业布局，搭建一个能让更多企业与政府协作互动的大平台。

四十五、云南越南共推区域绿色发展 就建立健全会谈长效机制、开展战略合作等达成一致（2016 年 4 月）

中国云南省红河哈尼族彝族自治州——越南老街省双边环境保护工作会谈在云南省红河哈尼族彝族自治州蒙自市举行。会谈双方就今后共同建立健全会谈长效机制、逐步建立战略层面的合作机制等 6 个方面达成一致，并签署了会谈纪要。中国云南省红河哈尼族彝族自治州河口瑶族自治县与越南老街省隔河相望，双方在环境保护领域面临一系列共同问题。为落实《第四次大湄公河次区域环境部长会议联合声明》，围绕"一带一路"倡议探索环境保护领域合作模式，推动区域绿色发展，中国云南省红河哈尼族彝族自治州和越南老街省双方代表团通过双边环境保护工作会谈，就中越两国边境生态文明建设和环境保护工作交换了意见，达成了共识。根据会谈纪要，今后，双方将共同努力在以下 6 个方面不断加强交流合作：建立健全会谈长效机制、逐步建立战略层面的合作机制、开展互派人员交流学习、加强保护宣传合作机制的建立和完善、开展农村环境保护试点示范、开展跨境生态环境保护交流与合作。

四十六、西双版纳傣族自治州人民政府与云南农垦集团有限责任公司签订协议 共同做大做强清洁能源产业（2016 年 9 月）

2016 年 9 月 5 日下午，西双版纳傣族自治州人民政府与云南农垦集团有限责任公司在景洪市签订全面战略合作框架协议，以及农垦电力股权划转协议，由西双版纳持股进行云南农垦电力有限责任公司股份制改造，并实施全方位战略合作。根据协议，双方将建立全方位、深层次的战略合作关系，创新合作模式，共同规划农场改革发展路径，推动西双版纳农垦区产业转型，聚合云南农垦集团有限责任公司和西双版纳傣族自治州在清洁能源利用和区域新增配售电业务方面的资源优势，以云南农垦电力有限责任公司股份制改造合作为基础，提高已有供电区域的供电保障能力和服务质量，积极拓展区域电网配售电业务，共同做强做大西双版纳清洁能源产业。

四十七、沪滇合作环境监察培训开班（2016 年 10 月）

为提高云南省环境监察人员的执法水平，2016 年 10 月，上海市为云南省举办环境监察干部培训班。来自全省环境监察系统的 48 名学员赴上海市环境保护局进行为期 13 天的集中学习和课外考察。本次培训精心设计课程，培训内容涵盖：《中华人民共和国大气污染防治法》《中华人民共和国水污染防治法》《中华人民共和国环境影响评价法》解读，建设项目环境审批制度改革、《中华人民共和国环境保护法》及 4 个配套办法实施经验、环境行政处罚及案例分析等课程。除正常的课堂教学外，还组织学员实地考察中国宝武钢铁集团有限公司污染治理、上海化工园区、上海市崇明生态环境，座谈讨论石油化工行业和工业园区环境监管。

四十八、首届中缅森林资源保护与社区发展论坛开幕（2016 年 11 月）

2016 年 11 月 20 日，"首届中缅森林资源保护与社区发展论坛"在昆明举行。由云南省林业厅主办、云南林业职业技术学院承办的本次论坛以"携手共建绿色生态的美好家园"为主题，缅甸林业大学专家学者、中国知名专家学者、东盟中心教育干部、林业科研工作者等共计 100 余名代表参加。会议期间，专家学者围绕生物多样性保护、森林资源管理、森林防火等议题进行研讨。

四十九、云南省与越北 4 省签署林业及野生动物保护合作协议（2017 年 1 月）

2017 年 1 月，云南省与越南河江、老街、莱州、奠边 4 省第 6 次联合工作组会议在昆明召开。会议期间，云南省与越北 4 省签署了为期 5 年的《边境林业及野生动植物保护合作协议》。协议明确，在云南省与越北 4 省联合工作组会议机制框架下，云南省林业厅与河江、老街、莱州、奠边 4 省农业和农村发展厅建立林业合作机制，每年轮流开展一次工作会晤，并视工作需要开展紧急会晤。根据协议，双方共同履行国际公约，开展野生动植物联合保护行动，推进"跨境生物多样性联合保护区域"建设；联合开展野生动物疫源疫病监测，互通野生动物疫源疫病监测情况；开展森林防火合作，建立联动机制，共同管控跨境林火；加强跨境非法买卖、运输林业产品防控合作；推动林业科研单位及企业交流合作；开展重大林业有害生物防控合作。据了解，2007 年 6 月，在中越双边合作指导委员会框架下，云南与越北4省建立了联合工作组会议机制。

五十、云南饮用水水源地污染控制技术达国内领先水平（2017年5月）

2017年5月，由云南农业大学等单位完成的"饮用水源地污染控制关键技术研究与应用"项目通过成果评价。专家组认为：该成果研究形成氮磷高效品种+生物有机肥+低位氧化沟、土壤磷素激活剂、生物埂+混播草带控制地表径流污染等一系列关键技术，创新性突出，社会、经济和环境效益明显，在饮用水水源地污染控制方面总体达到国内领先水平。据介绍，该项目获得6项国家专利、发表学术论文13篇、出版专著与培训教材3部、培养研究生8名，相关技术成果已在松华坝水库、云龙水库、渔洞水库等重要饮用水水源地得到应用。项目组以昆明最大的集中式饮用水水源地云龙水库和松华坝水库为研究对象，创新水源地面源污染负荷估算方法，针对水源保护区实际，研究筛选出环境友好型农业生产模式。研制的土壤磷素激活剂可以实现在磷肥减半的情况下玉米产量保持稳定，为减少磷肥投入，从源头减轻农田径流磷素污染负荷开辟了有效的技术途径；针对水源区坡地红壤分布比较普遍的实际，提出了混播黑麦草+紫花苜蓿的最优控制土壤侵蚀及氮磷流失的技术模式。此外，项目组研发出低位氧化沟+农田排水地埋式净化装置的处理技术，有效降低了入库的氮、磷污染负荷；项目组还发明了农田固体废弃物堆肥装置和农村生活垃圾热解炉新技术并实现推广应用。在云南省社会发展科技计划重点项目、环境保护部科技项目和云南省教育厅重大项目的支持下，云南农业大学、云南利鲁环境建设有限公司针对集中式饮用水水源地面临污染风险严重的实际需求，历时7年系统开展了饮用水水源地污染控制关键技术研究与应用方面的科研工作。

第四节 环 境 法 规

一、云南省环境保护厅向5个州（市）印发铅蓄电池行业整治和验收恢复生产条件通知（2011年8月）

为进一步规范和明确全省铅蓄电池行业整治和验收恢复生产条件，落实"一厂一策"的要求，借鉴《环境保护部关于转发〈关于印发浙江省铅蓄电池行业污染综合整治验收规程和浙江省铅蓄电池行业污染综合整治验收标准的通知〉的函》，云南省制定并印发了《云南省环保厅关于铅蓄电池行业整治和验收恢复生产的通知》。通知明确了云南省 21 家铅蓄电池企业整治和验收恢复生产的条件和验收部门，同时要求涉及铅蓄电池行业的昆明、楚雄、红河、曲靖、大理 5 个州（市）环境保护局做好以下工作。一是 5 州（市）铅蓄电池企业一律要按云南省 9 部门《关于印发云南省 2011 年整治违法排污企业保障群众健康环保专项行动实施方案的通知》要求，由所在州（市）环境保护部门按附件要求落实铅蓄电池整治要求并组织验收工作。达到要求一家，验收投产一家，未经验收合格的企业一律不得恢复生产。二是已建成的铅蓄电池企业由原环评文件审批环境保护部门负责监督、验收。今后新建的铅蓄电池企业按《云南省环保厅关于印发云南省环保部门建设项目环境影响评价文件分级审批目录的通知》，一律由云南省环境保护厅审批。三是铅蓄电池企业整治完成后，由企业提交申请，附整改情况报告，报当地环境保护部门，由复产验收单位进行预验收，预验收合格，企业方可投入试运行，并于试运行 30 个工作日内按专项行动污染物监测的相关要求，监测合格后由验收单位形成书面验收意见，同意正式恢复生产，并报云南省环境监察总队备案。四是涉及卫生防护距离不符合要求的整治企业，其卫生防护距离应由原环评文件审批环境保护部门与同级卫生部门本着保护群众身体健康为重的原则确定；涉及产业政策的整治企业，根据行业准入部门要求由具有核准权限的经济主管部门确定。涉及居民搬迁的要落实责任，尽快组织搬迁。五是恢复生产的铅蓄电池行业企业，必须按照国家和云南省《2011 年环保专项行动实施方案》要求于年底前完成清洁生产审核工作。

二、玉溪市出台《玉溪市 2012 年主要作物科学施肥指导意见》（2012 年 1 月）

为加快玉溪市创建国家环境保护模范城市步伐，2012 年玉溪市农业局加强测土配方施肥技术推广，调整和改变施肥过程中存在的过量施肥、施肥时期不当、施肥结构不合理等不科学的施肥方法和技术，以期引导农民和生产者科学施肥，提高肥料利用效率，降低农业生产投入成本，促进作物增产、农业节本增效、农民增收，于 2012 年 1 月下发了《玉溪市农业局关于印发〈玉溪市 2012 年主要作物科学施肥指导意见〉的通知》（玉农发〔2012〕10 号）。《玉溪市 2012 年主要作物科学施肥指导意见》对小麦、水稻、玉米、马铃薯、蔬菜、葡萄、柑橘、甘蔗等主要农作物提出了科学施肥建议。测土配方施肥的顺利实施将有效减少农业生产中氮、磷、钾的排放，达到保护环境的目的。

三、《昆明市环境保护与生态建设"十二五"规划》获批（2012 年 8 月）

备受市民关注的《昆明市环境保护与生态建设"十二五"规划》获得了批复，2012 年 8 月，昆明市环境保护局正式向外公布，通过规划的实施，目标是到"十二五"末，实现主要污染物排放总量和环境质量改善双拐点，滇池治理走在全国湖泊治污前列，全年空气环境质量达到二级标准的天数达到 365 天。记者查阅了滇池治理的所有 5 年规划，《昆明市环境保护与生态建设"十二五"规划》评价是最好的一次：滇池治理效果显著，出入滇池的 36 条河道实施河长制和 158 工程，滇池流域河道水质得到明显改善，市民对河道整治的共识渐渐形成，参与率不断提高，滇池湖滨带生态恢复成效显著，多项污染指标均有所下降。《昆明市环境保护与生态建设"十二五"规划》又提出了更高的目标，使滇池流域水环境治理成效位于中国湖泊阶段性治理的前列。八成出租车将用新型燃料。该规划提出，新车逐步实施严格的机动车排放标准。优先发展城市公共交通，限制和减少机动车的使用；继续推进环境保护分类标志工作，昆明市中心空气污染压力较大区域道路限行，并逐步对黄色标志的高污染车辆采取二环内限行的措施。2015 年前全成宁静小区。"十二五"期间，在噪声达标区内开展"宁静小区"创建活动，创建单位要设立专人负责创建工作，小区变（配）电设施、电梯、水泵等公用设施要采取减噪措施，小区居民室内装修要控制作业时间避免噪声扰民，小区居民在室内播放音乐、演奏乐器及各类群众性文体活动适当控制音量，小区内禁止设置高音喇叭和机动车鸣笛，摩托车夜间进出小区应熄火推行，有防止饲养宠物产生噪声扰民的措施。截至 2012 年昆明共创建"宁静小区"78 个，争取在 2015 年之前，将昆明市的住宅小区全部建成"宁静小区"。该规划提出具体指标，打算造林 615.3 万亩（1 亩≈666.7 平方米），新增绿地 1431.23 公顷，城镇人均公共绿地 8.45 平方米。让市民步行 5 分钟或 500 米就能到达一块公园绿地，实现市民享受公共绿地资源的公平性和可达性。新建公共绿地 3402.4 公顷，主要包括新建多个全市性公园：茶高山公园、海口公园、荷叶山公园、西白沙河公园、中央公园、龙潭山遗址公园、斗南花卉公园、石龙坝公园，空气质量优良天数达标率 100%，主城区空气质量优良天数均为 365 天。

四、《凤庆生态县建设规划》顺利通过云南省环境保护厅专家评审（2013 年 4 月）

2013 年 4 月，云南省环境保护厅组织环境保护专家一行 15 人到凤庆县召开《凤庆生态县建设规划》听证会，《凤庆生态县建设规划》顺利通过专家评审。《凤庆生态县建设规划》由云南省环境科学院专家组织编制。编制规划是为实现凤庆县生态发展而开展的一系列创建活动，该规划为凤庆县生态建设阐明思路、制定目标、明确任务，是指导生态县建设的重要纲领性、全局性、指引性文件。该规划充分利用已完成的相关行业规划的成果，充分考虑凤庆县社会经济发展现状及趋势、生态环境现状、区位特点、资源条件等，通过全面分析现有和潜在的主要生态环境问题及影响可持续发展的制约因素，提出未来 10 年的发展方向和具体的对策措施。规划通过构建高效的生态产业体系、优美和谐的生态人居体系、文明繁荣的生态文化体系、永续利用的资源和环境保障体系，力争到 2020 年达到国家生态县建设的考核指标。该规划提出了六大工程 60 个项目，估算总投资 112.7 亿元，在 10 年内逐步投入。

五、昆明市政协专题协商《昆明市机动车排气污染防治条例（修订草案）》加速淘汰"黄标车"（2013 年 5 月）

2013 年 5 月 26 日，昆明市政协组织《昆明市机动车排气污染防治条例（修订草案）》专题协商会。会上，关于黄标车限行的条款引起政协委员普遍关注，大家认为，"黄标车"限行及逐步淘汰是必要的，但要尽量以疏堵结合的方式，逐步解决。《昆明市机动车排气污染防治条例（修订草案）》拟对黄标车进行限行，以达到 2015 年基本淘汰 2005 年以前注册运营的"黄标车"的目标。因此，修订草案中新增了对"黄标车"限制区域和限制时间使用的条款，授予了公安机关交管部门限行执法权限，"黄标车"驶入限制区域将被处以 200 元的罚款。与会的政协委员一致赞同，认为"黄标车"对环境污染极大，应逐步予以淘汰。政协顾问刘瑞华建议，将机动车排气检测结果纳入机动车交通管理的内容，应该在条例中明确，"黄标车"如果经过维修、调整或者采取污染控制措施后，车辆排放的污染物仍然超过国家规定污染物排放标准，应该依法强制报废。张建伟对此次条例的修订工作表示肯定。他说，昆明市应该是加大生态文明建设的示范窗口，在治理大气污染方面理应走在前面。此次修订是十分必要和紧迫的。条例出台后要加大宣传力度，尤其要加强对"黄标车"危害性的宣传，条例出台后，应保证驾驶员人手一册。针对"黄标车"的治理，他建议，要治标和治本双管齐下。一方面要杜绝新增"黄标车"，另一方面要用科技的手段和政策引导，在一定年限内淘汰"黄标车"。

六、云南省召开 2013 年度全省环境监察和污染防治工作会议（2013 年 7 月）

为研究部署环境监察、污染防治、污染减排，深入推进环境保护专项行动等重点工作，云南省环境保护厅于 2013 年 7 月 1 日在昆明召开了 2013 年度全省环境监察和污染防治工作会议。全省 16 个州（市）的分管副局长及环境监察支队、污防（控）科、总量科、固体废弃物管理中心主要负责人，云南省环境监察总队、云南省固体废弃物管理中心、云南省环境保护厅各相关处室相关负责人共 130 余人参加了会议。云南省环境保护厅杨志强副厅长出席了会议并做了讲话。杨志强副厅长对 2012 年以来环境监察、污染防治和污染减排工作情况进行了简要总结，分析了工作面临的形势及存在的问题，就环境保护专项行动、环境安全大检查工作进行了全面部署，并对下半年的各项重点工作逐条提出了明确要求。针对 2013 年的环境保护专项行动，杨志强副厅长强调，要利用好挂牌督办这个有力抓手，加强挂牌督办，务求取得实效。各地一定要把挂牌督办事项办好、办实，做到查处到位、整改到位、责任追究到位，使这些问题真正得到解决，消除环境安全隐患，减少社会不稳定因素，为广大人民群众真正做实事。省级和各州（市）环境保护专项行动领导小组要加大督办力度，推动挂牌督办事项取得实效。会上，环境监察系统、污染防治部门、污染减排部门，分别就工作中的困难和问题及推进下半年重点工作进行了分组讨论研究。参会人员表示，一定要抓紧下半年的时间，进一步加大工作力度，全力推进各项重点工作，务求取得实效。

七、云南省文山壮族苗族自治州积极应对《最高人民法院 最高人民检察院关于办理环境污染刑事案件适用法律若干问题的解释》促进环境问题解决（2013 年 7 月）

针对《最高人民法院 最高人民检察院关于办理环境污染刑事案件适用法律若干问题的解释》，文山壮族苗族自治州环境保护局积极行动，对解释认定为"严重污染环境"的 14 种及"后果特别严重"的 11 种定罪量刑标准认真研究，结合全州环境污染问题认真分析，就如何有效贯彻执行环境保护法律法规、强化和规范环境保护执法、严厉打击环境犯罪展开行动，取得实效。一是认真贯彻落实《最高人民法院 最高人民检察院关于办理环境污染刑事案件适用法律若干问题的解释》。制定下发了《关于贯彻落实最高人民法院最高人民检察院关于办理环境污染刑事案件适用法律若干问题的解释实施意见》及《关于开展全州工矿企业私设暗管违法排污专项检查的通知》，充分认识解释是加强环境监督管理、维护群众生命财产安全的"撒手锏"、环境执法的"高压线"，只有在环境执法工作中更加作为，更加履行职责，才能确保环境安全。二是强化《最高人民法院 最高人民检察院关于办理环境污染刑事案件适用法律若干问题的解释》宣传。将解释在全州重点环境保护工作推进会上进行宣讲，就如何在环境案件办理过程中对违法事实认定、调查取证、适用法律条款等问题组织全州环境执法人员进行了学习，使环境执法人员能将现行环境保护法律法规与解释充分结合。同时由环境监察等机构组成宣讲小组深入企业宣讲 100 余次，切实营造遵纪守法良好氛围。三是切实维护《最高人民法院 最高人民检察院关于办理环境污染刑事案件适用法律若干问题的解释》法律权威。对全州存在环境污染隐患、接近解释条款规定、未造成污染损害被环境保护部门责令限期改正的 8 户企业负责人进行了约谈，对因整改不到位造成环境污染的企业将依法移送司法机关进行查处，不搞以罚代刑或包庇纵容，坚决维护法律权威。对企业因市场影响造成停产而整改态度不积极、整改进度缓慢等问题进行了批评教育，企业表示将加快整改进度，确保环境问题在规定时限内整改完善。

八、云南省环境保护厅明确提出 2014 年全省环境宣传教育工作 5 个方面要点（2014 年 2 月）

　　云南省环境保护厅制定印发了《2014 年全省环境宣传教育工作要点》，对 2014 年全省环境宣传教育工作明确提出 5 个方面工作要点。《2014 年全省环境宣传教育工作要点》指出，2014 年全省环境宣传教育工作指导思想和总体目标如下：以邓小平理论、"三个代表"重要思想、科学发展观为指导，深入贯彻落实党的十八届三中全会、习近平总书记系列重要讲话、全国宣传思想工作会议和全国环境保护工作会议、云南省宣传思想工作会议精神，按照全省环境保护局长会议的部署和要求，紧紧围绕中心、服务大局，着力提高舆论引导能力和水平，着力加强面向社会宣传教育，着力引导环境保护公众理性参与，着力提升宣传教育能力和队伍素质，为全省环境保护工作的开展营造良好社会氛围和舆论环境。《2014 年全省环境宣传教育工作要点》提出：要认真抓好群众路线教育实践活动的整改落实、切实提高舆论引导能力和水平、广泛开展面向社会的宣传教育、积极引导公众理性参与环境保护、努力提升环境保护宣传教育能力 5 个方面工作要点。《2014 年全省环境宣传教育工作要点》要求：围绕全省环境保护中心工作，认真开展环境宣传教育法制体系、生态文明理论体系、全民参与的社会行动体系、生态环境文化体系、宣传教育能力建设体系、宣传教育工作评价考核体系六大体系建设的研究，作为指导和推动宣传教育工作发展的遵循和依据。通过完善新闻发布制度，加强新闻发言人队伍建设，实现新闻发布制度化、规范化、常态化，主动做好重要环境政策法规解读，公开透明地发布权威信息，切实加强新闻宣传和舆论引导。大力开展形式多样、内容丰富、主题鲜明的社会化宣传活动，广泛开展面向社会的环境保护宣传教育工作。针对环境保护热点、难点和敏感问题，组织开展形式多样的公众参与活动，向公众讲清楚说明白社会热点问题，积极引导公众理性参与环境保护工作。通过积极争取国家和云南省有关部门的支持，努力开展环境教育培训，切实抓好环境宣教队伍作风建设，不断提升环境保护宣传教育能力。

九、大湄公河次区域核心环境项目二期北京子项目暨云南子项目启动会在昆明召开（2014 年 3 月）

由环境保护部对外合作中心和云南省环境保护厅共同合作举办的大湄公河次区域核心环境项目二期北京子项目暨云南子项目启动会于 2014 年 3 月 12 日在昆明举行。环境保护部对外合作中心李培副主任、亚洲开发银行环境运营中心迈克·格林技术组长、云南省环境保护厅张志华副厅长出席会议并致辞。环境保护部对外合作中心、亚洲开发银行环境运营中心、云南省发展和改革委员会、云南省财政厅、云南省林业厅、云南省环境保护厅、云南省人民政府外事办公室及云南省生态环境科学研究院、云南省环境保护对外合作中心、西双版纳傣族自治州环境保护局、西双版纳傣族自治州国家级自然保护区管理局、德钦县环境保护局等单位 30 位代表参加了启动会。大湄公河次区域核心环境项目二期云南项目执行协议由亚洲开发银行、环境保护部对外合作中心和云南省环境保护厅于 2014 年 1 月共同签署，该项目执行期为 3 年，主要内容：一是在西双版纳傣族自治州开展纳版河—曼稿保护区生物多样性保护廊道建设示范和中老跨边界自然保护区合作示范；二是开展德钦生态旅游减贫和生态保护示范。

十、云南优化水环境功能区划 710 个主要水域明确使用功能和保护目标（2014 年 5 月）

2014 年 5 月，《云南省地表水水环境功能区划（2010—2020 年）》正式颁布实施。本次纳入区划的是云南省范围内主要江河、湖库，共 710 个主要河段、水域（湖库）。为强化水环境管理、加强水污染防治、改善水环境质量、合理开发利用水资源，云南省在组织开展新一轮地表水水环境功能区划时，对区划的范围和类别进行了合理调整和优化。区划遵循合理划分、严格保护、有利发展的总体原则，对以下地表水体划分环境功能区：六大水系干流；汇水面积在 1000 平方千米以上或重要的一级支流、二级支流；流经建制市及自治州首府所在地的河流；出境、跨界及州（市）跨界河流；大中型水库及水面面积 1 平方千米以上的湖泊；县级及其以上的集中式饮用水水源及环境敏感水域等有必要纳入省级区划的其他重要水域。本次地表水水环境功能区划根据地表水功能区划原则、依据、水域的现状使用功能、规划使用功能、潜在功能和行政决策等对全省范围内六大水系的 6 条干流、127 条一级支流、204 条二级及二级以下支流、35 个湖泊、273 个水库的共 710 个主要河段、水域（湖库）进行了水环境功能区划。区划明确，各地表水水环境功能区按照水质目标，对照《地表水环境质量标准（GB3838—2002）》的相应类别标准，进行单因子评价，衡量是否达标。水质现状低于水质要求的水体，各地要依据国家和云南省的有关规定，确定水体达标的具体时间，制订分年度实施方案。

十一、《云南省省级重要湿地认定办法》出台（2014 年 11 月）

2014 年 11 月，《云南省省级重要湿地认定办法》下发执行。该办法将在促进规范、有序开展省级重要湿地认定、依法保护湿地中发挥积极作用。今后，云南省将按办法逐年分批开展省级重要湿地认定工作。该办法明确，省级重要湿地是指在湿地典型性、生物多样性、生态功能重要性等方面具有重要意义，符合云南省制定的《省级重要湿地认定》标准，经过认定后由云南省人民政府批准公布的湿地。省级重要湿地命名方式为州（市）或县（市、区）规范化简称+湿地名+省级重要湿地。该办法规定省级重要湿地认定工作以《省级重要湿地认定》为技术标准，并明确了认定工作的具体程序。经认定并公布的省级重要湿地严格按照《云南省湿地保护条例》进行保护管理。云南省正在开展第一批拟认定的沾益海峰、普洱五湖、洱源茈碧湖、洱源西湖、剑川剑湖、腾冲北海、丽江老君山九十九龙潭、丽江老君山大羊场、丘北普者黑 9 个省级重要湿地区域的资源调查与评价工作。

十二、《万峰湖生态环境保护总体方案》出炉（2014 年 11 月）

为切实保护万峰湖生态环境，贯彻落实好 3 省（区）5 县（市）第二次万峰湖治理联席会议精神和全国人大代表关于万峰湖治理的建议案，2014 年 5 月 30 日，罗平、兴义、安龙、西林、隆林 5 县（市）共同委托广东浩蓝环保股份有限公司编制《万峰湖生态环境保护总体方案》。经过近 4 个月的奋战，10 月 29 日，方案正式出炉。印发各县

（市）区审阅，修改后报送环境保护部，争取国家资金共同治理万峰湖。《万峰湖生态环境保护总体方案》不仅包括生态现状分析、生态环境保护目标和治理思路，还包括"十二五"期间已立项但尚未建设的环境保护工程。该方案将工程一并打包作为万峰湖治理项目报送环境保护部争取资金。

十三、云南完善环境保护政策法规体系（2014 年 11 月）

2014 年 11 月，云南省环境保护厅在组织传达学习党的十八届四中全会精神时提出，依法排查环境安全隐患，加强对新《中华人民共和国环境保护法》的宣讲，进一步完善环境保护地方性政策法规体系，确保年度各项工作任务全面完成。在这次由云南省环境保护厅领导、机关副处级以上干部和直属单位党政领导参加的厅务会议上，传达学习了党的十八届四中全会主要精神和云南省委、云南省人民政府相关会议精神，明确了不同时期深入学习贯彻十八届四中全会精神的具体要求。云南省环境保护厅厅长姚国华强调，要深刻认识十八届四中全会的重大意义，紧密结合全省环境保护工作实际，迅速形成学习贯彻十八届四中全会精神的热潮。一是要深入学习习近平总书记等中央领导对云南工作的指示精神，在思想上和行动上保持和中央高度一致，自觉维护团结和谐局面。二是要全面排查全省环境安全隐患，深刻汲取腾格里沙漠污染事件教训，杜绝此类问题发生。三是要进一步加强新《中华人民共和国环境保护法》的宣讲。四是要进一步完善环境保护地方性政策法规体系。包括《云南省环境保护条例（修订）》《云南省生物多样性保护条例》等政策法规和环境保护各项规章制度的建立和完善。五是要全面梳理环境保护工作。对照年度环境保护重点工作目标任务，认真查缺补漏，采取有效措施，确保全面完成 2014 年度各项工作任务。

十四、广西环境保护对外合作交流中心赴云南开展大湄公河次区域环境合作交流调研（2014 年 11 月）

2014 年 11 月 24 日，广西环境保护对外合作交流中心、靖西市环境保护局一行到云南开展大湄公河次区域环境合作交流调研。云南省环境保护厅对外交流合作处周波处长对调研组一行到云南交流表示欢迎，并介绍了云南省开展大湄公河次区域环境合作的基本情况，对云南省实施的大湄公河次区域环境合作云南示范项目二期情况进行了专题介绍。会上调研组与云南省环境保护厅就二期项目实施的经验和挑战、生物多样性保护廊道建设、跨界环境保护合作、宣传教育等方面进行了讨论和交流。广西环境保护对外合作交流中心一行表示，今后将进一步加强与云南省环境保护厅的合作与交流，相互学习，积极推动大湄公河次区域环境合作。11 月 25 日，调研组一行赴西双版纳傣族自治州二期示范项目点进行实地调研，了解大湄公河次区域环境合作二期示范项目实施情况、村级滚动资金运作情况，以及跨界环境保护合作交流情况等。

十五、保山定下治气目标——2015 年建成监测预警体系（2014 年 12 月）

为贯彻落实《云南省大气污染防治行动实施方案》，2014 年 12 月，云南省保山市印发了《保山市大气污染防治行动实施方案》。《保山市大气污染防治实施方案》规定，优化产业空间布局、严格节能环保准入、加快淘汰落后产能、加快清洁能源替代、推进煤炭清洁利用、全面整治燃煤小锅炉、加强工业企业大气污染治理、强化机动车污染防治、深化城市扬尘污染治理、建立大气污染监测预警体系、实行环境信息公开、提高环境监管能力，成立污染物防治工作领导小组，建立工作协调机制，落实责任单位和市指导协调部门，提出明确的目标和任务，促进全市空气质量全面改善和加快生态文明建设步伐。《保山市大气污染防治实施方案》提出，环境保护部门要加强与气象部门的合作，建立大气污染监测预警体系。2015 年底前，完成保山中心城市大气污染监测预警系统建设。2017 年底前，4 县（区）逐步建立大气污染监测预警系统。

十六、云南省通过首个生态保护与建设规划　到 2020 年森林覆盖率达 56%（2015 年 3 月）

为认真学习贯彻落实习近平总书记考察云南重要讲话精神，争当生态文明建设排头兵，2015 年 3 月，云南省首个以自然生态资源为对象的保护与建设规划——《云南省生态保护与建设规划（2014—2020 年）》在昆明通过评审。该规划覆盖全省 16 个州（市）129 个县（市、区），以 2012 年为规划基准年，规划期限为 2014—2020 年。规划突出保护优先原则，共 5 章，包括云南省生态保护与建设形势，指导思想、基本原则和主要目标，总体布局，生态保护与建设主要任务，政策与保障措施。规划明确，到2020 年，云南省基本构筑形成"三屏两带一区多点"的生态建设与保护格局，森林覆盖率达 56%，森林蓄积量达 18.5 亿立方米，林地保有量达 2487 万公顷，国家重点保护野生动物植物物种保护率达 90%，自然湿地保护率达 45%，城市建成区绿化率达 36% 等主要指标。

十七、良法善治守护苍洱大地（2015 年 3 月）

从新生到厚重，从探索到完善，截至 2015 年，大理白族自治州的民族立法工作走过了 30 年的历程。自 1986 年 12 月《云南省大理白族自治州自治条例》实施，至 2015 年大理白族自治州先后制定和颁布实施了《云南省大理白族自治州洱海保护管理条例》等 14 个自治条例和单行条例，民族立法工作硕果累累。为解决好新形势下洱海保护治理面临的新情况和新问题，大理白族自治州再次发力，从 2012 年底起启动《云南省大理白族自治州洱海保护管理条例》的第 3 次修订工作。经过一年多的征求意见和论证修改，2014 年 2 月云南省大理白族自治州第十三届人民代表大会第二次会议对条例进行了第 3 次修订，当年 3 月 28 日获云南省第十二届人大常委会第八次会议批准之后，于 6 月正式实施。新修订实施的《云南省大理白族自治州洱海保护管理条例》，将保护管理范围扩大到洱海主要流域，保护范围从 252 平方千米扩大到 2565 平方千米，从"一湖之治"上升到"流域之治"。同时，新修订实施的《云南省大理白族自治州洱海保护管理条例》明确规定"坚持生态优先、环境优先、洱海保护优先"的原则，细化保护管理措施，进一步明晰法律责任，加大处罚力度，操作性、针对性更强。2014 年，大理市洱海保护管理局依法查处侵占滩地 68 起，清退滩地面积 8100 多平方米，封堵排污点 480 个，启动以双廊镇餐饮、客栈等服务业为重点的环洱海违法排污整治工作，有力保障了洱海水质持续向好。《云南省大理白族自治州洱海保护管理条例》制定以来，洱海保护治理逐步走上了科学化、法治化、规范化轨道，成为大理白族自治州通过积极探索和实践民族立法引领推动生态文明建设的生动缩影。

十八、文山壮族苗族自治州出台 3 项法规保护一湖一山一草（2015 年 3 月）

文山壮族苗族自治州在重视生态文明建设中，加强生态环境保护立法，为一个湖（普者黑）、一座山（老君山）、一棵草（三七）立法，开创了全国先河。丘北普者黑国家湿地公园拥有国内罕见的高原喀斯特峰林、峰丛及众多天然湖泊，集山青、水秀、石美、峡幽、洞奥、瀑奇"六胜"和多姿多彩的民族风情于一体。景区被列为云南省旅游循环经济试点后，文山壮族苗族自治州制定了《云南省文山壮族苗族自治州普者黑景区保护条例》，于 2007 年 3 月经云南省人大常委会批准实施，为景区的管理和保护提供了法律保障。截至 2015 年，普者黑水质稳定达国家Ⅲ类水质标准，大批候鸟飞抵普者黑湿地公园，已发现鸟类 142 种。文山市老君山自然保护区 2003 年经国务院批准升格为国家级自然保护区，总面积 344 406 亩。老君山自然保护区是文山的西部大屏障，发挥着防风固沙、生态气候调节和涵养水源的主要生态功能，是文山壮族苗族自治州水源主要发源地之一。为此，文山壮族苗族自治州出台了《云南省文山壮族苗族自治州文山老君山保护区管理条例》，将老君山保护区管护工作以法规的形式进行规范，并从 1999 年起将每年 12 月 30 日确定为"老君山保护日"。2009 年颁布实施的《云南省文山壮族苗族自治州文山三七发展条例》，开创了全国特色生物产业立法的先河。文山被誉为"中国三七之乡"。文山壮族苗族自治州委、文山壮族苗族自治州人民政府高度重视三七产业发展工作，1992 年就将三七列为全州支柱产业进行重点培育。近年来，文山壮族苗族自治州先后向国家申报的文山三七国家强制性标准、文山三七地理标志（原产地域）产品保护、文山三七良好农业规范基地认证、"文山三七"证明商标等均获得批准、认证和注册。

十九、云南建立环境保护公安联勤制度　加强环境行政执法与刑事司法衔接（2015 年 3 月）

《云南省环境保护厅、云南省公安厅部门环境联动执法联勤制度》于 2015 年 3 月正式印发全省环境保护和公安系统施行。云南省环境保护厅与公安厅共同研究制定《云南省环境保护厅、云南省公安厅部门环境联动执法联勤制度》，旨在加强环境行政执法与刑事司法的衔接，推动环境执法联动工作，严厉打击环境违法犯罪行为。建立 7 项制度加强环境行政执法与刑事司法衔接，对环境污染紧急案件联合调查等做出具体规定，对干扰案件查办，甚至对环境污染违法犯罪案件进行包庇纵容及在查办涉嫌环境污染犯罪案件过程中存在其他违法违纪行为的部门负责人或相关人员，依法移送纪检监察部门或检察机关追究其责任。

二十、《大理市河道保护管理办法》施行（2015 年 5 月）

大理市行政区域内共有 117 条河道，其中 90% 以上位于洱海径流区内。2015 年 5 月 1 日起，《大理市河道保护管理办法》正式施行。《大理市河道保护管理办法》分为总则、制度与职责、整治与建设、保护与管理、保护管理经费、法律责任、附则 7 个篇章共 39 条。旨在加强河道保护管理，保障防洪安全，改善城乡水环境，发挥河道综合效益。全市河道保护管理工作实行"统一领导、分级负责、属地管理、公众参与、社会监督相结合"的管理体制，遵循"防洪优先、科学规划、综合整治、合理利用、依法保护"的原则。

二十一、大理白族自治州建立 5 级网格化管理责任制（2015 年 5 月）

自《洱海流域保护网格化管理责任制实施办法（试行）》施行以来，洱海流域的大理市、洱源县积极行动，5 级网格化管理责任体系日益完善，洱海流域保护治理责任制全覆盖工作取得实质性进展。2015 年，大理白族自治州人民政府提出了洱海水质要总体稳定保持Ⅲ类，力争 8 个月达到Ⅱ类的新目标。2 月召开的大理白族自治州洱海保护治理工作会议明确强调，全面推行覆盖洱海全流域的网格化管理责任制度，实现洱海保护的精准化管理。大理白族自治州洱海流域保护局副局长熊仲华介绍，根据《2015 年洱海流域保护治理工作意见》制定出台了《洱海流域保护网格化管理责任制实施办法（试行）》，旨在进一步深化和拓展洱海保护"河段长"责任制及"三清洁"活动成果，真正落实流域各级组织的保护责任，切实解决边界不清、责任不明、趋利避责、相互推诿等问题，建立起边界清晰、责任明确、任务到村、落实到人的网格化管理责任制，逐步实现流域保护的精准化管理。《洱海流域保护网格化管理责任制实施办法（试行）》明确，实行"党政同责、属地为主、部门挂钩、分片包干、责任到人"的工作机制，突出各级组织在洱海保护治理中的责任和义务，将洱海保护治理责任全方位细化分解到全流域 16 个乡镇和 2 个办事处、167 个村民委员会和 33 个社区、29 条重点入湖河流的具体责任单位和责任人。《洱海流域保护网格化管理责任制实施办法（试行）》明确，大理市、洱源县是洱海流域网格化管理责任主体，要由主要领导亲自抓、分管领导具体抓；流域 16 个乡镇是洱海流域网格化管理实施主体，乡镇主要领导要将其作为重要工作亲自抓、具体抓。挂钩单位要安排分管领导、专项经费，协助支持挂钩对象将洱海保护治理工作抓实抓好。

二十二、云南省建立全面生态指标考核体系　考核结果与生态转移支付资金和干部考核挂钩（2015 年 6 月）

2015 年 6 月，云南省环境保护厅和财政厅联合印发《云南省县域生态环境质量检

148

测评价与考核办法（试行）》，对全省 129 个县（市、区）县域生态环境质量进行统一量化考核。这是云南省在全国率先探索出覆盖全省的全面生态指标考核体系。《云南省县域生态环境质量检测评价与考核办法（试行）》的出台，旨在集合各职能部门的力量，搭建一个支撑生态文明建设的平台或载体。用环境质量倒逼环境管理转型，引导和督促基层政府真正履行其生态环境保护的公共职责，推动全省生态环境质量不断改善。根据《云南省县域生态环境质量检测评价与考核办法（试行）》，对县域生态环境质量的评价与考核内容包括：生态环境质量、环境保护和环境管理共 3 大类，涵盖林地覆盖率、活立木蓄积量、森林覆盖率、水质达标率、空气质量达标率、节能减排、环境治理、生态环境保护与监管等 20 项指标。根据 20 项指标综合计算县域生态环境质量年际变化，定量反映地方政府生态建设和生态保护成果，定量评估生态转移支付资金在生态环境保护和质量改善方面的使用效果，将考核结果作为生态转移支付资金奖惩和领导干部年度工作实际量化考核的重要依据。据了解，对全省 129 个县（市、区）县域生态环境质量现状和年度间变化情况的定量评价，最突出的亮点如下：轻现状重变化，以变化情况作为考核结果，只做纵向比较，不做横向比较。此外，县域生态环境质量考核引入"一票否决制"。当县域内发生人为因素引发的特大、重大突发环境事件、环境违法案件及违法征占林地等事件时，对评价结果采取一票否决。我国针对 4 类生态系统制定了 4 套生态指标考核体系。但由于各省（区、市）生态系统各不相同，已有的 4 套考核体系未能实现对各省（区、市）国土面积的全面覆盖，尤其是在云南，由于生态系统十分复杂，考核体系更加复杂。此次云南省出台的《云南省县域生态环境质量检测评价与考核办法（试行）》，在国家考核指标体系框架基础上，经过深入研究和测算而形成，着力突出云南省生物多样性丰富、自然保护区面积大、森林覆盖率较高等自然生态特点，首次实现了对全省各类不同生态系统的全面覆盖。此次县域考核指标体系和评价方法的出炉，也是云南省在全国范围内率先做出的一次积极探索。

二十三、云南举办环境法规知识竞赛检验执法监管能力（2015 年 6 月）

一场旨在检验全省环境保护系统环境执法监管知识、能力和水平的云南省生态文明建设·环境法规政策知识竞赛活动于 2015 年 6 月在昆明市落幕。由云南省环境保护厅和云南省人大常委会环境与资源保护工作委员会、云南省政协人口资源环境委员会共同举办的知识竞赛，不仅涉及新《中华人民共和国环境保护法》及 4 个配套办法等法律、法规具体内容，还结合各种典型案例，现场检验参赛选手对环境法规知识的实际运用能力。来自云南省人民政府法制办公室、云南省人大环资委、云南省政协人环资委、云南省高级人民法院、昆明理工大学法学院的法律专家对案例答题逐一进行评判。经过两天的激烈角逐，迪庆藏族自治州环境保护局代表队在 18 支参赛队伍中脱颖而出，获得一等奖；云南省环境保护厅、昆明市环境保护局、昭通市环境保护局代表队分别获得二等奖。云南省环境保护厅副厅长高正文表示，2015 年是新《中华人民共和国环境保护法》施行的第一年，希望通过本次竞赛活动，促进全省环境保护系统加强学习，准确理解中央和云南省有关生态文明建设的新谋划、新部署，全面掌握新《中华人民共和国环境保护法》及 4 个配套办法等法规政策的新规定、新要求，努力提升全省环境保护系统广大干部职工的工作能力和执法水平，更好地服务全省经济社会发展。

二十四、环境保护违法就该按日计罚（2015 年 6 月）

因超标排放污染物，潞安新疆煤化工（集团）有限公司热电分公司被哈密地区环境保护部门实施"按日连续处罚"，26 天计罚金额达 208 万元。这也是新《中华人民共和国环境保护法》实施以来新疆首例"按日计罚"案件。保护环境已经是全民共识，同时也是我国科学发展理念的重要内容之一。遗憾的是，一边是公众保护环境的迫切愿望，相关环境保护法律的不断强化，另一边总是有一些企业知法违法，恣意排污。分析起来，其中显然有长期以来"先污染再治理"等落后环境保护思维存在的影响，但更重要的原因在于，一些污染企业排污污染环境获得的收益或者节省的费用，远远要大于其违法排污的代价或者说成本。例如，一家企业如果建设相关污染物处理系统，固然能够有效避免污染环境，却需要投资 1000 万元。但如果直接排污，环境保护部门不发现，成本即 0，环境保护执法者发现了，罚款 100 万元。两相对比之下，一些企业肯定宁愿被罚款。很显然，企业的这种发展观念是短视的，是企业和资本追求利益最大化的本性使然。基于此，环境保护管理与执法、整治与处罚等，就必须要有一个"让违法成本远远大于违法收益"的原则。这也是"按日连续处罚"的基础。"按日计罚"是新《中华人民共和国环境保护法》中的处罚方式，但使用这一方法的地方和环境保护部门还不是很多。一些地方不妨多效仿哈密地区环境保护部门等的做法，对违法污染企业多些"按日计罚"，利用企业"罚怕""罚痛"的心理，基于企业收益成本的计算，以此促进排污企业主动遵守法律，保护环境。

二十五、大理白族自治州印发《洱海流域保护治理监督检查办法》对妨碍监督检查的单位或人员依法追究责任（2015年7月）

大理白族自治州纪律检查委员会4日印发《洱海流域保护治理监督检查办法》，强化对洱海流域生态环境保护治理的监督检查。《洱海流域保护治理监督检查办法》鼓励社会各界参与洱海流域生态环境保护监督，对发现的问题及线索进行投诉、反映或举报。同时，《洱海流域保护治理监督检查办法》要求大理白族自治州各有关单位或个人应当支持、配合纪检监察机关的监督检查工作，如实反映情况，并提供相关文件、资料和情况说明等，不得妨碍监督检查工作的正常进行。对拒绝、阻挠、不如实提供情况或者妨碍监督检查的单位或有关人员，依法依规从严追究责任。

二十六、云南省环境保护厅通报典型环境案例查处环境违法案件200余件（2015年7月）

云南省环境保护厅对新《中华人民共和国环境保护法》实施以来典型环境案件进行通报。截至2015年5月31日，云南省共计查处涉及按日连续处罚、查封扣押、限制生产、停产整治、适用行政拘留、涉嫌污染环境犯罪等环境违法典型案件21件。通报称，自新《中华人民共和国环境保护法》实施以来，云南省以解决突出环境问题为重点，以提高环境执法效能为主题，以"严格执法、规范执法、廉洁执法、公正执法"为主线，紧紧围绕环境保护中心工作，切实加强环境监管执法。云南省严格执行新《中华人民共和国环境保护法》及其配套办法，对涉嫌环境污染犯罪的案件发现一起、查处一起、移送一起，严惩环境违法违规行为。截至5月31日，云南省环境保护系统共出动2.43万人（次），检查企业8000余家（次），查处各类环境违法案件200余件，共处罚款600多万元。云南省查处21件环境违法典型案件中，查封5家企业生产设施，责令6家企业限制生产，责令3家企业停产整治，对涉嫌污染环境犯罪的2起案件和对适用行政拘留的4起案件送公安机关，4人被移送行政拘留，对1家企业实施按日计罚，累计连续罚款9.724万元。

二十七、昆明成立法律援助中心为环境法律事件和环境公益诉讼提供支持（2015年8月）

云南省昆明市环境资源法律服务及援助中心在昆明市环境保护联合会挂牌成立。

今后，中心将为昆明市环境法律事件和环境公益诉讼等提供相关法律援助。据了解，中心的主要职能如下：面向社会开展环境资源法律法规咨询、培训、宣传和教育工作，对执行和违反环境资源法律、法规的情况实施社会监督，开展环境公益诉讼活动，参与重大环境法律事件的调查，承接政府职能转移中涉及环境资源法律服务相关工作，为企事业单位、社会团体等组织提供环境资源法律顾问服务，为符合条件的单位和个人提供环境法律援助。中心由昆明市环境保护联合会从事和热心环境资源法律服务与法律援助工作的法律服务机构，以及环境资源法律专业人士自愿组成，属非营利性法律服务及援助机构。

二十八、云南省人大常委会水污染防治法执法检查显实效（2016 年 1 月）

2015 年上半年，为配合全国人大常委会对《中华人民共和国水污染防治法》的修订，云南省人大常委会对该法律实施情况进行了检查。检查重点选取了全省水污染防治重点地区昆明和曲靖两个市，以及事关昆明饮用水源安全和滇池治理成效的云龙水库和牛栏江引水工程。在执法检查过程中，牛栏江和云龙水库所在地的基层人民政府和当地老百姓反映了一些希望云南省人大常委会能帮助协调解决的问题和困难。云南省人大常委会领导高度重视，指示将有关问题以云南省人大常委会办公厅的名义函告云南省人民政府办公厅，要求安排有关部门进行研究办理。云南省人民政府办公厅对此高度重视，积极想办法协调相关方面予以及时办理。一些问题已得到关注和有效解决。例如，针对因德泽水库建设而搬迁至 400 多米高、半山腰安置的老鸦洞村民小组近500 人出行困难一事，云南省移民局从省级拨付给曲靖市的后期扶持切块资金中安排建设资金 450 万元，解决 500 多名移民安全出行问题；云南省水利厅还专门安排 300 多万元资金，改建德泽水库附近集镇的 500 立方米的供水系统，该工程计划于 2016 年 3 月实施，水厂建成后可以满足集镇 7000 多名群众正常生产生活用水需要。

二十九、云南省首例垃圾渗滤液污染环境案开庭（2016 年 3 月）

2016 年 3 月，昆明市盘龙区人民法院开庭审理全省首例垃圾渗滤液污染环境案。盘龙区检察院指控，2015 年 2 月 5—10 日，被告人陈某在明知重金属有机污染物本应运至特殊机构进行专业处理的情况下，私自将其承接运输的昆明中电环保电力有限公司 29 车共计 568.34 吨污染物倾倒在昆明市经开区阿拉街道办事处小清塘弃土点。经昆明环境污染损害司法鉴定中心鉴定，该29车污染物含有高浓度有机物氨氮、磷酸盐、重金属等，严重污染了小清塘弃土点周边环境。公诉人指出，相关部门关于生活垃圾渗滤液的管理规定明确，未经处理严禁外排或随意倾倒。陈某仅为了近1000元的利益就倾倒污染物，导致附近冒出黑水、鱼类大量死亡的事实，应当以污染环境罪追究其刑事责任。庭审后，法官宣布择日宣判。

三十、云南明确第三方治理五大领域解决政府包揽建运管、角色定位不清晰等问题（2016年3月）

2016年3月，《云南省人民政府办公厅关于推行环境污染第三方治理的实施意见》公开发布，其中明确了以环境公共服务、重点行业深度治理、工业园区集中治污、区域水环境综合整治、重金属污染综合治理和农村环境综合整治等领域为重点，推动建立第三方治理的治污新机制，解决存在的突出问题，不断提升全省污染治理水平。据了解，为解决政府在环境公共服务领域包揽建运管、角色定位不清晰和污染治理水平不高等问题，《云南省人民政府办公厅关于推行环境污染第三方治理的实施意见》提出，对城镇污水处理、垃圾资源化处置、城镇黑臭水体综合整治等，采取托管运营、委托经营等方式，引入第三方治理企业。

三十一、云南省出台的《关于加快推进全省城乡绿化工作的实施意见》提出2020年森林覆盖率将达60%（2016年5月）

2016年5月，云南省人民政府办公厅下发《关于加快推进全省城乡绿化工作的实施意见》，提出到2020年全省森林面积达2142.8万公顷、森林覆盖率达60%、林木绿化率达65%以上、全民义务植树尽责率达80%，城乡绿化水平显著提高，生态系统结构更趋合理、功能更加完备，人居环境明显改善。

三十二、《云南省石林彝族自治县石林喀斯特世界自然遗产地保护条例》正式施行（2016年6月）

2016年6月27日，石林彝族自治县举行《云南省石林彝族自治县石林喀斯特世界自然遗产地保护条例》颁布实施启动仪式。该条例是昆明市民族自治地方的首个单行条例。2016年3月31日，云南省第十二届人大常委会第二十六次会议审议批准了《云南省石林彝族自治县石林喀斯特世界自然遗产地保护条例》。条例共 25 条，以法律的形式明确了石林遗产地的内容和范围；明确了石林遗产地有碍观瞻、确需抚育性或者更新性采伐林木的程序和权限；明确了石林遗产地旅游服务公益事业、居民生产生活服务设施等部分审批事项的程序和权限；明确了石林遗产地游览区从事游客讲解服务的制度和要求；明确了改善石林遗产地居民生产生活条件，保障居民合法权益的制度和要求。据介绍，该条例是联合国教育、科学及文化组织对遗产地进行复审的必备要求，实现了昆明市民族自治地方民族立法工作"零"的突破。

三十三、《怒江大峡谷国家公园总体规划》和《独龙江国家公园总体规划》通过专家评审（2016 年 8 月）

2016 年 8 月，《怒江大峡谷国家公园总体规划》和《独龙江国家公园总体规划》评审会在昆明举行。由中国科学院昆明植物研究所、中国科学院昆明动物研究所、云南大学、云南省社会科学院、云南师范大学和云南方城规划设计有限公司 7 名专家组成的专家组同意规划通过评审。怒江傈僳族自治州相关负责人表示，将按照专家和省级各相关部门提出的意见和建议，进一步完善国家公园总体规划。立足自身实际，高占位、准定位，用国际化的视角思考，以资源为基础、市场为导向，统筹旅游产业开发、生态保护、政策法规、群众利益等各种关系，将开发建设与生态保护有机结合起来、山上景观打造与山下服务配套有机结合起来、眼前效益与长远发展有机结合起来，推进怒江傈僳族自治州两个国家公园建设。

三十四、云南省出台《各级党委、政府及有关部门环境保护工作责任规定（试行）》　深化体制机制改革　推进生态文明建设（2016 年 8 月）

为加强环境保护工作，落实环境保护"党政同责""一岗双责"的要求，同时也为做好中央环境保护督察组对云南省的环境保护督察工作，根据《中华人民共和国环境保护法》《中共中央办公厅国务院办公厅关于印发〈环境保护督察方案〉（试行）的通知》《中共中央办公厅　国务院办公厅印发〈党政领导干部生态环境损害责任追究办法（试行）〉的通知》《中共云南省委　云南省人民政府关于努力成为生态文明建设排头兵的实施意见》等有关法律、法规和政策规定，结合环境保护部的有关要求，2016 年 8 月，云南省出台《各级党委、政府及有关部门环境保护工作责任规定（试行）》。该规定从 6 个方面对云南省各级党委、政府及有关部门，审判、检察机关，企业事业单位职责范围内的责任进行细化。明确了云南省各级党委、政府及有关部门，企业事业单位依照责任规定抓好工作落实；明确了环境保护工作制度，细化了各部门各单位的责任规定；明确了环境保护工作坚持保护优先、预防为主、综合治理、公众参与、损害担责的原则，建立责任体系及问责制度；明确了云南省各级党委、政府及有关部门，根据国家有关法律法规和本规定，可结合实际情况，制定相应的责任规定；明确了环境保护考核目标体系，实行环境保护"一票否决"制，把环境保护作为对各级领导干部考核、评优和评选各类先进的重要依据；明确了规定的权威性。

三十五、云南加大农村生活垃圾治理力度　2018 年实现处理设施基本全覆盖（2016 年 8 月）

云南省人民政府办公厅于 2016 年 8 月公开发布《云南省农村生活垃圾治理及公厕建设行动方案》，方案要求重点抓好 10 个方面工作，采取多种处理模式，确保农村生活垃圾得到有效治理。方案明确工作目标是，到 2018 年，全省乡镇（含街道）生活垃圾处理设施基本实现全覆盖；到 2020 年，全省 95% 以上的村庄生活垃圾得到有效治理。按照每个乡镇政府所在地平均建成两座以上公厕、每个建制村村民委员会所在地建成 1 座以上公厕的要求，到 2017 年，乡镇、建制村公厕覆盖率达 100%。方案分别明确了乡镇和村庄生活垃圾治理、乡镇和村庄公厕建设的工作重点。在乡镇和村庄生活垃圾治理上，主要抓好推进重点州（市）和重点区域村庄生活垃圾整治示范试点工作，配好垃圾收运处理设施设备，建立完善垃圾收运处理模式，推广应用成熟的垃圾处理技术，推进垃圾源头分类减量，推进农业生产废弃物资源化利用，规范处置农村工业固体废弃物，清理陈年垃圾，建立村庄保洁制度，建立完善收费机制共 10 个方面工作。

三十六、大理白族自治州出台条例加强水资源保护　对取水许可、水事纠纷解决做出明确规定（2016 年 8 月）

经云南省人大常委会批准，作为云南省大理白族自治州民族立法一项重要成果的《云南省大理白族自治州水资源保护管理条例》从 2016 年 8 月 1 日起正式施行，此举为大理白族自治州水资源保护管理提供了有力的法制保障。条例共有 6 章 44 条，主要内容如下：健全完善水资源工作体制机制和工作职责、明确水资源保护职责和主要内容、综合开发利用水资源、水资源有偿使用和严格取水许可、水事纠纷的有效解决和必要的法律责任设定等。其中，对水资源保护管理机构和职责规定、建立公益林补偿机制规定、取水许可规定、水事纠纷解决规定等较多内容，充分行使地方民族立法权，积极创新相关保护管理规定和措施，适应大理白族自治州的需要。大理白族自治州人大常委会内务司法与法制工作委员会主任赵富春表示，制定条例，既是现实的需要，更是发展的要求，对于全面推进以洱海保护为主的生态文明建设，健全完善水资源保护管理体制机制，促进水源区保护、节约和集约用水、水资源污染防治和管理，促进全州经济社会发展具有十分重要的意义。

三十七、丽江市依法推进环境保护（2016 年 8 月）

丽江市为深入推进《中华人民共和国环境保护法》落地生根，着力用法治思维、法治方式，以"零容忍"的态度整改存在的突出问题，铁腕整治各类污染环境和破坏生态环境的违法行为，不断改善流域区域环境质量，促进人与自然和谐发展。2015 年 1 月 1 日，新《中华人民共和国环境保护法》颁布实施以后，丽江市委中心组和丽江市人民政府通过举办以"坚持绿色发展、建设大美丽江"为主题的集中学习和学法专题讲座，及时进行了深入学习，并分别组织两期领导干部生态文明建设、新《中华人民共和国环境保护法》专题培训班。丽江市环境保护局组织全市 29 个重点企业、100 多名县区环境保护监察执法人员进行专题执法培训。利用世界环境日、国际生物多样性保护日等，通过现场咨询、解答，编印《环境保护法律法规宣传手册》等形式，对群众和监管对象进行广泛宣传。2015 年 9 月，环境保护部西南督查中心对丽江的环境保护工作进行专项督查，并指出了存在的 8 个方面的问题。丽江市委、丽江市人民政府高度重视，丽江市委书记罗杰做出重要批示，丽江市人民政府迅速成立了由市长郑艺任组长的整改工作领导小组，全面梳理存在问题，制订整改工作方案。截至 2016 年，环境保护部西南督查中心督查反馈的 8 个方面的问题已基本完成整改。2016 年 7 月 27 日，丽江市收到云南省环境保护督察工作领导小组办公室交办的中央环境保护督察组交办举报环境问题转办件后，根据投诉人反映的情况，成立了由丽江市环境保护局牵头，丽江市交通局和玉龙纳西族自治县人民政府等相关部门组成的联合工作组，对信访件中所反映的情况进行现场调查，并委托丽江市环境检测站对收费站周边的噪声排放情况分 6 个点进行监测。通过现场调查处理，当事双方达成一致处理意见，问题得到圆满解决。

三十八、云南森林公安新增林业行政处罚权 17 项，执法范围新增 131 个自然保护区和 11 处重要湿地（2016 年 8 月）

自 2016 年 4 月 1 日起，云南森林公安新增林业行政处罚权 17 项，云南森林公安林业行政执法范围新增加了 131 个自然保护区和 11 处重要湿地。据了解，全省范围内面积大于或等于 8 公顷的湖泊湿地有 376 个、沼泽湿地 482 个。其中，有保护机构的湖泊湿地 297 个、沼泽湿地 182 个、无保护机构的湿地 379 个。除自然保护区、国家湿地公园和九大高原湖泊的单个湿地保护机构明确且比较健全外，大多数沼泽湿地未明确单个湿地保护机构，执法保护工作滞后。全省管理自然保护区的部门有林业、环境保护、农业、国土资源、水利和住房城乡建设等，林业部门是自然保护区的主要管理部门。全省共建有 146 个自然保护区管理机构，主要承担资源管护、科研监测、科普宣传教育等工作，人均管护面积超过 1.35 万亩，执法人员不足，执法力量薄弱，难以有效开展执法工作。截至 2016 年，全省 8 公顷以上的湿地面积约 56.35 万公顷，其中自然湿地面积 39.2 万公顷，为 2200 余种湿地植物和 1000 余种湿地动物提供了生存和栖息环境。自然保护区是国家为保护自然环境和自然资源而依法划定予以特殊保护和管理的区域，集中了大部分森林和野生动植物资源，是生物多样性的重要载体。全省已建立各种类型、不同级别的自然保护区 161 个，总面积约 286 万公顷，占全省总面积的 7.3%。

三十九、云南省抚仙湖保护条例修正（2016 年 10 月）

2016 年 9 月 29 日云南省第十二届人民代表大会常务委员会第二十九次会议通过《关于修改〈云南省抚仙湖保护条例〉的决定》。

四十、长江湿地保护网络年会发表《聚焦高原湿地 携手长江大保护——大理宣言》倡议向全社会宣传湿地保护与修复的紧迫性和重要性（2016 年 11 月）

2016 年 11 月 4 日，出席在大理市举行的长江湿地保护网络年会的中外代表进行广泛交流，达成共识，共同发表《聚焦高原湿地 携手长江大保护——大理宣言》。《聚焦高原湿地 携手长江大保护——大理宣言》倡议，向全社会广泛、深入、持续地宣传湿地保护与修复的紧迫性和重要性。深化长江流域湿地保护与管理体制改革，推进国家层面和长江流域立法保护湿地的进程，加强地方性湿地保护法规体系建设。创新管理模式，建立全球视野下的长江流域湿地保护与修复模式。推进流域综合管理，创新多元化的投入机制，进一步推进湿地保护的主流化、社会化和国际化。实施长江流域湿地修复的重大工程。加强全方位合作，携手"长江大保护"，依托长江湿地保护网络平台，加强国际交流与合作，促进不同流域保护网络之间的互动，完善长江湿地保护网络内的合作机制。上下游联手、全社会联动，为长江流域生态文明建设做出新的贡献。

四十一、抚仙湖保护新规出台"按日计罚"首次写入条例（2016 年 11 月）

2016 年 9 月 29 日，云南省人大常委会审议通过了关于修改《云南省抚仙湖保护条例》的决定，标志着抚仙湖保护管理工作迈上了更加规范、严格的轨道。本次条例修正工作着力解决抚仙湖保护治理实际工作中存在的水位高程标注不符、保护治理资金不足等突出问题。在原条例篇章结构保持不变的前提下，主要对原条例 35 条中 15 条的部分内容进行了修改完善，对部分文字和 24 个方面的内容做了修改，重点解决了防治畜禽养殖污染、规范旅游管理、面源污染、加强抚仙湖流域生态系统的保护等 11 个突出问题。满足了新形势下依法治湖工作的需要，为确保抚仙湖长期保持 I 类水质提供了强有力的法律保障。值得一提的是，《云南省抚仙湖保护条例》加大了对违法排污等不文明行为的处罚力度，并首次将"按日计罚"写入条例，这是云南省首次将新《中华人民共和国环境保护法》"按日计罚"的严格规定用于环境保护方面的地方性法规中。

四十二、《洱海保护公约》倡议绿色经营环保出行（2017 年 1 月）

2017 年 1 月，由大理旅游度假区管理委员会和大理客栈联盟共同组织的《洱海保护公约》签约仪式在大理市大理镇龙龛码头举行。公约倡议：首先从个人做起，从小事做起，绿色经营，环保出行。不向洱海乱扔垃圾，不乱占滩涂湿地，不使用一次性餐具和塑料袋，不在洱海边洗衣、洗车和排放未经处理的污水等，不在洱海边摆摊设点；其次是持续、合理地利用水资源，以及保护生态资源等。《洱海保护公约》属于自律性公约，是由大理客栈联盟发起，并由大理客栈、客栈商家等共同签署的执行倡议书，要求各签约单位依照公约要求开展保护洱海的各项活动。活动旨在通过这样的方式，以环洱海分布的客栈为平台，用喜闻乐见的方式，宣传带动身边的每一位员工、村民、游客，爱护洱海、保护洱海，让全民保护洱海成为大理旅游的又一道靓丽的风景线。

四十三、云南省全面构建生态环境监测网络（2017年2月）

2017年2月，云南省人民政府办公厅印发《云南省生态环境监测网络建设工作方案》，全面推进全省生态环境监测网络建设，为云南省成为全国生态文明建设排头兵形成重要支撑。根据《云南省生态环境监测网络建设工作方案》，到2018年，省初步建成覆盖全省国土空间，全面涵盖环境质量、重点污染源和生态环境状况各要素的生态环境监测网络，构建生态环境监测数据网络和质量管理体系，实现各级各类监测数据互联共享，统一发布生态环境监测信息，监测监管有效协同联动。到2020年，基本建成全省生态环境监测网络和生态环境监测大数据平台，生态环境监测立体化、自动化、智能化水平明显提升，生态环境监测数据得到充分运用，生态环境预报预警能力显著加强，各级各部门监测事权明晰，监测市场体系健全，各项保障机制与生态环境监测网络职责、功能和作用相适应，全面建成各环境要素统筹、信息共享、统一发布、上下协同的全省生态环境监测网络。根据《云南省生态环境监测网络建设工作方案》，全省生态环境监测网络建设包括：优化完善环境质量监测网络，建设涵盖全省大气、水、土壤、噪声、辐射等环境要素，统一规划、布局合理、功能完善的全省环境质量监测网络；建立完善生态环境状况监测网络，以卫星、无人机遥感监测和地面生态监测等为主要技术手段，建设完善自然保护区、森林生态区、石漠化区、生物多样性保护优先区等重点保护区域的生态环境状况监测网络。建设覆盖全部州市、重要江河湖泊水功能区、水土流失防治区的水土流失监测网络；健全完善污染源监测网络。国家、省级重点监控排污单位必须建设稳定运行的污染物排放在线监测系统，州市和县级重点监控排污单位要积极建设稳定运行的污染物排放在线监测系统。省级以上工业园区要建设特征污染物在线监测系统，密切关注特征污染物的变化情况。污染物排放在线监测系统将实现全省联网。同时，《云南省生态环境监测网络建设工作方案》提出，建立生态环境监测信息互联共享和统一发布机制，优化完善生态环境监测数据采集、传输及共享等机制，建设全省生态环境监测数据传输网络和大数据平台，实现各级各类环境监测数据的有效集成、互联共享。加强生态环境监测数据资源开发与应用，开展大数据关联分析，为生态环境保护决策、管理和执法提供数据支撑。加强环境管理与风险防范，构建生态环境监测与监管联动机制，健全生态环境监测管理制度与保障体系，充分发挥生态环境监测在经济社会和生态文明建设中的支撑作用。

四十四、大理白族自治州通过地方立法严惩 5 类破坏乡村清洁行为（2017 年 4 月）

大理白族自治州自 2014 年起，每年投入 1000 万元在全州范围内每年建设 110 个州级"三清洁"示范村。经过近 3 年的努力，城乡垃圾得到有效清理，洱海周边区域每天清运的 800 余吨垃圾通过焚烧发电的方式得以无害化处理与再利用。2017 年 4 月，云南省十二届人大常委会第三十三次会议批准了《云南省大理白族自治州乡村清洁条例》，自 2017 年 6 月 1 日起施行。该条例是大理白族自治州人大常委会制定出台的地方性法规，旨在通过地方立法为破坏乡村清洁的行为戴上"紧箍咒"。条例明确规定了关于乡村清洁的 5 类禁止行为：禁止擅自在公共场所、乡村道路、田间堆放、弃置、倾倒垃圾、渣土等废弃物；禁止擅自在公共场所、乡村道路打场晒粮、晾晒物品，堆放粪便、秸秆、建筑材料、杂物；禁止在田间、沟渠、河流、池塘、水库、湖泊等弃置农药、化肥包装物或农用薄膜、育苗器具等农业生产废弃物；禁止向沟渠、河流、池塘、水库、湖泊等直接排放粪便、污水，丢弃动物尸体，倾倒垃圾等废弃物；禁止在非指定地点堆放、弃置、倾倒或者抛洒建筑垃圾。如有违反以上规定的，可由乡（镇）政府处以最高 2000 元的罚款。同时，条例明确了州、县市、乡镇各级人民政府及村民委员会、经营管理者、村民在乡村清洁中的职责，规定应当建立由政府扶持、村集体经济组织投入、村民自筹、受益主体付费、社会资金支持的乡村清洁经费多元投入机制，村民委员会、自然村可通过村规民约、一事一议和有关规定向村民收取垃圾清运处理费。为鼓励"购买服务"，条例还规定，在征求村民意见后可聘用保洁员，按照聘用约定支付报酬。"条例内容紧密结合了全省推进的农村'七改三清'行动，充分吸纳了大理白族自治州'三清洁'工作的积极成果和经验，将进一步完善乡村环境保护的法规制度。"大理白族自治州人大常委会环境与资源保护工作委员会主任鲁文红介绍。据悉，大理白族自治州自 2014 年开展"清洁家园、清洁水源、清洁田园"活动以来，州级财政投入资金 1.2 亿元、12 县市财政投入资金 1.8 亿元，先后 1350 万人次参与整治，全州城乡环境卫生得到持续改善提升。

四十五、云南省全面推行河长制的实施意见（2017 年 5 月）

全面推行河长制，是中共中央、国务院为加强河湖管理保护做出的重大决策部署，是落实绿色发展理念、推进生态文明建设的内在要求。为全面贯彻《中共中央办

公厅 国务院办公厅印发〈关于全面推行河长制的意见〉的通知》精神，进一步加强河湖库渠管理保护工作，落实属地责任，健全长效机制，结合云南省实际，提出以下实施意见。

第一，指导思想。全面贯彻党的十八大和十八届三中、四中、五中、六中全会精神，深入学习贯彻习近平总书记系列重要讲话和考察云南重要讲话精神，以及云南省第十次党代会精神，紧紧围绕统筹推进"五位一体"总体布局和协调推进"四个全面"战略布局，牢固树立新发展理念，坚持节水优先、空间均衡、系统治理、两手发力，以保护水资源、防治水污染、改善水环境、修复水生态为主要任务，在全省河湖库渠全面推行河长制，构建责任明确、协调有序、监管严格、保护有力的河湖库渠管理保护机制，为维护河湖库渠健康生命、实现河湖库渠功能永续利用提供保障，为把云南建设成为我国民族团结进步示范区、生态文明建设排头兵、面向南亚东南亚辐射中心，与全国同步全面建成小康社会提供有力的水安全保障。

第二，基本原则。坚持生态优先、绿色发展。牢固树立尊重自然、顺应自然、保护自然的理念，处理好河湖库渠管理保护与开发利用的关系，强化规划约束，促进河湖库渠休养生息、维护河湖库渠生态功能。坚持党政领导、部门联动。建立健全以党政领导负责制为核心的责任体系，明确各级河长职责，强化工作措施，协调各方力量，形成一级抓一级、层层抓落实的工作格局。坚持属地管理、分级负责。各州（市）、县（市、区）、乡（镇）党委和政府及村级组织对行政区域内的河湖库渠管理保护负主体责任，省级负责协调跨州（市）河湖库渠管理保护工作，并做好河长制监督、检查、考核工作。坚持问题导向、因地制宜。立足不同地区、不同河湖库渠实际，实行一河一策、一湖一策、一库一策、一渠一策，解决河湖库渠管理保护的突出问题。坚持城乡统筹、水陆共治。加强区域合作，统筹城市与农村发展需求，上下游、左右岸协调推进，水域与陆地共同治理，河湖库渠整体联动，系统推进河湖库渠保护和水生态环境整体改善，切实解决问题在水里、根子在岸上的水环境治理痼疾。坚持强化监督、严格考核。依法治水管水，建立健全河湖库渠管理保护监督考核和责任追究制度，拓宽公众参与渠道，营造全社会共同关心和保护河湖库渠的良好氛围。

第三，实施范围。全省的河湖库渠全面推行河长制。六大水系、牛栏江及九大高原湖泊设省级河长。《云南省水功能区划》确定的 162 条河流、22 个湖泊和 71 座水库，《云南省水污染防治目标责任书》确定考核的 18 个不达标水体，大型水库（含水电站）设立州（市）级河长。其他河湖库渠，纳入州（市）、县（市、区）、乡（镇）、村各级河长管理。

第四，主要目标。到 2017 年底，全面建立省、州（市）、县（市、区）、乡（镇）、村五级河长体系。到 2020 年，基本实现河畅、水清、岸绿、湖美目标。重要河湖库渠水功能区水质达标率达到 87%，县级以上城市集中式饮用水水源地水质达标率达到 100%，纳入国家考核的地表水优良水体（达到或优于Ⅲ类）比例提升到 73% 以上；消除滇池草海、西坝河、鸣矣河、龙川江、螳螂川、以礼河 6 个丧失使用功能（劣于Ⅴ类）的水体。抚仙湖、泸沽湖保持Ⅰ类水质，洱海、程海、阳宗海水质保持稳中向好，滇池、星云湖、杞麓湖、异龙湖富营养化水平持续降低，杞麓湖、异龙湖逐步恢复传统水量；全面完成州（市）级城市黑臭水体治理目标。

第五，主要任务：①加强水资源保护。落实《云南省人民政府关于实行最严格水资源管理制度的意见》，严守水资源开发利用控制、用水效率控制、水功能区限制纳污 3 条红线，强化地方各级政府责任；以治理规划和治理方案为推手，落实各级河长职责；严格考核评估和监督。实行水资源消耗总量和强度双控行动，防止不合理新增取水，以水定需、量水而行、因水制宜。坚持节水优先，加强节水型社会建设，全面提高用水效率，水资源短缺地区、生态脆弱地区要严格限制发展高耗水项目，加快实施农业、工业和城乡节水技术改造，坚决遏制用水浪费。严格水功能区管理监督，根据水功能区划确定的河流水域纳污能力和限制排污总量，落实污染物达标排放要求，切实监管入河湖库渠排污口，严格控制入河湖库渠排污总量。严格管控地下水开采。②加强岸线管理保护。组织编制河湖水域岸线规划和河道采砂规划。严格水域岸线等水生态空间管控，依法划定河湖管理范围。落实规划岸线分区管理要求，强化岸线保护和节约集约利用。严禁以各种名义侵占河道、围垦湖泊、非法采砂，对岸线乱占滥用、多占少用、占而不用等突出问题开展清理整治，恢复河湖库渠行洪和水域岸线生态功能。落实防汛抗旱责任制，提高江河湖泊的防洪标准，增强城乡供水及抗旱应急保障能力。③加强水污染防治。落实《云南省水污染防治工作方案》，建立健全行政区水污染防治协作机制，推动形成"统一监管、分工负责"的水污染防治工作新格局，统筹水上、岸上污染治理，完善入河湖库渠排污管控机制和考核体系。全面加强重要水功能区排污口监督管理，排查入河湖库渠污染源，加强综合防治，严格治理工矿企业污染、城镇生活污染、畜禽养殖污染、水产养殖污染、农业面源污染、船舶港口污染，改善水环境质量。优化入河湖库渠排污口布局，实施入河湖库渠排污口整治。④加强水环境治理。强化水环境质量目标管理，组织实施不达标水体达标方案，确保《云南省水污染防治目标责任书》确定的水质目标如期实现。按照水功能区确定各类水体的水质保护目标。切实保障饮用水水源安全，开展饮用水水源地规范化建设，依法清理饮用水水源保护区内违法建筑和排污口。加强河湖库渠水环境综合整治，推进水环境治理网格化和信息化建设，建立健全水环境风险评估排查、预警预报与响应机制。结合城市总体规划，因地制宜建设亲水生态岸线，加大黑臭水体治理力度，实现河湖库渠环境整洁优美、水清岸绿。以生活污水处理、生活垃圾处理为重点，综合整治农村水环境，推进美丽宜居乡村建设。⑤加强水生态修复。推进河湖库渠生态修复和保护，禁止侵占自然河湖、湿地等水源涵养空间。在规划的基础上稳步实施退田还湖还湿、退渔还湖，恢复河湖库渠水系的自然连通。加强水生生物资源保护，提高水生生物多样性。开展河湖库渠健康评估。强化山水林田湖系统治理，加大江河源头区、水源涵养区、生态敏感区保护力度，对滇池、洱海、抚仙湖等高原湖泊实行更严格的保护。积极推进建立生态保护补偿机制，加强水土流失预防监督和综合整治，建设生态清洁型小流域，维护河湖生态环境。⑥加强执法监管。健全地方性法规、规章，及时制定水利工程管理、河道管理等方面的制度规定。加大河湖库渠管理保护监管力度，建立健全部门联合执法机制，完善行政执法与司法衔接机制。建立河湖库渠日常监管巡查制度，实行河湖库渠动态监管。结合深化行政执法体制改革，加强环境保护、水政等监察执法队伍建设，建立水政与环境保护综合执法机制。落实河湖库渠管理保护执法监管责任主体、人员、设备和经费。严厉打击涉河湖库渠违法行为，坚决清理整治非法排污、设障、捕捞、养殖、采砂、采矿、围垦、侵占水域岸线等活动。

第六，全面建立河长制体系：①建立河长制领导小组。建立以各级党委主要领导担任组长的河长制领导小组。省级河长制领导小组组长由云南省委书记担任，第一副组长由省长担任，常务副组长由云南省委副书记担任，副组长由分管水利、环境保护的副省长分别担任，领导小组成员单位为云南省委组织部、省委宣传部、省委政法委员会、省委农办、省发展和改革委员会、省工业和信息化厅、省教育厅、省科学技术厅、省公安厅、省财政厅、省国土资源厅、省环境保护厅、省住房和城乡建设厅、省交通运输厅、省农业厅、省林业厅、省水利厅、省卫生和计划生育委员会、省审计厅、省人民政府外事办公室、省旅游发展委员会、省人民政府国有资产监督管理委员会、省工商行政管理局、省法制办公室、云南电网公司等，各成员单位确定1名厅级领导为成员，1名处级领导为联络员。云南省河长制办公室设在水利厅，办公室主任由水利厅厅长兼任，副主任分别由云南省环境保护厅、水利厅分管负责同志担任。州（市）、县（市、区）要参照设立河长制办公室。②实行五级河长制。全省河湖库渠实行省、州（市）、县（市、区）、乡（镇）、村五级河长制。省、州（市）、县（市、区）、乡（镇）分级设立总河长、副总河长，分别由同级党委、人民政府主要负责同志担任。各河湖库渠分级分段设立河长，分别由省、州（市）、县（市、区）、乡（镇）党政及村级组织有关负责同志担任。河湖库渠所在州（市）、县（市、区）、乡（镇）党委、人民政府及村级组织为河湖库渠保护管理的责任主体；村组设专管员、保洁员或巡查员，城区按现有城市管理体制落实专管人员。省级总河长由云南省委书记担任，副总河长由省长担任。六大水系、牛栏江和九大高原湖泊省级河长由云南省委、云南省人民政府有关领导分别担任，相应河湖段的州（市）级河长由河湖所在州（市）党委或人民政府主要负责同志担任。③实行分级负责制。河长制领导小组：负责全面推行河长制的组织领导，推进河长制管理机构建设，审核河长制工作计划，组织协调河长制相关综合规划和专业规划的制定与实施，协调处理部门之间、地区之间的重大争议，统筹协调其他重大事项。总河长、副总河长：负责领导本区域河长制工作，承担总督导、总调度职责。河长：各级河长是相应河湖库渠管理保护的直接责任人，要主动作为，建立现场工作制度，对相应河湖库渠开展定期不定期巡查巡视，及时发现问题，以问题为导向，组织专题研究，制定治理方案，落实一河一策、一湖一策、一库一策、一渠一策，协调督促开展治理、修复、保护等工作，确保河湖库渠治理、管理、保护到位。省级河长负责组织领导相应河湖管理保护工作。州（市）、县（市、区）级河长全面负责河长制工作的落实推进，组织制订相应河湖库渠河长制工作计划，建立健全相应河湖库渠管理保护长效机制，推进相应河湖库渠的突出问题整治、水污染综合防治、巡查检查、水生态修复和保护管理，协调解决实际问题，定期检查督导下级河长和相关部门履行工作职责，开展量化考核。乡（镇）、村级河长职责由所在县（市、区）予以明确细化，具体负责相应河湖库渠的治理、管理、保护和日常巡查、保洁等工作。河长制办公室：负责河长制工作具体组织实施，落实总河长、副总河长和河长确定的事项，落实总督察、副总督察交办的事项。省级河长制领导小组成员单位职责在下一步出台的行动计划中细化明确。④建立河长制工作机制。建立河长会议制度，负责协调解决河湖库渠管理保护中的重点难点问题。建立部门联动制度，协调水利、环境保护、发展改革、工业和信息化、财政、国土资源、住房城乡建设、交通运输、农业、卫生计生、林业等部门，加强协调联动，各司其职，共同推进。建立信息共享制度，定期通报河湖库渠管理保护情况，及时跟踪河长制实施进展情况。建立工作督察制度，全面督察河长制工作落实情况。建立验收制度，按照确定的时间节点，及时对河长制工作进行验收。⑤落实河长制专项经费。将河长制工作专项经费纳入各级财政预算，重点保障水质水量监测、规划编制、信息平台建设、河湖库渠划界确权、突出问题整治及技术服务等工作经费。积极引导社会资本参与，建立长效、稳定的河湖库渠管理保护投入机制。

第七，建立技术支撑体系：①建立河湖库渠分级名录。根据河湖库渠自然属性、跨行政区域情况，以及对经济社会发展、生态环境影响的重要程度等因素，建立州（市）、县（市、区）、乡（镇）、村级河长及河湖库渠名录。②建立完善监测评价体系。加强河湖库渠跨界断面、主要交汇处和重要水功能区、入河湖库渠排污口等重点水域的水量水质水环境监测，建立突发水污染事件处置应急监测机制。加强省、州（市）水环境监测中心建设，统一技术要求和标准，统筹建设与管理，建立体系

一、布局合理、功能完善的河湖库渠监管网络。按照统一的标准规范开展水质水量监测和评价，按规定及时发布有关监测结果。建立水质恶化倒查机制。③建立信息系统平台。按照"统一规划、统一平台、统一接入、统一建设、统一维护"原则，建立全省河湖库渠管理大数据信息平台，实现各地区各有关部门信息共享。建立河湖库渠管理信息系统，逐步实现任务派遣、督办考核、应急指挥数字化管理。建立河湖库渠管理地理信息系统平台，加强河湖库渠水域环境动态监管，实现基础数据、涉河工程、水质监测、水域岸线管理信息化、系统化。建立实时、公开、高效的河长即时通信平台，将日常巡查、问题督办、情况通报、责任落实等纳入信息化一体化管理，提高工作效能，接受社会监督。

第八，建立考核监督体系：①建立三级督察体系。全面建立省、州（市）、县（市、区）三级督察体系。省级由云南省委副书记担任总督察，云南省政协主席、云南省人大常委会常务副主任担任副总督察；州（市）、县（市、区）分别由党委副书记担任总督察，人大、政协主要负责同志担任副总督察。总督察、副总督察协助总河长、副总河长对河长制工作情况和河长履职情况进行督察、督导。云南省人大常委会负责九大高原湖泊的河长制督察、督导，云南省政协负责六大水系及牛栏江的河长制督察、督导。州（市）、县（市、区）人大、政协督察、督导工作细则由各地区根据实际明确。②建立责任考核体系。建立河长制责任考核体系，制定考核评价办法和细则。针对不同河湖库渠，实行差异化绩效评价考核。县级及以上党委、人民政府负责组织对下级党委、人民政府落实河长制情况进行考核。上级河长负责组织对相应河湖库渠下级河长进行考核。考核结果作为各级党政领导干部考核评价的重要依据，作为上级政府对下级政府实行最严格水资源管理和水污染防治行动考核的重要内容。③建立激励问责机制。建立考核问责与激励机制，对成绩突出的河长及党委、人民政府进行表扬奖励，对失职失责的严肃问责。实行生态环境损害责任终身追究制，对造成生态环境损害的，严格按照有关规定追究责任。将领导干部自然资源资产离任审计结果及整改情况作为考核的重要参考。④建立社会参与监督体系。加强宣传舆论引导，精心策划组织，充分利用报刊、广播、电视、网络、微信、微博和手机客户端等各种媒体和传播手段，特别是要注重运用群众喜闻乐见、易于接受的方式，深入释疑解惑，广泛宣传引导，在全社会加强生态文明和河湖库渠保护管理教育，不断增强公众的责任意识和参与意识，营造全社会关注、保护河湖库渠的良好氛围。建立信息发布平台，通过各类媒体向社会公告河长名单，在河湖库渠岸边显著位置竖立河长公示牌，标明河长职责、河湖库渠概况、管护目标、监督电话等内容，接受社会监督。聘请社会监督员对河湖库渠管理保护效果进行监督和评价。

第九，全面落实推进：①明确目标抓推进。各级党委、人民政府要按照争当全国生态文明建设排头兵的要求，以比中央明确的时间提前 1 年全面推行河长制为目标，加快推进河长制工作。抓紧出台省级行动计划、部门实施细则和州（市）、县（市、区）、乡（镇）级工作方案，组建机构、细化任务、明确职责，建立健全制度体系、技术支撑体系、考核监督体系，确保 2017 年底前全面推行河长制。②督导检查抓落实。各级党委、人民政府和省级有关部门，要建立河长制工作推进督导检查机制，全面加强河长制工作督导检查，及时掌握工作进展情况，指导、督促各地区加强组织领导，健全工作机制，落实工作责任，按照时间节点和目标任务要求积极推进河长制有关工作。对推进不力的，要开展专项督查，实行执纪问责。各级河长制办公室要建立月报告制度，重大事项要及时向河长报告。各州（市）党委和人民政府要在每年 1 月 15 日前将上年度贯彻落实情况报云南省委、云南省人民政府。

四十六、把全面推行河长制工作落到实处（2017 年 5 月）

2017 年 5 月 10 日，云南省委、云南省人民政府召开全省全面推行河长制电视电话会议。云南省委副书记、省长、全省副总河长阮成发强调，要深入贯彻落实中央关于全面推行河长制的重大决策部署和云南省委、云南省政府具体要求，明确目标、落实责任，把全面推行河长制工作落实落细，推动全省河湖库渠管理保护工作再上新台阶，为决战脱贫攻坚、决胜全面小康提供更加坚实的生态保障。云南省委自治区政协主席李秀领主持会议。阮成发强调，全面推行河长制，强化江河湖泊保护，是落实绿色发展理念、加快成为生态文明建设排头兵的重大举措，是解决复杂水问题的迫切需要，是促进产业转型升级实现跨越发展的必然要求，全省各级各部门要深刻认识全面推行河长制的重大意义，把思想和行动统一到中央决策部署上来，按照云南省委、云南省人民政府工作要求，凝心聚力、合力攻坚，确保河长制得到全面推行。阮成发要求，要深刻领会全面推行河长制的工作任务和要求。要认真落实好云南省委、云南省人民政府印发的《云南省全面推行河长制的实施意见》，确保 2017 年底全面建立省、州（市）、县、乡、村五级河长体系，为维护全省河湖库渠健康生命、实现河湖库渠功能永续利用提供保障；要全面完成加强水资源保护、岸线管理保护、水污染防治、水环境治理、水生态修复和执法监管六大任务，尽快建立州（市）、县、乡、村级河长和河湖库渠名录，因地制宜、因河施策，着力解决河湖库渠管理保护的难点、热点和重点问题；要抓住关键核心，坚持党政领导负责制，完善工作推进机制，细化实化河长职责，做到守河有责、守河尽责、守河担责；要狠抓基础工作，强化技术支撑，建立河湖库渠管理保护大数据信息平台，健全完善监测评价体系，推进河湖库渠动态监管、水质监测、水域岸线管理信息化、系统化；要加强监督考核，建立完善督察体系、责任考核体系、激励问责机制和社会参与监督体系，严格责任追究，确保各项工作取得实效。阮成发要求，要切实把全面推行河长制工作落到实处。各级党政主要领导要带头担河湖之长、履河长之职、尽河长之责，压实责任，亲力亲为抓好相关工作；要细化实化任务，制定工作方案和配套政策，加强统筹协调、水陆共治，形成工作合力；要抓好舆论引导，提高全社会对河湖库渠保护工作的责任意识和参与意识，营造全社会关爱河湖、珍惜河湖、保护河湖的良好风尚。

第五节　环 境 监 管

一、云南省人民政府对大理白族自治州洱海水污染综合防治"十一五"规划执行情况进行末期考核（2011 年 2 月）

2011 年 1 月 14—15 日，由云南省环境保护厅副厅长周东际率队，云南省发展和改革委员会、环境保护厅、水利厅、国土资源厅和昆明市、玉溪市、红河哈尼族彝族自治州环境保护局等相关部门负责人组成的省政府考核组一行对大理白族自治州洱海水污染综合防治"十一五"规划执行情况进行末期考核。大理白族自治州副州长许映苏、大理白族自治州政协副主席孙明陪同考核。14 日上午，许映苏副州长代表大理白族自治州人民政府向云南省考核组汇报了大理白族自治州洱海水污染综合防治"十一五"规划执行情况。听取汇报后，云南省考核组一行仔细查阅了大理白族自治州洱海水污染综合防治"十一五"规划项目工程、湖泊管理等档案资料及相关台账。先后深入大理医疗废弃物处理厂、大理市（才村）洱海湖滨带生态修复示范工程、罗时江入湖河口湿地生态恢复建设工程、洱源县邓北桥（永安江）湿地生态建设项目、下山口村落污水处理系统工程、西湖湿地生态修复建设和西湖南登村太阳能中温沼气站等对洱海水污染综合防治"十一五"规划项目实施情况进行了实地考核。考核组对大理白族自治州"十一五"期间洱海水污染综合防治工作取得的成绩给予了充分肯定，并提出了意见和建议。

二、云南省环境监察总队对红河哈尼族彝族自治州元阳县大坪金矿重金属污染专项整治工作后督察指导（2011 年 3 月）

为推进元阳县大坪金矿（金子河）流域重金属污染专项整治工作，2011 年 3 月 22 日，云南省环境监察总队、红河哈尼族彝族自治州监察支队组成督查调研组，深入元阳县大坪金矿实地对元阳县重金属污染专项整治工作进行后督查指导。元阳县环境保护局局长唐斌及相关工作人员陪同。在检查期间，督查组实地察看了解了元阳县华西黄金有限公司、元阳县山鼎矿业有限公司、元阳县源鸿矿业开发有限公司和金子河流域水质情况及周边生态植被情况，深入 3 家企业，对其生产情况、化学原料使用情况、废水排放情况及尾矿库使用情况进行检查，对藤条江流域重金属污染整治工作和 3 家企业环境保护设施运行情况给予肯定，同时，督查组指出，元阳县藤条江重金属污染专项整治工作面临的形势还十分严峻，困难不少，监管难度大，加之当地群众环境保护意识薄弱，整治效果不太明显。对今后的工作，督查组要求：一是各级政府要高度重视、统一思想、常抓不懈，要继续加大整治力度，重点打击私挖乱采违法现象，确保藤条江金子河流域水质达标；二是加大重金属污染企业的环境监察力度，全面掌握当地涉重污染企业情况，及时发现问题解决问题，同时做好环境监察现场记录；三是要增强企业环境保护责任感，按照环境保护要求完善相关手续，防止环境污染事故发生；四是各企业要不断探索新技术，加强改造污染防治设施，减少污染物排放；五是要加大宣传教育力度，让群众知道重金属污染的危害性，营造社会参与监管的社会舆论。

三、云南省环境保护厅对安宁铅酸蓄电池企业开展专项调研（2011 年 4 月）

云南省为落实好2011年全国整治违法排污企业保障群众健康环境保护专项行动电视电话会议精神，继 2011 年 3 月对沿江、沿边出境断面重金属问题专项调研后，云南省环境保护厅杨志强副厅长再次带领环境保护厅污防处、监察总队、昆明市环境保护局及安宁市环境保护局一行 14 人，于 2011 年 4 月 7 日对安宁市 4 家铅酸蓄电池企业进行了专项调研和检查。杨副厅长一行共实地察看了昆明泰瑞通电源技术有限公司安宁分公司、昆明安宁蓄电池厂、昆明安宁精密铸件厂、安宁市鸿昊废旧电瓶处理场 4 家蓄电池企业，其中，主要从事蓄电池生产组装企业两家，主要从事废旧蓄电池回收、拆解并再生铅企业两家。通过现场检查、查阅相关资料、询问企业负责人和生产一线工人，杨副厅长仔细全面地了解了铅酸蓄电池加工（含电极板）、组装、回收、拆解及再生铅的工艺流程和污染节点，现场讲解了铅酸蓄电池回收拆解及再生铅的技术规范和环境保护要求。同时指出了 4 家蓄电池企业普遍存在的突出环境问题：一是经营不具合法性，4 家企业中有 3 家未办理危险废物经营许可证；二是铅尘、铅膏及废酸液等危险废物处理处置不符合规范，存在外排污染隐患；三是普遍存在规模小、设备简陋、污染治理设施不完善、管理制度跟不上等问题。最后，他要求昆明市和安宁市环境保护局，针对检查发现的问题，及时下达停产整治通知，督促蓄电池企业严格落实国家相关法律法规及 2011 年环境保护部等 9 部委在电视电话会议上的"六个一律"要求，认真整改，彻底消除重金属污染隐患，达不到要求的不得复产。杨副厅长同时要求全省 21 家铅酸蓄电池企业涉及的州（市）环境保护局，立即开展全面彻底检查，实行严格的环境执法措施，切实加大查处力度，建立完善铅酸蓄电池监督检查台账，定期开展现场监督检查和监督性监测，切实把铅酸蓄电池企业管好管住。

四、大理白族自治州洱海水污染综合防治督导组会议强调：要把洱海流域百村整治工程作为督导重点（2011 年 4 月）

大理白族自治州洱海水污染综合防治督导组会议强调，要把洱海流域百村整治工程的实施情况纳入 2011 年洱海水污染综合防治督导工作的重点，加大对项目前期、资金筹措、工程实施、项目效果等方面的督导，确保项目的实施符合大理白族自治州委、大理白族自治州人民政府的要求。会议指出，"十一五"以来，在云南省委、云南省人民政府的正确领导下，在省级各有关部门的关心支持下，大理白族自治州深入贯彻落实云南省人民政府大理滇西中心城市建设现场办公会精神，坚持生态优先，把洱海综合治理作为滇西中心城市建设的基础和前提，以洱海水环境质量安全和富营养化控制为目标，以流域产业经济结构和布局调整为根本措施，以城镇、农村生活污水处理和主要入湖河流水环境综合治理为重点，坚持流域生态改善和环境管理相结合，坚定不移地实施了"六大工程"等一系列重大措施，使洱海保护治理取得了明显实效，洱海及洱海流域生态环境得到明显改善，洱海水质连续 5 年总体稳定保持在Ⅲ类，"十一五"期间有 22 个月水质达到Ⅱ类。洱海流域经济社会步入了科学发展的轨道，"十一五"洱海保护治理工作得到了云南省考核组的充分肯定。

会议强调，实施洱海流域百村整治工程是大理白族自治州委、大理白族自治州人民政府的一项重大战略部署，通过州（市）、县共同努力，确定了具有代表性的 200 个重点自然村（其中，大理市 100 个村、洱源县 100 个村）作为"十二五"期间洱海流域百村整治的重点村庄，每年完成 40 个村的整治任务。为确保洱海流域百村整治工程目标的实现，"十二五"期间，大理白族自治州人民政府安排百村整治工程专项资金 8000 万元，每年 1600 万元，每村补助 40 万元。大理市和洱源县每年财政按不低于大理白族自治州补助标准进行配套，即每村安排资金不少于 40 万元。会议要求，实施洱海流域百村整治工程是大理白族自治州委、大理白族自治州人民政府的一项重大战略部署，各级各部门要以科学发展观为指导，提高认识、统一思想，加大对项目前期、资金筹措、工程实施、项目效果等方面的监督指导力度，把这项惠及广大群众的民生工程办好。

五、云南省将全省铅酸蓄电池行业企业列为省级挂牌督办事项（2011 年 4 月）

云南省环境保护厅、发展和改革委员会、工业和信息化厅、监察厅、司法厅、住房和城乡建设厅、工商行政管理局、安全生产监督管理局、昆明电监办 9 部门于 2011 年 4 月 28 日联合印发《云南省 2011 年整治违法排污企业保障群众健康环保专项行动实施方案》，将全省铅酸蓄电池行业企业列为省级挂牌督办事项。要求以楚雄彝族自治州、昆明市、红河哈尼族彝族自治州、曲靖市、大理白族自治州为重点，凡是未办理环评审批手续或手续不全的、污染治理设施不完善的、超标排污的、选址不当或卫生防护距离不够的、未执行危险废物经营许可及转移联单制度等，一律停产整治，限于 2011 年 6 月 30 日前完成整改，不能完成的一律关闭。在此之前，云南省环境监察总队结合对昆明市、楚雄彝族自治州铅酸蓄电池企业现场督查情况，及时向两州（市）下达了《环境监察通知》，要求针对昆明安宁精密铸件厂等 15 家铅酸蓄电池企业不同程度存在的环境保护手续不全、处理处置设施不完善、无运营台账、废旧电池进出底数不清、危废处置底数不清等问题，督促企业坚决停产整治，彻底消除重金属污染隐患，达不到国家"六个一律"要求不得恢复生产。同时要求全省 16 个州（市）认真排查，不得漏查任何一家铅酸蓄电池企业，发现问题的坚决督促企业在规定时间内完成整改。

六、环境保护部西南督查中心组织贵州省环境保护厅领导对罗平进行现场督查（2011 年 5 月）

2011 年 5 月 9—10 日，环境保护部西南督查中心组织贵州省环境保护厅相关领导对罗平县学田污水处理厂、罗平县磷化工有限公司、云南罗平县锌电股份有限公司、云南罗平锌电股份有限公司及万峰湖进行现场督查，针对企业存在的环境问题提出了书面整改意见，要求相关企业进一步按整改意见抓好落实。5月11日3省市在兴义汇报交流时，西南督查中心领导表示下一步将形成3省联合执法机制，轮流牵头对企业的整改情况进行后督查。

七、督导组积极开展九大高原湖泊治理督导（2011 年 5 月）

2011 年 5 月 10 日，云南省人民政府滇池水污染防治专家督导组调研滇池外海湖滨省属及驻昆部队单位"退人退房"情况。督导组要求，要坚持实现 2011 年搬迁的目标不动摇，切实加大工作力度，确保实现工作目标进度。要进一步加强搬迁单位、区县、省市部门相互之间的沟通协调，增进了解支持，及时反映、协调、解决搬迁过程中存在的困难问题，努力实现 2011 年底搬迁的目标任务。5 月 16 日，云南省人民政府九大高原湖泊水污染综合防治督导组调研抚仙湖水污染综合防治工作。督导组要求，2011 年是"十二五"的开局之年，为确保"十二五"末抚仙湖水质全面稳定达到Ⅰ类水质标准，玉溪市要进一步认清形势、统一思想，增强危机感、紧迫感，科学规划、精心组织，进一步加大抚仙湖保护治理的力度。一是要切实抓好抚仙湖"十二五"规划的编制工作。二是要始终把截污治污作为抚仙湖保护治理的重中之重。加快抚仙湖一级保护区退田、退人、退房步伐，确保"十二五"期间全面完成；进一步加大对 34 条主要入湖河道的综合整治力度；积极开展产业结构调整，做到保护与开发的有机统一。三是千方百计筹措治理资金。四是坚持群防群治，鼓励社会参与抚仙湖保护治理。

八、昆明市对辖区省级挂牌督办事项进行后督察，挂牌督办工作效果明显（2011 年 5 月）

为落实好省级挂牌督办事项的要求，确保 2011 年环境保护专项行动工作顺利开展，2011 年 5 月，昆明市环境保护专项行动领导小组按照云南省 2011 年整治违法排污企业保障群众健康环境保护专项行动省级挂牌督办要求，对辖区内的省级挂牌督办的环境违法问题开展了后督察，重点对省级挂牌的铅酸蓄电池企业督办事项进行后督察，经过一个多月在全市对蓄电池企业开展全面督察，铅酸蓄电池企业整改工作取得明显成效。按省级督办要求，省级挂牌督办的蓄电池企业限于 2011 年 6 月 30

日前完成整改，对此，昆明市环境保护专项行动领导小组及时向各县（市、区）印发了《关于在全市范围内进一步核查铅酸蓄电池企业并查处环境违法行为的通知》（昆环保通〔2011〕114 号），要求各县（市、区）对辖区内的铅酸蓄电池进行全面排查，同时明确昆明市环境保护专项行动领导小组对省级挂牌企业开展后督察。经过督察，全市 7 家铅酸蓄电池企业均已停产。其中，嵩明县东风有色金属加工总厂已停产多年，生产设备已拆除，呈贡大顺五金厂已停产，正在拆除生产设备。其余 5 家蓄电池企业均在投入资金对存在的问题进行整改，昆明安宁蓄电池厂整改工作计划于 6 月 10 日完成，昆明泰瑞通电源技术有限公司安宁分公司整改工作计划于 6 月中旬完成。督察组针对蓄电池企业存在的问题，提出了进一步整改要求，对整改工作验收不合格的企业一律不得恢复生产，对不能完成整改任务的企业，实施关停。同时，督察组也对从事利用标准酸和纯水配制蓄电池深溶液外售的昆明市五华区云豪蓄电池水厂和昆明市西山区电瓶酸厂两家企业进行了督查，两厂厂址已列入昆明市西北片区开发改造，将予以拆除。

九、环境保护部专项资金项目检查组到大理白族自治州检查指导工作（2011 年 5 月）

2011 年 5 月 15—16 日，由环境保护部西南督查中心马仁波副处长带队，环境保护部环境规划院程亮同志及环境保护部西南督查中心马卉同志组成的检查组，在云南省环境保护厅规划财务处黄晔同志的陪同下，到大理白族自治州就环境保护专项资金项目进展情况进行检查指导，大理白族自治州环境保护局谢宝川副局长及项目办、洱保办工作人员陪同检查。此次检查的主要内容涉及大理白族自治州 1 个监测执法业务用房项目和 5 个中央环境保护专项资金项目，资金总额 1260 万元。检查组在短暂的两天内，通过翻阅项目相关资料、实地察看现场及听取汇报等方式，先后对洱源县、大理市的相关项目进行了检查。在洱源县，主要检查了洱源县监测执法业务用房项目、洱源县右所镇三枚村（下山口片区）村落污水收集处理系统建设工程、洱源县监测监察能力建设 3 个项目的进展情况，检查组实地察看永安江水质自动监测站、右所农村污水处理厂和洱源县监测执法业务用房 3 个项目的现场，详细询问相关情况，并听取了洱源县环境保护局的项目工作汇报。在大理市，检查组主要检查了大理市截污治污罗时江入湖河口湿地恢复建设工程及喜洲镇周城污水处理厂工程两个项目的进展情况，实地察看了罗时江入湖河口湿地恢复建设工程项目，并听取了大理市洱海管理局、喜洲镇人民政府的项目工作汇报。检查组检查完各项目之后表示，大理白族自治州各项目进展顺利，各相关项目承担单位要认真按照要求，加快推进在建项目进度，早日使项目建成发挥作用。大理白族自治州环境优美、自然条件优越，环境保护工作成效明显，希望大理白族自治州环境保护系统再接再厉，创造出更好的成绩。

十、加强监督管理，促进依法治污（2011 年 6 月）

云南省环境保护厅以云环发〔2010〕29 号文印发了《2011 年九湖流域环境监察工作方案》，总队、昆明等 5 州（市）及九大高原湖泊所在县（市、区）环境监察部门紧紧围绕九大高原湖泊流域内国控省控企业、城市生活污水处理厂、2010 年未完工的"十一五"规划及责任书项目等重点监察对象，出动环境监察人员 1780 人次，检查九大高原湖泊流域内各类企业 337 家次。重点检查了流域内 44 家企业、12 个目标责任书项目和 275 个新建项目。对滇池、抚仙湖、星云湖、杞麓湖、牛栏江流域内的 8 家环境违法企业进行了处罚，责令云南华建混凝土有限公司等 4 家企业停产整改。

十一、国家督查组对云南省 2011 年环境保护专项行动开展情况进行督查（2011 年 6 月）

根据 2011 年全国环境保护专项行动部际联席会的统一部署，2011 年 6 月 29 日—7 月 1 日，由司法部、环境保护部组成的第三联合督查组，对云南省 2011 年环境保护专项行动第一阶段开展情况进行了督查。督查组听取了云南省 2011 年环境保护专项行动第一阶段工作进展情况汇报，查阅了相关资料，并深入昆明等地区进行督查。在西南督查中心对昆明市、楚雄彝族自治州、红河哈尼族彝族自治州 3 州（市）预督查的基础上，督查组重点对昆明市、红河哈尼族彝族自治州的 6 家铅蓄电池企业进行了现场抽查，并反馈了督查意见，对云南省开展环境保护专项行动取得的成绩予以了肯定，对存在的问题提出了要求。截至 2011 年，云南省 21 家铅蓄电池生产企业和再生铅企业已全部停产整治，其中楚雄彝族自治州两家达不到整改要求的企业已实施关闭，重点行业重金属污染防治工作和总量减排工作也正在有序推进，第一阶段环境保护专项整治工作成效明显。

十二、组织专家对九大高原湖泊水污染防治"十二五"规划进行审查（2011 年 7 月）

2011 年 7 月 26—28 日，云南省环境保护厅、九大高原湖泊水污染综合防治领导小组办公室在昆明组织有关专家对抚仙湖、洱海、阳宗海、星云湖、杞麓湖、程海、异龙湖、泸沽湖水污染综合防治"十二五"规划进行了审查，专家组按照审查方案要求通过听取 5 州（市）人民政府及规划编制组的汇报、察看文本及项目支撑材料等方式对抚仙湖等 8 个湖泊"十二五"规划文本进行了认真审查。专家组认为八湖规划充分体现了云南省委、云南省人民政府在九大高原湖泊治理工作中的路线、方针、政策，以桥头堡建设和西部大开发为契机，坚持科学发展观，贯彻落实七彩云南保护行动，以改善湖泊水体生态环境为目的，以削减污染物总量为根本任务，继续坚持以"六大工程"为主的治污方针，紧紧围绕规划的指导性和可实施性，做到了坚持环境保护优先、环境保护与经济协调发展不动摇，着力推进生态经济示范区建设，实现湖泊保护与经济发展协调的新突破；坚持治污优先、生态为本的工作不动摇，着力建设湖泊保护的试点示范区，实现湖泊保护的新突破；坚持一湖一策、突出重点的工作不动摇，着力构建湖泊的良性生态系统，实现水质改善的新突破；坚持实施六大工程为主线的治理工程不动摇，着力建立湖泊保护的长效机制，实现湖泊保护的新突破。确保云南省人民政府"两强一堡"建设目标任务的顺利完成，有效改善湖泊水环境质量，实现九大高原湖泊流域社会经济和生态环境的协调发展；规划确定的水质目标、总量目标和管理目标科学合理。

十三、督导组积极开展九大高原湖泊治理督导（2011 年 7 月）

2011 年 7 月 21—22 日，云南省人民政府滇池水污染防治督导组一行就牛栏江—滇池补水工程建设及牛栏江流域水环境保护工作情况进行调研，对补水工程进度、相关污水处理厂建设、项目申报、资金筹措等问题进行了协调、督促和检查。督导组认为牛栏江—滇池补水工程报批工作取得重大进展，控制性工程实验场地建设快速稳步推进，征地补偿和移民安置工作积极推进；昆明、曲靖两市高度重视牛栏江流域水环境保护工作，通过加强组织领导、建立健全工作机制、落实目标责任、认真落实环境保护准入政策、严格控制工业污染、加快推进城镇生活垃圾处理设施建设、加快农业农村生态建设、大力削减面源污染及不断加强环境监察力度等措施，水质较 2010 年有了进一步的改善。督导组要求：一要坚持工程质量第一。二要着力抓好工业污染源的治理。三要加强县城及集镇污水处理厂建设。四要积极推进农业农村点面源污染防治工作。五要切实做好《牛栏江流域水环境保护规划》的落实工作。六要做好出台牛栏江保护条例相关前期工作。七要进一步加强水质监测。八要各级各部门加强沟通配合，积极争取各方资金支持，积极探索建立生态补偿机制，增强生态建设可持续性。7月28日，督导组召开了滇池水污染防治工作第十五次联席会议，要求下半年要做好以下几方面工作：一是抓紧做好"十一五"规划的收尾工作。二是继续加快推进"四退三还"工作。三是切实加大 35 条入滇河道的整治力度。四是加快第九、第十污水处理厂及 18 个调蓄池的建设步伐，积极做好第十一、十二污水处理厂前期准备工作。五是深入推进牛栏江滇池补水工程建设及流域水环境保护工作。六是抓紧抓好水葫芦控制性种养工作。

十四、国家环境咨询委员会和环境保护部科学技术委员会调研滇池、抚仙湖保护治理工作（2011 年 8 月）

2011 年 7 月 29 日—8 月 4 日，国家环境咨询委员会和环境保护部科学技术委员会的 70 多位委员到云南省就滇池、抚仙湖保护治理工作开展暑期调研，调研期间两委委员在昆明听取了由云南省人民政府主持的滇池、抚仙湖保护治理"十二五"规划情况汇报，视察了滇池、抚仙湖保护治理情况；在抚仙湖畔召开了国家环境咨询委员会暨环境保护部科学技术委员会 2011 年暑期座谈会。座谈会上，两委委员分别就滇池、抚仙湖保护治理工作，滇池、抚仙湖保护治理"十二五"规划及其他与环境保护有关的问题进行了深入探讨，提出了许多建设性的意见和建议。云南省委常委、常务副省长罗正富出席会议并致辞。吴晓青强调两委成立以来，围绕环境保护工作建睿智之言、献务实之策，为环境保护科学决策发挥了重要作用。委员们就滇池和抚仙湖保护治理"十二五"规划的总体思路、任务设计和保障措施等提出了许多建设性的意见和建议。希望云南省、昆明市和玉溪市人民政府及规划编制单位认真研究两委委员的意见和建议，结合实际，通过调整流域产业发展结构、增加滇池区域水资源供给量、减少抚仙湖入湖负荷量、实施流域综合管理等手段，以改善生态环境为目的，做好滇池和抚仙湖的治理与保护工作，切实做到政府认识到位、科技支撑到位和协调配合到位。对于滇池和抚仙湖环境保护和治理，环境保护部一定大力支持。8 月 3—5 日，环境保护部规划司、生态司领导还就抚仙湖洱海湖泊生态环境保护试点工作开展情况，特别是国家湖泊生态环境保护试点专项资金支持项目进展情况进行了督促检查。

十五、环境保护部自然生态保护司副司长到永平县检查指导环境保护工作（2011 年 8 月）

2011 年 8 月 7 日，环境保护部自然生态保护司副司长侯代军在云南省环境保护厅任治忠副厅长、张正鸣处长和大理白族自治州环境保护局副局长谢宝川一行的陪同下，到水平县检查指导环境保护工作。侯副司长一行在永平县委书记程永标、副书记杨宁、副县长禾汝林等领导的陪同下深入小狮山视察了建设中的曲硐清真文化园，并听取了博南镇关于小狮山回族文化园的建设和生态环境保护情况。到云森集团有限公司，认真检查了企业的生产、环境保护等工作情况。通过实地调研，侯副司长指出，永平县由于永平县委、永平人民政府高度重视环境保护工作，成效明显，特别是在生态保护和生态产业的发展上，走出了一条具有强劲发展后劲的可持续发展之路，为建设西部生态屏障做出了贡献。侯副司长要求，永平要结合加快推进生态文明建设的实际，坚持把生态环境保护作为环境保护工作的重中之重，坚决实施"生态立县"战略，深入研究"十二五"期间的环境保护问题，正确处理生态环境保护和社会经济发展的关系，努力实现环境保护和社会经济发展的"双赢"。

十六、大理白族自治州污染减排督查工作组莅临鹤庆督促指导减排工作（2011 年 8 月）

2011 年 8 月 17 日，由大理白族自治州人民政府督查室、环境保护局、住房和城乡建设局组成的污染减排督查组到鹤庆县督促指导其减排工作。在鹤庆县相关人员的陪同下，督查组一行就县城污水处理厂及配套管网工程建设完成情况进行充分了解并深入现场检查。督查组一行在察看完现场后就县城污水处理厂及配套管网工程建设存在的问题提出指导意见、要求和完善措施，为鹤庆县更好完成 2011 年减排目标提出了宝贵的意见和建议。

十七、环境保护部规划财务司投资处实地调研洱海保护治理工作（2011 年 8 月）

2011 年 8 月 3 日，环境保护部规划财务司投资处杜会杰副处长赴大理实地调研洱海保护治理工作，大理白族自治州环境保护局局长曾勇、大理市人民政府市长马忠华和副市长郭华、大理市环境保护局、大理市洱海管理局及大理白族自治州环境保护局项目办负责人全程陪同。杜会杰副处长先后深入古生自然村、西城尾自然村、向阳溪污水处理厂、喜洲镇污水处理厂及才村湿地等地，实地察看了农村环境综合整治、污水处理厂及管网建设、洱海流域湿地生态修复等项目实施情况，听取了情况汇报。通过实地调研，杜会杰充分肯定了洱海保护治理工作，希望大理白族自治州抓住洱海被列入国家湖泊生态环境保护试点的有利条件，按照有关要求认真编写项目实施方案，抓好项目前期工作，确保试点工作稳步推进，并取得较好的成果。

十八、云南省环境保护厅到大理白族自治州督促检查污染减排工作（2011 年 8 月）

2011 年 8 月 31 日，云南省环境保护厅总量处、环境监测处、监察总队、监测站组成的督查组到大理白族自治州督促检查污染减排工作。督查组一行重点现场检查了云南烟叶复烤有限责任公司大理复烤厂锅炉烟气脱硫项目及中水回用系统建设项目。检查过程中，督查组成员认真听取企业负责人的介绍，仔细察看每一个细节并提问、记录相关问题，就治污设施的建设和采用的技术及项目减排资料准备等方面的问题进行了深入的交流。督查组对云南烟叶复烤有限责任公司大理复烤厂锅炉烟气脱硫项目采用的湿式气动湍流脱硫工艺给予了充分的肯定，认为该项目建成投运后，将是大理白族自治州最为先进、规范的烟气脱硫设施。

十九、环境保护部监察局局长郭瑞林一行到大理白族自治州调研（2011 年 8 月）

2011 年 8 月 17—18 日，驻环境保护部纪检组副组长、监察局局长郭瑞林一行在驻云南省环境保护厅纪检组组长冯胜瑜陪同下，到大理、洱源两县市，对大理白族自治州环境保护系统惩防体系建设工作进行调研。郭瑞林一行先后深入洱源县污水处理厂、右所集镇污水处理厂、西湖湿地等地，实地察看了洱海流域污水处理厂及管网建设、湿地生态修复、村落环境综合整治等项目实施情况，在调研途中听取了大理白族自治州环境保护系统惩防体系建设情况汇报。通过实地调研和听取汇报，郭瑞林认为，大理白族自治州环境保护系统通过惩防体系建设工作的贯彻落实，全体干部职工廉洁意识、服务意识、自律意识、模范作用进一步得到增强，大理白族自治州环境保护局上下在党风、政风、行风、廉政建设等方面取得了阶段性成效。郭瑞林希望，大理白族自治州要继续深入扎实地做好惩防体系建设，为全面完成环境保护工作任务提供有力的政治保障。

二十、云南省开展危险废物环境风险大排查专项行动（2011 年 9 月）

2011 年 9 月，云南省人民政府做出决定，在全省开展危险废物环境风险大排查专项行动。本次大排查以全省六大水系、九大高原湖泊、大中型水库流域及主要城镇集中式饮用水水源保护区为重点区域，以基础化学原料及化学品制造、重有色金属冶炼及采选、黑色金属冶炼及压延等工业行业为重点行业，重点排查年产生、贮存危险废物 1 吨以上的工业企业和列入国家重金属污染综合防治规划的 358 家重点监管企业。重点排查内容为危险废物产生、收集、贮存、处置、利用情况统计报表及可能存在的环境风险；危险废物种类、流向及项目审批和环评执行情况；制定、执行应急预案和环境治理设施运行及排放达标情况；危险废物经营许可证申领和经营情况；危险废物贮存和处置设施符合国家相关标准的情况。云南省人民政府提出，要通过排查，查处一批典型违法案件，淘汰一批落后的危险废物产生、利用、处置单位。对发现的环境安全隐患，限期整改；对不具备条件的生产经营企业，坚决停产整顿或依法关闭，确保人民群众生命财产安全。通过排查，摸清全省重点废物产生、利用、处置单位基本情况，建立危险废物管理长效机制，努力实现全过程规范化管理，有效控制危险废物环境风险。

二十一、云南省环境保护专项行动领导小组办公室对铅蓄电池行业开展后督察（2011 年 10 月）

2011 年 10 月 10 日，为了掌握云南省铅蓄电池企业落实《云南省环保厅关于铅蓄电池行业整治和验收恢复生产的通知》（云环通〔2011〕142 号）精神及整改进展情况，根据云南省环境保护厅领导的要求，云南省环境保护专项行动领导小组办公室派出督察组，对楚雄、昆明等州（市）铅蓄电池企业开展了后督察。经督查，截至 10 月 14 日，全省 21 家铅蓄电池企业中，4 家企业已关闭、3 家企业已拆、11 家企业按要求停产整改、3 家企业为了配合监测临时投入生产。具体情况如下：昆明市 4 家企业按要求在停产整改，按要求正在做后评价，涉及卫生防护距离问题的待后评价确定；云南太阳石能源科技实业有限公司为配合监测已投入生产，该公司在卫生部门参与审查下已完成后评价,待实际监测后确定合理的卫生防护距离。楚雄彝族自治州 5 家企业整改后已经当地环境保护部门同意恢复试生产,试生产至 9 月 30 日止,现场监察时,5 家企业均停产整改,正在做后评价工作,涉及卫生防护距离问题的待后评价确定。红河哈尼族彝族自治州 3 家企业停产整改;大理白族自治州 1 家企业在工业园区内,有部分车间在生产;曲靖市 1 家企业组装车间在生产。

二十二、云南省九大高原湖泊水污染综合防治督导组滇西片区组组长程政宁一行调研洱海保护治理(2011 年 11 月)

根据 2011 年 11 月 2—3 日以云南省人大常委会原常务副主任牛绍尧为组长,云南省人大常委会原副主任高晓宇为副组长的云南省人民政府九大高原湖泊水污染综合防治督导组到大理白族自治州就洱海保护治理工作进行检查后的指示精神,11 月 14—17 日,云南省九大高原湖泊水污染综合防治督导组滇西片区组组长程政宁一行 7 人,到云南省对洱海保护治理的先进经验和成功做法进行调研和总结。

程政宁一行先后听取了洱源县、大理市洱海保护治理情况汇报,随后深入洱源县下龙门村、海口村,大理市西城尾村、才村、北经庄、大渔田污水处理厂等地,实地察看了农村环境综合整治、农户洱海保护治理目标责任书签订情况、农村垃圾分类收集处理、湿地生态修复、庭院和城镇污水处理,并和村民座谈。通过实地调研和听取汇报,程政宁认为,通过多年的努力,洱海保护治理成效明显,得到了国家和云南省的充分肯定,洱海保护治理的成功经验在 2008 年底就已经被环境保护部高度概括为"循法自然、科学规划、全面控污、行政问责、全民参与"的二十字经验向全国推广。2009 年以来,大理白族自治州州委、大理白族自治州人民政府进一步加强领导、增大投入,采取更加强有力的措施全面推进洱海保护治理各项工作,特别是 2011 年,成为国家湖泊生态环境保护的试点,洱海的保护治理有更多新的成功经验值得进一步提升和总结。程政宁指出,洱海保护治理的做法和经验主要体现在以下方面:一是认识到位、领导重视;二是科学规划、思路清晰;三是落实责任、措施有力;四是创新机制、资金支持;五是科技创新、因源施措;六是依法治湖、法制保障;七是建管结合、管理到位;八是宣传发动、全民参与。调研组将依据大理白族自治州提供的材料和此次实地调研形成大理白族自治州洱海保护治理先进经验和成功做法的调研报告,上报云南省委、云南省人民政府。

二十三、大理白族自治州环境保护局开展洱海流域中温沼气站调查工作（2011 年 11 月）

随着洱海流域养殖业的发展，大量的畜禽粪便被农民堆放后还田施肥，特别是奶牛养殖产生的大量牛粪，在雨季来临时被雨水冲刷进沟渠最终流入洱海。为了妥善处理牛粪的污染，大理白族自治州委、大理白族自治州人民政府在国家、云南省农村环境保护资金的大力支持下，在洱海保护工作中科学应用昆明榕正能源开发有限公司的中温能源生态型沼气工艺，自 2008 年起先后在大理市和洱源县选择了养殖业比较集中的村庄建成了 17 座太阳能中温沼气站。为了准确掌握中温沼气站的建设管理情况和运行中存在的问题，为下一步领导决策和政府制订解决问题的方案提供依据，大理白族自治州人民政府领导在 2011 年 10 月 14 日的洱海保护治理工作会议上要求大理白族自治州环境保护局对洱海流域太阳能中温沼气站进行调查，大理白族自治州环境保护局在会后随即抽出工作人员组成调查组，在大理市环境保护局、洱源县环境保护局、昆明榕正能源开发有限公司技术人员的配合下，展开了对洱海流域中温沼气站的建设、管理、运行情况的调查工作，在调查工作中，调查组工作人员走访了奶牛养殖场（户）、沼气用户，截至 2011 年 11 月，实地调查工作已经完成，正在撰写调查报告。

二十四、督导组积极开展九大高原湖泊治理督导（2011 年 12 月）

2011 年 10 月 31 日—11 月 2 日，云南省人民政府九大高原湖泊水污染防治督导组到丽江督查程海、泸沽湖水污染综合防治工作。督导组要求：一是要用两个会议精神进一步统一认识、振奋精神、狠抓落实；二是要高度重视泸沽湖里格、落水、蒗放 3 个旅游片区的规划建设和协调发展，要保护好泸沽湖的文化生态和自然生态；三是要始终把截污和环境综合整治作为泸沽湖、程海治理的重中之重；四是要高度重视程海水位下降问题。11 月 2—3 日，云南省人民政府九大高原湖泊水污染防治督导组到大理督查洱海水污染综合防治工作。督导组认为"十一五"以来，大理白族自治州委、大理白族自治州人民政府高度重视洱海治理工作，把洱海治理作为地方经济社会发展的一项中心工作来抓，创造了城市近郊湖泊治理的"洱海保护模式"，被环境保护部作为典型向全国推广。督导组要求：一是要坚持把截污治污作为治理工作的重中之重；二是要扎实抓好洱海综合防治基础工作；三是要继续对洱海治理的经验做法进行总结。11 月 8 日，云南省人民政府滇池水污染防治专家督导组督查滇池水葫芦治理污染试验性工程项目进展情况，督导组认为：滇池水葫芦治理污染试验性工程初见成效，控养区域的水体景观和水质状况有明显改善。督导组要求：一是要切实按照"科学规划、合理控养，全收集、全处置"的原则抓紧搞好水葫芦收集处置工作；二是要认真总结分析前一阶段水葫芦种养收集处置工作，进一步指导好下一阶段规划、种养、收集、处置工作。12 月 3—5 日，云南省人民政府九大高原湖泊水污染综合防治督导组到玉溪调研抚仙湖、星云湖、杞麓湖保护治理工作。督导组要求要按照云南省委、云南省人民政府的部署，统一思想认识，正确处理好保护与发展的关系，把"一退够、二调优、三保护"的思路落实到项目中，下定决心，举全市之力，进一步落实好"三退三还"工作，搞好产业结构调整，落实目标责任，千方百计，实现"十二五"各项目标任务。12 月 8 日，云南省人民政府九大高原湖泊水污染综合防治专家督导组在昆明召开滇池保护治理观摩考察现场会议。会议代表考察观摩了盘龙江水环境综合整治、第七污水处理厂、环湖公路、捞鱼河河口生态建设、东大河湿地、草海水葫芦圈养等 11 个项目。督导组认为：九大高原湖泊经过截污、生态修复和环境整治工作，在污染综合治理上取得了阶段性的成效。滇池治理得到肯定，洱海模式值得认可，在九大高原湖泊治理中，形成了独特的经验。督导组强调，5 州（市）要按照"十二五"末消灭劣 V 类水质湖泊的总体要求，抓紧修改、充实、调整、完善"十二五"九大高原湖泊治理的规划。督导组要求，5 州（市）对九大高原湖泊治理的任务要明确、项目要跟上、措施要健全、监管要到位，针对点源、面源、内源污染的不同，把截污作为整个水环境整治工作的重中之重，对产生的污染源全收集、全覆盖、全处理，并解决好水污染综合防治的多层次投融资体系，坚决完成云南省委、云南省人民政府下达的任务目标，争取在 2015 年之前，九大高原湖泊全部脱掉劣 V 类帽子。

二十五、玉溪市重点污染源在线自动监控系统监控中心开工建设（2012 年 2 月）

2012 年 2 月 9 日，经过近两年的考察学习、调查分析、规划设计、立项报批、招标筹备，玉溪市重点污染源在线自动监控系统市级监控中心在玉溪市环境监察支队 2 楼拉开了战幕，这标志着玉溪市重点污染源在线自动监控系统工程建设进入实质性阶段。2009 年 12 月，玉溪市环境监察支队受玉溪市环境保护局的委托，负责玉溪市污染源在线自动监控系统筹建工作，玉溪市环境监察支队在组织人员到北京、重庆、江西、安徽等地考察学习的基础上，聘请专家到支队进行专业培训，积极与中国环境科学研究院联系，做好玉溪市重点污染源在线自动监控系统建设的基础性工作。中国环境科学研究院在玉溪市环境监察支队的积极配合下，通过几个月对全市污染源现状和市场的调查、分析、研究，制定了《玉溪市重点污染源在线监控系统建设及营运方案》，2010 年 4 月 23 日举行了汇报会。中国环境科学研究院、玉溪市环境监察支队根据汇报会的建议和意见，做了认真的补充完善，形成了《玉溪市重点污染源在线自动监控系统项目建议书》。2010 年 5 月玉溪市环境保护局在玉溪市汇龙生态园举行《玉溪市重点污染源在线自动监控系统项目建议书》论证会后，中国环境科学研究院根据专家的意见和建议进一步修改、补充、完善，形成了《玉溪市重点污染源在线自动监控系统可行性研究报告》。2011 年 3 月，由玉溪市发展和改革委员会在玉溪市支队 1 楼会议室组织召开了《玉溪市重点污染源在线自动监控系统可行性研究报告》评审会，形成了评审意见。2011 年 5 月，玉溪市发展和改革委员会以玉发改环资〔2011〕161 号文件对项目《玉溪市重点污染源在线自动监控系统可行性研究报告》进行了批准。6 月，玉溪市发展和改革委员会主持在玉溪市支队 1 楼会议室举行了《玉溪市重点污染源在线自动监控系统初步设计方案（一期）》评审会，形成了评审意见。7 月，玉溪市发展和改革委员会以玉发改环资〔2011〕302 号文件批准了该项目实施。批准审定投资 3894.01 万元。2011 年 12 月 19—20 日，云南招标股份有限公司在昆明组织了“玉溪市重点污染源在线自动监控系统现场端设备采购、安装项目”及“玉溪市重点污染源在线自动监控系统监控中心设备采购、安装项目”的开标和评标，择优确定施工单位。随着市级监控中心的开工建设，玉溪市重点污染源在线自动监控系统现场端一期工程建设于 2012 年 3 月 1 日在全市 70 家重点企业全面启动。

二十六、环境保护部环境监察局到临沧市调研工作（2012 年 3 月）

2012 年 3 月 2—3 日，环境保护部环境监察局办公室史庆敏副主任率队一行 3 人到临沧市开展工作调研。调研组此行的主要目的如下：对临沧市环境监察机构人员编制、执法装备、应急车辆及装备等环境监察能力建设进行全面深入的了解。环境保护部拟对西部边疆环境监察执法能力建设予以支持。检查组一行在临沧市环境保护局局长洪斌和相关部门的陪同下，先后深入耿马傣族佤族自治县环境保护局、沧源佤族自治县环境保护局和临沧市环境保护局，认真听取了耿马傣族佤族自治县环境保护局、沧源佤族自治县环境保护局、临沧市环境保护局环境监察能力建设情况的汇报。听取汇报后，史庆敏副主任对临沧市环境监察工作给予了充分的肯定，并对存在的问题和困难表示理解和关注，表示要形成翔实的调研报告把基层环境保护工作的问题和困难反映出来，在国家的层面上尽量给予解决，并对下一步开展好环境监察工作提出了指导性的意见和建议。

二十七、云南省全面部署开展环境监察稽查工作（2012 年 4 月）

2012 年 4 月 25 日，为贯彻《国务院关于加强环境保护重点工作的意见》（国发〔2011〕35 号）精神，进一步规范工业污染源现场环境监察和环境行政处罚案件现场调查取证行为，及时发现并纠正基层部分执法人员现场检查中存在的问题，完善现场执法程序和制度，切实提高现场执法质量和水平，环境保护部决定连续 3 年在全国范围内全面开展环境监察专项稽查，印发了《关于开展全国环境监察专项稽查的通知》（环办〔2012〕70 号），并组织了专项稽查全国骨干培训。接到《关于开展全国环境监察专项稽查的通知》后，云南省高度重视，及时成立了以杨志强副厅长为组长，总队、人事处、纪检监察室、法规处等处室负责人为成员的云南省环境监察专项稽查领导小组，切实加强全省环境监察专项稽查工作，云南省环境监察专项稽查领导小组办公室设在云南省环境监察总队，由总队具体负责环境监察稽查工作。云南省环境保护厅分管领导明确要求云南省环境保护厅纪检监察室、总队及相关处室结合云南省 2010 年、2011 年连续两年在九大高原湖泊流域所在的 5 州（市）开展环境监察稽查的工作实际，自 2012 年开始，在全省范围内与国家同步全面开展环境监察稽查工作。同时联系 2012 年相继开展的环境保护专项行动、环境监察专项执法检查等工作，统筹考虑，于 5 月 28 日制定印发了《云南省环境保护厅关于开展全省环境监察专项稽查的通知》，确定了用 3 年时间，采取年度分片方式对全省 16 个州（市）进行专项稽查，具体安排如下：2012 年，稽查昆明市、楚雄彝族自治州、大理白族自治州、保山市、德宏傣族景颇族自治州；2013 年，稽查曲靖市、昭通市、文山壮族苗族自治州、红河哈尼族彝族自治州、玉溪市、普洱市；2014 年，稽查丽江市、迪庆藏族自治州、怒江傈僳族自治州、临沧市、西双版纳傣族自治州。各州（市）环境保护部门也结合本地实际分别制定了本地《环境监察专项稽查工作方案》，明确具体负责人及县级抽查对象，加强指导，认真组织开展了环境监察专项稽查工作。

二十八、云南省环境保护厅积极扶持弥渡县环境监察能力建设（2012 年 4 月）

为进一步支持基层环境监察能力自身建设，2012 年 4 月，云南省环境保护厅给弥渡县环境保护局配发了价值约 10 万元的环境监察设备，对改善弥渡县的环境监察工作条件给予了大力支持。弥渡县环境保护局领导根据各部门的实际工作内容本着每一台设备都发挥其最大效用的原则把设备分配到各室，以促进各项环境保护工作的顺利开展。本批设备的配发极大地改善了环境监察工作条件，为依法执行环境保护法规提供了强有力的硬件保障，以此为契机，弥渡县环境保护局进一步从软件、硬件方面继续加大自身能力建设，加强自身素质，提升环境保护执法效力，以维护广大人民群众的环境权益。

二十九、普洱市联合执法加大涉重金属企业监管力度（2012 年 4 月）

全省环境监察和污染防治工作会议召开后，普洱市认真组织学习会议精神和《云南省 2012 年整治违法排污企业保障群众健康环保专项行动实施方案》，针对实际，抓好落实。大旱之际，水源匮乏，宁洱哈尼族彝族自治县辖区内大部分重金属采选企业的尾矿库与农田灌溉河道相邻。为解决这一难题，宁洱哈尼族彝族自治县环境监察大队对德安兰庆矿业有限公司、宁洱矿冶有限公司、宁洱矿业公司、普洱锦茂矿业有限责任公司进行检查，并与思茅区环境监察大队共同对普洱飞龙矿业有限责任公司、云南澜沧铅锌矿普洱采选厂、宁洱大河边选矿厂 3 家企业邻近河道涉及两县辖区的情况采取了联合执法检查。重点检查了企业环境保护设备运行、尾矿堆存、尾矿库回水系统、台账记录、使用药剂管理，是否存在偷排、漏排，以及跑、冒、滴、漏等环境问题。在肯定企业污染防治措施的同时，宁洱哈尼族彝族自治县环境监察大队要求 7 家采选企业：一是加强尾矿库环境安全管理，落实层层责任制，切实做好重金属污染企业的环境保护工作；二是加强尾矿库的巡查、检查，发现泄漏要及时采取措施；三是回水系统要确保运行正常，发现故障要及时停厂维修；四是选矿使用的药剂要堆放于安全地点，防扬散、防流失。深入开展以重有色金属矿采选、冶炼为重点的重金属排放企业的排查整治，是 2012 年环境保护专项行动的重中之重。通过检查给企业敲响警钟，力争从源头控制，严防重金属污染事件的发生，普洱市各级环境保护部门上下齐心、严格执法，为大旱之际确保农田灌溉用水安全提供有力的保障。

三十、安宁市 2011 年城市环境综合整治定量考核工作通过昆明市审查（2012 年 4 月）

2012 年 4 月 27 日，昆明市环境保护局邀请云南省、安宁市"城考"专家对安宁市

2011 年城市环境综合整治定量考核资料进行集中审核。安宁市人民政府分管副市长欧明锋、安宁市环境保护局汪德华局长、李燕琼总工程师及安宁市城市管理、公安局交警大队、住房和城乡建设局、统计局、"城考"办公室等相关单位人员参加审核会议。专家组通过认真听取安宁市"城考"工作情况汇报、审阅询问了相关材料、对支撑材料进行检查后，认为安宁市 2011 年城市环境综合整治定量考核资料全面翔实，符合《云南省环保厅关于印发〈云南省"十一五"城市环境综合整治定量考核指标实施细则〉和〈云南省城市环境综合整治定量考核管理工作规定〉》的要求，建议对考核材料进行完善和修正后，上报云南省环境保护厅审核。副市长欧明锋在会上表示，这次专家组对安宁市 2011 年"城考"工作给予高度评价，是对我们工作的鞭策和鼓励，为安宁市的环境保护工作提出了更高要求，下一步安宁市将继续加强部门联动、紧密协作，认真整改专家组所提出的问题，进一步完善 2011 年"城考"资料分析、整编，全面推进 2012 年"城考"相关工作。

三十一、个旧市组织人大代表调研督查环境保护专项行动（2012 年 5 月）

2012 年 5 月 17—18 日，个旧市人大常委会组织部分州（市）人大代表，对云南省重金属污染防控重点的个旧市开展环境保护专项行动重金属污染治理工作情况、存在的主要困难和问题、如何进一步加强重金属污染治理工作采取的主要措施进行了现场调研和督查。代表们在听取个旧市委常委、个旧市人民政府主要责任人代表个旧市人民政府的专题汇报后，分别到锡城镇、大屯镇、鸡街镇进行了调研，听取了 3 个乡镇的汇报，并实地察看了个旧市恒博经贸有限公司、云南乘风有色金属股份有限公司、红河哈尼族彝族自治州红铅有色化工股份有限公司开展重金属污染治理工作情况。调研结束后，代表们一致认为：自开展环境保护专项行动以来，个旧市委、个旧市人民政府高度重视，按照云南省、红河哈尼族彝族自治州的相关要求，全力推进重金属治理防治工作，制定的规划——《个旧市重金属污染综合防治"十二五"规划（2011—2015 年）》及相关方案可行，取得了一定的成绩，同时对下一步如何开展好重金属专项整治工作提出了 3 点建议：一是要加大宣传力度。要将重金属污染防治工作的意义、政策、措施宣传到位，增强企业的法治意识、环境保护意识和社会责任感，使重金属污染防治工作更深入人心。二是要严格按照《个旧市重金属污染综合防治"十二五"规划（2011—2015 年）》开展好专项整治工作，并在整治过程中对证照不齐全的要坚持给予取缔。三是在整治过程中，要相应做好业主们的稳定工作。

三十二、环境保护部西南督查中心到安宁市调研督查（2012 年 5 月）

2012 年 5 月 18—20 日，环境保护部西南督查中心彭维宇处长一行在云南省环境保护厅、昆明市环境保护局、安宁市人民政府、安宁市环境保护局有关领导的陪同下，对安宁市贯彻落实第七次全国环境保护大会精神及国务院《关于加强环境保护重点工作的意见》、污染减排措施落实情况、重金属污染防治情况、集中式饮用水水源地保护情况等进行了现场调研督查。

在调研督查过程中，安宁市人民政府王剑辉市长就安宁市贯彻落实第七次全国环境保护大会精神及国务院《关于加强环境保护重点工作的意见》进行了专题汇报，对开展好下一步工作提出了具体的工作计划和措施。调研督查组一行深入车木河水库集中式饮用水水源保护区、云南盐化股份有限公司昆明盐矿、安宁兴林工贸有限公司、云南云天化国际化工有限公司富瑞分公司、昆明钢铁集团有限责任公司等企业进行调研督查，对于检查中发现的问题，环境保护部西南督查中心领导及时提出了整改要求。通过监督检查，进一步提高了安宁市污染减排、重金属污染防治、集中式饮用水水源地保护的工作能力，对全面提升安宁市环境监管能力起到积极的促进作用。

三十三、环境保护部环境监察局领导调研督查云南环境保护专项行动（2012 年 5 月）

2012 年 5 月 21—25 日，环境保护部环境监察局陈善荣副局长、阎景军处长等领导对云南省环境保护专项行动工作开展情况进行了现场调研和督查。陈副局长一行在云南省环境监察总队黄杰的陪同下，先后对云南省曲靖市、文山壮族苗族自治州、红河哈尼族彝族自治州的部分县（市）进行了现场调研，听取了当地人民政府及环境保护部门关于环境保护专项行动开展情况的专题汇报，同时实地察看了云南曲靖驰宏锌锗股份有限公司卫生防护距离居民搬迁情况、文山马塘工业园区部分危险废物企业产生处置危险废物情况。调研督查结束后，陈副局长对云南结合涉重企业较多积极谋划、重点督办等做法给予了充分肯定。同时对下一步如何开展好环境保护专项行动及环境监察稽查工作提出了几点要求：一是要认真吸取陆良铬渣污染的教训，继续把重金属污染整治作为全省环境保护专项行动的重点，严格按照国家

"六个一律"要求扎实开展环境保护专项行动工作。二是针对云南涉重企业较多的实际，全面排查危险废物产生、利用、处置企业，严肃查处违法行为。三是国家在前两年试点的基础上，2012 年全面展开环境监察稽查工作，要求云南认真组织实施，进一步规范云南环境监察和行政处罚工作。

三十四、云南省紧密结合环境保护专项行动全面部署环境安全百日大检查（2012 年 5 月）

2012 年 5 月 28 日，云南省环境保护厅组织有关处室和相关直属单位在收看完环境保护部召开的全国环境安全百日大检查视频会议后，接着召开了全省环境保护系统视频会，就云南省如何开展活动进行了具体部署，王建华厅长参加了视频会，并要求重点州（市）安排人员到北京参加培训回来开展工作。杨志强副厅长做了专题部署，杨副厅长要求各州（市）环境保护局要从讲政治的高度，将这次环境安全百日大检查活动当作确保十八大胜利召开的政治任务来完成。杨副厅长强调指出，云南要从实际情况出发，着重对重点行业、重点企业，尤其是出过事故受过处罚的企业、对饮用水水源地有影响的企业、群众反映强烈的环境污染问题进行重点检查；要紧密结合 2012 年开展的环境保护专项行动，同时将 2011 年组织开展的重金属排查、危险化学品排查等相关工作有机结合起来，把环境污染重大事件消除在萌芽状态。杨副厅长要求各州（市）要精心组织，确实加强组织领导，确保大检查活动取得实效。对制度不健全、工作不落实、措施不得力的地区、部门、企业和工作人员要通报批评，对工作失职、排查不到位而导致隐患化解不及时、造成重大环境应急事件的要严肃追究责任。

三十五、云南省环境保护厅组织对临沧市中央农村环境综合整治示范项目进行现场验收（2012 年 5 月）

为认真贯彻落实好全国农村环境保护工作会议，扎实推进临沧市农村环境保护"以奖促治"工作，2008 年以来，在上级环境保护和财政部门的关心支持下，按照中央农村环境保护专项资金申报要求，临沧市先后申报争取到了双江沙河乡大土戈自然村、凤庆县大寺乡德乐村大河自然村和沧源佤族自治县勐懂镇坝卡自然村农村环境综合整治项目，共争取到中央农村环境保护专项资金补助 257 万元。2008 年完成了双江沙河乡大土戈自然戈村的环境综合整治示范项目，顺利通过验收。2012 年 5 月，云南省环境保护厅组织验收组到凤庆县大寺乡对列入 2009 年中央农村环境保护"以奖促治"项目进行现场验收。验收组在认真察看现场的基础上，听取了大寺乡人民政府对项目实施的 4 项主要工程情况及资金使用情况的汇报，并认真查阅了相关档案资料，通过看、听、议，验收组认为：凤庆大寺乡德乐村大河自然村环境综合整治项目，自 2009 年 11 月开始启动实施以来，始终按照"市、县环境保护、财政部门统筹监管，县政府主管，乡政府主抓，村委会实施"的工作机制，按制定的预期目标计划组织实施，基本做到依法依规；项目涉及的饮用水源林保护工程、污水处理系统建设工程、垃圾处理设施建设工程及村容村貌整治 4 项主要工程的实施基本按照批准的设计方案实施建设；通过实施环境综合整治，大河自然村的整体环境面貌焕然一新，农民群众的生态环境保护意识得到明显提高，产业得到了提质增效，广大村民建设新农村、共建新家园的自觉性和积极性进一步增强，同意项目验收。

三十六、云南省 2012 年环境监察岗位培训班圆满结束（2012 年 6 月）

为进一步提高全省环境监察人员业务素质和依法行政水平，加快环境监察标准化建设，扎实推进七彩云南污染减排工作的全面落实，监察总队于 2012 年 6 月 17—21 日，在昆明举办了全省环境监察岗位培训班，来自 16 个州（市）129 个县（区）基层单位的环境监察人员共 166 人参加了培训，云南省监察总队中层以上干部全程参与培训，云南省环境保护厅副厅长杨志强在培训动员大会上做了重要讲话。培训严格按照国家"十二五"环境监察人员岗位培训要求，采取"集中学习、专题讲座"的方法进行。培训的主要对象是各州（市）、县（区）两级环境监察机构的初上岗无证干部和环境监察执法证将要过期的人员，目的是全面提升一线环境监察执法者业务水平。培训主要以监察总队 2012 年规范的 8 个《环境监察执法模块化文书》为主要内容，全面规范云南省环境监察执法文书。

三十七、云南四川联合首次对白鹤滩水电站开展现场环境监察（2012 年 7 月）

为进一步贯彻落实云南四川两省环境保护协调委员会关于"严厉打击环境违法行为，切实维护两省交界区域生态环境安全"的工作要求，按照 2012 年云南四川两省联合环境监察工作部署，2012 年 7 月，云南四川两省组织省、市、县 3 级环境保护部门对白鹤滩水电站"三通一平"工程的环境保护工作落实情况进行了现场检查。此举标志着云南四川联合对白鹤滩水电站开展现场环境监察拉开了序幕。

三十八、财政部、环境保护部对云南省水质良好湖泊生态环境保护工作进行监督检查（2012 年 7 月）

2012 年 7 月 22—28 日，由环境保护部规划财务司张士宝副司长带队的财政部、环境保护部监督检查组一行到云南省抚仙湖、洱海开展水质良好湖泊生态环境保护实施情况监督检查。云南省环境保护厅左伯俊副厅长陪同检查并向检查组全面汇报了云南省水质良好湖泊生态环境保护工作开展情况，玉溪市、大理白族自治州人民政府分别汇报了抚仙湖、洱海试点工作开展情况。检查组听取了汇报、查阅了相关资料，现场检查了抚仙湖东大河、大鲫鱼河和洱海波萝江整治，以及湖滨带生态建设、城镇截污治污、河口湿地等重点工程项目。检查组认为云南省紧紧抓住水质良好湖泊生态环境保护建设试点的历史机遇，从治理方案入手，狠抓项目建设，建立健全了组织领导机制、投融资机制、环境保护设施的运营保障机制、目标责任机制、监督检查机制，迅速启动、强力推进。截至 2012 年，抚仙湖、洱海试点总体方案已经云南省人民政府批复，并报财政部、环境保护部备案；试点项目 27 项全面启动，开工率达 100%，已基本完工 14 项，在建 13 项，完工率达 51.85%；抚仙湖、洱海水质和生态环境得到改善，抚仙湖水质总体保持 I 类标准，洱海水质 2011 年以来有 7 个月保持在 II 类标准。检查组同时也指出了存在的问题，要求云南省水质良好湖泊生态环境保护工作按照"方向明、方法对、路线清、过程严、工程优、绩效好"的试点要求，坚持"突出重点、择优保护、一湖一策、绩效管理"原则认真组织实施，并建议：要尽快完成 2011 年及 2012 年年度方案审批，明确省、市技术支撑单位，顺利推进水质良好湖泊生态环境保护工作；要严格按照建设项目管理程序，完善相关手续，进一步加快项目建设进度；要进一步加强资金管理，完善管理制度，提高资金的执行力度；要高度重视项目绩效目标管理，尽快委托第三方适时进行绩效评估。

三十九、环境保护部、财政部监督检查组到洱源督查洱海生态环境保护试点工作（2012 年 7 月）

2012 年 7 月 26 日，环境保护部、财政部一行 7 人到洱源县监督检查洱海生态环境保护试点工作。督查组由环境保护部规划财务司副司长张士宝带队，在大理白族自治州人民政府副州长许映苏陪同下，先后深入右所镇农村污水处理厂、茈碧湖等地，实地察看右所集镇污水收集处理设施工程、茈碧湖饮用水水源地湖滨带修复工程建设，边看边听取和了解了相关情况。通过实地察看和听取相关情况介绍，督查组一行对洱源县洱海生态试点工作取得的成绩给予充分肯定。认为洱源县委、洱源县人民政府高度重视洱海生态试点工作，发展思路清晰、目标明确、措施具体、重点突出，洱海保护治理各项工作扎实推进，生态文明试点县建设取得明显成效。不断强化生态文明理念，大力实施"生态立县"战略，落实监控措施，强化环境保护执法，严格污染减排，加大了对重点流域、重点区域的治理力度，为人民群众创造了天蓝、地绿、水清、气爽的良好环境，资源节约型、环境友好型社会建设步伐不断加快，生态环境优势越来越明显。针对下一步工作，督查组要求从洱源实际出发，进一步提升标准、加大力度，稳步推进洱海源头环境保护治理各项工作，真正把洱源县打造成全国生态高地。

四十、云南省环境保护厅污水处理厂现场督查组到南涧检查工作（2012 年 8 月）

为督促各州（市）、县污水处理厂正常运行，年底形成有效的减排量，2012 年 8 月 14 日，云南省环境保护厅污水处理厂督查组、大理白族自治州环境保护局、大理白族自治州环境监察支队、州环境监测站分管领导及各县分管领导和业务负责人，共计 70 余人，在南涧彝族自治县人民政府分管环境保护副县长刘海涛和南涧彝族自治县环境保护局、住房和城乡建设局负责人的陪同下，对南涧彝族自治县污水处理厂减排量认可条件落实情况进行现场检查。通过对污水处理厂在线装置的安装及运行情况、污水处理设施运行情况、中控系统运行情况、出水水质等情况的详细检查，督查组一致认为，南涧彝族自治县污水处理厂运行基本正常，但是中控系统与现场的数据传输有待进一步完善。

四十一、云南省环境保护厅督查组深入大理白族自治州现场督查主要污染物总量减排工作（2012 年 8 月）

为加强主要污染物减排工作，促进重点减排项目的落实，力争年底形成有效减排量，8 月 13—14 日，云南省环境保护厅总量处白云辉处长、环境监测处孟广智副处长带领减排督查组一行 7 人深入大理白族自治州现场督查主要污染物总量减排工作。大理白族自治州环境保护局、环境监察支队、环境监测站以及 12 县市环境保护局分管领导及减排负责人一行 80 人参加了督查。督查组深入大理市、祥云县、弥渡县、南涧彝族自治县污水处理厂，采取察看问听的方式，对设备运行管理、在线监控运行维护、数据采集传输等进行了实地察看，对减排量认可条件和材料准备进行了现场培训指导，并针对污水处理厂运行管理存在的问题提出了整改要求。通过现场培训，进一步提高了全州环境保护人员的现场监管水平。现场检查结束后，分别在弥渡县、大理市召开了城镇生活污水处理厂座谈会，12 县市参加督查人员针对现场察看发现的问题和情况进行了发言，云南省环境保护厅督查组逐一解答了与会人员提出的各类问题。同时，为进一步促进农业源减排工作，特邀 9 家列入规模化畜禽养殖减排任务的养殖场参加了畜禽养殖减排座谈会，就农业源减排措施和材料的准备进行了全面讲解，明确了畜禽养殖削减量认定条件和材料上报准备事项，增强了农业源减排的信心。督查工作结束后，大理白族自治州环境保护局及时对存在问题的大理市、祥云县、弥渡县、南涧彝族自治县污水处理厂提出了整改要求，为确保大理白族自治州 2012 年主要污染物总量减排工作顺利进行，年底完成预定减排任务打下了坚实基础。

四十二、云南省认真督促农村环境综合整治项目实施（2012 年 8 月）

2012 年以来，云南省环境保护厅着力督促编制《云南省农村环境保护规划》《云南省土壤污染防治规划》；开展全省"十二五"农村环境综合整治项目库建设，共纳入 25 个项目，涉及 50 个建制村、144 个自然村；开展 2010 年度农村环境综合整治"以奖促治"项目环境成效评估，督促 2011 年度中央和省级环境保护专项资金项目的实施，截至 8 月底 21 个已完工、11 个基本实施完毕、30 个正处于施工阶段，部分州县的项目进展缓慢。2012 年 9 月 26 日云南省环境保护厅组织召开全省环境保护重点工作推进会，张志华副厅长在会议上特别强调"2011 年农村环境综合整治项目还没完成的，要加大工作力度"。会后，云南省环境保护厅自然生态保护处建立了项目进度跟踪责任制，安排专人督促项目进展，加强项目实施指导，及时协调项目建设中遇到的困难问题，对工作不力的将予以通报批评。

四十三、云南省环境保护厅人事处、监察总队领导到墨江哈尼族自治县检查指导工作（2012 年 8 月）

2012 年 8 月 29 日，云南省环境保护厅人事处李科美处长、监察总队赵晓才书记一行 3 人亲临墨江哈尼族自治县环境保护局检查指导工作。李科美处长一行现场察看了墨江哈尼族自治县环境保护局办公条件及相关设备、设施，召开座谈会，听取了墨江哈尼族自治县环境保护局领导关于墨江哈尼族自治县环境保护局机构编制、人员情况和工作开展情况及存在的困难情况汇报。听了汇报后，李科美处长对墨江环境保护工作给予很高评价，并提出了以下建议：一是应该多渠道加强环境保护干部的相关法律、法规和专业知识培训学习，不断提高环境保护系统干部的业务水平和执行能力。二是要加强与普洱市环境保护局、云南省环境保护厅的沟通联系，争取普洱市环境保护局、云南省环境保护厅的关心支持，同时更好地掌握业务工作方面的动态信息。三是墨江哈尼族自治县环境保护局在全县项目引进的过程中要积极做好环境保护服务工作，把好项目环评关。

四十四、云南省环境保护厅环境监察工作专项稽查组到保山市开展环境监察执法专项检查工作（2012 年 9 月）

2012 年 9 月 20—21 日，云南省环境保护厅环境监察工作专项稽查组一行 4 人，在云南省环境保护厅纪检监察室主任程建京和云南省环境监察总队邓聪副总队长的带领下对保山市环境监察工作稽查、执法检查情况和环境保护专项行动工作开展情况进行了专项稽查。稽查组认真听取了保山市环境保护局武立辉副局长的工作汇报，查阅了 2011 年以来市、县（区）环境监察部门对工业污染源的现场监察记录，抽查了部分环境行政处罚案件和排污费征收档案资料。稽查组认为，长期以来保山市环境保护局领导班子高度重视环境监察工作，各项监察业务开展扎实，稽查组抽查的《现场监察记录》内容完整、信息真实准确；环境行政处罚案件做到了程序合法、采用法律条文准确、相关证据齐备；排污费征收工作认真执行了"收支两条线"规定，基本做到排污收费的录入、审核、汇总、开单、对账及报表上报等全部使用系统软件进行操作，基本做到"环保开票、银行代收、财政统管"的收费要求；环境执法过程中认真落实党风廉政建设责任制，自觉遵守环境监察"六不准"要求。最后，稽查组对保山市的环境监察工作提出了以下要求：一是继续抓好环境监察各项工作，进一步规范环境执法文书。二是加强装备管理，积极建立动态管理机制和台账。三是加强环境应急管理能力建设，抓住机遇成立环境应急分中心，争取国家支持。四是进一步规划队伍建设，加强对监察人员的培训。

四十五、国务院铬渣污染综合整治调研组对云南省铬渣无害化处置项目进行督查（2012 年 9 月）

2012 年 9 月，国务院办公厅督查室会同国家发展和改革委员会、财政部、环境保护局组成联合调研组到云南省陆良、牟定两地调研铬渣综合整治工作情况。调研组一行在地方政府及相关部门负责人的陪同下，先后实地察看了位于陆良县西桥工业片区的历史堆存铬渣渣场防护措施落实情况、陆良化工铬渣无害化处置工程建设及解毒情况、陆良化工铬盐生产线恢复生产情况，以及牟定县铬渣堆场、铬渣无害化处置场，对铬渣堆放、含铬废水收集、铬渣无害化处置项目建设及生产运行情况进行实地察看。两地分别召开了铬渣综合整治工作座谈汇报会。会上，地方政府负责人汇报了铬渣综合整治工作情况，相关环境保护部门做了补充汇报。在实地察看和听取汇报后，调研组对铬渣综合整治及铬渣污染事件后续综合整治工作给予了充分肯定，组织领导有力、采取的措施到位，尤其是为确保完成历史遗留铬渣处置任务明确了处置计划、落实了处置资金分配方案，为全国治理铬渣积累了丰富的实践经验，所开展的工作扎实有效。调研组要求，在今后的工作中，要进一步加强铬渣堆场监测，防止发生污染事件；加大资金支持力度，认真落实地方政府责任；加强督促检查力度，落实各项处置措施，确保按时、按质完成铬渣治理任务；加强对企业的监督管理，确保不发生新的环境问题。

四十六、云南省环境保护厅对昆明等 5 州（市）开展环境监察专项稽查（2012 年 9 月）

2012 年 9 月 10—21 日，按照《云南省环境保护厅关于开展全省环境监察专项稽查的通知》要求，云南省环境保护厅组织总队、纪检监察室，分成两组对昆明、楚雄、大理、保山、德宏 5 个州（市）2011 年以来开展工业污染源现场环境监察工作、环境行政处罚案件现场调查取证工作进行了专项稽查。共提取 5 州（市）本级对辖区内污染源环境现场监察案卷数 41 家、环境行政处罚案卷 13 份。重点对昆明、楚雄两个州（市）环境保护局的污染源现场监察次数是否符合要求的监察频次、《污染源现场监察记录》填写的完整性、现场监察结论的明确性、拟提出的处理意见或要求的合法性、环境违法案件现场调查取证工作主要证据的规范性、案件调查报告的规范性等进行了稽查。通过开展环境监察稽查工作，进一步规范了州（市）环境保护局的环境执法行为，完善了环境监察执法档案管理和制度建设等，促进环境监察工作执法能力，提升了云南省环境监察执法的整体水平，达到了环境监察稽查工作的目的。

四十七、2012 年第十期全国环境监察干部培训班在云南昆明举办（2012 年 10 月）

2012 年 10 月 27 日，由环境保护部环境监察局主办、环境保护部宣传教育中心承办的 2012 年第十期全国环境监察干部培训班在云南昆明开班，来自 30 个省区市，共100 名（云南省 70 名）同志参加培训。本期培训班为期 6 天，特邀环境保护部领导和专家授课。首先由云南省环境保护厅杨志强副厅长致辞，杨副厅长介绍了云南省的自然、经济和社会概况，分析了云南省环境保护工作面临的形势，重点介绍了云南省环境监察执法工作的特色和今后的工作思路。随后，环境保护部环境监察局局长邹首民对为什么要办这次培训班、如何办好这次培训班、培训什么内容提出了 3 个方面的要求，并对本期培训班提出要求，希望大家能够珍惜这次学习机会，主动思考，学有所思、学有所获，要严密组织、严格考试。出席开班仪式的有环境保护部环境监察局局长邹首民同志、云南省环境保护厅副厅长杨志强同志。环境保护部环境监察局办公室主任孙振世主持开班仪式。开班会结束后邹局长又组织 30 个省区市的参会人员进行环境执法绩效评估试点工作座谈会，听取各单位对环境执法绩效评估的建议。

四十八、楚雄市加强环境监管维护社会稳定迎接党的十八大（2012 年 10 月）

为迎接党的十八大胜利召开，楚雄市环境保护局切实将强化环境监管作为环境保护工作的重中之重，对重点行业、重点企业、重点污染物采取有效措施强化监管，维护群众的环境权益，改善辖区的环境质量，保障全市的环境安全，积极营造稳定和谐的社会环境。一是加强涉重企业环境监管；二是加强对涉危险废物企业环境监管；三是加强对涉源单位的环境监管；四是加强对饮用水水源地的环境监管；五是狠抓环境信访矛盾化解，严格执行 24 小时带班和应急值班制度，确保环境投诉电话"12369"和应急值班电话畅通。对于群众反映的环境问题，认真及时开展调查处理，做到件件有落实、事事有回音，有力维护群众的环境权益，促进社会和谐稳定，并严格执行每天的信访"零报告"和每周一的维稳信息排查报告制度。

四十九、环境保护部环境监察局对云南开展环境监察稽查交叉抽查工作（2012 年 10 月）

根据环境保护部办公厅《关于开展 2012 年度环境监察稽查交叉抽查工作的通知》（环办函〔2012〕1165）要求，2012 年 10 月 25—29 日，由环境保护部环境监察局邹首民局长带队、河南省环境监察总队 3 人组成的第一检查组对云南省 2012 年环境监察专项稽查工作开展情况、污染源现场监察工作个案稽查情况及环境行政处罚案件调查取证工作个案稽查情况进行了检查。检查组分别听取了云南省环境保护厅、昆明市环境保护局、红河哈尼族彝族自治州环境保护局专项稽查工作情况汇报，查阅了相关稽查资料，随机抽查了省、市两级共 4 家工业污染源现场监察工作稽查档案（对当年的稽查档案进行了现场验证）和 2 份环境行政处罚案卷稽查档案。经检查组成员认真评估，云南省 2012 年专项稽查工作最终得分为 90 分。检查组充分肯定了云南省的环境监察稽查工作，认为云南省一是高度重视稽查组织工作；二是注重加强稽查宣传培训；三是认真开展稽查及整改工作；四是着力规范环境监察执法行为。环境监察稽查工作取得了明显实效。但同时也指出了云南省环境监察稽查工作存在以下问题：一是稽查工作有待改进；二是稽查案卷数与环境保护部要求不符；三是稽查主体和对象不明确；四是稽查档案整理尚需规范。针对国家检查组指出的问题，云南省高度重视，分管厅长专题听取了总队汇报。总队于 10 月 31 日又召开了专题会议，研究决定了整改落实措施：一是针对国家交叉抽查情况向环境保护部环境监察局写出专题简报；二是认真梳理检查发现的问题，主观上找原因；三是拟于 11 月中旬召开全省环境稽查工作会议，通报国家检查组交叉抽查情况及存在的问题，对做得好的州（市）给予表扬，对存在问题较多的州（市）给予批评，同时总结 2012 年环境监察稽查工作并布置 2013 年工作。

五十、强化环境监察稽查整改落实工作（2012 年 11 月）

为更好地贯彻国家交叉稽查要求，做好省级稽查发现问题的整改落实工作，经云南省环境保护厅领导批准，2012 年 11 月 27 日下午，总队在 8 楼会议室组织召开了 2012 年环境监察稽查工作通报会。参加会议的为纳入省级第一批稽查的昆明、楚雄、大理、保山、德宏及被国家交叉稽查的红河共 6 个州（市）分管局领导、支队长及具体承办环境监察稽查工作人员。会议还邀请了云南省环境保护厅纪检监察室程建京主任、法规与标准处管琼副处长等领导。会议首先通报了国家检查组对云南省昆明、红河的交叉稽查情况。其次通报了 2012 年省级组织的对昆明、楚雄、大理、保山、德宏等 5

州（市）的现场稽查情况。再次由环境监察稽查工作开展较好的红河哈尼族彝族自治州、保山市做了经验交流发言。随后，云南省环境保护厅纪检监察室程建京主任在会上提出全省各州（市）一定要提高认识，认真理解环境保护部组织开展环境监察稽查的重要意义，加强稽查制度建设，强调廉洁从政、依法管理、打好基础、不断总结、不断规范，努力抓好抓实抓出成效。最后黄杰总队长围绕全省开展环境监察稽查工作情况做了主题发言，阐明了开展环境监察稽查的目的意义，指出了 2012 年开展省级稽查工作发现的 3 个主要问题，并针对性地提出了 4 条整改落实措施和要求。会后，大家围绕如何进一步开展好云南省的环境监察稽查工作进行了认真讨论，提出了不少工作思路和方法。与会人员一致反映，这次通报会时间短、内容实，形式简单、富有成效，既指出了问题，又明确了整改措施，便于基层环境保护部门操作执行，有力促进了 2013 年环境监察稽查工作的开展。

五十一、大理白族自治州人民政府督查组到剑川县专项督查 2012 年主要污染物总量减排工作（2012 年 12 月）

污染减排是调整经济结构、转变发展方式、改善民生的重要抓手，是改善环境质量、解决区域性环境问题的重要手段，为进一步加强主要污染物总量减排工作，确保完成年度目标任务，2012 年 12 月 5 日由大理白族自治州农业局徐伟调研员带队，大理白族自治州农业局、住房和城乡建设局、环境保护局相关领导组成的大理白族自治州人民政府主要污染物总量减排专项督查小组第三组莅临剑川县，对剑川县重点减排工作进行督促指导。督查组一行实地察看了剑川县城市污水处理厂、云南国资水泥剑川有限公司脱硝项目进展情况，并召开了座谈会。会上姜辉副县长就剑川县 2012 年的主要污染物总量减排工作情况进行汇报。通过现场督查和听取汇报，督查组一致认为，剑川县对减排工作比较重视，理解落实比较到位，取得了一定成效，但离大理白族自治州委、大理白族自治州人民政府下达的减排要求还有一定的差距。针对督查中发现的问题和不足，提出了意见和建议。一是在确保质量的前提下，加快工程进度，完善相关手续，尽快进入调试阶段，调试阶段要高度重视安全问题。二是总量减排要整体推进，整理完善 2012 年污染物减排资料，迎接上级部门的审查。针对督查组提出的节能减排工作中的不足，姜副县长做了安排部署，要求责任单位鼎力配合，按期整改，完成减排工作，并表示下一步工作中，剑川县将按大理白族自治州委、大理白族自治州人民政府的要求，特别是督查组领导的指示精神，进一步狠抓落实、锐意进取，确保剑川县主要污染物总量减排目标圆满完成。

五十二、大理白族自治州督查组到弥渡县对主要污染物总量减排工作进行督查（2012 年 12 月）

2012 年 12 月 5 日，由大理白族自治州水务局副局长杨锡海带队，大理白族自治州农业局、环境保护局等部门组成的大理白族自治州人民政府主要污染物总量减排专项督查小组莅临弥渡县，对 2012 年弥渡县减排目标责任落实情况、重点项目建设情况等进行督查。督查组先后深入弥渡县污水处理厂、大理神野乳牛养殖科技有限公司，听取企业污染减排工作情况汇报，察看减排项目的建设和运行情况，随后召开座谈会，弥渡县环境保护局局长受弥渡县人民政府分管副县长的委托对弥渡县 2012 年主要污染物总量减排工作情况作汇报。会上，督查组对弥渡县的污染减排工作给予了充分的肯定，认为弥渡县污染减排工作领导高度重视、责任落实到位、工作措施有力、项目进展顺利、取得了明显成效，同时对弥渡县下一步的减排工作提出了意见和建议。参会相关人员表示，弥渡县将紧紧围绕弥渡县人民政府与大理白族自治州人民政府签订的目标责任书和弥渡县"十二五"总量控制规划要求，认真抓好落实，确保弥渡县 2012 年度总量减排目标任务的完成。

五十三、大理白族自治州环境影响评价管理专项检查组到弥渡县环境保护局检查指导工作（2012 年 12 月）

2012 年 12 月 20 日，由大理白族自治州监察支队队长黄勤带队，大理白族自治州建设项目环评受理中心、环境保护局环评科相关人员组成的环境影响评价管理专项检查组一行莅临弥渡县环境保护局检查指导工作。根据《关于印发大理白族自治州环境保护局 2012 年环境影响评价管理专项检查实施方案的通知》的文件精神，此次检查内容主要是弥渡县环境保护局 2011 年、2012 年建设项目环境影响评价管理、开展及审批等情况。检查组认真察看了弥渡县环境保护局 2011 年、2012 年建设项目审批目录及档案管理情况，并对部分项目档案进行抽查，从是否依法依规审批、技术审核及环评审批文件是否规范、环境风险防范及应急措施是否完善、项目进展情况、试生产及验收审批情况等方面，对抽查项目进行逐一检查。详细查看相关资料后，检查组对弥渡县环境保护局环境影响评价管理工作给予充分肯定，一致认为：弥渡县环境保护局严格按照分级审批相关规定进行项目审批，无越权审批行为；将环评技术审核与行政审批分开，环评审批文件规范；环评资料齐全，档案管理规范；实行行政审批网上公示，保障群众知情权，增强审批的透明度。弥渡县环境保护局局长表示，弥渡县环境保护局将继续加强环境影响评价管理工作，严格环境影响评价的准入把关，加大监管力度，扎实推进建设项目环境管理中的风险防范工作，维护群众环境权益，为县域经济又好又快发展提供保障。

五十四、环境保护部核查保山市中心城区污水处理厂（2013年 1 月）

2013 年 1 月 17 日，环境保护部核查组一行 4 人在省、市、区环境保护部门领导的陪同下，对保山市中心城区污水处理厂进行核查。保山市中心城区污水处理厂二期扩建 2 万吨/日的正常运行是国家 2012 年主要污染物总量减排重点项目，均纳入各级政府减排责任书中进行考核。环境保护部核查组深入实地察看了保山市中心城区污水处理厂进出水口在线监测、中控室、氧化沟生化处理池、二沉池、污泥脱水车间、紫外线消毒设施等，核查了 2012 年污水处理运行记录。2012 年保山市环境监测站全年 4 个季度监督性监测表明，保山市中心城区污水处理厂排水均达到《城镇污水处理厂污染物排放标准》（GB18918—2002）的一级 B 标。环境保护部核查组一致认为保山市中心城区污水处理厂 2012 年运行正常，达到减排责任书的要求，建议进一步加强管理，规范进出水口在线监测探头安装，调试校核出水口在线监测数据，完善中控室，确保污水处理系统长期稳定正常运行。

五十五、国家减排核查组深入保山市现场核查 2012 年减排工作（2013 年 1 月）

环境保护部 2012 年主要污染物总量减排核查组深入保山市腾冲县、隆阳区，对保山市 2012 年主要污染物总量减排工作完成情况进行了现场核查。核查组首先深入腾冲县红云农业科技发展有限公司，对该公司已实施完成的"干清粪+雨污分流"项目进行了实地察看，通过查阅生产报表，对实际养殖规模、粪便处理方式及去向、受纳土地面积等进行了现场核实。在保山中心城区污水处理厂核查时，核查组对整个污水处理过程进行了检查，查阅了设施运行记录、在线监测数据和中控运行数据。通过现场核查，核查组肯定了保山市 2012 年主要污染物总量减排工作，对腾冲县红云农业科技发展有限公司和保山中心城区污水处理厂项目实施情况表示满意。同时，核查组针对现场核查时发现的红云农业科技发展有限公司粪便沼气储罐容积偏小，污水处理厂中控部分数据与在线监测数据不符、进水浓度偶发性偏高的问题提出了整改要求。

在保山核查期间，核查组还深入云南双友冶金股份有限公司进行了检查。

五十六、江川县环境保护局对玉溪市第二批生态文明建设试点工作进行实地调研（2013 年 3 月）

为确保江川县生态文明建设试点工作有序推进，2013 年 3 月 26 日，江川县环境保护局深入九溪镇及下辖的六十亩、阳山庄、小营、放马沟 4 个自然村进行生态文明建设试点工作调研，落实各试点实施方案编制情况，江川县环境保护局局长李华同提出 5 点要求：一是各试点村生活垃圾要做到日产日清，设置集中堆放点，修建防冲刷、流失的挡土墙，最大限度避免水体污染；二是修建化粪池处理试点村散居农户粪尿；三是生活污水的处理，沟渠的修缮；四是水源地的保护；五是各试点项目要统筹安排，切实把项目实施工作做深、做细、做实、做好，扎实推进生态文明建设工作，并取得成效。

五十七、环境保护部到曲靖调研锌冶炼企业（2013 年 3 月）

2013 年 3 月 29—31 日，环境保护部调研组在省、市、县环境保护部门的陪同下，深入曲靖市罗平县、曲靖经济技术开发区专题调研建立锌冶炼行业重金属等特殊污染物排放环境影响评价体系。调研组现场调研了云南驰宏锌锗股份有限公司、云南罗平锌电股份有限公司等锌冶炼企业，深入细致地了解锌冶炼企业生产经营、污染治理及污染物达标排放等情况，并召开专题座谈会，研究建立锌冶炼行业重金属等特殊污染物排放环境影响评价体系。调研组专门听取了锌冶炼企业对锌冶炼项目生产经营、污染控制的情况汇报和省、市、县环境保护部门对涉重污染企业环境监管的情况汇报。调研组对曲靖市的环境保护工作给予了充分肯定，对曲靖市锌冶炼行业重金属等特殊污染物的监管、治理做出了全面的指导和要求，此次调研为建立锌冶炼行业重金属等特殊污染物排放环境影响评价体系奠定了坚实的基础。

五十八、通海县持续开展违法排污周末夜间暗查强化行政执法效果（2013 年 4 月）

2013 年 4 月 14 日星期天夜晚，通海县环境保护局组织 2013 年第二次夜间暗查，对杞麓湖主要入湖河道——红旗河和西干沟沿河（沟）排污企业的环境保护执行情况、排污情况进行检查。通过检查，7 家可能排放生产废水的企业中，有 3 家企业在生产、4 家企业处于停产状态；几家企业的厂外排污口或厂外农灌沟情况基本正常，其中 1 家停产企业的车间地盘冲洗水外排，已当场责令停止违法行为。2 月 28 日通海县环境保护局开展了第一次夜间突击检查，已将 1 家无环境保护审批手续的生产企业报通海县人民政府关停，其余 3 家违法排污企业已立案查处，其中两家已下达《行政处罚事先（听证）告知书》、1 家待补充调查后将依法按程序进行处罚。

五十九、保山市减排督查组对龙陵县 2013 年减排工作进行督查（2013 年 4 月）

2013 年 4 月 16 日，保山市减排督查组武立辉副局长一行 3 人到龙陵县督查 2013 年减排工作，龙陵县环境保护局廖光从局长、张文达书记等陪同检查。督查组首先察看了龙陵海螺水泥有限责任公司在线监控情况，在随后召开的督查座谈会上，武副局长根据国家、省、市减排相关文件精神并结合保山市情况，要求龙陵海螺水泥有限责任公司必须在 2013 年 9 月 30 日以前完成脱硝工程项目。在对龙陵县污水处理厂进行现场检查时，发现了诸多问题，特别是设备和管理上的不足，试运行半年以来，很多在线监测仪器数据不准确。对于存在的问题，督查组均一一指出，并要求运营方和设备供应方在佳洁环卫有限责任公司的监督配合下尽快逐一整改落实所存在的问题，确保在验收之前达到相关要求。督查组指出：2013 年减排工作时间紧、任务重、责任大。要求涉及相关企业和部门必须密切配合、相互支持、共同努力、抓实减排工作，确保年底圆满完成减排任务。

六十、保山市减排办公室开展 2013 年重点减排项目建设进度现场督查（2013 年 4 月）

为全面推进减排项目建设进展，确保完成年度主要污染物总量减排目标任务，保山市减排办公室组织人员对全市 2013 年重点减排项目建设进度进行现场督查。督查组根据保山市人民政府与云南省人民政府签订的 2013 年主要污染物总量减排目标责任书项目，确定了以水泥企业废气治理、制糖企业中低浓度废水治理、农业畜禽养殖场（小区）污染治理减排项目工程进度及城市污水处理厂建设运行情况为重点进行实地督促检查。在现场督查中，督查人员认真询问和察看项目前期工作开展情况、现场建设进度、污染治理设施运行状况、在线监测数据及减排资料，对督查中发现的项目前期、建设、运行中存在的问题现场进行了反馈，要求企业尽快制订解决方案，县区环境保护部门加强对检查中发现问题的督办工作，确保完成全年各项减排工作任务。

六十一、保山市环境保护局领导检查施甸县减排工作（2013 年 4 月）

为进一步落实环境保护目标责任、强化监督管理、做好污染减排工作、确保 2013 年主要污染物减排目标任务的完成，2013 年 4 月 15 日，保山市环境保护局党组成员、副局长武立辉带领污控科、监察支队到施甸县对 2013 年主要污染物减排工作进行检查。检查组对保山昆钢嘉华水泥建材有限公司、施甸县绿森牧业科技有限公司、施甸县城污水处理厂等进行实地察看。通过查阅企业生产报表，对设施运行记录、在线监测数据、中控运行数据及畜禽养殖规模、粪便处理方式、去向、受纳土地面积等进行了现场核实。同时针对存在的问题提出了整改要求，并安排施甸县环境保护局做好督促工作，采取有效措施，确保减排项目按期完成。

六十二、云南城市环境建设项目世界银行第 7 次例行检查（2013 年 5 月）

2013 年 5 月 21—25 日，项目经理胡树农先生率世界银行检查团对世界银行贷款云南城市环境建设项目（一、二期）的实施情况进行例行检查。内容包括：一是了解项目实施进展；二是重点讨论昆明滇池流域水污染物总量监控与管理支持系统、滇池流域综合管理、昆明禄劝彝族苗族自治县生活垃圾清运和处置工程、丽江古城狮子山环境综合整治工程、丘北县供水工程和普者黑湖泊水环境综合治理工程、富宁县普厅河水环境综合治理工程和昭通中心城市河道整治工程等子项目实施滞缓的节点；三是讨论明确一期项目中期调整方案，以进一步推进项目实施。云南省发展和改革委员会、财政厅、环境保护厅、住房和城乡建设厅、各级项目办、项目业主、设计单位、监理单位和技术援助咨询公司等有关部门及人员参加相关会议和专题讨论。

六十三、玉溪市环境保护局对红塔区污染减排工作开展督查（2013年5月）

为深入推进红塔区 2013 年主要污染物总量减排工作，确保完成云南省、玉溪市下达的减排目标任务，2013 年 5 月 8—9 日，玉溪市环境保护局污防科科长周模国一行代表玉溪市人民政府对红塔区 2013 年重点减排企业项目工作进展情况进行了现场督查。经现场检查并座谈，云南玉溪玉昆钢铁集团有限公司、玉溪汇溪金属铸造制品有限公司的脱硫塔已建设完工，正进行设备的安装调试。活发集团刘总旗钢铁厂、永旭钢铁有限公司正进行脱硫塔的建设。活发集团刘总旗钢铁厂、桥龙水泥厂脱硝工程正在积极筹备和研究中。通过督查，相关企业进一步认识了做好当前环境保护工作、抓好污染减排的重要性和必要性，有效地推动了红塔区 2013 年污染减排工作的顺利开展。

六十四、通海县加强监管严厉打击环境违法排污行为（2013年5月）

2013 年以来，通海县环境保护局加强监管严厉打击环境违法排污行为。至 5 月初，通海县环境监察大队共出动 200 余人次，检查企业 90 余家（次）。其中，组织开展 1 次周末突击检查、2 次夜间暗查。共下达 37 份环境违法行为（限期）改正通知书，立案查处 4 件环境违法案件，结案 3 件，共收到缴纳罚款 21.5 万元。将 3 家违法排污的小型再生造纸企业和 1 家无照经营违法排污（排放生产废水）企业报通海县人民政府关停。下一步将按照整治计划关闭杞麓湖径流区内的所有小型再生造纸企业；禁止杞麓湖径流区内新增污染物（工业生产废水）排放企业，严厉打击企业违法排放水污染物，努力减少入湖水污染负荷，切实建设美丽通海。

六十五、电子眼全天监控排放源（2013年5月）

在泸水县环境保护局环境监控中心，一块环境保护执法电子眼显示屏十分醒目，工作人员通过电子监控设备，实现了对重点排污企业的实时视频监控。泸水县环境保护局工作人员介绍，过去没有监控系统，接到群众投诉后，要跑 20 多千米路到工业园区开展执法活动，而且证据收集不准确，执法依据不充分。安装监控系统后，可以在第一时间掌握环境污染信息，企业的自觉性提高了，群众的投诉也少了。泸水县老窝镇分水岭硅工业园区位于老窝河上游，进入园区的企业共 9 家，除了 2 家电网公司外均为工业硅冶炼企业，7 家企业已通过环评审批。园区虽然不涉及自然保护区、文物保护单位、风景名胜区等环境保护重点区，但园区内和周边的菁地村、核桃坪等村落是环境保护的重点。为了做好园区的环境监测工作，泸水县多方筹措资金，积极打造自动化、数字化、经常化三位一体的环境监控监管模式，建设全新的环境监管平台，建成了响应快速的环境安全预警与突发事件应急处置指挥系统，进一步加强了环境监测和保护工作。2013 年 5 月，泸水县环境自动监控系统正式启用，实现了对泸水县老窝镇分水岭工业园企业污染物排放的全天候在线监测。"为了保证园区周边群众的利益，县环境保护局对园区企业实施 24 小时环境监控，有效地防止了企业偷排、超标排放污染物和关闭治污设备的违法行为，为进一步做好园区环境保护工作，保护人民群众健康、维护企业利益奠定了坚实基础。"泸水县环境保护局局长杨宗霖介绍。

六十六、云南省环境保护厅对宾川县污水处理厂进行检查（2013 年 5 月）

2013 年 5 月 6 日云南省环境保护厅污染物排放总量控制处一行 4 人到宾川县污水处理厂进行检查，陪同检查的有大理白族自治州环境保护局副局长谢宝川、宾川县人民政府副县长杨波，宾川县环境保护局局长徐勇、副局长任世宇和周爱军等。检查组经过查阅资料和现场检查发现，宾川县城污水处理厂存在以下管理和操作的不足：一是台账不健全。二是配水井运转不正常，鼓风机检修之后还有一些纸在风机上，影响风机的正常运行。三是脱泥不正常，总磷超高，氨氮也超高。四是中控系统运行不正常。自动监控设施未接入中控系统、无历史数据曲线。在线监测和中控不一致，出水口 pH 偏高。五是自动监控设施问题突出。针对检查出的问题，检查组提出了具体要求：一是高度重视，认真整改。抓好管理减排，确保污染防治设施正常运行，是一项非常重要而紧迫的工作。要建立健全污水处理厂运营经费保障机制和正常运行管理制度，确保污水处理厂达产达标，规范运行。二是严格执法，强化监管。县城污水处理厂是重要的化学需氧量减排单位，加强执法监管，细化管理措施，保证县城污水处理厂达标排放，是确保完成化学需氧量减排任务的关键。三是在 6 月底之前全面完成整改。大理白族自治州环境保护局副局长谢宝川表示，严格按照检查组提出的整改意见在时限内认真完成整改，整改的情况逐级上报到云南省环境保护厅。宾川县人民政府副县长杨波表示，进一步加强污水处理厂的运转，抓实污水处理厂的工作，宜宾县住房和城乡建设局为责任主体单位，宜宾县环境保护局要一如既往地支持指导好污水处理厂的运行管理工作，宜宾县污水处理厂必须按照检查组提出的问题认真按时限完成整改，确保全县污染物减排指标任务完成。

六十七、大理白族自治州全面完成环境保护及相关产业调查工作（2013 年 5 月）

根据环境保护部、国家发展和改革委员会和国家统计局《关于开展 2011 年全国环境保护及相关产业基本情况调查的通知》精神，按照云南省环境保护厅、发展和改革委员会、统计局联合下发的《关于开展 2011 年全省环境保护及相关产业基本情况调查的通知》要求，大理白族自治州高度重视，大理白族自治州环境保护局、发展和改革委员会、统计局联合印发了《2011 年大理州环境保护及相关产业基本情况调查实施方案》，成立了调查领导小组以及调查办公室，明确了各部门职责，对调查人员进行了培训。自 2012 年 12 月 18 日召开调查启动会开始，大理白族自治州各县（市、区）环境保护局联合相关部门克服时间紧、任务重等诸多困难，历时近 5 个月，对大理白族自治州环境保护相关产业开展了调查，通过各级相关部门的共同努力，顺利完成了各项调查任务。据统计：大理白族自治州纳入 2011 年度环境保护及相关产业调查的从业单位总共有 48 家，符合调查要求的单位有 27 家，其中事业 9 家、企业 18 家。主要涉及环境保护及相关产品生产经营、环境服务、污染治理设施服务及环境保护设施运营、资源循环利用产品生产经营等行业。其中从事环境保护及相关产品生产经营的有 12 家，产品年销售产值达 2.74 亿元、销售收入达 2.62 亿元、销售利润达 0.17 亿元，所生产产品主要用于内销和出口；从事环境服务的有 15 家，环境服务年收入达 0.63 亿元。环境保护及相关产业从业人员共计 1665 人。通过此次调查，掌握了大理白族自治州 2011 年度环境保护及相关产业法人单位数量，从业人员情况，法人单位经营情况，环境技术研发、引进及应用，环境保护产品，环境友好产品，资源循环利用产品，环境服务业的生产经营，环境工程建设和环境保护设施运营项目等基本情况，形成了大理白族自治州环境保护及相关产业数据库，为大理白族自治州制定和实施环境保护及相关产业的政策、规划、管理及决策提供了科学依据。

六十八、云南省人民政府节能减排第二专项督察组对保山市 2013 年第一季度节能减排工作开展情况进行专项督查（2013 年 5 月）

2013 年 5 月 22 日，由云南省环境保护厅、工业和信息化委员会、统计局等人员组成的云南省人民政府节能减排第二专项督查组，对保山市 2013 年第一季度节能减排工作开展情况进行了现场督查。

云南省人民政府节能减排第二专项督查组在保山市人民政府及相关部门领导的陪同下，对龙陵海螺水泥有限责任公司节能减排项目进行检查，听取了企业新型干法水泥窑烟气脱硝工程（2013 年省级污染减排重点项目）进度汇报，并实地察看了余热发电项目运行情况。22 日下午在保山市人民政府召开了节能减排专项督查汇报反馈会，保山市人民政府余有林副秘书长对保山市 2013 年第一季度节能减排工作开展情况进行汇报。督查组充分肯定了保山市节能减排工作并提出了要求，一是要充分认识节能减排工作的重要性，切实把节能减排工作抓牢、抓实。二是要深挖节能减排项目潜力，重点抓好国家重点减排项目、污水处理厂运行、畜禽养殖减排项目的落实，确保完成年度和"十二五"工作任务。三是要统筹做好各部门统计数据的对接，保证节能减排数据的真实可信。

六十九、云南省人民政府对曲靖市 2013 年第一季度节能减排进展情况进行督查（2013 年 5 月）

2013 年 5 月 16—17 日，云南省人民政府第一督查组对师宗县、罗平县、麒麟区、沾益县等县区重点节能减排企业现场进行督查。在听取曲靖市人民政府 2013 年第一季度节能减排进展情况汇报后，云南省人民政府第一督查组对曲靖市节能减排工作给予了充分的肯定，同时对做好节能减排工作提出了具体意见：一是曲靖市人民政府对节能减排工作高度重视，领导到位、工作措施到位、责任落实到位，形成了领导重视、部门配合、企业努力、社会参与的工作格局。二是 2013 年曲靖市减排项目较多，减排压力较大，重点减排项目比较突出（重点是火电、钢铁、水泥等行业的脱硫脱硝），减排形势比较严峻。三是在节能减排工作中各项措施要落到实处，尽管存在各方面的问题，但减排目标不变、任务不变，要进一步采取措施、控制增量、优化存量，加大重点减排项目工程进度，切实提高污染处理设施的运行管理水平，进一步加大对节能减排的分析力度，找准找清存在的问题，及时采取相应的对策措施，早分析、早研究，确保完成曲靖市 2013 年节能减排目标任务。

七十、抚仙湖西岸江川段生活污水收集工程初步设计通过评审（2013 年 6 月）

2013 年 6 月 7 日，玉溪市发展和改革委员会在玉溪召开《抚仙湖西岸江川段生活污水收集工程初步设计》评审会。由云南省、玉溪市 5 位该领域的专家组成专家组进行审查，经与会专家、领导认真研究讨论，一致通过了评审。该项目属抚仙湖"十二五"水污染综合防治规划项目，也是 2013 年抚仙湖保护重点项目之一，批准投资 2010 万元。计划将抚仙湖西岸秦家山—明星段生活污水收集输送至北片区污水处理厂实施处理。对完善区域内基础设施、减少入湖污染物负荷、保护抚仙湖具有重要的作用。初步设计评审的通过，标志着该项目即将进入正式实施阶段。

七十一、昆明市将加强黄标车污染监管（2013 年 6 月）

2103 年 6 月 9 日昆明市召开《昆明市机动车排气污染防治条例（修订草案）》听证会。昆明市拟增加黄标车的限制区域和限制使用时间的条款，并授予公安机关交管部门黄标车限行执法权限，对违规车辆进行处罚。为了控制机动车排气污染，昆明市于 2008 年制定了《昆明市机动车排气污染防治条例》。随着经济发展和人们生活水平的提高，昆明市机动车保有量大幅攀升。截至 2013 年，昆明市机动车保有量 170 万辆，黄标车数量为 14 万辆，占比 8%，但其污染程度较大。环境保护部门数据表明，1 辆黄标车相当于 14 辆国Ⅲ、28 辆国Ⅳ绿标车的排污量。对此，有必要在昆明市的立法权限内在原有《昆明市机动车排气污染防治条例》基础上，修订一部较为全面的机动车排气污染防治法规。《昆明市机动车排气污染防治条例（修订草案）》规定，各级政府应当将机动车排气污染防治纳入环境保护规划，建立机动车排气污染防治监控体系；应当制定有关政策和措施，鼓励、支持、推广使用优质清洁车用能源；在昆明市禁止销售不符合国家规定的污染物排放标准的机动车和禁止销售不符合国家规定标准的车用燃料；在昆明市初次注册或者办理转移、变更登记的机动车，不符合污染物排放标准的，公安机关交通管理部门不予办理；在用机动车污染排放经检测不符合排放标准且无法修复的，应当报废；不主动报废的，将强制注销。

七十二、昆明市人民政府督查组督查各县区上半年污染物总量减排工作（2013 年 7 月）

2013 年 7 月中旬，由昆明市纪委、人民政府督查室、农业局、住房和城乡建设局、环境保护局等部门组成的昆明市人民政府督查组对各县区进行全市主要污染物总量减排工作专项督查。督查组深入各重点企业督查各减排项目的工作开展及设施运行情况，并对下一步的减排工作提出详细要求，对全市减排工作有积极的促进作用。

七十三、昆明市人民政府督查组对玉溪市 2013 年上半年污染减排工作进行督察（2013 年 7 月）

昆明市人民政府督查组于 2013 年 7 月 10—16 日对玉溪市 2013 年上半年污染减排工作进行督察，其中农业局涉及 45 家规模化养殖场（小区）污染减排，主要采取干清粪+粪便产生沼气+污水厌氧+好氧+深度处理，或干清粪+农田利用，或关停等综合防治措施，达到减少化学需氧量和氨氮的目标任务。督察组认真听取了汇报，重点察看了 45 家养殖场（小区）的雨污分流设施、粪污储存设施、沼气等废弃物处理设施建设，肯定了 8 县 1 区已取得的减排成效，并指出了工作与减排目标计划和市政府的要求存在的差距：一是规模化养殖场（小区）减排资料建立不完善；二是某些规模化养殖场（小区）减排工程进度滞后，硬件设施尚未完全到位，存在雨污分流不到位（甚至雨污未分流）、污水收集系统和废弃物处理设施（包括沼气生产、有机肥生产等）不完善的问题；三是减排措施尚欠完善，经验贫乏，技术欠缺。为保证玉溪市 2013 年畜禽养殖污染减排任务顺利完成，督察组就此次督查存在的问题提出 3 点整改意见：一要把握时间节点，加快项目实施进度。二要强化监管，加强减排力度。三要切实履行职责，确保减排各项具体工作落到实处。

七十四、环境保护部环境监察局陈善荣副局长一行赴云南省检查工作（2013 年 7 月）

2013 年 7 月，环境保护部减排核查组和专项行动检查组在环境监察局陈善荣副局长带领下，对云南省昆明、曲靖等州（市）进行了工作检查。其中，云南省环境保护厅和总队领导陪同环境保护部核查组一行专门到昆明市东川区开展了企业环境风险的检查。核查组认真听取了昆明市、东川区人民政府关于 2013 年 4 月小江"牛奶河"事件处置情况、责任追究情况及整改落实情况的汇报。

核查组还现场检查了云南铜业凯通有色金属有限公司、昆明川金诺化工有限公司两家企业硫酸储罐区，要求进一步完善硫酸储罐围堰设施，补充应急物资储备；对东川小江流域黄水箐尾矿库、汤丹尾矿库，提出了加强环境安全管理，尾矿澄清液要做到达标排放的要求。

七十五、云南省环境保护厅对曲靖等 5 州（市）开展环境监察专项稽查（2013 年 7 月）

按照《云南省环境保护厅关于开展全省环境监察专项稽查的通知》要求，云南省环境保护厅组织云南省环境监察总队、云南省环境保护厅纪检监察室，从 7 月开始分别对曲靖市、昭通市、文山壮族苗族自治州、玉溪市、普洱市 5 州（市）2012 年以来开展工业污染源现场环境监察工作、环境行政处罚案件现场调查取证工作进行专项稽查。重点对污染源现场监察次数是否符合要求的监察频次、《污染源现场监察记录》填写的完整性、现场监察结论的明确性、拟提出的处理意见或要求的合法性、环境违法案件现场调查取证工作主要证据的规范性、案件调查报告的规范性等进行了稽查。通过开展环境监察稽查工作，进一步规范了州（市）环境保护局的环境执法行为，完善了环境监察执法档案管理和制度建设等，促进环境监察工作执法能力，提升了云南省环境监察执法的整体水平，达到了环境监察稽查工作的目的。

七十六、保山市环境监测站检查怒江水质自动站工程建设项目（2013 年 7 月）

2013 年 7 月 31 日，保山市环境监测站副站长寸黎辉到施甸县红旗桥检查怒江水质自动站工程建设项目。保山市怒江水质自动站工程建设项目属国家排污费专项资金建设项目，用地 2.9 亩，总建筑面积 175 平方米，总投资预计 123 万元。工程正在建设中，检查组一行到工地现场检查了施工情况，详细了解了工程进度，对照设计图纸检查了工程施工质量，并向施工方提出要求：一是要严格按照设计图纸施工，不得随意变更图纸设计。二是正值雨季，要加强施工现场管理，确保施工安全。三是在抓紧工程进度的同时，要确保工程质量，早日竣工投入使用。随后，检查组一行参加了保山市红旗桥边防检查站建军节联谊活动，慰问了边防武警官兵，并就今后怒江水质自动站与边防检查站共同用水、用电等相关事宜与边防检查站相关领导进行洽谈。

七十七、大理白族自治州人民政府督查组到弥渡县专项督查 2013 年上半年主要污染物总量减排工作（2013 年 7 月）

为推进 2013 年云南省、大理白族自治州重点减排工程项目建设，确保完成 2013 年度减排目标任务，2013 年 7 月 25 日，由大理白族自治州人民政府督察室主任张云凯带队，大理白族自治州人民政府督查室、公安局、环境保护局相关人员组成的督查组到弥渡县对 2013 年上半年主要污染物总量减排工作进行专项督查。督查组一行对华润水泥（弥渡）有限公司、弥渡县城市污水处理厂、弥渡县金润良种奶牛场等 6 家省级重点减排项目进行现场检查。检查时，企业负责人对减排项目进展情况作介绍，并保证按照与弥渡县人民政府签订的责任书要求按时完成减排任务。弥渡县人民政府将弥渡县 2013 年上半年减排工作进展情况、减排项目实施情况及减排工作计划等形成书面报告向督查组进行汇报。督查组充分肯定了弥渡县总量减排工作取得的成绩，一方面组织领导到位，弥渡县人民政府与重点减排项目实施企业签订了《弥渡县 2013 年主要污染物总量削减目标责任书》；另一方面建立部门联动机制，环保、工信、住建、畜牧等部门协调配合。同时，针对弥渡县总量减排工作存在的不足提出要求：一是加快华润水泥（弥渡）有限公司脱硝项目建设；二是尽快完善污水处理厂在线监测设备的安装和调试工作，尽快办理验收手续；三是未建成沼气处理设施的畜禽养殖场要加快建设进度。下一步，弥渡县将按照督查组的要求，进一步采取有力措施全力推进污染减排各项工作，确保完成弥渡县 2013 年主要污染物总量减排目标任务。

七十八、玉溪市工业和信息化委员会提前完成清洁生产审核任务（2013 年 8 月）

玉溪市 2013 年清洁生产目标任务是开展自愿性清洁生产审核企业 3 户、清洁生产合格企业 1 户。开展自愿性清洁生产审核企业为通海县元山水泥厂石棉制品分厂、云南省活发集团刘总旗水泥有限公司、云南瑞江木业有限公司；云南省活发集团刘总旗水泥有限公司争创清洁生产合格企业。截至 2013 年 6 月，通海县元山水泥厂石棉制品分厂、云南省活发集团刘总旗水泥有限公司、云南瑞江木业有限公司 3 户企业均完成了自愿性清洁生产审核评估并通过了市级验收，其中云南省活发集团刘总旗水泥有限公司清洁生产合格企业于 3 月完成了市级初审并上报云南省工业和信息化委员会，4 月通过了云南省工业和信息化委员会组织的评审验收，5 月取得了云南省清洁生产合格企业证书，提前完成了 2013 年度清洁生产目标任务。

七十九、江川县完成 2013 年整治违法排污企业保障群众健康环境保护专项行动集中排查工作（2013 年 8 月）

江川县 2013 年环境保护专项行动成员单位组成两个排查小组，对辖区范围内的水泥、造纸、城镇污水处理厂、垃圾填埋场、磷化工、电镀、医药制造、生物化工、食品、畜禽养殖、废塑料加工颗粒等行业的 38 户企业（单位）进行了专项排查，环境保护专项行动领导小组办公室根据各企业（单位）存在的问题，下发整改通知并督促进行落实。

八十、大理白族自治州人民政府第二督查组检查宾川县主要污染物总量减排工作（2013 年 8 月）

根据《大理州人民政府办公室关于开展 2013 年上半年主要污染物总量减排专项督查工作的通知》要求，大理白族自治州人民政府第二督查组一行 4 人到宾川县检查主要污染物总量减排工作情况，本次督查的主要内容是 2013 年度污染减排重点项目推进情况和污染减排措施落实情况。督查组在宾川县人民政府副县长杨波、环境保护局、住房和城乡建设局领导的陪同下，现场察看了宾川县污水处理厂、大理昆钢金鑫建材有限公司水泥生产线。检查的主要内容是宾川县污水处理厂污水处理设施的运行情况、化学需氧量和氨氮的减排进展情况、化验室监测数据和污水处理设施运行在线监测情况及相关资料，以及水泥厂日产 2000 吨熟料生产线的烟气脱硝改造项目工作的进展情况等。现场检查结束后，检查组一行听取了宾川县人民政府副县长杨波关于宾川县 2013 年上半年主要污染物总量减排工作情况汇报。

八十一、环境保护部环境监测司司长罗毅到曲靖调研环境监测工作（2013 年 8 月）

2013 年 8 月 7 日，环境保护部环境监测司司长罗毅先后到马龙县环境监测站、曲靖市环境监测站实地察看了环境监测业务开展及监测能力建设情况。曲靖市政协副主席张长英、环境保护局局长阳开府陪同调研。罗毅在调研时指出，曲靖市环境监测工作扎实有效，特别是在突发环境应急监测过程中充分发挥作用，为当地党委、人民政府决策提供了翔实的监测数据，监测业务不断拓展，监测能力建设进一步加强。罗毅要求，曲靖市要切实加强环境监测能力建设，提高监测水平；要更加注重监测数据及结果的运用；要通过业务"练兵、比武"，进一步加强业务能力技能培训；要不断提高环境监测科研水平，突破监测项目，力争达到全指标监测；要加强环境监测信息公开工作，充分保障群众对环境信息的知情权和监督权；要加强与上级监测部门的业务联系，借鉴学习环境保护工作开展较好地区的经验。

八十二、保山市环境保护局深入基层督查重点减排项目确保总量减排任务按期完成（2013 年 8 月）

为督促各县区切实推进 2013 年度重点减排项目进展，确保顺利完成 2013 年云南省人民政府下达保山市减排目标责任书考核工作任务。2013 年 8 月 20 日，保山市环境保护局领导及相关科室人员深入施甸县，前往保山昆钢嘉华水泥建材有限公司、施甸县污水处理厂和保山康丰糖业有限公司（施甸旧城糖厂）。现场检查减排项目实施情况和在线监测设备建设安装情况后，保山市环境保护局副局长武立辉就现场检查 3 家企业的减排项目实施情况分别提出了要求：一是保山昆钢嘉华水泥建材有限公司 3000 吨/日水泥熟料生产线选择性非催化还原技术烟气脱硝工程需加强对脱硝装置的维护和管理，确保设备运行正常，污染物达标排放，综合脱硝效率不低于30%；抓紧烟气在线监测系统建设，确保 8 月 30 日前建成联网并通过验收。二是施甸县污水处理厂在线监测系统硬件设施基本建成，尽快完成联网、监测、调试、效验等技术工作，确保 8 月 30 日前建成联网并通过验收。三是保山康丰糖业有限公司（施甸旧城糖厂）制糖废水深度治理及资源综合利用工程抓紧组织施工，制订施工进度计划，2014 年榨季必须建成投运。

八十三、云南省减排工作专项督查组到巍山彝族回族自治县污水处理厂进行专项督查（2013 年 8 月）

2013 年 8 月 20 日云南省环境保护厅污水处理厂减排工作专项督查组在大理白族自治州环境保护局领导、巍山彝族回族自治县人民政府副县长、住房和城乡建设局、环境保护局等领导的陪同下，到巍山彝族回族自治县污水处理厂进行专项督查，督查组根据 2013 年 5 月 8 日云南省、大理白族自治州减排专项督查组提出的整改意见进行了专项检查。在检查过程中，巍山彝族回族自治县人民政府副县长、住房和城乡建设局局长向云南省、大理白族自治州督查组进行了工作汇报，根据督查组提出的整改意见和要求，巍山彝族回族自治县人民政府高度重视，及时成立整改领导组，明确整改方案，对配套设备进行完善调试，完成了污水处理厂厂区绿化、美化、亮化工作，并在管理思路上拓广了运营模式，为污水处理厂正常运行奠定了坚实基础。通过此次检查，督查组认为，存在的问题已整改完成，并充分肯定了巍山彝族回族自治县污水处理厂整改工作中取得的成绩，对下一步污水处理厂需要开展的工作思路也给予了充分肯定。巍山彝族回族自治县将认真贯彻落实好督查组提出的意见、建议，全力做好节能减排各项工作。

八十四、云南省环境保护厅督查组到大理白族自治州进行污水处理厂专项督查（2013年9月）

2013年8月19日、20日、21日，由云南省环境保护厅总量处白云辉处长、柴艳和云南省环境监测站高毅组成的总量减排督查组到大理白族自治州开展督查，白处长一行先后对大理市、大理市创新工业园区、鹤庆、洱源、巍山、漾濞、云龙、弥渡8个县市污水处理厂进行了专项督查，大理白族自治州环境保护局谢宝川副局长、污控科、环境监察支队、环境监测站相关人员陪同参加了检查。督查组实地察看了污水处理厂基础设施建设和整个工艺流程，详细了解实际污水处理情况、进出水水量与水质及管网建设情况，检查污水处理设施运行状况，调阅在线监测系统、中控系统历史数据，查看污泥等相关台账、记录。现场检查后，各县市人民政府分管领导分别专题汇报了整改情况，督查组针对5月督查中存在问题的整改落实情况逐一进行反馈，对此次督查基本给予肯定，并要求各县市切实完善各项留尾工程，确保污水处理厂正常运行，按期完成整改，年底形成有效的减排量。

八十五、西畴县开展集中式饮用水水源地专项执法检查（2013年9月）

为切实加强全县饮用水水源地的环境保护工作，确保人民群众饮用水安全，文山壮族苗族自治州西畴县环境保护专项行动领导小组组织人员对县城及兴街集中式饮用水水源开展了环境保护专项执法检查。经检查，县城及兴街镇供水水源地均制定了环境保护规划，水务部门在各水库均设立了水库管理站，负责对水库的日常管理，水库周边设立了护栏、界桩、警示牌。在集中式饮用水水源地规划中一级、二级保护区内无工矿企业，无集中式畜禽养殖和网箱养鱼等，无企业的排污口和集中污染源，存在的污染主要是农村面源污染、农业源污染。针对存在的农村面源污染，西畴县结合实际，积极采取措施加以防治。一是加强对集中式饮用水水源地的专项整治和日常监察；二是加强饮用水安全宣传，提高广大人民群众的环境保护意识；三是严格实行环境保护前置审批制度，未经环境保护部门同意，各级各部门一律不得在规划保护区内审批兴办建设项目及其他与饮用水水源地保护无关的项目；四是水库管理站加强水源保护区的日常巡查，发现问题及时处理并上报。通过采取这一系列措施，有效推进饮用水水源地环境保护工作的深入开展，为确保饮用水安全打下坚实的基础。

八十六、注重环境监察稽查培训，提升基层稽查水平（2013年9月）

云南省环境监察总队高度重视环境监察专项稽查工作，将其作为规范执法队伍、提升执法水平、提高执法效能的有效抓手，根据《云南省环境监察专项稽查工作方案》（云环发〔2012〕69 号）的要求，2013 年以来分别在昆明市、文山壮族苗族自治州、德宏傣族景颇族自治州、昭通市等地进行环境监察稽查培训。授课内容主要围绕稽查定位、程序、内容、要求、典型案例等，采用集中授课、会议研讨、案卷讲评、现场教学等多种方式进行全面培训，切实提高稽查人员业务水平。通过稽查培训，进一步规范工业污染源现场环境监察和环境行政处罚案件现场调查取证行为，及时发现并纠正基层部分执法人员现场检查中存在的问题，完善现场执法程序和制度，切实提高现场执法质量和水平，稳步推进环境监察专项稽查工作。

八十七、云南省环境保护厅左伯俊副厅长到弥渡县调研环境保护工作（2013年9月）

2013 年 9 月 11 日，云南省环境保护厅副厅长左伯俊、规划财务处处长谢昌耀、云南省环境监测中心站站长施择及相关业务人员一行对弥渡县环境保护工作进行调研。左副厅长一行首先听取了弥渡县环境保护工作情况汇报，随后察看了弥渡县环境监察监测业务用房的建设和使用情况，并亲临环境监测实验室检查指导工作。左副厅长详细询问了弥渡县监察监测业务用房的建设情况、监察大队和监测站的人员结构情况和实验室配置情况。在了解情况后，调研组对弥渡县在短短几年时间里环境保护自身能力建设能取得较好发展给予了充分肯定。同时，对于弥渡县环境保护自身能力建设方面存在的困难，左副厅长表示云南省环境保护厅将给予资金和技术支持，并加大对弥渡县环境监测站实验室建设的扶持力度。

八十八、环境保护部 2013 年环境保护专项行动督查通报 4 家企业环境违法行为（2013年10月）

2013 年 10 月 12 日，环境保护部通报了 2013 年环境保护专项行动督查发现的 72 家环境违法企业名单，10 月 13 日，《中国环境报》等媒体刊登了通报中涉及云南省的昆明制药集团股份有限公司、昆明焦化制气有限公司、云南云维集团有限公司污水处理厂、云南大为制焦有限公司 4 家企业具体的环境违法行为。云南省环境保护厅非常重视，立即通知两市环境保护局结合国家督查组 7 月初实地督查情况进行调查处理，昆明市、曲靖市环境保护局及时组织人员对 4 家企业存在的问题进行了查处，督促企业进行整改。根据 4 家公司存在的违法行为，10 月 22 日云南省环境保护厅杨志强副厅长在环境监察总队组织对昆明市、曲靖市环境保护局及 4 家企业负责人进行了专题约谈，提出了 4 条具体整改要求。同时下达了《限期整改通知》，责令 4 家企业于 2013 年 12 月 31 日前全部整改到位。

八十九、环境保护部西南督查中心调研大理白族自治州重金属污染防治工作（2013 年 10 月）

2013 年 10 月 10 日，环境保护部西南督查中心李光界副处长一行在云南省环境保护厅、云南省固体废弃物中心的陪同下对大理白族自治州重金属污染防治工作情况进行督查调研。督查组一行深入大理白族自治州祥云县、弥渡县实地察看了云南祥云飞龙有色金属股份有限公司、弥渡县九顶山冶炼厂两家企业重金属污染防治工作开展情况，听取了祥云县人民政府《重金属污染综合防治"十二五"规划》执行情况及祥云县财富工业园区云南祥云飞龙有色金属股份有限公司基本情况汇报。大理白族自治州环境保护局谢宝川副局长从沘江各段面近年来水质监测情况、云龙县人民政府沘江水污染防治规划实施情况、2009 年以来沘江流域实施区域限批情况、祥云县财富工业园区云南祥云飞龙有色金属股份有限公司基本情况、大理白族自治州重点地区涉重情况、《最高人民法院 最高人民检察院关于办理环境污染刑事案件适用法律若干问题的解释》出台后开展培训情况、全州环境保护系统基本情况、全州涉重企业基本情况 8 个方面进行了汇报。调研过程中西南督查中心一行对大理白族自治州重金属污染防治工作给予肯定，对如何做好下一步重金属污染防治工作提出了要求和建议。李光界副处长强调，各级环境保护部门要认真学习《最高人民法院 最高人民检察院关于办理环境污染刑事案件适用法律若干问题的解释》，抓好各项工作的贯彻落实，特别是要加强重金属污染防治工作，严格执行环境保护法律法规，加大对重点污染源的监督检查、监测力度，完善监测手段，规范技术操作；环境保护部门要进一步规范和加强企业日常监管，推进企业规范生产，合法经营，企业要增强环境保护意识，把做好环境保护工作作为企业发展重要保证，要按各级环境保护部门的要求完善环境保护设施建设，确保实现污染物达标排放，严防出现污染事故。

九十、云南省项目办调研云南城市环境建设项目文山项目（2013 年 10 月）

2013 年 10 月 22—25 日，云南省项目办会同文山壮族苗族自治州项目办对世界银行贷款云南城市环境建设项目文山壮族苗族自治州富宁县普厅河水环境综合治理工程、砚山县排水管网工程、丘北县污水处理厂及截污管网工程、供水工程和普者黑湖水环境综合治理工程进行调研，检查项目实施进展和整改情况。调研期间，就施工监理、工程变更、提款报账等合同管理要求，以及项目机构、财务预测与污水收费价格、环评、征地补偿等法律约文和安保政策要求，与有关项目业主及其监理、当地政府相关主管部门进行了深入讨论与交流，并对下一步工作提出建议。

九十一、大理白族自治州主要污染物总量减排督查组到宾川县开展专项督查工作（2013 年 11 月）

为进一步加强主要污染物总量减排工作，确保完成年度目标任务，2013 年 11 月 11 日，大理白族自治州人民政府督查组一行 13 人到宾川县进行主要污染物总量减排专项督查，宾川县人民政府杨波副县长、环境保护局、住房和城乡建设局等县级相关部门领导陪同督查，杨波副县长就全县 2013 年主要污染物总量减排工作进展情况做了汇报。本次督查的重点是对环境目标责任书的落实情况和省级重点减排项目的完成情况进行检查。在现场检查了宾川县污水处理厂运行情况后，督查组听取了宾川县省级重点减排项目、县污水处理厂、大理昆钢金鑫建材有限公司 2013 年度减排工作的完成情况，以及存在的困难和问题。通过现场检查和听取汇报，督查组认为：宾川县高度重视主要污染物减排工作，超前谋划、措施有力、成绩显著，为全州完成 2013 年主要污染物总量减排工作做出了积极贡献，宾川县污水处理厂比 2012 年同期多处理污水 41 万吨，削减化学需氧量 200 多吨，削减氨氮 20 多吨。大理昆钢金鑫建材有限公司脱硝项目在年内就可建成投入试运行，又将为宾川县脱硝减排工作做出新的贡献。

九十二、大理白族自治州人民政府总量减排专项督查组到南涧彝族自治县对主要污染物总量减排工作进行专项督查（2013 年 11 月）

为督促指导各县市进一步加强主要污染物总量减排工作，确保完成 2013 年度减排目标任务，2013 年 11 月 14 日，大理白族自治州人民政府总量减排专项督查组第一组由大理白族自治州环境保护局段副局长带队，住房和城乡建设局、水务局、公安局、环境保护局、环境监测站参加，对南涧彝族自治县 2013 年主要污染物总量减排工作进行检查。督查组在南涧彝族自治县人民政府许思思副县长及环境保护局、住房和城乡建设局领导的陪同下，采取现场检查、听取汇报相结合的方式。一是到省级重点减排单位南涧彝族自治县污水处理厂对污水处理设施运行情况、在线装置的安装及运行情况、中控系统运行情况、进出口水质、台账和污泥处置等情况进行现场检查；二是召开环保、住建、水务、污水处理厂等相关部门参加的汇报会，许副县长向督查组详细汇报了南涧彝族自治县 2013 年主要污染物总量减排工作开展情况。通过详细检查，督查组对南涧彝族自治县污水处理厂运行情况给予充分肯定。针对督查组提出的节能减排工作中的不足，许副县长做了发言，表示一定按照督查组的要求，认真抓好整改落实。

九十三、大理白族自治州环境监察支队严厉查处大理市二水厂的违法排污行为（2013 年 12 月）

针对大理市二水厂取水口监测点水质为Ⅳ类，石油类超标问题，大理白族自治州环境监察支队及时进行了查处，系大理水务产业投资有限公司第二自来水厂将生产生活用水直排洱海所致，该行为严重违反了《中华人民共和国水污染防治法》。现调查取证已结束，案件已依法移交大理市人民政府，责令限期拆除违法排污口，并从严处罚。

九十四、大理白族自治州环境保护局强化辐射安全监管消除环境风险隐患（2013 年 12 月）

按照云南省环境保护厅要求，2013 年大理白族自治州环境保护局在全州范围内继续开展"巩固成果、督促整改、消除隐患"辐射安全检查专项行动，并结合专项行动，开展核与辐射安全生产大检查，集合全州 12 县市及大理创新工业园区、大理省级旅游度假区环境保护系统力量，组织辖区内的核技术利用单位开展核与辐射安全相关活动的自查工作。专项行动及安全生产大检查工作中，州级及县级环境保护部门共出动约 138 人次对辖区内辐射工作单位进行现场检查。其中检查涉源工作单位 15 家、废旧金属回收熔炼企业 6 家、射线装置工作单位 62 家、射线装置数量 86 台（套）。检查按照要求做到不留死角、不走过场，对检查中存在的问题等实行"零容忍"。重点对涉源单位及未办理辐射安全许可证单位的辐射安全工作进行检查，并对闲置、废旧放射源的安全在位及安防措施进行核查，对辐射安全管理中存在的问题，提出严格的整改要求，确保核技术利用单位辐射监管安全可靠。同时限期要求尚未取得辐射安全许可证单位办理辐射安全许可证，提高办证率，并强化辐射安全监管系统的管理效率。全州各级环境保护部门认真做好辐射监管工作，使放射源和射线装置受控，杜绝发生辐射安全事故，保证辐射环境安全。

九十五、腾冲县环境保护监控中心监控排污（2014 年 2 月）

2014 年 2 月 19 日上午 8 时许，腾冲县环境保护局工作人员从环境保护监控中心视频监控发现山寨尾矿库排污异常，按监控录像提供的画面线索，当日中午对现场进行调查。经查，由腾冲县瑞滇花斑竹园锡矿采选厂、腾冲县瑞滇弯担山锡选厂、腾冲县瑞滇镇山寨石马肚锡矿厂及腾冲县瑞滇山寨横河锡矿采选厂 4 家企业共同投资建设山寨尾矿库，2 月 18 日 12 时许，尾水输送管道破裂，导致污水无法正常坝前放矿，相关企业未采取停产措施，且在裂口上游 90 米处截流，导致污水经 200 米左右的地表，进入尾矿库排水竖井外排，造成了违法排污。腾冲县环境保护局按照环境保护相关法律法规，做出行政处罚，有力地打击了环境违法行为。

九十六、2014 年第一期全国环境监察干部岗位培训班在云南大理开班（2014 年 2 月）

2014 年 2 月 21 日，由环境保护部环境监察局主办、环境保护部宣传教育中心承办的 2014 年第一期全国环境监察干部岗位培训班在云南大理开班，来自全省 16 个地州（市）、县（区）环境保护局分管环境监察的局领导、支队长、大队长等共 80 名同志参加培训。本期培训班历时 7 天，特邀环境保护部领导、全国环境监察系统经验丰富的领导和专家授课。开班仪式由环境保护部宣传教育中心培训室副主任刘之杰主持。首先由大理白族自治州环境保护局李继显局长致辞，李局长介绍了云南省大理白族自治州的自然、经济和社会概况，分析了云南省大理白族自治州环境保护工作面临的形势，重点介绍了云南省大理白族自治州环境监察执法工作的特色和今后的工作思路。随后，云南省环境保护厅环境监察总队黄杰总队长代表云南省环境监察系统对环境监察局专门为云南举办一期培训班并把培训地点选择在大理表示衷心的感谢，希望大家能够珍惜这次难得的学习机遇，主动思考、学有所思、学有所获，要严密组织、严格考试。最后，环境保护部环境监察局办公室孙振世主任介绍了此次培训组织的背景，针对为什么要专门为云南省办一期培训班、培训哪些内容等做了一系列的动员讲话，并对培训的管理提出了明确要求。为充分利用教育资源，珍惜这次培训机会，大理白族自治州环境保护局决定并报经环境保护部环境监察局、云南省环境监察总队领导同意后，组织全州环境监察系统 46 名同志参加旁听，并列为省级培训，考试合格者颁发环境监察执法证。

九十七、云南省创园办督查组莅临曲靖市检查指导全市创园工作（2014 年 2 月）

2014 年 2 月 25—26 日，云南省住房和城乡建设厅城市建设处副处长颜林及省创园办 6 位专家组成的督察组对曲靖市 2013 年创建国家园林城市工作进行了现场督查和业务指导。2014 年 2 月 25 日，曲靖市环境保护局党组成员、副局长钱良昆和曲靖市环境保护局创园办工作人员参加了督查汇报会议，钱副局长就曲靖市环境保护局创园工作完成情况、下达指标 3 次调整情况、涉及的 4 项指标任务完成情况、单位绿化工作完成情况、存在的问题和下步工作打算做了详细的汇报。2 月 26 日，曲靖市环境保护局党组成员、副局长袁新华和曲靖市环境保护局创园办工作人员参加了督查反馈会议，对照督查组提出的有关环境保护部门涉及的问题和下一步工作建议，曲靖市环境保护局将认真查找，坚决按照曲靖市创园工作领导小组办公室的安排抓好曲靖市环境保护局 2014 年创园工作。

九十八、环境监测处赴 5 州（市）开展主要污染物总量减排监测体系建设现场检查培训工作（2014 年 3 月）

2014 年 3 月 5—21 日，云南省环境保护厅环境监测处组织云南省监控中心、运维监管部，赴昆明市、曲靖市、昭通市、大理白族自治州、西双版纳傣族自治州 5 州（市）开展主要污染物总量减排监测体系建设现场检查和培训工作。《"十二五"主要污染物总量减排考核办法》将总量减排监测体系建设提到一个更高的位置，污染源自动监控数据传输有效率、企业自行监测和监督性监测信息公布率列为 3 项约束性指标，特别是污染源自动监控系统，在"十一五"完成设施建设和规范运维的基础之上，国家 2014 年对自动监测数据传输率进行考核，推动自动监控数据的应用，发挥自动监控系统相对传统污染源监测方法不受时间和空间限制的优势。本次检查本着了解基层工作情况、解决基层实际困难的原则开展。现场检查以座谈的形式向 5 州（市）宣传了新的考核重点的变化情况，听取了 5 州（市）工作推进情况及存在的困难，并就州（市）提出的问题进行了逐一解答。检查培训期间，检查组组织对 5 州（市）具体负责平台维护工作人员进行了一对一的培训，并就监控平台上企业维护工作存在的问题逐一梳理和讲解。通过本次现场检查培训工作，进一步了解了基层实际工作，找准了全省总量减排监测体系建设的工作难点和存在的问题，为下一步工作推进提供了方向，一对一的培训解决了基层对新的监控平台维护不熟悉、维护不到位的问题。

九十九、云南省 2014 年危险废物经营许可证年检情况（2014 年 3 月）

云南省固体废物管理中心于 2014 年 3 月完成了云南省环境保护厅颁发的危险废物经营许可证持证企业的年检工作。云南省固体废弃物管理中心对持证企业进行了现场检查，并结合县、市级环境保护部门的审查意见和企业上报的 2013 年度危险废物经营情况、污染物达标排放情况、环境保护监察情况、规范化管理核查整改情况等材料进行了检审。纳入本次年检企业共 44 家，3 家未申请年检，其余 41 家通过年检。持证企业基本能够按照要求规范经营，全年未发生环境污染事故，规范化管理核查提出的整改要求基本落实到位。通过本次年检工作，掌握了全省持证企业危险废物实际处理处置和产生情况，督促持证企业整改落实存在的问题，进一步提高了企业危险废物规范化管理水平，加强了环境保护部门危险废物监管能力。

一百、环境保护部对云南省国家重点生态功能区县域生态环境质量考核工作开展现场核查（2014 年 4 月）

2014 年 4 月 21—25 日，环境保护部现场核查组对云南省大理白族自治州剑川县、丽江市玉龙纳西族自治县、迪庆藏族自治州香格里拉县国家重点生态功能区县域生态环境质量考核工作进行了现场察看。核查组通过听取 3 县人民政府关于县域生态环境质量考核工作有关情况介绍、查阅台账及实地检查，对各县生态环境质量状况、生态环境保护工作及生态功能区转移支付资金使用情况等进行了全面了解。4 月 25 日，在昆明市召开了由云南省环境保护厅、财政厅分管副厅长、相关业务处室参加的现场核查反馈会，会上，核查组对云南省县域生态环境质量考核工作给予了充分肯定，并对今后此项工作的开展提出了要求。核查组认为，现场核查的剑川县、玉龙纳西族自治县、香格里拉县整体生态环境质量良好，天蓝水清，自然和生物资源丰富。近些年，3 县积极落实国家主体功能区规划，能深刻认识到作为国家生态屏障的重要作用，高度重视生态环境保护工作，在经济欠发达、发展与保护矛盾突出的现状下，坚持生态优先，努力走科学发展、绿色发展的道路，为保护好这片生态绿洲做出了很多努力。

一百〇一、国家核查组到剑川县核查国家重点生态功能区县域生态环境质量工作（2014年4月）

剑川县属《全国生态功能区划》中桂黔滇喀斯特石漠化防治国家重点生态功能区土壤保持功能区县之一，也是大理白族自治州12个县市中唯一列入国家重点生态功能区县域生态环境质量考核的县。2014年4月21—22日，国家核查组到剑川县就剑川县国家重点生态功能区县域生态环境质量保护列为全省示范县事宜进行现场复查。云南省环境保护厅高正文副厅长及相关处室领导、云南省财政厅预算处领导、大理白族自治州人民政府许映苏副州长、大理白族自治州环境保护局局长李继显、剑川县委书记莽绍标、县长王远、常务副县长王梅芬等领导陪同实地复查。汇报会上，剑川县人民政府县长王远对2013年剑川县国家重点生态功能区县域生态环境质量考核工作进行详细汇报。剑川历届县委、县人民政府高度重视生态环境保护工作，坚持生态优先的发展思路，不断加强生态环境保护，走资源合理开发、环境有效保护、社会经济可持续发展之路。自2011年县域生态环境质量考核工作启动以来，剑川县认真贯彻落实国家及云南省、大理白族自治州环境保护部门的有关要求，严格执行国家相关考核办法，精心组织、周密部署、攻坚克难，较好地完成了国家重点生态功能区县域生态环境质量考核工作。同时，剑川县环保、林业、水务、农业、国土、住建等部门争取实施退耕还林、天然林保护、水土流失、石漠化治理、农村环境综合治理、剑湖湿地保护建设、生态环境考核监测能力建设等项目，有力地推动剑川县生态建设和环境保护事业快速发展，全县生态环境质量状况明显改善。

同时，复查组专家还对剑川县环境监测站、拉法基瑞安（剑川）水泥有限公司、剑川县污水处理厂、剑川县垃圾填埋场、剑湖湿地、沙溪镇生态创建及石宝山生态保护情况进行实地复查。

一百〇二、滇池项目6个课题、洱海项目4个课题示范工程第三方监测方案通过审查（2014年4月）

按照国家水专项管理办公室《关于进一步做好"十二五"水专项示范工程第三方

监测工作的通知》（水专项办函〔2013〕95 号）要求，2014 年 4 月 22—23 日，云南省水专项管理办公室分别会同滇池项目牵头单位及昆明市水专项管理办公室、洱海项目牵头单位及大理白族自治州水专项管理办公室，在昆明组织召开了滇池项目 6 个课题（"滇池环湖截污治污体系联合运用关键技术及工程示范课题""流域入湖河流清水修复关键技术与工程示范课题""滇池流域农田面源污染综合控制与水源涵养林保护关键技术及工程示范""滇池水体内负荷控制与水质综合改善技术研究及工程示范课题""滇池草海水生态规模化修复关键技术与工程示范""滇池流域水资源联合调度改善湖体水质关键技术与工程示范"）、洱海项目 4 个课题〔"洱海低污染水处理与缓冲带构建关键技术及工程示范""入湖河流污染治理及清水产流机制修复关键技术与工程示范课题""洱海湖泊生境改善关键技术与工程示范""富营养化初期湖泊（洱海）防控整装成套技术集成及流域环境综合管理平台建设课题"〕示范工程第三方监测方案审核会，会议邀请了国家水专项管理办公室对整个审核过程进行监督指导。此次审核由技术专家、工程专家、监测专家、管理专家等 7 人组成审核专家组，严格按照水专项办函〔2013〕95 号的要求，对各课题监测方案进行了认真审核，重点审核监测方案中监测时段、频率、点位、指标等内容的合理性及其与合同书的相符性，专家组对各个课题监测方案存在的问题和需要完善的地方，均给出了很好的意见和建议。通过对课题示范工程第三方监测方案的审核，为今后科学、全面评估课题示范工程效果奠定了良好的基础。

一百〇三、"洱海流域农业面源污染综合防控技术体系研究与示范"课题任务合同书通过审查（2014 年 4 月）

按照国家水专项管理办公室《关于组织开展水专项 2014 年立项课题任务合同书填报、审查与签订工作的通知》（水专项办函〔2014〕13 号）要求，国家水专项云南省项目领导小组办公室会同大理白族自治州项目领导小组办公室，于 2014 年 4 月 22 日在昆明组织召开了水专项云南省 2014 年立项项目课题任务合同书审核会议，会议邀请了国家水专项管理办公室对整个审核过程进行监督指导。会议邀请了太湖流域管理局陈荷生教授级高工等 7 名相关专家组成审核专家组，对 2014 年启动的洱海项目"洱海流域农业面源污染综合防控技术体系研究与示范"课题的任务合同书进行审核，通过对课题合同形式、研究目标与任务、预期成果及考核指标、示范工程等内容的认真审核，最终形成了课题任务合同技术审核意见，同意通过审核。

一百〇四、云南省有机食品种植基地复核检查组对漾濞彝族自治县两有机食品种植基地进行实地核查（2014 年 5 月）

2014 年 5 月 13 日，云南省有机食品种植基地复核检查组专家一行 4 人对大理白族自治州漾濞彝族自治县涵轩绿色产业开发有限公司有机核桃基地和大理白族自治州漾濞彝族自治县天宝祥农科技有限公司有机乌龙茶基地进行实地核查。检查组分别对两家企业生产基地环境监测报告、培训记录、生产过程原始记录、相关文件、有机食品认证证书、企业网站等进行察看。检查组一边查看资料，一边询问相关情况，就存在的问题提出意见、建议。在生产基地，检查组对生产基地周边环境、管理情况、灌溉情况、空气质量等进行检查。通过检查，检查组给予两家企业高度的评价，大理白族自治州漾濞彝族自治县涵轩绿色产业开发有限公司有机核桃基地位于苍山西镇白掌村断山，大理白族自治州漾濞彝族自治县天宝祥农科技有限公司有机乌龙茶基地位于苍山西镇花椒圆村大浪坝，两基地均属于高海拔地区，基地周边无企业污染，居民活动少，水源充沛无污染，适合有机食品种植，检查组认为两家有机食品种植基地各项指标符合国家有机食品生产基地标准，基地种植、管理过程规范，下一步工作中希望继续完善相关材料，迎接环境保护部的核查。

一百〇五、环境保护部西南督查中心对大理白族自治州重金属污染综合防治工作开展后督查（2014 年 6 月）

2014 年 6 月 20—24 日，环境保护部西南督查中心在云南省环境保护厅的陪同下对大理白族自治州重金属污染综合防治工作开展后督查。督查组一行深入大理白族自治州祥云县、鹤庆县实地察看了云南祥云飞龙再生科技股份有限公司、祥云县威龙电源科技有限责任公司、云南祥云中天锑业有限责任公司、祥云县黄金工业有限责任公司、鹤庆北衙矿业有限公司、鹤庆凌云资源综合利用有限公司，当地政府、企业分别汇报了重金属污染综合防治"十二五"规划执行情况和企业存在问题整改落实情况。大理白族自治州环境保护局李继显局长从大理白族自治州重金属污染综合防治"十二五"规划进展情况、存在问题整改落实情况、重金属污染综合防治主要做法、防治规划项目进展情况、下一步工作打算 5 个方面进行了汇报。督查组对大理白族自治州重金属污染综合防治和危险废物规范化管理工作给予肯定，对如何做好下一步重金属污染综合防治和危险废物规范化管理工作提出了要求和建议。督查组指出，在今后的环境保护工作中，各级环境保护部门要认真学习《最高人民法院、最高人民检察院关于办理环境污染刑事案件适用法律若干问题的解释》和新《中华人民共和国环境保护法》，强化环境执法和环境管理，要保持环境保护高压态势；加强重金属环境监测力度，完善监测手段，规范技术操作；督促企业规范生产，增强环境保护意识，严格按照环评要求抓好环境保护措施的落实，确保环境保护设施正常运行，实现污染物达标排放，严防出现污染事故。

一百〇六、多举措、严监管，云南省切实提升社会环境监测机构的数据质量（2014年6月）

为加强社会环境监测机构的监督管理，提高机构环境监测质量管理水平，切实提高出具环境监测数据的准确性、真实性，云南省举办了由通过云南省环境保护厅资格认定的20家社会环境监测机构法人、技术负责人、质量负责人及业务骨干参加的社会环境监测机构环境监测质量管理技术培训班。培训班系统总结了20家机构运行1年多以来取得的工作成效，对社会环境监测力量1年多以来承担2000多个监测任务、出具20多万个环境监测数据、较好地发挥全省环境监测工作适当辅助和有益补充的作用给予了肯定，对机构对环境监测规范不熟悉、技术人员水平偏低、质量管理偏弱、市场恶性竞争等问题进行了分析和梳理。

培训期间，环境保护部监测司领导及特邀专家出席培训班并对云南省社会环境监测机构认定及监管工作开展调研。调研组与20家社会环境监测机构负责人进行了座谈，实地察看了两家机构，并与云南省环境保护厅、云南省环境监测中心站就环境监测市场化的相关工作进行了交流。

一百〇七、云南省环境保护厅督查组对昌宁县2014年减排项目进行现场督查（2014年7月）

2014年7月，云南省环境保护厅督查组到昌宁污水处理厂和湾甸糖厂进行现场督查。督查组在深入现场察看污染治理设施及在线监测数据传输运行情况的基础上，认真查阅减排资料，对督查中发现和存在的问题现场进行反馈，并提出要求：一是企业要进一步加强管理，规范运行操作规程，积极配合运维方强化对水质自动监测系统等环境保护设施的管理维护，确保治污设施和在线监测系统正常运行，并完善中控系统和减排项目运行台账；二是昌宁县环境保护局要加强日常监管，对存在问题及时督促企业进行整改，确保圆满完成年度减排目标任务。

一百〇八、云南省环境监察总队组织对昆明、曲靖饮用水水源地开展环境安全专项检查（2014 年 7 月）

2014 年 7 月 8—12 日，按照《云南省关于开展 2014 年整治违法排污企业保障群众健康环保专项行动的通知》（云环发〔2014〕61 号）要求，云南省环境监察总队分两个组分别对昆明、曲靖两市部分饮用水水源地环境安全开展专项检查。此次检查共出动环境执法人员 50 人次，检查饮用水水源地 7 个，检查饮用水水源地保护区流域内企业 10 家，下达监察意见 1 份。昆明、曲靖环境保护局下发了《加强饮用水水源保护妥善应对突发环境事件的通知》，对开展城镇集中式饮用水水源保护区专项检查工作进行了安排部署，并组织人员认真开展工作。检查中水库水质未出现超标情况，除水城水库外，其他水库水源保护区内未发现工业企业及规模化畜禽养殖等污染源。督查组现场对相关水库提出了整改意见，要求按照饮用水水源地相关管理要求对水库进行管理；编制《突发环境事件应急预案》并到环境保护部门备案，加强应急演练工作，提高突发环境事件处置能力；继续开展饮用水水源地环境安全隐患排查和整改工作；采取有效措施，做好生活污水、生活垃圾及农业面源污染等防治工作；加强对饮用水水源保护区外的企业监管，确保水质安全；要求曲靖市环境保护局按《云南省环境监察总队关于曲靖市千村农牧科技有限公司环境问题的监察通知》（云环监发〔2014〕81 号）要求，督促这些企业停产并尽快搬迁，做好搬迁后厂区废物清理工作，确保水城水库水质安全。同时加强环境监管力度，在这些企业未搬迁前，坚决杜绝其向外环境排放污水、倾倒生产废渣等现象。

一百〇九、云南省环境监察总队检查红河哈尼族彝族自治州涉重金属企业（2014 年 7 月）

根据《云南省关于 2014 年开展违法排污企业保障群众健康环保专项行动方案》要求，2014 年 7 月 21—26 日，云南省环境监察总队对红河片区涉重金属企业开展了一轮现场监察，重点对红河哈尼族彝族自治州现代德远环境保护有限公司《红河危险废物和医疗废物处置场工程》项目进行了试生产前环境监察，并对红河哈尼族彝族自治州个旧、金平片区的云南乘风有色金属股份有限公司、红河合众锌业有限公司个旧化肥厂、个旧市锡城有色金属废渣处理厂、云锡集团锌业有限责任公司、金平锌业有限责任公司、金平长安矿业有限公司等企业进行了现场检查。现场检查时发现，《红河危险废物和医疗废物处置场工程》项目大约完成工程总量的 90%，砼截洪沟、传达室、挖运基础土方、综合楼、隧道工程、食堂、浴室、小车库等尚未建成。环评要求危险废物暂存库设置可燃危险废物贮存区、固化/填埋危险废物贮存区及不明危险废物应急贮存区 3 个分区，实际建设了危险废物暂存库和甲乙类库；个旧、金平片区云南乘风有色金属股份有限公司、红河合众锌业有限公司个旧化肥厂、个旧市锡城有色金属废渣处理厂 3 家企业的在线监测系统，存在着在线监测系统运维台账和日常巡检记录不规范、未完全记录数据异常情况产生原因和修复记录、标气和氮气过期的情况，而且在线监控室内均未安装空调，室内温度较高；金平锌业有限责任公司仍采用落后的工艺，生产设施简陋，露天作业，堆浸矿下方用塑料膜铺设收集堆浸液，存在着较大的环境安全隐患。总队现场对相关企业提出了整改要求，明确了整改内容和整改时限。

一百一十、云南省环境监察总队关于鲁甸"8·03"地震环境应急工作开展情况（2014 年 8 月）

2014 年 8 月 3 日 16 时 30 分云南省昭通市鲁甸县发生 6.5 级地震后，按云南省委、云南省人民政府、环境保护部和云南省环境保护厅的有关要求，云南省环境监察总队立即行动起来，积极主动参与抗震救灾工作，切实履行好相关职责。一是组织召开全体职工大会。二是成立环境应急领导小组。三是派出工作组赴灾区开展工作。四是下发做好震区环境应急工作的紧急通知。五是及时收集震区相关信息。六是加强应急值班。据报，昭通市、县区环境监察系统于 2014 年 8 月 4 日，出动车辆 42 辆、环境监察人员 160 人次，对 42 家重点污染源进行了检查，其中，涉重企业 8 家、涉危化品企业 15 家、涉放射源企业 7 家、尾矿库 7 家，发现 4 家企业存在环境风险隐患（已要求整改），无法到达联系的企业 1 家。会泽县有国控企业 10 家，其中，国控废水企业 2 家（1 家运行正常，1 家停产），国控重金属企业 8 家（2 家正常生产，6 家停产），此次地震中国控企业未受影响；其他非国控重点企业 6 家（水泥企业 2 家正常生产，烟草企业 1 家正常生产，化工企业 1 家停产，重金属企业 2 家正常生产），未受到地震影响，环境保护设施正常运行。地震灾区涉及的昭通市鲁甸县、巧家县、昭阳区和曲靖市会泽县放射源总数为 16 枚（昭通市鲁甸县 1 枚、巧家县无、昭阳区 10 枚，曲靖市会泽县 5 枚），均处于安全状态。

一百一十一、国家有机食品种植基地复核检查组对漾濞彝族自治县有机食品种植基地进行实地核查（2014 年 8 月）

2014 年 8 月 12 日，环境保护部生态司、国家有机食品种植基地复核检查组专家一行 4 人对大理白族自治州漾濞彝族自治县涵轩绿色产业开发有限公司有机核桃基地进行实地察看。云南省环境保护厅生态处、大理白族自治州环境保护局沈兵副局长、大理白族自治州环境保护局生态科、漾濞彝族自治县环境保护局参加核查。检查组对漾濞彝族自治县涵轩绿色产业开发有限公司有机核桃基地周边环境、管理情况、灌溉情况、空气质量等进行核查。通过检查，检查组给予高度的评价，大理白族自治州漾濞彝族自治县涵轩绿色产业开发有限公司有机核桃基地位于苍山西镇白章村断山，基地周边无企业污染，居民活动少，水源充沛无污染，适合有机食品种植，检查组认为该企业有机食品种植基地种植、管理过程规范，各项指标符合国家有机食品生产基地标准，有望被命名为国家有机食品种植基地。

一百一十二、云南省环境保护厅对丽江等 5 州（市）开展环境监察专项稽查（2014 年 8 月）

2014 年 8 月 12—29 日，按照《云南省环境保护厅关于开展全省环境监察专项稽查的通知》要求，总队分两组对丽江、迪庆、怒江、西双版纳、临沧 5 州（市）开展了环境监察专项稽查。共提取 5 州（市）本级对辖区内污染源环境现场监察案卷数 43 个、环境行政处罚案卷 13 份。重点对州（市）环境保护局的污染源现场监察次数是否符合要求的监察频次、《污染源现场监察记录》填写的完整性、现场监察结论的明确性、拟提出的处理意见或要求的合法性、环境违法案件现场调查取证工作主要证据的规范性、案件调查报告的规范性等进行了稽查。通过开展环境监察稽查工作，进一步规范了州（市）环境保护局的环境执法行为，完善了环境监察执法档案管理和制度建设等，促进环境监察工作执法能力，提升了云南省环境监察执法的整体水平，达到了环境监察稽查工作的目的。

一百一十三、环境保护部西南督查中心对云南省环境保护专项行动开展情况进行督查（2014 年 9 月）

按照环境保护部的统一安排，环境保护部西南督查中心于 2014 年 9 月 9—18 日，对云南省环境保护专项行动展开督查。督查组由环境保护部西南督查中心副主任杨为民、综合督查处处长彭维宇等 5 人组成。此次督查除检查云南省环境保护专项行动开展情况外，重点对文山壮族苗族自治州、楚雄彝族自治州开展督查。督查采取召开座谈会议、查阅资料、现场抽查企业相结合的方式。督查环境保护专项行动开展情况的主要内容：地方各级人民政府及有关部门部署和开展 2014 年环境保护专项行动情况；发现环境违法问题的处理、整改和责任追究情况；大气污染防治专项检查开展情况；涉重金属重点行业和医药制造行业"回头看"情况。在对文山壮族苗族自治州、楚雄彝族自治州政府的反馈会上，督查组肯定了州级环境保护部门在环境保护专项行动上做了大量工作，政府领导对此项工作非常重视，制订了相应的工作方案，召开了工作推进会议。环境保护部门在专项行动中发挥了应有作用，特别是楚雄彝族自治州环境保护局，在人少事多的情况下，能把工作做好，工作人员是有较强工作能力的，付出了一定的努力，并提出 3 点要求，一是进一步提高对环境保护专项行动的认识，在环境形势严峻、损害群众健康案件频发的情况下，专项行动开展了 12 年，还将继续开展下去；二是各成员单位要根据各自职责开展好工作，建立健全部门协作配合机制；三是加强信息公开。

一百一十四、曲靖市继续加大涉重金属企业的监察力度（2014 年 9 月）

曲靖市 2014 年整治违法排污企业保障群众健康环境保护专项行动已全面展开，其中重点对涉重金属排放企业、医药制造企业环境保护措施落实情况进行检查、整治，推动全市环境质量进一步改善。曲靖市将利用 3 个月时间，集中对大气污染防治重点任务落实情况，以及重金属排放企业、医药制造企业环境保护措施落实情况进行全面排查，对存在的环境违法问题进行检查，查处一批典型违法案件，整治一批污染企业。实行明查与暗查、日常巡查与突击检查、昼查与夜查、工作日查与节假日查、晴天查与雨天查"5 个结合"，并对重点污染源和问题突出企业实行监督，用例行检查、实时数据监控、行政处罚等方法，预防、打击和震慑环境违法行为。此次环境保护专项行动，以污染严重的流域、区域为重点，着力解决损害群众监控和影响可持续发展的突出环境问题，并继续开展大气污染防治专项检查，加强重点污染源环境治理。

一百一十五、保山市环境保护局对全市污染减排工作开展专项督查（2014 年 9 月）

2014 年 9 月，保山市环境保护局局长万青率污控科、监察支队等工作人员，对全市污染减排工作开展专项督查。督查组实地察看了 5 县区污水处理厂和水泥企业脱硝工程运行情况，指出了企业存在的问题及整改要求。在与各县区环境保护局就减排工作进行座谈时，万青局长针对督查中发现的问题及下一步的减排工作提出：一是各县区环境保护局要统一思想、提高认识，认真组织完成 2014 年污染减排任务。二是高度重视存在问题，积极采取有效措施，限期整改到位，确保治污设施正常运行。三是突出重点，抓好城镇污水处理厂运行管理和水泥行业的烟气脱硝工程，要求全市 6 家城镇生活污水处理厂和 5 家水泥生产企业必须按期完成减排任务。四是督促减排企业按要求完善各项运行台账和准备减排材料，确保达到国家减排核查核算要求。

一百一十六、云南省督查组到曲靖督查 2014 年主要污染物减排工作（2014 年 9 月）

2014 年 9 月 16 日，云南省环境保护厅副厅长杨志强率督查组到曲靖督查 2014 年主要污染物减排工作。在曲靖市环境保护局等相关部门负责人陪同下，督查组先后到宣威污水处理厂、污水配套管网建设现场和经济技术开发区西城污水处理厂，对设备运行管理、在线监控运行维护、数据采集传输、污染物治理设施建设及运行情况等进行了实地调研，并针对污水处理厂运行管理存在的问题提出了整改要求。督查组要求曲靖市要结合经济社会发展新形势，对污染减排进行分析测算，抓重点、抓难点，进一步推进减排工作。环境保护部门要加强与发改、住建、农业、公安等部门之间的工作联动，发现问题，及时整改，确保完成曲靖市 2014 年主要污染物总量减排目标任务。

一百一十七、云南省环境保护厅厅长到云龙县检查指导工作（2014 年 9 月）

2014 年 9 月 25—26 日，云南省环境保护厅厅长姚国华一行 4 人前往"四群"教育活动联系点、扶贫挂钩联系点云龙县白石镇进行实地调研期间，在云龙县人民政府县长段冬梅，新农村建设总队长、县委副书记赵胜祥的陪同下轻车简从先后到云龙县沘江重金属清淤现场、云龙县环境监测监察执法业务用房进行了实地察看，在听了环境保护局负责人的汇报后，姚厅长对云龙县沘江重金属污染治理和环境监测监察执法业务用房项目实施情况表示肯定，同时要求环境保护局干部要加强监管，履行职能职责，提高监管能力，尽快完善监测能力建设。

一百一十八、云南省加强地方消耗臭氧层物质淘汰能力建设项目瑞丽边境口岸宣传教育活动（2014 年 10 月）

2014 年 10 月 10 日，由瑞丽市环境保护局主办、云南省环境保护对外合作中心协办的云南省加强地方消耗臭氧层物质淘汰能力建设项目瑞丽边境口岸宣传教育活动在瑞丽开展。通过召开座谈会、开展边境村寨现场宣传活动，宣传保护臭氧层基础知识和国家淘汰消耗臭氧层物质的政策法规，提高地方政府和公众淘汰消耗臭氧层物质和履行保护臭氧层国际公约的意识。

环境保护部环境保护对外合作中心肖学智副主任应邀参加活动，并介绍了中国履行保护臭氧层国际公约的背景、现状和目标；环境保护部环境保护对外合作中心专家陈济滨做了《打击非法消耗臭氧层物质活动经验交流》专题讲座，并解读《消耗臭氧层物质管理条例》。云南省环境保护厅对外交流与合作处、云南省环境保护对外合作中心、瑞丽市委办、人民政府办公室、人大农环委、政协办、政协经济人口资源环境委员会、环境保护局、农业局、工商行政管理局、工业和信息化局、瑞丽海关、检验检疫局、消防大队、边防大队、姐相乡人民政府、畹町管委、姐告管委分管等相关部门和人员参加座谈会或现场宣传活动。

一百一十九、中国环境监测总站嵇晓燕高级工程师一行到大理洱海小关邑国家水质自动监测站检查指导工作（2014 年 10 月）

2014 年 10 月 21 日，中国环境监测总站嵇晓燕、陈亚男工程师，在云南省环境监测站张榆霞总工等陪同下，到大理洱海小关邑国家水质自动监测站检查指导工作。为了及时掌握大理洱海小关邑国家水质自动监测站水质监测数据质量现状，加强大理洱海小关邑国家水质自动监测站的质量保证和质量控制工作，强化自动监测数据的准确性，充分发挥水站日常实时监控和预警监视作用，嵇晓燕高级工程师一行对大理洱海小关邑国家水质自动监测站站房日常维护、自动监测系统运行记录、监测数据质量管理、持证上岗情况、档案管理等方面做了详细的检查，对自动监测仪器进行了高锰酸盐指数和氨氮盲样测试，并进行了 pH、溶解氧、高锰酸盐指数和氨氮比对监测。经实验分析和现场检查，盲样和比对监测结果偏差均小于20%，站房日常维护、档案管理和自动监测系统运行记录齐全，符合中国环境监测总站对水质自动监测站的考核要求。检查组对大理洱海小关邑国家水质自动监测站的建设、运行、管理给予了高度评价，认为小关邑国家水质自动监测站由于各级领导重视关心，设立了专门科室，专人专责，加之管理人员敬业、肯钻研、具有较强的责任心，小关邑国家水质自动监测站在运行管理方面均取得了可喜的成绩和经验，对广大的水质自动监测站的运行管理具有较好的指导作用。

一百二十、云南省环境保护厅副厅长高正文到云龙县调研环境保护工作（2014年10月）

云南省环境保护厅副厅长高正文在云龙县环境保护局负责人的陪同下调研云龙县环境保护工作。高副厅长实地察看了监测监察执法业务用房器件安装、试验操作台、仪器设备、办公室等基本情况并听取了环境保护局负责人的汇报。2014年10月，云南省环境保护厅副厅长高正文、云南省环境监测中心站站长在云龙县委副书记赵胜祥、副县长夏云后陪同下实地察看了业务用房建设项目，对业务用房建设项目给予了高度评价，并要求要加快对仪器的调试，且原则要求10月20日前监测站和监察大队所有人员都搬入办公。对于这一要求，云龙县环境保护局负责人表示将组织监测站和监察大队人员做好各项准备，并确保20日之前搬入办公。随后高副厅长还深入沘江重金属清淤太极点，通过对清淤现场的察看和听取情况汇报后，对太极点清淤情况给予了充分肯定，并要求下一步要做好对堆淤占地的淤泥处置场的覆土绿化工作，覆土绿化要立足于重金属离子的吸收，如可以种植蜈蚣草等不同植物，加强监测对比，并建一个示范点。高副厅长还了解到周边群众由于沘江重金属超标不能用，给群众造成缺水严重、人畜饮水和灌溉难的问题，针对这一问题，高副厅长提出，下一步要结合沘江重金属污染治理，由云龙县环境保护局牵头，做好堆淤场和净化沘江水质示范点项目的制作并及时上报云南省环境保护厅。

一百二十一、环境保护部环境监察局对云南省国控重点污染源自动监控专项执法检查工作进行督查（2014年11月）

按照环境保护部的统一安排，环境监察局联合西南督查中心及专家组于11月2—5日对云南省国控重点污染源自动监控专项执法检查工作开展专项督查。督查组由环境监察局收费管理处副处长刘伟、西南督查中心综合督查处调研员黄宏等7人组成。此次督查重点对玉溪市开展现场督查。督查采取查阅资料、现场检查、听取汇报和集中反馈相结合的方式。督查的主要内容为评价被督查地区国控重点污染源自动监控专项执法检查工作组织及开展情况；现场随机抽查国控重点污染源自动监控设施运行管理、数据传输等情况，严查弄虚作假等违法违规行为；分析整理被督查地区重点污染源自动监控设施、数据弄虚作假典型案例；督促各地汇总国控重点污染源自动监控专项执法检查中发现问题及整改时间表，并对违法违规问题分清责任、提出处理意见；收集各地国控重点污染源自动监控管理、应用好的做法及经验。督查组现场督查完成后，听取了云南省环境保护厅关于国控重点污染源自动监控专项执法检查的汇报并交流反馈了督查情况，督查组高度肯定了云南省在开展国控重点污染源自动监控专项执法检查中做的大量工作，指出工作成果是在领导高度重视下，各级环境保护部门共同努力工作中形成的。云南省国控重点污染源自动监控专项执法检查工作督查中未发现弄虚作假的情况，这是值得肯定的。另外，云南省自动监控第三方运维、第四方监管比较好的做法和经验，可以向其他地区进行推广。督察组最后提出几点要求，一是进一步加强自动监控设施现场端的规范化整治；二是进一步发挥自动监控数据在排污收费、总量核算、行政处罚中的运用；三是加大监督检查力度，加强监测、监察、监控的部门联动，建立相关联动机制。

一百二十二、约谈第三方运维机构，确保自动监控系统数据传输有效率年底核查工作准备到位（2014年11月）

为规范全省污染源自动监控系统现场端的运维工作，确保通过国家年度现场核查，2014年11月20日环境监测处组织对4家自动监控系统现场端第三方运维机构进行了集体约谈，云南省生态环境科学研究院运维监管部参加了会议。会上生态环境科学研究院运维监管部和环境监测处分别对运维单位年度工作考核情况和2014年7月以来现场运维监管过程中发现问题进行了通报，并强调按照污染减排第五次专题会议的要求，在8月和9月两个月整改的基础上，云南省环境保护厅对在线监控设施现场端运维工作不到位将采取"零容忍"的态度，一经发现，严惩不贷，希望各运维机构不要抱有侥幸心理，更不要对要求敷衍了事、自欺欺人，要以现场核查通过为总体要求，不断加强自身能力建设和技术培训，确保运维工作到位，台账规范、真实，数据传输稳定可靠。会议还对国家年底现场核查的要点、重点、难点进行了全面分析和宣讲，对迎接检查进行了周密部署。

一百二十三、云南省环境保护专项行动领导小组工作组对云南玉溪玉昆钢铁集团有限公司进行检查（2014 年 11 月）

根据云南省 2014 年环境保护专项行动实施方案的安排部署，2014 年 11 月 11 日，云南省环境保护专项行动领导小组派出工作组对 2014 年环境保护专项行动挂牌督办事项云南玉溪玉昆钢铁集团有限公司在线监测运行不正常、废润滑油管理不到位的问题整改情况进行现场检查。该公司在线监测设施电压不稳定，总电源出现跳闸，导致在线监控系统处于停机状态，而且未设置专门的管理人员，未能及时发现在线监测设施停运。针对该情况，该公司已于 8 月通知在线监测运维方进行修复，安装了备用电源，并安排了专人进行巡查。同时该公司针对存在的废机油堆存不规范的问题，对生产区产生的废机油进行了危险废物申报登记，在废机油堆放场悬挂了危险废物警示标识牌，并制定了相应的危险废物管理制度。通过检查，该公司基本按照整改要求完成了整改，同时还存在一些其他问题，检查组现场提出了整改要求，一是及时联系在线设备运维方，恢复在线监测系统停机时的历史数据，保证相关历史记录保存 1 年以上，完善运维台账记录，对异常数据进行跟踪，查找原因，详细记录。二是严格按照危险废物管理办法对厂区产生的废机油进行规范处置，如需转运，严格执行转移联单制度。

一百二十四、西南环境保护督查中心到保山市开展危险废物规范化管理考核工作（2014 年 11 月）

2014 年 11 月 27 日，环境保护部西南环境保护督查中心督查组一行到保山市开展危险废物规范化管理考核工作。督察组深入保山宏源医疗废物处置中心和保山生物制药厂，实地察看了现场、查阅了管理档案和台账，仔细询问企业环境保护管理人，对推进危险废物规范化管理工作扎实有效的开展进行督促指导，对存在问题提出下一步工作要求。座谈会上，督查组对保山市扎实开展危险废物规范化管理工作及所取得的成绩表示肯定，要求保山市涉危企业要进一步加强环境保护意识，对危险废物的收集、运输、储存、处理要按有关要求规范化管理；地方环境保护部门要督促涉危企业认真整改存在问题，建立长效工作机制，定期实施监督检查，对检查中发现的问题要督促企业及时整改落实，确保反馈的问题能够得到更彻底的解决，使经济和社会健康快速发展。

一百二十五、云南省环境保护厅张志华副厅长视察大理水专项（2014 年 12 月）

2014 年 12 月 4 日，云南省环境保护厅张志华副厅长与大理白族自治州环境保护局谢宝川副局长及水专项管理办公室人员一行到上海交通大学科研工作站，在认真听取了项目负责人和大理白族自治州水专项管理办公室负责人的汇报的基础上，仔细察看了工作站的实验室和生活设施。张副厅长充分肯定大理白族自治州水专项洱海项目各项工作和取得的科研成果，并指出水专项洱海项目示范工程的实施要与当地的洱海保护措施紧密结合，地方相关部门也要认真做好协调服务及管理工作。

一百二十六、保山市环境监察支队开展专项生态环境监察（2014 年 12 月）

2014 年 12 月，保山市环境监察支队联合辖区环境保护部门、自然保护区管理所等部门对保山市辖区内高黎贡山自然保护区、龙陵疣粒野生稻原生境湿地国家级保护区的自然生态保护、野生动物保护、保护区内是否存在旅游开发和矿产开采等违规问题开展专项生态监察。经检查，在自然保护区内设有专门管护机构，有专职人员常年驻守进行管护。保护区只安排一些科普教学和观光游憩等小型活动，没有矿产开采等违法行为，未发现有砍伐、放牧、狩猎等法律禁止行为。保护区内设有护林防火、野生动物保护通道，植物物种等标识牌，未发现环境污染和生态破坏，加之职能部门的日常监督和管护，生态环境良好，物种多样性得到有效保护。

一百二十七、瑞丽试验区环评报告通过环境保护部审查（2015 年 1 月）

环境保护部下发《关于云南瑞丽重点开发开放试验区建设总体规划环境影响评价工作意见的函》，这标志着《云南瑞丽重点开发开放试验区建设总体规划》环境影响评价工作画上圆满句号。据介绍，自 2013 年 7 月，瑞丽国家重点开发开放试验区管理委员会依法开展《云南瑞丽重点开发开放试验区建设总体规划》环境影响评价工作，组织编制了《云南瑞丽重点开发开放试验区建设总体规划环境影响评价报告书》，并按规范程序上报环境保护部。环境保护部肯定了瑞丽国家重点开发开放试验区管理委员会及相关部门积极对《云南瑞丽重点开发开放试验区建设总体规划》开展环境影响评价所做的工作。同时，为指导做好《云南瑞丽重点开发开放试验区建设总体规划》实施的环境保护工作，环境保护部对瑞丽试验区今后的环境保护工作提出了意见和建议：要求试验区建设要统筹考虑城镇化、工业化、农业现代化等发展目标，以构建产业结构合理、经济效益较高、环境友好型产业体系为主线，进一步优化产业布局、结构、规模，并协调好试验区开发开放与区域生态环境保护的关系。建议完善并尽快实施试验区生态环境保护规划，统筹考虑和安排试验区生态环境保护的机制体制建设、污染物排放与管理、生态保护与恢复、环境保护基础设施建设等事宜。加快推进试验区内各工业园区的规划编制和规划环境影响评价工作。加强《云南瑞丽重点开发开放试验区建设总体规划》实施的跟踪监测与管理。

一百二十八、大理排查双廊镇宾馆餐饮业（2015 年 1 月）

2015 年 1 月 4 日起，云南省大理白族自治州持续 18 天对所辖大理市双廊镇 300 多家客栈、酒店、宾馆、饭店及餐饮行业开展环境大排查，依法保护洱海生态环境。据悉，在本次排查中，大理白族自治州、大理市环境保护局联合大理白族自治州公安局直属二分局，分 3 组进行新《中华人民共和国环境保护法》的宣传工作，并针对洱海流域双廊镇突出的环境问题，对有关商户环境保护设施、环境保护手续及废水去向进行全面排查，发现有违法排污行为的依法严肃查处。此次排查还通过大理白族自治州环境保护局官方微博及时逐一公布排查过程和结果，以确保排查工作公开、透明、公正。

一百二十九、国家考核组在滇核查污染防治规划实施情况（2015 年 3 月）

由环境保护部牵头，住房和城乡建设部、水利部参与的国家考核组，2015 年 3 月 23—28 日对大气、重点流域、重金属污染防治规划（计划）云南省 2014 年实施情况进行了考核。2015 年 3 月，云南省人民政府在昆明召开会议，向考核组汇报工作情况，听取考核情况反馈。会上，云南省环境保护厅进行汇报。据介绍，2014 年，滇池水质总体保持稳定，水质类别不变，污染程度有所减轻；三峡库区上游水质总体优良，5 个考核断面水质全面满足年度控制要求；全省重金属污染物排放总量有所下降，环境质量总体稳中趋好；环境空气质量总体继续保持良好，没有出现重污染天气。

听取汇报后，考核组组长、环境保护部西南督查中心副主任杨为民指出，云南省深入贯彻落实"生态文明建设排头兵"要求，着力推进污染防治 3 个专项规划（计划）实施。云南省委、云南省人民政府高度重视，各地各部门扎实抓落实，规划（计划）实施取得了明显成效。当前的发展形势对环境保护工作提出了更高的要求，云南省要不断深化污染防治工作，强力推进规划（计划）实施取得新进步。

一百三十、典型环境违法案实行倒查追究（2015 年 3 月）

《2015 年全国环境监察工作要点》明确提出，对于典型环境违法案件要实行责任链倒查和追究，对重大环境违法问题该发现而没有发现、发现问题而不报告或者不处理的，按失职渎职严肃问责查处。根据《2015 年全国环境监察工作要点》，严格环境监管执法是 2015 年乃至今后环境保护工作的重中之重。要点指出，要严格执行新《中华人民共和国环境保护法》及按日连续处罚、查封扣押、限制生产、停产整治和行政拘留等配套实施细则；要敢于碰硬，用对、用好、用足新《中华人民共和国环境保护法》赋予的执法手段，做到有案必查、违法必究。在"严打"的同时，要点强调"督政"，要求省级环境保护部门每年都应当对不少于 30% 的设区市级人民政府开展综合督查。此外，要点对直接责任人、监管责任人、属地政府及相关部门均提出了问责要求。要点提出，对于执法不严，甚至包庇、纵容环境违法行为的单位和个人，要依法严惩重处，并对有关负责人员追究责任。环境保护部有关负责人特别强调，这里的"单位和个人"，并非仅指环境监察机构和环境监察人员，也包含其他单位和个人。

一百三十一、云南省人大常委会检查云南省贯彻实施《中华人民共和国水污染防治法》情况（2015 年 5 月）

受全国人大常委会办公厅委托，2015 年 5 月，云南省人大常委会组成执法检查组，对云南省贯彻实施《中华人民共和国水污染防治法》情况开展执法检查。执法检查组在昆明举行工作汇报和情况反馈会，听取有关工作汇报，并向云南省人民政府及有关部门反馈检查情况。云南省人大常委会常务副主任杨应楠出席会议并讲话。他强调，要充分认识加快推进生态文明建设的极端重要性、紧迫性、艰巨性和复杂性，进一步增强责任感和使命感，把中共中央、国务院的全面部署和云南省委的各项要求落到实处，全面推进云南省生态文明建设各项工作。要以这次执法检查作为推动云南水污染防治的契机和抓手，督促全省各地认真贯彻法律规定的制度措施，着力推动经济结构转型升级，控制污染物排放，节约和保护水资源，依法加强水环境管理，保障水生态安全，同时明确和落实各方责任，强化公众参与和社会监督，全面推动全省水污染防治工作。下一步，执法检查组要在全面总结梳理检查情况和各方面意见建议的基础上，深入研究和梳理云南水污染防治工作中的重点问题、共性问题，积极配合全国人大常委会做好《中华人民共和国水污染防治法》的修改工作；认真撰写好执法检查报告，提出解决问题的措施和办法，以这次执法检查工作取得的成果推动工作。希望云南省人民政府及有关部门根据执法检查提出的意见建议，进一步加强和改进水资源保护管理工作，创新机制体制，推动云南省水污染防治工作取得更大成效。

一百三十二、环境保护部在滇开展空气质量监测专项检查（2015 年 7 月）

2015 年 7 月 6—12 日，环境保护部专家对云南省空气质量监测情况进行了专项检查。检查组针对云南省环境空气质量监测管理实施的相关文件及档案资料，包含年度工作计划编制情况、技术人员持证上岗情况、数据传输与网络化质控系统使用情况、颗粒物比对体系运行情况、臭氧量值溯源与传递体系运行情况、其他气态污染物数据质量监督体系运行情况、自动站运维检查情况、质量监督活动情况及自查自纠情况等方面的内容进行检查。现场抽查了昆明市 4 个国控自动站、楚雄彝族自治州 2 个国控自动站、丽江市 2 个国控自动站的运行管理和数据质量管理情况，包括监测点位的一致性、站房与人员情况、采样系统的规范性、测试的准确性、数据的可靠性和相符性、监测档案的完整性、针对存在问题的整改落实情况等方面的内容。检查结束后，检查组在丽江召开了反馈会，对云南省环境空气质量监测的质量管理工作给予充分肯定，并就进一步完善和规范环境空气质量监测工作提出了要求。云南省环境保护厅相关负责人表示，以本次专项检查为契机，认真落实检查组提出的要求，以环境空气监测质量管理为重点，以提高运维人员技术水平和能力为基础，以确保空气质量监测数据科学性、准确性、真实性为出发点和落脚点，扎实做好空气质量监测工作。

一百三十三、玉溪 10 座监测站通过省级计量认证（2016 年 1 月）

"十二五"以来，玉溪市强化环境监测能力建设，提升管理服务水平。截至 2016 年，全市已设立的 10 座环境监测站全部通过省级计量认证，2015 年总量减排监测体系建设考核成绩名列云南省第一名。玉溪市委、玉溪市人民政府高度重视环境监测能力建设。"十二五"期间，市级财政先后投入 2000 多万元用于全市监测设备购置和更新。玉溪市环境监测站已具备地表水 109 项全分析能力，各县（区）监测站均具备常规项目监测能力。玉溪于 2012 年投资 1116.72 万元，建成 1 个市级监控中心和 9 个县级分中心的污染源自动监控系统，成立了玉溪市污染源自动监控中心。联网监控 93 家企业 287 台（套）设备。玉溪市县级环境空气质量自动监测站建设不断提速。2016 年 3 月底，全市 14 座环境空气质量自动监测站建成投运。

一百三十四、德宏傣族景颇族自治州构建环境监管网格化体系（2016 年 1 月）

德宏傣族景颇族自治州以州、县（市）政府为责任主体，明确相关部门环境监管职能，在全州逐步构建环境监管网格化管理体系。在推进环境监管网格化管理体系建设中，该州人民政府印发了《环境监管网格化管理实施方案的通知》，成立以州长任组长的网格化管理工作领导小组，各县（市）制定了《环境监管网格化实施方案》并公开发布。在开展污染源筛查基础上，以州、县（市）行政区域为基础，按环境监管区域划分为 3 个监管主体网格、5 个单元网格，每个主体网格都以县（市）行政区域划分单元网格。全州各级网格确定了具体责任主体和监管层级，落实了监管责任，实现了日常环境监管全覆盖。截至 2015 年 11 月，全州共下达 158 份《改正违法行为决定书》，要求企业限期整改存在问题，对 22 家环境违法企业进行了立案处罚。

一百三十五、大理白族自治州加强执纪监督保护洱海（2016 年 3 月）

2015 年以来，大理白族自治州纪检监察机关多管齐下，加强执纪监督，全力治理和保护洱海。据介绍，大理白族自治州纪委专门出台了《大理州洱海流域保护治理责任追究办法》《大理州纪检监察机关洱海流域生态环境保护治理监督检查办法》《大理州纪委洱海流域保护治理监督检查办法》等一系列文件，强化主体责任监督，推动洱海管理保护部门采取措施认真履职。大理白族自治州纪委干部职工分成 16 个组，每周派出一个组检查督促洱海治理工作。以追责问效倒逼责任落实，监督检查中发现的问题，及时处理。2015 年，州、市、县纪检监察机关累计开展监督检查、明察暗访 289 次，发现问题 155 个，下达交办督办通知 26 份，整改完成 109 个，约谈领导干部 125

人，问责38人，给予党政纪处分4人，停职处理2人，立案调查16人，对在洱海流域环境整治工作中失职渎职的6名责任人进行立案审查并公开曝光。

一百三十六、全国81个水质良好湖泊保护绩效考评揭晓 抚仙湖生态环境保护位列榜首（2016年4月）

全国水污染防治专项水质较好江河湖泊生态环境保护工作绩效评价审核会议在北京召开。由财政部、环境保护部等单位专家组成的评审组，对全国81个水质良好湖泊进行了绩效考评，抚仙湖获得93.5分，与安徽太平湖并列江河湖泊生态环境保护绩效评价审核第一名。抚仙湖是云南高原上一颗璀璨明珠，总体水质保持Ⅰ类，是我国蓄水量最大、水质最好的贫营养深水型淡水湖泊，占云南省九大高原湖泊总蓄水量的68.2%。"十二五"期间，抚仙湖共争取到中央财政江河湖泊治理和保护专项资金9.7465亿元、省级财政补助资金4亿元，为保持抚仙湖Ⅰ类水质的生态目标提供了资金支持。为强化项目建设，玉溪市人民政府按年度分别与沿湖3县区人民政府签订抚仙湖保护管理目标责任书。截至2015年底，抚仙湖生态环境保护试点实施方案规划项目完工率达100%，资金到位率100%，投资完成率达100%，圆满完成试点实施方案目标任务。在大力推进工程性治理措施的同时，该市加大非工程保护措施的推进力度，全面推进抚仙湖保护管理综合行政执法工作，依法护湖取得明显成效。

一百三十七、泸沽湖水污染综合防治项目通过县级检查验收（2016年4月）

2016年4月，宁蒗彝族自治县泸沽湖水污染综合防治项目通过县级检查验收。验收组一致认为，泸沽湖水污染综合防治项目工程资料与实际工程相符，根据质量监督部门出具的质量鉴定书等文件资料，同意泸沽湖水污染综合防治项目通过县级验收。据了解，泸沽湖水污染综合防治项目主要包括竹地沟生态清洁型小流域治理一期和二期工程、扎实沟小流域水土保持综合治理工程。工程完成宾格石笼挡护及打桩支护建设1080米，水窖12口，坡耕地坡改梯5.15公顷，栽植西南桦、云杉、雪松、滇杨、旱柳、紫叶李、芦苇等13万余棵（株），撒播草种6.46公顷，完成幼林抚育47.92公顷，成林抚育214.46公顷。同时，该工程还完成封禁碑制作、人畜饮水工程建设、蓄水池建设、胶管铺设等附属工程。

一百三十八、刀林荫在视察异龙湖保护管理工作时提出落实责任推动异龙湖水质持续改善（2016 年 4 月）

2016 年 4 月 14—15 日，云南省人大常委会副主任刀林荫率领视察组到红河哈尼族彝族自治州石屏县对异龙湖保护管理工作进行视察。视察组一行先后来到高冲水库、松村豆制品工业园区、石屏县污水处理厂、坝心码头等地，了解城镇截污管网建设、水污染防治、农业面源污染防治及湖泊生态修复等情况，实地察看异龙湖湖体水质状况，听取了红河哈尼族彝族自治州和石屏县有关工作情况汇报。视察组认为，红河哈尼族彝族自治州和石屏县积极推进异龙湖保护管理的各项规划和相关项目，工作扎实有效，异龙湖面貌一年一个样，一年比一年好。视察组指出，下一步要突出重点，抓好异龙湖精准治污，实施工程性治污、截污工程和生态修复工程，巩固综合治理取得的成效。

一百三十九、云南省开展重点行业环境保护专项执法检查（2016 年 6 月）

根据环境保护部统一部署，云南省于 2016 年 6—10 月，在全省范围内组织开展钢铁、水泥、平板玻璃、污水处理 4 大行业环境保护专项执法检查。

此次执法检查的主要工作包括：推进新《中华人民共和国大气污染防治法》执行，开展重点涉气行业环境保护专项整治。检查内容有：钢铁行业环评制度执行、烧结（球团）工序、炼铁工序、炼钢工序、颗粒物无组织排放及大气污染物自动监控设施；水泥行业环评制度的执行、污染防治设施运行与污染物达标排放情况、粉尘颗粒物无组织排放情况、在线监测设施的运行情况及危险废物的管理情况；平板玻璃制造行业环评制度执行、污染防治设施建设运行与污染物达标排放情况、颗粒物无组织排放及大气污染物自动监控设施。全面落实《水污染防治行动计划》，开展城镇污水处理厂环境保护专项整治。检查主要针对城镇污水处理厂，不包含工业园区污水集中处理设施。重点检查污染治理设施运行和污染物稳定达标排放情况、在线监测设施的运行情况及污泥处置情况。此次专项执法检查要求各地高度重视，制订具体工作方案、明确工作目标、细化工作内容、紧扣时间节点、强化责任考核，切实有效提升相关重点行业环境保护防治管理水平。在 2015 年环境安全隐患排查的基础上查缺补漏，特别要注意发现新的环境违法行为，并切实处理，整改到位。云南省环境保护厅将适时对各地环境保护专项执法检查的开展情况进行抽查、督查，对瞒报漏报、弄虚作假情况严重的地区进行通报，并列入下一年度重点环境监察稽查范围。

一百四十、昆明年内完成数字环境保护共享平台建设（2016 年 7 月）

利用信息化手段，提高环境监管能力，经过近 10 年的努力，云南省昆明市环境保护局已建成 16 个数字环境保护应用系统，实现了对全市空气质量、饮用水水源、湖泊（水库）、企业排污行为等全天候监控。昆明市环境保护局表示，昆明市数字环境保护建设起步时间早、技术先进、应用情况良好，在云南省和西部城市都位居前列。除已建成的应用系统外，为推进全市环境信息资源的共享与交换，昆明市环境保护局正在建设数字环保共享平台，2016 年年内完成。通过进一步整合资源构建环境资源中心，实现环境信息资源的共享与交换，完成全市统一的一张网、一张图、一个资源中心、一个数据交换平台及统一构架的基础服务平台建设，全面实现环境保护的数字化管理。推进"数字环保"信息化建设，将实现昆明市环境保护业务办公电子化、环境执法规范化、环境应急一体化、环境资源共享化，为各级环境管理人员及领导决策提供支撑服务。整个数字环境保护体系建成后，可以进一步提升全市环境监管能力，从对水、气、声的监控，扩展到对核辐射使用与管理、危险废物转移的监控，提升环境突发事件应急处置能力。昆明市环境保护局介绍，特别是在滇池流域水环境信息化方面，立足于本地化管理，综合科研成果，建立了符合本地化管理的流域信息化管理平台，处于全国领先地位。

一百四十一、全国人大常委会《中华人民共和国水法》执法检查组赴云南省开展执法检查　切实提高依法治水管水能力（2016 年 7 月）

2016 年 7 月，中共中央政治局委员、全国人大常委会副委员长李建国率全国人大常委会水法执法检查组在云南省开展执法检查。这次全国人大常委会执法检查的重点为农田水利建设投入、节水灌溉技术使用、灌溉水源和工程设施保护、小型农田水利设施产权制度改革、农村集体经济组织及其成员参与水利建设等内容，目的是了解掌握水法实施的情况和存在的问题，督促法律实施机关改进工作，推动落实中央关于水利工作的方针政策，继续推进农田水利建设，强化水资源的保护、管理，充分发挥水资源的综合效益。6 月 20—22 日，检查组先后前往昆明市、曲靖市进行实地察看，深入县、镇、村考察农田水利改革试点、"爱心水窖"建设、高效节水灌溉支撑高原特色现代农业发展、水利设施产权制度改革、农村集体经济组织及其成员参与农田水利建设情况等，听取地方对进一步贯彻实施《中华人民共和国水法》、完善相关法律法规的意见和建议。执法检查组还组织召开座谈会，听取了云南省人民政府及相关部门贯彻实施水法的情况汇报。云南省有关方面表示，以这次全国人大常委会的执法检查为契机，进一步提高认识、加强领导、明确责任、强化落实，牢固树立依法治水、依法用水的观念，全面贯彻实施水法，提高云南水利工作法治化水平。

一百四十二、云南省人民政府九大高原湖泊水污染综合防治督导组调研玉溪"三湖"水污染防治工作时强调推进四大工程确保"三湖"水质改善（2016 年 9 月）

2016 年 9 月 11—13 日，云南省人民政府九大高原湖泊水污染综合防治督导组在玉溪市督导抚仙湖、星云湖、杞麓湖水污染综合防治工作时强调，明确目标任务，强化依法治湖，破解资金难题，推进四大工程，确保三湖水质进一步改善。督导组组长晏友琼率队先后前往杞麓湖、星云湖、抚仙湖，就三湖环湖截污治污、综合环境整治、生态补水工程、产业结构调整及周边旅游产业发展等项目进行实地调研，并召开专题调研汇报会。晏友琼要求，玉溪市要继续深化保护治理意识，充分认识保护治理三湖的严峻性、艰巨性，工作劲头不能松、力度不能减；紧扣"十三五"治理目标任务，要走在前列、干在实处、明确责任、完善措施、分类推进；突破资金不足难点，积极争取上级支持，多渠道融资，加大资金投入；加大依法保护治理力度，强化环境执法，铁腕治湖；扎实推进截污治污、农业产业结构调整、节水补水、绿色文化旅游四大工程，"十三五"期间，抚仙湖总体水质要在保持Ⅰ类的基础上有所提高，力争杞麓湖、星云湖"十三五"末达到Ⅴ类水质。

一百四十三、云南省正式建立生态定位监测网络（2016 年 10 月）

2016 年 10 月，云南省正式建立生态定位监测网络，以完善全省生态定位监测体系的建设与发展，加强各监测机构间的合作。据了解，该监测网络由云南省林业厅主导，负责生态定位监测网络的管理和运行，主要监测对象为森林、湿地、荒漠生态系统。网络成员单位拟包括全省范围内已建或正在建设的 13 个森林、湿地、荒漠生态系统定位监测站、17 个国家级自然保护区和 5 个湿地生态监测站。该监测网络的任务包括：加强生态定位监测机构间的信息沟通、经验交流及学术交流；研究监测台站建设和发展过程中的重大问题与对策，形成有影响力的区域性生态研究工作重大问题研究报告等。

一百四十四、云南探索高原湖泊保护和管理责任体系　九大高原湖泊保护和治理监管责任体系研究项目通过验收（2016 年 10 月）

2016 年 10 月，由云南省环境保护厅主持，邀请有关专家对九大高原湖泊水污染防治督导组和云南省环境科学研究院共同完成的《九大高原湖泊保护和治理的监管责任体系研究》项目进行验收。经专家组论证，一致同意项目通过验收。《九大高原湖泊保护和治理的监管责任体系研究》项目，以十八大以来中共中央提出的生态文明建设及实行最严格的环境保护制度为指导，紧紧围绕水环境质量改善和精准治污，系统梳理和深入分析云南省九大高原湖泊保护治理监管责任体系现状，探索建立和完善以领导管理体制、良性工作机制为主的湖泊环境领导责任体系的方法和途径，明确流域管理中各级政府、流域管理主体、环境保护和其他相关职能部门的责权关系。结合《水污染防治行动计划》相关要求，该项目明确了"政府负责、流域统筹、环保监管、部门尽责、全民参与"的总体架构，形成"完善湖泊流域保护和治理的监管责任体系构建、建立健全九湖流域控制性环境总体规划体系制度、完善目标责任考核体系制度、创新优化流域管理协调机制、建立保护治理和管理运行经费保障机制"等 6 条决策咨询建议。专家组认为，《九大高原湖泊保护和治理的监管责任体系研究》项目对优化云南省湖泊保护和管理手段、提高流域综合管理效率、改善体制的运行效果具有重要的决策支撑作用。

一百四十五、中央第七环境保护督察组向云南反馈情况要求抓好问题整改争当生态文明建设排头兵（2016 年 11 月）

2016 年 7 月 15 日—8 月 15 日，中央第七环境保护督察组对云南省开展了环境保护督察并形成督察意见。2016 年 11 月 23 日，督察组向云南省委、云南省人民政府反馈了督察意见。督察指出，云南省生态环境敏感脆弱，发展不足和保护不够并存。虽然近年来环境保护工作取得积极进展，但与中央要求、云南省特殊生态地位和人民群众期盼相比，尚存在差距。存在的主要问题有：一是对生态环境保护工作要求不严；二是高原湖泊治理保护力度仍需加大；三是重金属污染治理推进不力；四是自然保护区和重点流域保护区违规开发问题时有发生。

督察强调，云南省委、云南省人民政府应根据《环境保护督察方案（试行）》要求，抓紧研究制订整改方案，在 30 个工作日内报送国务院。整改方案和整改落实情况要按照有关规定，及时向社会公开。督察组还对发现的问题线索进行了梳理，将按有关规定向云南省委、云南省人民政府进行移交。

一百四十六、官渡区实现空气质量监测全覆盖（2016 年 11 月）

官渡区新建成 8 个空气自动监测站，对全区 8 个街道办事处开展可吸入颗粒物和细颗粒物实时在线监测，改变了以往全区只有 1 个监测站点的情况，在全省率先实现了空气自动监测站对辖区所有街道的全覆盖。下一步，官渡区将通过手机 APP 等方式实时发布辖区各街道的空气质量状况，让市民能随时了解全区空气环境质量情况。

一百四十七、云南第八督查组指导解决难点问题（2016 年 11 月）

2016 年 10 月 25—29 日，环境保护部第八督查组深入云南省，就云南省环境执法监管重点工作落实情况进行督查。督查期间，第八督查组坚持问题导向，实事求是地指出基层环境执法监管重点工作中存在的问题和不足，提出整改要求和建议，指导帮助解决重点难点问题。督查期间，第八督查组听取了云南省环境保护厅副厅长高正文的关于云南省环境执法监管重点工作落实情况的汇报，查阅了省市县三级环境保护部门有关工作文件、资料，对昆明市、玉溪市和大理白族自治州开展现场督查。在玉溪市督查期间，玉溪市环境保护局反映在落实日常监管随机抽查制度和推进网格化环境监管体系建设中遇到困惑时，督查组从吃透国家环境保护政策措施、学习借鉴先进经验、着力解决重点难点问题等方面对玉溪市提出了意见和建议。

在玉溪市峨山彝族自治县随机进行现场检查时，督查组要求环境保护部门对关停企业做到管理到位、服务到位，提前做好环境风险评估，预防留下环境隐患。几天时间里，督查组累计行程约 1500 千米，现场检查企业 20 余家、饮用水水源地 6 个。在 10 月 29 日下午举行的督查工作反馈会议上，督查组对云南省开展环境执法监管重点工作取得的成效给予充分肯定，逐一指出了存在的问题和不足，并对云南省进一步抓好环境执法监管重点工作提出了意见和建议。

一百四十八、云南强化培训补监测人才短板改变监测能力薄弱制约环境执法局面（2016 年 12 月）

"十二五"以来，云南省环境保护厅在加强全省环境监测硬件设施建设的同时，不断完善监测培训体系，与州（市）、县（市、区）环境保护局有效联动，源源不断培养过硬的监测管理和技术人才，有效弥补了监测人才短板，提升了监测队伍整体水平，为强化环境管理、持续改善环境质量提供了有力的支撑。为培养技术人才，云南省环境保护厅制定下发了《2013—2015 年度云南省环境监测培训实施方案》，提出 4 个培训目标：到 2015 年，完成全省各级环境监测行政管理和技术人员 1700 人次的培训工作，人员的综合素质和能力明显提高。逐步建立统筹管理、分级负责，具有较强系统性、针对性、时效性、深层次、全方位的环境监测培训体系。初步形成与云南省环境监测相适应的、统一的培训教材，构建涵盖环境监测管理和技术领域的培训师资，建立健全师资遴选、培训、评估、动态管理等管理制度。初步构建环境监测"三五"候选人才培训体系，夯实"三五"人才培养基础。截至 2015 年底，云南省组织"重点专项监测工作培训、应急监测技术培训、管理人员能力提升培训、州（市）环境监测站技术骨干培训、社会环境监测机构人员岗位综合培训、环境监测人员岗位技术综合培训、县级环境监测站管理培训、县级站监测人员跟班轮训"八大专题培训，共完成 29 期 3164 人次培训。州（市）环境保护局、监测站共完成 20 余期 900 余人次培训。

"十三五"期间，云南省将继续加大环境监测培训工作覆盖范围，实现所有县区和社会环境监测机构环境监测技术人员培训全覆盖。

一百四十九、云南严查化工企业违法行为约谈企业负责人责令停产整治（2016 年 12 月）

据云南省环境保护厅近日通报，自 12 月 4 日晚央视《经济半小时》对云南先锋化工有限公司污染情况进行报道以后，云南省委、云南省人民政府高度重视，要求立即组织开展调查处理工作。12 月 5 日，云南省环境保护厅组织省、市、县三级环境保护部门进驻该公司，就企业存在的环境违法问题约谈了企业负责人，下达了《责令停产整治决定书》，要求其在确保安全的前提下立即组织落实停产决定，进一步加强整治，消除对周边环境和人民群众的影响。下一步，云南省环境保护厅将分设现场执法组、资料调阅组、外围环境检查组、监测组、社会维稳组 5 个小组开展调查工作。据悉，位于寻甸回族彝族自治县的云南先锋化工有限公司褐煤洁净化利用试验示范工程自 2014 年投入试生产以来，由于生产过程中产生恶臭异味污染，一直都被群众投诉。云南省、昆明市、寻甸回族彝族自治县环境保护部门按相关法律法规对该公司的环境违法行为多次责令整改并进行了处罚，2016 年 5 月，云南省环境保护厅责令该公司停产整治。

云南先锋化工有限公司对存在的突出环境问题进行了整治，但尚未从根本上解决恶臭异味影响的问题，并于 2016 年 11 月 1 日起擅自复产。云南省环境监察总队于 2016 年 11 月 22 日对该公司进行了现场检查，并对其明确提出了停产要求。下一步，云南省、市、县各级环境保护部门将严厉查处企业的违法行为，监督企业停产整治，采取切实有效的措施进行整改落实。

一百五十、水利部督导组在滇督导检查节水灌溉项目（2017 年 1 月）

2017 年 1 月，水利部督导组到云南省开展高效节水灌溉项目专项督导检查。督导组实地督导检查了建水县、弥勒市、澄江县高效节水灌溉项目推进情况，听取了云南省高效节水灌溉项目自查情况及各县（市）汇报，并反馈督导检查意见。通过实地察看、查阅资料、座谈交流，督导组认为云南省对高效节水灌溉工作高度重视，在任务推进过程中，思路清晰、措施有力，完成情况良好、数据真实可靠。截至 2016 年 12 月 15 日，已完成高效节水灌溉面积 129.59 万亩，占计划 120 万亩的 108%，工程效益明显。同时，督导组要求，要建立监测评价工作机制，为后期运行管护提供数据支撑；要落实管护主体，明确管护责任，全面提高管护水平；要加大宣传力度，总结提炼好的经验、做法，以点带面、示范引领，使群众理解、接受并支持高效节水灌溉项目建设和发展。

一百五十一、怒江全力排查垃圾入江现象（2017 年 2 月）

从垃圾池到江边的垃圾已清理好并铺上泥土，垃圾池面向公路的缺口已砌好挡墙，四五个垃圾清理员在清理零星垃圾，崭新的垃圾箱摆放在公路边。这是记者跟随泸水市环境整治专项督查组在大兴地镇灯笼坝旧垃圾池看到的场景。2017 年 2 月 9 日，演员袁立在微博中称福贡县、泸水市大兴地镇将垃圾倒入怒江造成污染，引起了社会各界的关注和议论。怒江傈僳族自治州委、怒江傈僳族自治州人民政府领导高度重视，要求福贡县、泸水市立行立改，环境、水务、住建等部门进行专题研究，制定整改措施，立即进行整改。福贡县委、福贡县人民政府督查室、环境保护局、住房和城乡建设局、市场监督管理局等多部门立即组成专项排查组，对福贡境内出现的垃圾乱堆乱倒现象进行排查整治。排查行动过程中，每发现一处疑似垃圾排放处，工作人员都会下车察看并做好记录，及时反馈给相关乡镇负责人。当天，排查组共排查出乱堆乱倒垃圾点30处。排查组要求各乡镇及时进行清理整治。在县垃圾处理厂未建成之前，各乡镇要迅速出台相关措施，杜绝垃圾倒入怒江现象发生。在袁立微博图片中曝出的福贡县垃圾成堆现象的地段，垃圾已全部处理完毕，路边砌起了1米高的挡墙，防止附近村民把生活垃圾直接倾倒江中。在现场，记者还了解到该路段为防止垃圾倾倒，过去就设有铁丝网护栏和警示牌，但仍有许多村民把垃圾倒在了那里，导致护栏网损毁，许多垃圾掉进了江中。2月10日，泸水市派出环境整治专项督查组，深入各乡镇进行城乡环境整治重点督查、约谈工作，对工作开展不力的乡镇进行严肃处理，确保整治工作向纵深推进。记者从大兴地镇政府了解到，投入300多万元的大兴地镇无害化垃圾处理厂已于2017年1月中旬通过初验并开始试运行，待正式投入使用后，就能较好处理沿江一线集市、村寨的生活垃圾。截至2017年，镇人民政府在灯笼坝村安置了20个垃圾箱，有1辆垃圾清运车和10名垃圾清理人员从事垃圾清运和清理工作，向沿江一线村寨发放了立式环保塑料垃圾桶，做好宣传教育工作，增强各族群众的环境保护意识，并动员群众对怒江沿线和河流附近的垃圾进行集中清理，防止垃圾进入怒江，提升人居环境。

一百五十二、云南省推进信息公开提升监测效能确保生态监测高效运行（2017年3月）

近年来，云南省在高标准推进全省生态环境监测网络建设的同时，按照"说清环境质量状况及变化趋势、说清污染源排放状况、说清潜在的环境风险"的"三个说清"基本要求，全力保障已有生态环境质量监测网络的正常运行，让环境监测为环境污染治理提供有力支撑。在环境监测体制面临改革的新形势下，云南省环境保护厅及时召开全省监测站站长会议，要求全省监测系统转变观念，把握好监测体制改革深刻内涵，确保监测工作质量。与此同时，针对部分州（市）人员较少、技术力量薄弱的实际，云南省环境保护厅成立工作组及时从全省环境监测系统抽调技术专家，在职能部门负责人带领下，分赴各州（市）开展工作，对出现的问题包片、包点，逐一破解。为进一步推进监测信息公开，云南省编制并公开发布年度环境状况公报，进一步公开国控重点污染源、九大高原湖泊水质、全省主要城市集中式饮用水水源地水质监测信息及16个州（市）人民政府所在地环境空气质量评价结果排名等信息。自2016年

12 月 26 日开始，在通过云南省环境保护厅官网发布空气质量预报、空气质量日报、湖泊水质月报、水质自动监测实时数据等信息基础上，实现了 16 个州（市）人民政府所在城市未来 24 小时、48 小时环境空气质量预报信息在云南卫视天气预报节目、中国天气网云南站等平台公开发布。2017 年初正式投入运行的"云南省污染源自动监控设施运行维护管理系统"，使全省的重点污染源自动监控系统的运行、维护纳入实时监控之下，为甄别自动监控数据真伪和自动监控数据应用于监管执法提供了有力的技术支撑。在促进监测效能提升方面，云南省认真抓好县域生态环境质量监测、评价与考核，严格实施对全省 23 个国家重点考核县生态环境质量考核工作和 129 个县（市、区）县域生态环境质量监测、评价与考核工作，为生态转移支付资金绩效、县级党政领导考核等提供了支撑和服务。

一百五十三、云南省第四环境保护督察组进驻怒江傈僳族自治州（2017 年 3 月）

根据云南省委、云南省人民政府统一部署，云南省第四环境保护督察组进驻怒江傈僳族自治州开展环境保护督察工作，并于 2017 年 3 月 28 日召开动员汇报会。督察组进驻怒江傈僳族自治州主要针对怒江傈僳族自治州委、怒江傈僳族自治州人民政府及有关部门开展督察工作，并下沉至部分县级党委、人民政府及有关部门。重点督察怒江傈僳族自治州委、怒江傈僳族自治州人民政府贯彻落实国家和云南省环境保护决策部署、解决突出环境问题、落实环境保护主体责任的情况，推动怒江傈僳族自治州生态文明建设和环境保护工作，促进绿色发展。在督察中坚持问题导向，主要围绕新《中华人民共和国环境保护法》等相关法律法规和政策措施的落实情况，重点盯住云南省委、云南省人民政府高度关注、群众反映强烈、社会影响恶劣的突出环境问题及其处理情况；重点检查环境质量呈现恶化趋势的区域流域及整治情况；重点督察地方党委、政府及其有关部门环境保护不作为、乱作为的情况；重点了解地方落实环境保护"党政同责"、"一岗双责"和严格责任追究等情况。怒江傈僳族自治州委负责人在会上汇报了环境保护工作情况，要求全州各级各部门要高度重视，切实把思想和行动统一到云南省委、云南省人民政府的决策部署上来，全力以赴抓好环境保护工作，端正态度，敢于直面问题，诚恳接受督察。要全力配合，以实际行动迎接好督察工作。要严明纪律，扎实认真接受"督察体检"。要立查立改，把怒江环境保护工作推向新的高度。

一百五十四、云南省对外公开中央环境保护督察整改方案（2017年4月）

2016年7月15日—8月15日，中央第七环境保护督察组对云南省开展了环境保护督察。11月23日，督察组向云南省反馈了督察意见。云南省委、云南省人民政府高度重视，坚持问题导向和目标导向，迅速研究制定了《云南省贯彻落实中央环境保护督察反馈意见问题整改总体方案》，明确了工作目标和整改措施，建立了整改工作联席会议制度。云南省委、云南省人民政府主要负责同志明确要求，严格按照方案责任分工，认真抓好整改落实。方案全文已在云南省人民政府和环境保护部门户网站公布。方案着眼"举一反三，改善薄弱环节、尽快补齐短板、完善长效机制"，有针对性地提出了整改措施和保障措施，并体现以下4个特点：一是贯彻中共中央、国务院环境保护重大决策部署；二是回应中央环境保护督察组指出的问题；三是压实整改落实工作的责任；四是着眼建立整改落实工作长效机制。

《云南省贯彻落实中央环境保护督察反馈意见问题整改总体方案》整改措施主要有：一是切实把环境保护摆在更加突出的位置。牢固树立绿水青山就是金山银山的强烈意识，把绿色发展纳入各级党委（党组）中心组学习内容，树立正确的绿色政绩观；深化党校和行政学院生态文明教学内容，让绿色发展理念植根于广大干部的头脑中；拓展全社会环境保护和生态文明意识，自觉接受法律监督和民主监督；促进经济建设与环境保护协调可持续发展，全面开展"多规合一"，强化空间"一张图"管控，优化国土空间布局；构建绿色产业体系，大力发展节能环保产业；发展壮大循环经济，优化经济发展方式；全面压实环境保护责任，将环境保护纳入党委和人民政府重要议事日程，落实党政同责、一岗双责，强化环境保护考核评价；强化环境保护责任追究，开展省级环境保护督察；成立云南省环境污染防治领导小组；加大环境保护资金投入，加大资金投入筹集和整合，引导社会资金投入环境保护，2017年6月底前设立云南省绿色发展基金。二是切实加强污染综合防治。加强水污染综合防治，深化九大高原湖泊污染防治，2017年6月底前"十二五"规划项目完工率达90%；深化流域水污染防治，强化饮用水水源地和地下水污染防治；加强大气污染防治，综合施策、重点整治、区域联动，全省环境空气质量总体继续保持优良，部分地区持续改善；加强土壤和重金属污染防治，深入实施土壤污染防治工作方案，分类开展土壤污染治理与修复；综合治理重金属污染，加快历史遗留重金属污染项目治理；加强危险废物污染防治，加快推进危险废物、医疗废物集中处置设施建设，提高全省危险废物无害化处置保障能力，强化危险废物监督管理，2018年1月1日起，全省所有危险废物、医疗废物集中处置设施都实现正常运行。三是切实加强自然生态保护。2017 年底前，划定全省生态保护红线；加强生物多样性保护，实施重大生态修复工程，持续提高全省森林覆盖率，自然湿地保护率达 45%，推进 45 个重点县实施石漠化综合治理工程；完善自然保护区管理机制，严格自然保护区环境管理，每年开展 2 次国家级、1 次省级自然保护区人类活动卫星遥感动态监测的监督检查，加强重点流域保护区环境管理。四是切实改善提升城乡人居环境。开展全民绿化、全面绿化；持续提高城乡规划质量和水平，逐步实现城镇总体规划建设用地范围内的控制性详细规划全覆盖；实施城乡人居环境提升行动，全面推进城乡"四治三改一拆一增"和村庄"七改三清"环境综合整治行动；全面加强农业面源污染防治，防治畜禽养殖污染，实施"一控二减三基本"面源污染防治技术；积极推动"三创"工作；加快生态文明先行示范区建设。五是切实实行最严格的环境保护制度。强化源头严防制度，健全战略环评、规划环评及建设项目环评之间的联动机制；强化过程严管制度，开展中央环境保护督察组交办问题"回头看"；加强全省环境监管执法力度，严格执法，在全省形成打击环境违法犯罪行为的高压态势；强化生态环境监测网络建设和监管；强化后果严惩制度，强化环境保护行政执法与刑事司法联动；深化环境保护监管体制改革，开展省以下环境保护机构监测监察执法垂直管理制度改革。为保障整改工作顺利开展，方案明确了 5 方面组织保障措施。一是加强组织领导。整改工作由云南省环境保护督察工作领导小组负责，分管副省长牵头，领导小组办公室负责日常工作，建立整改落实工作联席会议制度，全面负责推进中央环境保护督察反馈意见整改工作。二是严肃责任追究。由云南省纪委、云南省委组织部牵头组织，云南省环境保护厅参加，启动问责程序，对中央环境保护督察组移交的责任追究问题深入调查，逐一厘清责任，依法依规进行严肃追责。三是严格督导检查。由云南省委督查室、云南省人民政府督查室牵头，云南省环境保护厅参加，成立整改督导工作组，对各地各部门的整改工作实行挂账督办、跟踪问效。四是做好整改信息公开。由云南省委宣传部牵头，及时通过中央和省级主要新闻媒体向社会公开中央环境保护督察组反馈意见和问题整改方案、整改进度、整改落实情况。五是建立整改长效机制。细化落实各项整改措施，既对个性问题紧盯不放、立行立改，又要对共性问题举一反三、专项整治，改善薄弱环节，尽快补齐短板，建立长效机制。对中央环境保护督察组督察反馈意见归纳整理出的"46+4"个问题，实施清单制，制定了问题整改《措施清单》，逐项明确责任单位、责任人、整改目标、整改时限。明确各级各有关部门主要负责人为整改工作第一责任人，督促落实、办结销号，确保按要求整改落实到位。下一步，云南省将进一步深入贯彻习近平总书记系列重要讲话和对环境保护督察工作重要指示精神，认真落实中央环境保护督察组的要求，以鲜明的态度、果断的措施、严格的标准，主动整改、尽快整改、坚决整改。不断开创环境保护和生态建设新局面，切实筑牢西南生态安全屏障，守护云南良好的生态环境，把七彩云南建设成为祖国南疆的美丽花园，努力争当生态文明建设排头兵。

一百五十五、全面落实河长制　加快推进洱海保护治理（2017 年 5 月）

2017 年 5 月 2—3 日，云南省委副书记、省长阮成发积极履行河长责任，率领省级有关部门负责人深入大理白族自治州检查指导洱海保护治理河长制推进落实工作。他强调，要深入贯彻落实中央关于推行河长制的决策部署和云南省委、云南省人民政府全面落实河长制的具体要求，明确目标任务，层层压实责任，千方百计、争分夺秒抓好洱海保护治理。3 月 29 日—4 月 1 日对大理实地调研之后，时隔 1 个月，阮成发再次到大理对洱海保护治理河长制推进落实工作进行专题调研，察看沿湖污染防治、湖面水质变化、环湖截污工程建设，了解河长制落实情况。他强调，洱海是大理各族人民的"母亲湖"，也是云南的一张亮丽名片。洱海保护治理，事关大理的可持续发展，必须全力以赴推进。在调研座谈会上，阮成发听取了相关工作汇报。他强调，全面推行河长制是中央做出的重大决策部署，是强化江河湖泊保护、事关长远发展、事关广大人民群众福祉的一件大事，是推进生态文明建设的重大举措、全面解决复杂水问题的迫切需要、促进产业转型升级实现跨越发展的必然要求。各级各部门要充分认识推进河长制的重要意义，切实增强责任感、使命感和紧迫感，抓紧抓实抓好相关工作。阮成发要求，要切实把河长制落到实处。要明确目标任务，党政主要领导挂帅，亲力亲为，力避形式主义，积极承担起加强水资源保护、河湖水域岸线管理保护、水污染防治、水环境治理、水生态修复、执法监管等职责；要层层压实责任，构建起责任链、任务链，明确时间表路线图，逐级将各项任务落实到最基层；要全面对洱海湖岸线和入湖河流细化分段并明确具体责任人及其责任，推进洱海沿湖各段河长制的责任落实，加强入湖河流入湖点的动态监测，以倒逼机制促进入湖河流水质全面好转。阮成发强调，要标本兼治，千方百计、争分夺秒抓好洱海保护治理。要时刻牢记习近平总书记对洱海保护治理的殷殷嘱托，以高度的政治责任感和时不我待的紧迫感，实事求是、痛下决心、突出重点、突破难点，加快推进洱海保护治理各项工作。要以更大决心、更实工作依法依规推进洱海沿湖违法违章建设及其污染的整治；要在沿湖城乡全面实施雨污分流，实现污水全收集全处理，确保不让一滴污水进入洱海；要在确保质量和安全的前提下，加快环湖截污工程建设，早日建成使用；要加大宣传力度，动员全社会广泛积极参与洱海保护治理。要加强规划、严格管理，在统筹抓好洱海保护治理工作的同时，统筹谋划好沿湖周边的长远发展，加强沿湖环境改造提升，加快推进产业转型升级发展，带动群众增收致富，实现大理经济社会跨越发展。

一百五十六、云南省第四环境保护督察组进驻普洱市（2017年 7 月）

根据云南省委、云南省人民政府统一部署，云南省第四环境保护督察组进驻普洱市开展环境保护督察工作，并召开了动员汇报会。督察组进驻普洱市，主要针对普洱市委和普洱市人民政府及其有关部门开展工作，并下沉至部分县级党委和人民政府及其有关部门。督察工作坚持问题导向，主要围绕《中华人民共和国环境保护法》、《中华人民共和国大气污染防治法》和云南省委、云南省人民政府出台的《关于加快推进生态文明建设排头兵的实施意见》等法律法规和政策措施的落实情况，重点盯住云南省委、云南省人民政府高度关注、群众反映强烈、社会影响恶劣的突出环境问题及其处理情况；重点检查环境质量呈现恶化趋势的区域流域及整治情况；重点督察地方党委和人民政府及其有关部门环境保护不作为、乱作为的情况；重点了解地方落实环境保护党政同责和一岗双责、严格责任追究等情况。

普洱市相关负责人汇报了生态文明建设和环境保护工作进展情况，并要求要以此次督察作为改进工作的契机，进一步增强主动支持督察、诚恳接受督察、全力配合督察的思想自觉和行动自觉。要全力支持配合，认真细致地做好各项保障工作。要严守纪律规矩，客观真实反映工作情况和问题。坚持立行立改，把问题整改贯穿督察工作的始终，确保督察工作顺利圆满完成。

一百五十七、云南省第二环境保护督察组进驻西双版纳傣族自治州（2017 年 7 月）

根据全省督察工作的统一部署，云南省第二环境保护督察组于 2017 年 7 月 2 日进驻西双版纳傣族自治州开展环境保护督察工作。3 日，第二环境保护督察组督察工作动员会在西双版纳傣族自治州召开。会上，督察组就相关工作提出要求，西双版纳傣族自治州介绍本州生态文明建设和环境保护工作进展情况。督察组指出，第二环境保护督察组进驻西双版纳傣族自治州，重点是督察西双版纳傣族自治州委、西双版纳傣族自治州人民政府贯彻落实国家和云南省环境保护决策部署、解决突出环境问题、落实环境保护主体责任的情况，推动西双版纳傣族自治州生态文明建设和环境保护工作，促进绿色发展。督察工作坚持问题导向，主要围绕《中华人民共和国环境保护法》《中共云南省委 云南省人民政府关于加快推进生态文明建设排头兵的实施意见》《中共云南省委 云南省人民政府关于贯彻落实生态文明体制改革总体方案的实施意见》等相关法律法规和政策措施的落实情况，重点盯住云南省委、云南省人民政府高度关注、群众反映强烈、社会影响恶劣的突出环境问题及其处理情况；重点督察地方党委、人民政府及其有关部门环境保护慢作为、不作为、乱作为的情况；重点了解地方落实环境保护党政同责、一岗双责、严格责任追究等情况；重点检查生态文明建设、生态创建开展情况，自然保护区环境保护工作情况，环境质量呈现恶化趋势的区域、流域及整治情况；督察主要针对西双版纳傣族自治州委和西双版纳傣族自治州人民政府及其有关部门开展，并下沉至部分县级党委和人民政府及其有关部门。督察组强调，在西双版纳傣族自治州开展环境保护督察工作，既是云南省委、云南省人民政府的要求，也是推进地方经济、社会与环境保护协调发展的需要，是第二环境保护督察组与西双版纳傣族自治州委和西双版纳傣族自治州人民政府共同承担的一项重要政治任务。西双版纳傣族自治州各级党委、人民政府和各有关部门，要认真学习领会中央和云南省委关于开展环境保护督察的相关精神，在思想上、行动上与中央和云南省委保持高度一致。要以高度的政治责任感和使命感，认真细致、严谨规范、实事求是、客观公正地做好督察工作。会上，督察组还就西双版纳傣族自治州坚决落实云南省委、云南省人民政府决策部署，做好督察配合工作提出了要求。会上，西双版纳傣族自治州相关负责人表示，西双版纳傣族自治州高度重视此次督察的重大意义，全州各级各部门将切实增强"四个意识"，把配合做好环境保护督察工作，作为当前一项重大的政治任务，以高度的政治责任感认真对待这次督察工作，端正态度、直面问题，诚恳接受督察，以良好的精神状态和扎实的工作作风主动迎接督察。

一百五十八、云南省第三环境保护督察组进驻迪庆藏族自治州（2017 年 7 月）

根据云南省委、云南省人民政府统一部署，云南省第三环境保护督察组进驻迪庆藏族自治州开展环境保护督察工作。2017 年 7 月 6 日，第三环境保护督察组督察工作动员会在香格里拉市召开。会上，督察组就相关工作提出要求，迪庆藏族自治州介绍本州生态文明建设和环境保护工作进展情况。督察组指出，按照云南省委、云南省人民政府要求，第三环境保护督察组进驻迪庆藏族自治州，重点是督察迪庆藏族自治州委、迪庆藏族自治州人民政府贯彻落实国家和云南省环境保护决策部署、解决突出环境问题、落实环境保护主体责任的情况，推动迪庆藏族自治州生态文明建设和环境保护工作，促进绿色发展。督察工作将坚持问题导向，主要围绕《中华人民共和国环境保护法》《中共云南省委　云南省人民政府关于加快推进生态文明建设排头兵的实施意见》《中共云南省委　云南省人民政府关于贯彻落实生态文明体制改革总体方案的实施意见》等相关法律法规和政策措施的落实情况，重点盯住云南省委、云南省人民政府高度关注、群众反映强烈、社会影响恶劣的突出环境问题及其处理情况；重点检查环境质量呈现恶化趋势的区域、流域及整治情况；重点督察地方党委、人民政府及其有关部门环境保护不作为、乱作为的情况；重点了解地方落实环境保护党政同责、一岗双责、严格责任追究等情况。督察主要针对迪庆藏族自治州委和迪庆藏族自治州人民政府及其有关部门开展，并下沉至部分县级党委和人民政府及其有关部门。督察组强调，在迪庆藏族自治州开展环境保护督察工作，既是云南省委、云南省人民政府的要求，也是推进地方经济与环境协调发展的需要，是云南省第三环境保护督察组与迪庆藏族自治州委和迪庆藏族自治州人民政府共同承担的一项重要政治任务。迪庆藏族自治州各级党委、人民政府和各有关部门，要认真学习领会中央和云南省委关于开展环境保护督察的相关精神，在思想上、行动上与中央和云南省委保持高度一致。要以高度的政治责任感和使命感，认真细致、严谨规范、实事求是地做好督察工作。会上，督察组还就迪庆藏族自治州坚决落实云南省委、云南省人民政府决策部署，做好督察配合工作提出了要求。迪庆藏族自治州相关负责人表示，迪庆藏族自治州各级各部门高度重视此次督察的重大意义，将切实把思想和行动统一到云南省委、云南省人民政府的决策部署上来，全力以赴抓好环境保护工作。把配合做好环境保护督察工作，作为当前一项重大的政治任务，以高度的政治责任感认真对待这次督察工作，端正态度、直面问题，诚恳接受督察，以良好的精神状态和扎实的工作作风主动迎接督察。

一百五十九、云南省第二环境保护督察组进驻楚雄彝族自治州（2017 年 9 月）

根据云南省委、云南省人民政府统一部署，云南省第二环境保护督察组进驻楚雄彝族自治州开展环境保护督察工作。2017 年 9 月 5 日，云南省第二环境保护督察组督察楚雄彝族自治州动员汇报会召开。会上，督察组就即将开展的督察工作做要求。楚雄彝族自治州详细汇报了本州生态文明建设和环境保护工作进展情况。督察组指出，环境保护督察是中共中央、国务院关于推进生态文明建设和环境保护工作的一项重大制度部署。云南省委、云南省人民政府主要领导高度重视环境保护督察工作，多次针对开展省内环境保护督察做出重要指示。云南省委、云南省人民政府明确提出建立环境保护督察制度，成立了环境保护督察工作领导小组，负责全省环境保护督察工作的组织领导和整体推进，2017 年对全省 16 个（州）市开展一轮环境保护督察。楚雄彝族自治州委、楚雄彝族自治州人民政府连续多年不断加大环境保护工作力度，取得了较好成效，但环境保护形势依然严峻，对此应引起高度重视。督察组强调，云南省第二环境保护督察组进驻楚雄彝族自治州，旨在通过环境保护督察，强化环境保护党政同责和一岗双责要求，推动楚雄彝族自治州生态文明建设和环境保护工作，促进绿色发展。督察主要针对楚雄彝族自治州委和楚雄彝族自治州人民政府开展，并下沉至部分市县级党委和人民政府，以及有关部门。具体督察楚雄彝族自治州委和楚雄彝族自治州人民政府贯彻落实中共中央、国务院和云南省委、云南省人民政府环境保护重大决策部署情况，解决突出环境问题、落实环境保护主体责任及中央环境保护督察反馈意见整改落实情况。督察工作坚持问题导向，主要围绕《中华人民共和国环境保护法》《中共云南省委 云南省人民政府关于加快推进生态文明建设排头兵的实施意见》等法律法规和政策措施的落实，重点盯住云南省委、云南省人民政府高度关注、群众反映强烈、社会影响恶劣的突出环境问题，重点检查环境质量呈现恶化趋势的区域、流域及环境整治情况，重点督察地方党委、人民政府及其有关部门环境保护慢作为、不作为、乱作为的情况，重点了解地方落实环境保护党政同责和一岗双责、严格责任追究等情况。环境保护事关全省发展大业，事关人民福祉，事关生态文明建设大局。我们要坚决落实中共中央、国务院和云南省委、云南省人民政府的重大决策部署，通过环境保护督察，切实推动地方各级党委和人民政府落实环境保护主体责任，加快突出环境问题解决，推动绿色发展，全面提升生态文明建设水平，使云南的天更蓝、水更清、山更绿、空气更清新。督察组要求，楚雄彝族自治州各级各部门认真做好配合、坚持边督边改、强化舆论引导、提供必要保障，大家共同努力，圆满完成此次环境保护督察的各项任务。楚雄彝族自治州相关负责人表示，云南省委、云南省人民政府对楚雄彝族自治州开展环境保护督察，是对楚雄生态环境保护工作的一次全面诊断和推动，更是对全州各级各部门履行环境保护主体责任情况的一次有力"体检"，是帮助楚雄彝族自治州发现问题、解决问题、改进工作的一次难得机会。楚雄彝族自治州将切实把思想和行动统一到云南省委、云南省人民政府的决策部署上来，统一到这次督察的具体要求上来，端正态度，诚恳接受督察，直面问题，坚决抓好整改。要坚持"党政同责、一岗双责"，针对发现问题，及时研究制订整改方案、分解任务、明确责任，做到边查边改、立行立改，一时不能整改的，要明确整改责任和整改时限，逐项抓好整改落实。要通过问题整改，举一反三、建章立制、巩固成果，进一步提升全州生态文明建设的能力和水平。

一百六十、循足迹·看变化　洱海　碧水长流山更青（2016 年 1 月）

从 2015 年开始，大理把洱海治理当成头等大事、头号工程，紧紧围绕推进生态文明建设，多管齐下，采取综合措施，坚持"依法治湖、工程治湖、科学治湖、全民治湖，推进网格化管理"，洱海保护治理取得新的成效，"十二五"以后的 II 类水质总体优于"十一五"期间。

湖滨生态湿地逐渐恢复。"大理市 20 000 亩、洱源县 10 000 亩，共计规划 30 000 亩湿地建设。"大理白族自治州洱海流域保护局局长段彪说，2016 年以后，共流转土地 8150 亩，完成绿色水稻等生态种植 9 万亩，推广病虫害绿色防控技术 7 万亩，建成农业尾水生物净化多塘系统 85 个，洱海生物多样性正渐渐恢复好转。有力遏制面源点源污染。"大理市和洱源县建成有机肥加工厂及 8 个配套畜禽粪便收集站，推广使用有机肥 1.1 万吨。" 段彪说，大理切实推进农业面源污染防治，加快现代生态农业建设，实施化肥、农药使用量"零增长"。同时积极鼓励土地流转，推动农业产业结构调整。洱海保护制度化全覆盖。编制《洱海绿色流域建设与水污染综合防治规划（2010—2030 年）》、《洱海流域保护治理与流域生态建设"十三五"规划》及 7 个专项子规划，科学指导保护治理。深入开展"三清洁"环境卫生综合整治，采取生态环境保护与经济建设同步推进的工作实绩考核机制，按照"党政同责、属地为主、部门挂钩、分片包干、责任到人"的工作原则，实现洱海流域主要入湖河道、沟渠、村庄、道路环境综合治理责任制的全覆盖。截至 2016 年，洱海水质已超过"十一五"期间 II 类水质标准月份总数 7 个月。流域生态系统进一步恢复，洱海沉水植物生物量由 2006 年的 16 万吨增加到 2016 年的 19 万吨，洱海水生植物渐渐恢复达 35 种，湖内已绝迹多年的洱海土著螺蛳、圆被角无齿蚌等物种重新出现。苍山森林植被覆盖率从 73% 提高到 96.78%，洱海保护治理取得新的成效。

一百六十一、昭通完成整改环境问题 25 项（2016 年 1 月）

针对环境保护部西南环境保护督查中心对昭通市开展环境保护综合督查发现的 8 个方面问题，昭通市采取强有力措施及时整改并取得初步成效。昭通市委、昭通市人民政府对整改存在问题高度重视，各部门分级负责，企业和社会共同参与，努力形成了整改工作思想认识、组织保障、分级负责、部门履职、整改措施、督促检查、纪律约束、氛围营造到位"八个到位"的良好局面。昭通市增加了昭通市环境保护局人员编制，市级财政安排 6300 万元生态文明建设资金。各县（区）按要求向工业园区派驻环境保护机构，在县（区）环境保护局设置相应机构增加监察、监测人员，在乡镇设环境保护所，安排必要的环境保护能力建设资金。截至 2016 年 1 月 15 日，昭通市已清理废除"土政策" 2 个，整改环境问题 25 项，查处环境违法企业 6 家，责令 2 家企业停产整治，关闭非法黏土砖厂 25 家，处罚款 32 万元。

一百六十二、昆明 17 座污水处理厂实现达标排放（2016 年 1 月）

"十二五"期间，昆明市立足水环境改善，突出抓好城镇污水处理厂的建设、运行和管理，确保减排效益不断提高。昆明市把强化城镇污水处理厂运行管理作为有序推进污染减排工作重要抓手，制定了《昆明市城镇污水处理厂（水质净化厂）污染物减排工作联动方案》，充分发挥市、县（区）两级职能部门和污水处理运营单位作用，建立健全监管有力、运行高效的运行监管工作机制。昆明市环境保护局制定了污水处理厂重点减排项目年度监察、监测工作方案，组织监察人员对辖区内污水处理厂的污水收集系统、在线监控设施等进行检查，督促其污染治理设施正常运行、达标排放。2015 年，昆明市纳入省级重点减排项目的 17 座污水处理厂保持全天 24 小时不间断运转，出水水质稳定达标。昆明主城区第一——八水质净化厂处理污水量较 2015 年同期增加 2521.87 万吨，出水水质全部达到一级 A 标准。

一百六十三、临沧实施十大工程提升环境质量（2016 年 1 月）

临沧市坚持专项整治与项目建设相结合，扎实推进"洁净临沧"各项工作，有效治理了城乡脏、乱、差现象。临沧市成立了由临沧市人民政府主要领导任组长的组织领导机构，全市以五大目标为抓手，全面实施城镇提升、旧村旧房改造、以垃圾处理为重点的环境整治、污水处理、农村畜粪便处置、生态文化产业园建设、饮用水源地保护、清洁厕所、工矿企业污染防治、公民素质提升十大行动工程。相关部门细化制订了具体实施方案，配套提出了洁净小区、绿色村镇等 12 个方面的创建考核验收标准。市、县（区）共筹集投入 10 亿元以上资金，逐步增加农村危房改造和村容村貌整治投入。截至 2016 年，全市城镇污水处理率达 88%、垃圾处理率达 93%。

一百六十四、大理"十三五"强化绿色发展　洱海水质要稳定向好（2016 年 1 月）

云南省大理白族自治州委七届八次全体（扩大）会议审议通过《中共大理州委关于制定大理白族自治州国民经济和社会发展第十三个五年规划的建议》。

"十三五"期间，生产方式和生活方式绿色、低碳水平要得以提升。以洱海保护治理为重点的生态保护与建设取得重大进展，洱海水质稳定向好；山水林田湖治理取得新进展，森林覆盖率稳步提升，重点流域水质优良率继续提高，土壤环境质量明显改善；生物多样性得到有效保护；资源综合利用效率明显提高，主要污染物排放总量大幅减少；环境质量和生态环境保持良好，城乡人居环境持续改善，主体功能区布局基本形成，绿色发展达到全国先进水平。《建议》强调，打响生态文明品牌，争当全国生态文明建设排头兵。在加快主体功能区建设、着力保障生态安全、统筹推进生态建设的同时，加强洱海保护治理，严格落实《云南省大理白族自治州洱海保护管理条例》等法规，突出抓好依法治湖、工程治湖、科学治湖、全民治湖，严格落实全流域网格化保护管理责任制，把洱海流域打造成贯彻落实《水污染防治行动计划》的示范区和全国生态文明建设的综合样板示范区。落实《洱海保护治理与流域生态建设"十三五"规划（2016—2020）》，重点实施流域截污治污等六大工程，力争基本完成洱海保护工程性项目建设，强化建成项目的运营管理，确保流域生态环境明显改善。

一百六十五、云南省草原植被保护成效显著较 2010 年增长 14.69%（2016 年 2 月）

云南省实施草原生态补助奖励机制政策以来草原植被变化显著，2015 年全省综合植被盖度 93.92%，较 2010 年增长 14.69%。全省牧草鲜草总产量和可食牧草鲜草产量分别达 9579.03 万吨和 8242.3 万吨，较 2010 年分别增长 75.3% 和 84.37%。云南是草原大省，有天然草原 2.29 亿亩，面积居全国第 7 位。草原是重要的绿色生态系统，是畜牧业发展的重要物质基础和农牧民赖以生存的基本生产资料，保护和利用好草原资源，任务艰巨、责任重大。2015 年，云南省做好草原动态监测工作，在全省 16 个州（市）112 个县开展草原监测工作指导，完成农业部安排的 6 个国家级固定监测点、20 个省级固定监测点数据采集。截至 2016 年，草原固定监测点已达 26 个。2015 年云南省草原监督管理站指导迪庆藏族自治州起草了《云南省迪庆藏族自治州草原管理条例实施细则》，标志着云南省在地方草原立法方面上了一个台阶。

一百六十六、云南全面推进美丽乡村建设　2020 年建成两万个以上美丽宜居乡村（2016 年 2 月）

《云南省美丽宜居乡村建设行动计划（2016—2020 年）》发布。《云南省美丽宜居乡村建设行动计划（2016—2020 年）》提出，从 2016 年开始，每年推进 4000 个以上美丽宜居乡村建设，到 2020 年全省建成两万个以上美丽宜居乡村，乡村人居环境明显改善。《云南省美丽宜居乡村建设行动计划（2016—2020 年）》明确提出，坚持生态优先，彰显特色。加强生态环境保护和修复，实现人与自然和谐相处。美丽宜居乡村建设行动由省、州（市）、县（市、区）三级共同努力，以县级为主体整合各级各类新农村试点示范项目和相关涉农资金，通过点、线、片、面整体推进。环境整治是云南省推进美丽宜居乡村建设的重要切入点和着力实施的七大行动之一。《云南省美丽宜居乡村建设行动计划（2016—2020 年）》对开展村庄环境综合整治、治理农业面源污染、改善农村生态环境等重点工作提出了具体化的目标和措施。《云南省美丽宜居乡村建设行动计划（2016—2020 年）》特别强调，从 2017 年起，每年组织对美丽宜居乡村建设的考核验收工作。把美丽宜居乡村建设列入各级党政干部政绩综合考核和"三农"综合考核，作为评价党政领导班子政绩、干部选拔任用和拨付下年度扶持资金、以奖代补资金的主要依据。

一百六十七、呈贡区将再添一片城市"绿肺"（2016 年 2 月）

昆明市委党校呈贡校区面山绿化工程于 2016 年 6 月 30 日前完成，届时，呈贡区将再添一片城市"绿肺"。据介绍，在"省市联动·绿化昆明·共建春城"呈贡区面山绿化暨义务植树活动中，昆明市委党校面山地块面积为 600 亩，隶属于吴家营街道办事处缪家营社区居民委员会，分为 7 个地块，共涉及昆明市委党校、市委宣传部、市环境保护局等 7 家市级共建责任单位，呈贡区成立了工作协调领导小组。据悉，2015 年 10 月 29 日，义务植树活动正式启动并种植了 5 亩示范林；2015 年 12 月10 日，绿化项目全面启动，各项工作有序推进。截至 2016 年，4 家共建责任单位部分资金已拨付到位，绿化种植完成总工程量的 1/3 以上，已完成施工便道修建；小宫山、小尖山、李凹山和红岩山 4 个地块共挖掘种植塘穴 22 835 个；已完成 1 座泵房及配电室；1 个 200 立方米的水池，4 个 100 立方米的水池，安装 1253.8 米的提水管及3200 米的主干管。下一步，呈贡区将根据施工合同督促施工单位抓紧施工，确保2016 年 6 月 30 日前按质按量完成呈贡区 4770 亩面山绿化工程。

一百六十八、云南省首个县级环境保护协会成立（2016 年 2 月）

云南省首个县级环境保护协会在安宁成立，该协会是由安宁市从事环境保护事业的企事业单位、其他社会组织自愿组成的非营利性社会公益团体，接受安宁市环境保护局的业务指导，受安宁市民政局监督管理。据了解，该协会成立后，可以为当地政府的环境保护决策提供咨询和建议，为社会提供环境保护法律权益维护，提供公共环境信息，开展环境领域公众参与和社会监督，以及环境政策和技术咨询服务，开展环境保护宣传教育活动等。协会会长陈树宏表示，协会将以环境保护支持者、参与者、监督者和受益者的多重身份，做好环境保护工作，履行环境保护责任，尽环境保护义务，为当地环境保护公益事业多做贡献。

一百六十九、经开区开展"省市联动 绿化昆明 共建春城"活动 污水厂上建起开放式公园（2016 年 2 月）

2015 年经开区共投入 3600 余万元资金，在宝象河河道沿岸已完成 428 亩绿化种植，其中建在普照水质净化厂上方的普照公园计划于 2016 年对市民开放。结合省市联动开展的绿化昆明、共建春城义务植树活动工作方案，经开区依托宝象河水环境综合整治工程（经开区段）、普照水质净化厂及配套管网工程、普照水厂南侧宝象河河岸与云大知城夹角地工程 3 个工程，推进经开区河道沿岸绿化。宝象河是昆明市入滇主要河道之一，经开区对片区内相关公路河道沿岸除了做好了防洪工程、两岸通达的桥梁，以及供市民休闲散步的游路外，还在两岸栽种了大量的树木和植被。位于河道一侧的昆明市普照水质净化厂及配套管网工程是滇池流域水污染防治"十二五"规划建设项目，于 2015 年 8 月正式运行，主要收集经开区鸣泉片区、出口加工区、普照—海子片区的污水，截至 2016 年每天处理污水可达到 3 万立方米。普照水质净化厂工程规划设计为全地下式污水处理厂，地面则建起了占地 98 亩的开放式公园。据介绍，宝象河河道绿化种植完成 324.1 亩、普照水质净化厂地面开放式公园绿化面积 85 亩、宝象河沿岸与云大之城夹角地 18.9 亩，累计完成绿化种植面积 428 亩，完成投资约 3600.6 万元。

一百七十、瑞丽开展专项整治打造宜居宜业市容环境（2016 年 2 月）

走进瑞丽城会发现，道路干净了，机动车和非机动车乱停乱放现象不见了，映入眼帘的是一条条宽阔洁净的道路，一排排整齐有序的门面，街道显得格外宽敞，瑞丽的市容市貌变得更加整洁、美丽。自 2015 年 11 月以后，瑞丽市拉开了城市环境综合整治行动的序幕，以整治城市环境卫生、完善市政基础设施、整治违规占道经营与交通运输秩序、开展水域环境综合治理、运输施工工地渣土等方面为切入点，集中全社会力量，全面开展城区环境卫生专项整治，城区环境卫生质量显著改善。据了解，瑞丽市在城乡环境综合整治工作中先后制定了《城乡环境综合整治实施方案》和《城乡环境卫生综合治理集中攻坚行动责任清单》，明确责任，建章立制、建立管理办法；通过报刊、电视、网络等多渠道宣传，营造城乡环境综合整治良好氛围，让更多的群众积极支持、参与城乡环境综合整治工作，全面提升瑞丽城乡环境，建设美丽瑞丽，塑造美丽瑞丽新形象。

一百七十一、芒市推进环境整治工作（2016 年 2 月）

2016 年 2 月 14 日，芒市市委、芒市人民政府调研推进芒市城乡环境综合治理及公路沿线景观提升工作。据介绍，芒市要求全面推进城乡环境综合治理和主要公路沿线景观提升工程。按照"一禁、二拆、三治、四提升"要求，重点解决好城乡环境脏乱差、主要交通沿线景观不突出、公共服务设施不到位等突出问题；着力抓好沿路、沿线、沿河和城乡接合部等重点区域的环境综合整治工作，要继续以村容村貌为重点，使芒市城市功能和建设管理水平明显提高、城市面貌明显改善、人居环境质量明显提升。

一百七十二、非工程措施管护抚仙湖成效显著（2016 年 2 月）

"十二五"期间，玉溪市通过狠抓渔政整治、非机动船管理、一级保护区文明建设、污染隐患排查、水生态风险防范、沿湖环境卫生市场化管理等非工程性管护措施，有效缓解了抚仙湖沿岸经济社会发展及不文明行为对母亲湖的伤害，以花钱少、效果显著赢得了各界好评。据了解，"十二五"期间，面对抚仙湖生态环境脆弱、流域内人口稠密、人为污染威胁大、农业农村面源污染突出、保护治理资金筹措压力巨大等诸多困难，玉溪市通过实施一系列工程治理和非工程管理措施，取得了较好的成绩。截至 2016 年，每年削减化学需氧量 6371.1 吨、总氮 1146.85 吨、总磷 207.47 吨、氨氮 146.13，抚仙湖总体水质保持 I 类。

一百七十三、将金沙江等六大水系流域纳入流域生态补偿范围（2016 年 3 月）

云南拥有良好的生态环境和自然资源禀赋，处于我国长江上游（金沙江）、珠江源头（南盘江），也是红河、澜沧江、伊洛瓦底江、怒江 4 条河流的发源地或上游地区，承担着维护区域、国家乃至国际生态安全的战略任务。同时，云南贫困人口多、贫困程度深，六大水系流域承载的人口多分布在山区、半山区，产业发展不足，交通、水利等基础设施投入不足，自我发展较弱。云南省持续加大生态环境保护资金投入，六大水系干流出境、跨界断面全部达到水环境功能要求，但也丧失了一些产业发展和基础设施建设的机会，流域经济社会发展与生态环境保护的矛盾突出。六大水系流经地区地质构造复杂、气候类型多样、生态系统较为脆弱，而随着国际河流的生态环境保护工作日益受到关注，4 条国际河流流域的生态环境保护工作亟待加强。为此，张纪华代表向全国人大提交了《关于将云南省金沙江等 6 大水系流域纳入流域生态补偿范围的建议》，建议将金沙江、南盘江、红河、澜沧江、伊洛瓦底江、怒江六大水系流域纳入流域生态补偿范围，并在相关生态环境保护项目和资金上给予扶持。

一百七十四、加强环境资源保护 建设生态安全屏障（2016 年 3 月）

云南有着良好的生态环境和生态资源，一方面是由于大自然的恩赐，另一方面是云南各族儿女世世代代崇尚自然、尊重自然，与大自然和谐共生的结果，更是多年来云南省委、云南省人民政府高度重视生态环境保护，扎实推进生态文明建设的成果。同时，我们也清醒地看到，云南在生态环境保护方面面临着保护与发展关系处理上的片面性、经济社会发展的滞后性、生态环境的脆弱性，生态环境保护和生态文明建设形势仍然严峻。云南要按照习近平总书记考察云南重要讲话精神，努力建设成为我国生态文明建设排头兵，构筑西南生态安全屏障。一要用习近平总书记关于生态环境保护的重要论述武装头脑、指导实践；二要坚持绿色发展理念，使其融入生产生活的各方面，贯穿到经济社会发展的全过程；三要加大生态环境保护力度，坚决打好生态环境保卫战；四要加大环境污染治理力度，打好水、大气、土壤污染防治攻坚战；五要坚决执行最严格的环境保护制度。

一百七十五、湖岸崛起生态新屏障　抚仙湖流域综合防治成效显著（2016 年 3 月）

"十二五"期间，澄江县投资 23.5 亿元，完成了 22 个水污染综合防治项目建设，有效减少了农业农村面源污染，在抚仙湖北岸构筑起一道生态屏障。截至 2016 年，已完成 22 个水污染综合防治"十二五"规划项目建设，总投资达 23.5 亿元。除了诸多工程性措施外，澄江县在抚仙湖流域水污染防治中因污水处理厂改扩建而得以实施的中水回用工程也发挥了大效用。澄江县依托县污水处理厂建设中水回用工程及配套管网设施，对污水处理厂的出水进行深度处理后再利用。

一百七十六、云南电网清洁能源发电量占比突破 90%（2016 年 3 月）

2015 年云南电网公司可再生能源发电比例达到 90.65%，首次突破 90%，各项节能减排指标均位居全国前列，有效贯彻落实了国家能源结构转型、节能减排战略，为云南省稳增长、调结构、促改革做出了巨大贡献。据悉，下一步，云南电网公司将持续贯彻落实国家节能减排、节能发电调度等国家能源发展战略，紧跟电力市场化改革步伐，助力打造绿色低碳经济。

一百七十七、严控排污口设置　积极发展环境保护产业　云南助力长江经济带建设（2016 年 3 月）

在加快推进长江经济带云南区域建设的进程中，云南省将立足实际，以改善环境质量为核心，着力治理污染、加强监管，为推动区域经济转型和绿色发展增强动力。在推进污染综合治理上，云南省严控长江流域排污口设置，加快推进"一水两污"等城乡一体化系统建设；积极发展环境保护产业，推行环境污染第三方治理，提升重点行业和重点区域的污染治理水平。在优化区域经济发展上，云南省主动协调保护与发展关系，严格落实《云南省县域生态环境质量监测评价与考核办法（试行）》，用考核结果倒逼党委、政府履行环境保护主体责任，主动优化产业空间布局，加快产业结构调整；严格产业准入，严把规划环评和项目环评关口，提前介入重点建设项目，严控新增污染物排放，提升环评审批和管理实效，努力实现经济与环境保护的协调发展。

一百七十八、云南省首次退运环境保护超标进口煤炭（2016 年 3 月）

2016 年 3 月 28 日，德宏傣族景颇族自治州出入境检验检疫局对一批砷超标煤炭出具了检验检疫处理通知书，并将该批煤炭移交章凤海关退运出境。这是自 2015 年 1 月 1 日《商品煤质量管理暂行办法》实施以后，云南省首次退运环境保护项目超标的进口煤炭。该批煤炭重 1000 吨，货值 10 万元。经检测，该批煤炭的砷含量为 91 微克/克，超出限量值 13.75%（限量值为 80 微克/克）。据了解，煤燃烧时，其中的砷通常会生成剧毒的三氧化二砷（俗称砒霜）。这些含砷化合物会排入大气，或是进入灰渣再进入地表水和土壤中，还会通过水、大气和食物等途径进入人体，对环境和人体健康造成危害。自《商品煤质量管理暂行办法》实施以来，德宏傣族景颇族自治州出入境检验检疫局高度重视对进口煤炭的检验检疫监管工作，对进口煤炭实行批批检验。同时，积极向煤炭进口商做好宣传工作，请进口商在签订合同时应明确砷、汞、发热量、灰分等 8 个质量环境保护项目的限值要求，严格按照有关法规的要求签署合同，明确拒收和退货的责任条款。

一百七十九、多措并举加强水源林保护（2016 年 4 月）

多年来，玉龙纳西族自治县把水源林保护工作纳入林业保护范围，紧紧围绕"生态立县"战略目标，不断加强水源林保护工作，多举措强化森林资源管护，为全县的生态环境上了一把安全锁。据介绍，水源林被称为涵养水分的"绿色水库"，具有防风固沙、蓄水保土、净化空气、保护生物多样性和栖息地、吸收二氧化碳等多种功能，是全县的生态屏障。对此，玉龙纳西族自治县对全县森林资源进行了严格的保护措施，除禁伐、封山外，还严厉打击盗伐、滥伐森林行为，严控森林火灾，积极创建平安林区，坚决执行 6 级管护体制。经过多年的保护，全县实现了森林覆盖率和蓄积量的双增长，截至 2016 年，全县水源林面积为 162 096.5 公顷，森林覆盖率为 72.26%。

一百八十、抚仙湖国家湿地公园建设全面推进（2016 年 4 月）

2015 年底抚仙湖国家湿地公园（试点）获国家林业局批复后，澄江县随即着手实施湿地保护项目和湿地恢复两个工程，加快推进抚仙湖国家湿地公园建设，力争 5 年后通过验收正式挂牌。抚仙湖是珠江源头第一大湖，是我国最大的深水型淡水湖泊。

2015年底，抚仙湖国家湿地公园（试点）获得国家林业局的批复，成为云南省唯一一个获2015年批准建设的137个国家湿地公园试点之一。澄江县林业局局长付铭介绍，按规划，抚仙湖国家湿地公园规划总面积达22 971.65公顷，其中湿地面积有21 989.7公顷，占总面积的95.73%。未来5年将按规划建设五大功能区域，即保育区、恢复重建区、宣传教育展示区、合理利用区和管理服务区。2016年澄江县已着手实施抚仙湖国家湿地公园保护与恢复两个工程。据悉，抚仙湖国家湿地公园建设项目保护与恢复工程总投资预计1.1亿元。澄江县正全力推进国家湿地公园的建设，通过建设稳定保持抚仙湖Ⅰ类水质，确保珠江源头水生态安全。

一百八十一、2016年投资41亿元推进重点项目建设　云南精准治理九大高原湖泊（2016年4月）

在"十二五"期间，云南省在九大高原湖泊流域治理中，坚持"一湖一策"、分类施策，以大幅削减入湖污染物为基础，以恢复流域生态系统功能、改善湖泊水环境质量为重点，千方百计攻坚克难，九大高原湖泊保护治理的科学化水平不断提高，湖泊水生态环境日益改善。2015年12月，云南省人民政府召开九大高原湖泊水污染综合防治工作暨滇池保护治理工作会议，明确提出了"十三五"时期九大高原湖泊保护治理的总体目标任务。2016年，云南省坚持问题导向，抓住关键和要害，突出重点、主攻难点、打造亮点，全力推动九大高原湖泊保护治理取得新成效。截至2016年，计划完成投资41亿元的重点项目建设正在全面推进。

一百八十二、异龙湖水质持续改善（2016年4月）

异龙湖是云南省九大高原湖泊之一，也是红河哈尼族彝族自治州境内最大的湖泊，为使异龙湖实现在全省九大高原湖泊中率先摘除劣Ⅴ类"帽子"的目标，红河哈尼族彝族自治州和石屏县按照"精准治湖、全面截污、行政问责、全民行动"的指导思想和"精确定污、精准治污、精量配水、精细管理"的工作思路，启动异龙湖综合治理三年行动计划，采取截污治污、加快补水调水、主要河道整治、河道各段面水质监测等措施，湖泊综合治理取得阶段性成效。随着各项主要重点治理工程的实施，异龙湖水质持续好转，各项指标明显下降，蓄水量从2013年6月的1573万立方米增加到5954万立方米，实施退塘还湖1万余亩，增加水面面积6平方千米，增加库容300万立方米，污水收集率进一步提高，有效拦截、削减了沿湖村庄生活污染。异龙湖的生态环境得到休养生息，湖泊内水草长势良好，湖滩湿地植物茂盛，大白鹭、野鸭子等野生动物又回到了这里，湖滨生物多样性及湖泊生态景观得到初步恢复。

一百八十三、水质持续改善　人湖和谐共处　星云湖水污染综合治理闯出新路（2016 年 4 月）

2016 年 4 月，通过强化生态修复、控源截污、产业结构调整、循环水利用等治理措施，启动实施星云湖水体置换、污染底泥疏挖及处置等重大工程，水污染综合治理取得显著成效，星云湖水质已得到明显改善。随着经济社会不断发展、群众生产生活方式的改变，污染物入湖量不断增加，逐渐超出湖泊承载能力，导致作为云南省九大高原湖泊之一的星云湖底质富营养化程度不断上升，水质逐年下降。截至2016 年，星云湖流域水污染综合防治"十二五"规划执行项目共 17 项，计划投资 4.5亿元，已完工投入运行林业生态建设工程、星云湖蓝藻水华去除与"内负荷"控制工程、环境监测执法能力建设项目、星云湖退田还湖及湖滨带生态恢复工程、重点村落环境综合整治工程等 16 项，在建星云湖南岸防洪大堤及生态建设工程 1 项，项目完工率为 94.12%，累计完成投资 4.25 亿元。通过这些项目的实施，转变发展方式，彻底改变沿湖区域产业结构，解决星云湖流域污染物负荷超出湖泊承载力的关键——农业面源污染问题。此外，完善保护执法体系，尽快使《云南省星云湖保护条列》得以实施。全面实施星云湖水环境保护治理"十三五"规划项目，确保 2020年星云湖恢复Ⅳ类水质。

一百八十四、昆明千万元资金助力节能减排　重点扶持钢铁、化工及资源综合利用类项目（2016 年 4 月）

云南省昆明市工业和信息化委员会和昆明市财政局联合发布了《关于申报2016年昆明市工业发展引导专项资金节能降耗及资源综合利用类项目的通知》。通知明确了本次项目申报重点在 7 个方面：钢铁、化工、有色、建材、电力、煤炭等重点耗能行业的燃煤锅炉（窑炉）改造，余热余压利用、电机系统节能、煤矿瓦斯发电、能量系统优化等节能技术改造项目及节能技术示范项目；重点耗能行业的企业建立能源管理中心或能源管理体系；工业企业淘汰落后产能及实施电机能效提升淘汰低效电机产品；企业开展节能技术和产品的研发、生产和推广；企业开发利用新能源和可再生能源；重点县（区）等节能主管部门的节能管理、监测、监察等节能监管体系能力建设；符合国家产业政策和环境保护排放要求的资源综合利用项目。据了解，2016 年全市节能降耗及资源综合利用类项目的专项资金将达 1000 万~1500 万元。

一百八十五、官渡区投 10 亿元改善湿地环境（2016 年 5 月）

2016 年，走进昆明市官渡区新建成的王官、海东湿地，络绎不绝的海内外宾朋来到这里看花、赏花、拍花。2011 年后，该区投资 10.57 亿元，通过"退田退塘、退人退房"后的土地承租、土地征用、土地一次性补偿等措施，辖区内 5042 亩滇池湖滨生态湿地得到改善，美丽的景致吸引海内外八方来宾。据悉，官渡区先后建设了滇池国际城市湿地、五甲塘湿地两大湖滨湿地，盘龙江、老盘龙江、新宝象河、老宝象河、大清河等河口湿地，海东湾湖内湿地，构成滇池湖滨湿地生态系统，总面积 6190 亩，累计种植乔木 44.92 万株、灌木 50.75 万株、水生植物 230.76 万丛、芦苇 230.76 万丛、竹子 12.73 万丛，有效拦截了入滇河道污染物、改善了湖滨生态环境、提升了城市品位。与此同时，全区努力实施防浪堤拆除工程，精心打通生态环境通道，实现湿地与滇池水体的自然交换与净化。

一百八十六、云南农业资源环境保护工作成效显著（2016 年 5 月）

随着云南社会经济发展，部分地区对资源的不合理开发，导致了区域生态破坏、农业环境严重污染，一些珍稀的农业野生植物原生境遭到破坏，物种濒临灭绝。近几年，针对以上实际情况，云南农业资源环境保护工作从资源调查和环境污染普查入手，在调查了解掌握资源环境的基础上，开展针对性的资源环境保护工作。农产品产地重金属污染、高原湖泊农业源污染等情况得以明显改善，为当地经济社会可持续发展奠定坚实基础。

一百八十七、省市联动·绿化昆明·共建春城，呈贡区面山绿化任务完成八成（2016 年 5 月）

2016 年 5 月，呈贡区开展"省市联动·绿化昆明·共建春城"义务植树活动，来自省市 10 个部门、单位的 400 余名干部职工，共同在昆明市委党校面山上种下 200 余棵苗木。据了解，此次"省市联动·绿化昆明·共建春城"义务植树活动，呈贡区计划完成面山绿化面积4770亩，已完成总任务数八成，到2016年6月30日前，将完成所有面山绿化面积。市委党校面山位于呈贡区东南方向，距市级行政中心5千米，与呈贡大学城昆明理工大学、云南民族大学相邻，是呈贡区重要的城市面山之一。市委党校面山义务植树范围包括小尖山、小官山、李凹山、红石岩4个地块，总面积为700亩，主要种植以本土树种为主的华山松、滇油杉、小叶冬青、红叶石楠、旱冬瓜、云南松等苗木。据呈贡区农林局相关负责人介绍，过去这一带石漠化比较严重，经过采取土壤置换、施肥改良、铺设供水系统等措施，已经具备种植苗木、完成荒山绿化的条件。"树木栽种后，我们将通过暗渠，从松茂水库引水浇灌，并精心实施苗木养护，确保成活率在90%以上。"该负责人说，四五年后，这片山头的树林将成为呈贡区的一道生态绿色屏障。

一百八十八、全省县域生态环境质量总体稳中向好（2016年5月）

2016年5月，云南省环境保护厅、财政厅通报2015年全省129个县（市、区）县域生态环境质量监测评价与考核结果。考核结果显示，2015年全省县域生态环境质量总体稳定、稳中向好。129个县（市、区）中，101个考核为"基本稳定"、5个考核为"一般变好"、15个考核为"轻微变好"、5个考核为"轻微变差"、3个考核为"一般变差"。考核为"一般变好"的5个县分别如下：石林彝族自治县、贡山独龙族怒族自治县、彝良县、金平苗族瑶族傣族自治县、景东彝族自治县。云南省环境保护厅、财政厅要求，各县（市、区）人民政府要高度重视生态环境保护工作，提高生态功能区转移支付资金的环境保护绩效，切实采取措施加大生态环境保护力度，推动县域生态环境质量持续改善。要高度重视县域生态环境质量监测评价与考核工作，加强组织统筹，建立和完善工作机制，保障工作经费，不断提升生态建设和环境保护工作能力水平。

一百八十九、综合治理护好泸沽湖一池清水（2016年5月）

自2011年以来，云南省投入4.2亿元开展泸沽湖村落环境综合治理、生态和环境保护示范项目等"十大工程"13个项目，截至2016年已全面完成8个项目，基本完成4个项目，完成投资3.4亿元。通过综合评价，泸沽湖水质保持Ⅰ类标准，泸沽湖环境保护与治理取得明显成效。

一百九十、"十二五"污染物减排全省考核昆明获优　空气质量达到国家二级标准（2016 年 5 月）

云南省人民政府办公厅发布的《2015 年及"十二五"各州市主要污染物总量减排目标责任制考核结果的通报》中，昆明市在考核中均获优秀。在环境保护部公布的 2015 年全国 74 个重点城市环境质量排名中，昆明市名列第 8 位，在省会城市排名中名列第 4 位。"十二五"期间，昆明市紧紧围绕减排目标，不断完善政策措施，落实目标责任，强化监督管理，提升减排效益，环境质量进一步改善，空气质量达到国家二级标准。昆明市大力推进重点减排项目，突出抓好火电、钢铁、水泥、冶炼、化工等重点行业的污染减排，加强对已建成燃煤电厂脱硫脱硝、钢铁厂脱硫、水泥厂脱硝及化工、冶炼行业提标改造等重点减排设施运行监管，加大淘汰落后产能力度，有效降低了结构性耗能和污染。机动车污染减排方面，严格执行机动车排气环境保护标志管理和机动车强制报废制度，全市 21 家机动车安检站全部建设了环境保护检测线，实现了机动车环境监测的全覆盖。强化畜禽养殖污染治理，规模化畜禽养殖减排项目完成率 62%，超过国家对"十二五"时期完成率 50% 的目标要求。

一百九十一、云南省加快推广新能源汽车　截至 2015 年底实际推广使用新能源汽车 4748 辆（2016 年 5 月）

云南省连续多年发挥区域清洁能源丰富的优势，采取多种措施，完善配套，加快新能源汽车推广使用。为积极做好新能源汽车的研究、配套和推广，云南省省级层面及部分州（市）先后出台相关促进新能源汽车产业发展和推广应用政策，《云南省人民政府关于促进节能与新能源汽车产业发展的意见》《关于加快新能源汽车推广应用的实施意见》《昆明市新能源汽车推广应用及产业发展实施方案》等一系列政策文件相继出台。截至 2016 年昆明市已初步建成"高原节能与新能源汽车国家检测平台"，并成立了"云南省新能源汽车生产力促进中心"、"昆明市节能与新能源汽车产学研联盟"、"昆明市新能源汽车动力系统工程研究中心"和"高原型新能源汽车（纯电动车）整车研发基地"等 8 个产学研开发基地。此外，《昆明+3 城市群（丽江市、玉溪市、大理市）新能源汽车推广应用总体实施方案（2013—2015 年）》获得国家相关部委批准。根据方案，昆明市、丽江市、玉溪市、大理市以公交、出租、公务、环卫、邮政、物流、特种车及其他领域为主要推广领域。截至 2015 年底，云南省实际推广使用新能源汽车 4748 辆，目标任务完成情况处于全国示范城市的中上水平。其中，有两家汽车公司共 23 个新能源汽车车型进入国家公告目录、《节能与新能源汽车示范推广应用工程推荐车型目录》和《免征车辆购置税的新能源汽车车型目录》，获得多项国内领先拥有自主知识产权的核心技术。据了解，云南省已建成的充电基础设施主要位于昆明市。随着电动公交车、环卫车辆的逐步推广，丽江、大理等州（市）也相继建成一批充电基础设施，满足相关电动车辆需要。

一百九十二、昆明加快城市生态修复 积极绿化面山，改善环境质量（2016 年 5 月）

2015 年入冬以后，几轮寒潮突袭冻坏了昆明市的部分树木，在云南省委、云南省人民政府的大力支持下，昆明市积极开展植树造林，加快城市生态修复进程。截至 2016 年，昆明市城市公共绿地建设完成 3097 亩，占总任务的 52.3%；滇池面山造林完成 5734 亩，占总任务的 54.7%；主要交通沿线绿化完成 2804 亩，占总任务的 35.57%；入滇河道绿化完成 3074 亩，占总任务的 89.9%；滇中产业新区绿化完成 5094 亩，占总任务的 54.4%；2016 年新增任务完成 785 亩，占总任务的 10.6%。据悉，昆明市下一步将全面推进绿化工作，在总结经验的基础上加大生态修复力度，将植树造林重点布局在呈贡区新火车南站周边面山、呈贡新城面山沿线，空中航线视廊范围内"五采区"植被修复，以及昆石、昆玉、昆安、昆曲、昆武、绕城高速内环线和轿子雪山旅游专线等主要出入城收费站沿线及面山沿线等重要节点。

一百九十三、云南推进环境保护公安联动执法 2015—2016 年共向公安机关移送案件 37 起（2016 年 5 月）

云南省环境保护系统与公安机关有效联动，创新执法手段，在形成防范和打击环境违法犯罪活动工作合力、破解困扰环境执法难题上取得明显成效。2015 年以后，云南省环境保护系统共向公安机关移送涉嫌环境污染犯罪案件 6 起、移送适用行政拘留案件 31 起。云南省各级党委、人民政府高度重视环境监管联动执法工作，政法委员会牵头统筹协调、总体推进，确保环境保护系统与公安机关联动执法有效衔接。据了解，截至 2016 年，昆明市和大理白族自治州两地公安部门均设立了环境保护公安分局，两地移送犯罪案件占全省的 30%、移送拘留案件占全省的 50% 以上。昆明市公安局环境保护公安分局（后改称水上分局）自成立以来，和环境保护部门一起联合查处环境污染刑事案件 2 件、行政拘留案件 25 件；大理白族自治州环境监察支队抽调 10

人组成洱海流域监察大队，大理白族自治州公安局直属二分局抽调 10 人组成洱海流域生态文明建设环境保护治安大队，查处适用行政拘留案件 6 件。2016 年，玉溪市环境保护局与玉溪市公安局水务分局联合执法 36 次，查处违法案件 3 起，其中 2 起行政案件，处罚金额 68 万元，另一起处罚金额 12 万元并移送公安机关追究刑事责任。下一步，云南省环境保护系统将以召开执法联动工作推进会、转发典型经验等工作为抓手，全面推进环境保护与公安联动执法工作。

一百九十四、加快数字环境保护体系建设　昆明建成 16 个管理应用系统（2016 年 6 月）

昆明市探索利用信息化手段提升环境管理能力，不断加快数字环境保护体系建设，取得显著成效。截至 2016 年，昆明市已建成的 16 个环境管理应用系统在增强环境管理效能上发挥着越来越重要的作用。昆明市环境保护局正在推进智慧环境保护规划方案编制，在"十三五"期间，将综合利用云计算、物联网、大数据等信息手段，全面提升环境监管能力和服务能力。

一百九十五、首例倾倒垃圾渗滤液污染环境案宣判（2016 年 6 月）

2016 年 6 月，云南省首例因倾倒垃圾渗滤液污染环境案宣判，这也是云南省首次要求环境犯罪案件被告人从事环境公益劳动、接受环境公益教育的案件。盘龙区人民法院就社会普遍关心的云南省首例因倾倒垃圾渗滤液污染环境的热点案件进行宣判。被告人陈某因有自首情节及认罪态度好，被判处两年有期徒刑并处缓刑，同时被判在一个月内从事不少于 24 小时的环境公益劳动。宣判后，被告人陈某和盘龙区司法局组织的另外 10 名被判处缓刑的社区矫正人员共同来到盘龙区人民法院生态修复林开展环境公益劳动。

一百九十六、云南省人民政府九大高原湖泊水污染综合防治督导组调研阳宗海水污染综合防治工作强调加大治理力度确保水质改善（2016 年 7 月）

2016 年 7 月，云南省人民政府九大高原湖泊水污染综合防治督导组调研阳宗海水污染综合防治工作时提出，坚持绿色发展，加大治理力度，确保阳宗海水质进一步改善。督导组先后对阳宗海环湖截污工程、阳宗海水质状况、农村环境连片整治工程等情况进行了调研。在听取阳宗海风景名胜区管理委员会的情况汇报后，督导组组长晏友琼指出，"十二五"期间，昆明市和阳宗海风景名胜区管理委员会以砷污染治理为重点，加强了主要入湖河道整治、农田固体废弃物资源化利用、生态建设、环湖截污和环境信息平台建设，阳宗海的治理保护成效明显，湖体砷浓度值稳定在 0.048~0.063 毫克/升，其余指标稳定保持或优于地表水Ⅲ类标准，湖体水量呈恢复性增长，主要入湖河道水质保持Ⅲ类标准。晏友琼要求，"十三五"期间，昆明市、阳宗海风景名胜区管理委员会要继续加大推进阳宗海截污治污工作力度，强化对沿湖周边企业、景点和新建项目的环境监管，加快农业产业结构调整，减少农业面源污染，密切监测砷浓度变化情况，严控砷污染反弹，坚持污水、垃圾收集全覆盖、全收集、全处理，确保阳宗海水质保持稳定向好，加强项目前期工作，努力争取国家专项资金支持。

一百九十七、云南省人民政府九大高原湖泊水污染综合防治督导组在武定调研时强调保护好云龙水库水源区（2016 年 8 月）

2016 年 8 月 11—12 日，云南省人民政府九大高原湖泊水污染综合防治督导组在武定县调研云龙水库水源区保护工作。督导组组长晏友琼一行深入武定县插甸乡，实地调研了云龙水库主要入库河道水城河流域重点村落的污水处理、垃圾处置、农业面源污染控制及生态保护等情况，并听取楚雄彝族自治州、武定县有关情况汇报。晏友琼对楚雄彝族自治州、武定县开展的云龙水库水源区保护工作给予肯定。她强调，云龙水库水源地保护工作事关昆明人民的饮用水安全，事关昆明和全省经济社会发展大局。楚雄彝族自治州、武定县要顾全大局、全力以赴，切实做好云龙水库水源区保护工作，为昆明人民提供干净放心的饮用水；要按照有关条例的要求，尽快成立水源区保护机构，落实管理人员，同时与昆明市建立良好的协调机制，团结治水；要完善规划，明确工作思路，依法强力推进保护水源区各项工作；要抓好截污治污，切实做到生活污水、生活垃圾全部收集处理，农业面源污染全面控制，实施好各级保护区内的禁种禁养和限种限养工作，利用工程措施减少污染；要处理好保护与开发的关系，既做好保护工作，又解决好群众的生产、生活及收入问题。

一百九十八、抚仙湖径流区 7000 亩植被恢复治理项目启动（2016 年 8 月）

2016 年 8 月 26 日，"增绿添色·点亮澄江"抚仙湖径流区 7000 亩植被恢复治理项目在澄江县海关片区世家村启动。该项目主要针对抚仙湖重点片区的面山绿化，分 4 个片区实施，共计 7000 亩，概算投资 8000 余万元。据了解，澄江县计划在 10 月 30 日前，全面完成一期 7000 亩植被恢复工程建设。下一步，还将继续扩大实施范围、加快建设进度，力争在 3 年内投资 17 亿元，完成抚仙湖径流区 10.35 万亩植被恢复。据林业部门测算，10.35 万亩植被恢复项目实施后，抚仙湖径流区森林覆盖率将从 33.17%提升至 40%，将全面增强抚仙湖径流区森林水土保持、水源涵养生态功能，进一步提升抚仙湖流域生态环境质量。

一百九十九、实施城市"四治三改一拆一增" 香格里拉全面整治城区环境（2016 年 8 月）

从 2016 年开始，迪庆藏族自治州香格里拉市采取多种措施，持续加大主城区环境综合整治力度，加快推进城市污水收集管网建设、面山和河道治理等重点工作，确保城市人居环境质量不断改善，城市环境竞争力稳步提升。随着经济社会发展步伐不断加快，香格里拉市主城区常住人口和游客量不断增加，环境问题日益突出。为进一步打造和提升香格里拉品牌，香格里拉市以全面启动六城同创工作为契机，把提升"两污"（生活污水、生活垃圾）治理能力、治理流经城区河道污染、治理修复周边地区面山等作为重点工作抓紧抓好。全面实施城市"四治三改一拆一增"，"四治"即治乱、治脏、治污、治堵，"三改"即改造旧住宅区、改造旧厂区、改造城中村，"一拆"即拆除违法违章建筑，"一增"即大面积增加城市绿化。

二百、昭通市认真查办垃圾填埋场恶臭气味污染问题（2016 年 8 月）

2016 年 8 月，昭通市针对中央环境保护督察组交办的投诉人反映位于镇雄县乌峰街道办事处的镇雄县垃圾填埋场不规范堆放垃圾、恶臭气味严重影响周边居民的环境污染问题线索，组织力量认真查办，采取措施及时进行整改。接到转办通知后，昭通市高度重视，按属地管理的原则，立即转镇雄县人民政府调查处理。镇雄县委、镇雄县人民政府及时召开会议，组织相关部门深入垃圾填埋场现场察看，商定整治对策，采用喷洒农药和石灰覆盖等方式除臭。在此基础上，邀请垃圾处理和环境保护方面专家、环境保护公司技术人员对垃圾填埋场进行勘测研究，编制处理方案；调动装载机、运输车和挖掘机，对垃圾填埋场开展清理、平整和覆盖工作。镇雄县垃圾填埋场除恶臭工作取得了一定效果。下一步，镇雄县将根据环境保护专家提出的污染防治建议，加大投入，采取"分区—单元式"填埋，及时覆土、压实，完善雨水污水分流系统、填埋场导排气系统、渗滤液处理工程等措施，对县城垃圾填埋场存在问题进行标本兼治，确保不影响周边群众的正常生产生活。

二百〇一、大理白族自治州严惩洱海环境违法行为（2016 年 8 月）

大理白族自治州坚持依法治湖、铁腕治污，对污水直排洱海等环境违法行为"零容忍"，重惩洱海保护治理中的失职渎职行为，截至 2016 年 7 月底，立案 67 件，拆除违章建筑 1020 户。2016 年，大理白族自治州创新执法方式，以联合联动执法，推进依法治湖。把洱海流域 16 个乡镇划分为 6 个片区，每个片区组建相应的联合联动执法组，共出动巡查 17 348 人次，对客栈、餐饮等单位和个人侵占湖面滩地、乱排污水、污染河道、私搭乱建等违法行为，做到发现一起、查处一起。共立案 67 件，移交案件 30 件，要求限期整改 113 户，查处排污口 185 处，做到了一线执法监管全覆盖。同时，开展综合环境整治，全面清理排查大理市农村住房在建项目，查处土地违法 866 起，叫停违规项目，拆除违章建筑 1020 户，洱海流域农村无序建房的势头得到有效遏制。

二百〇二、大理建设洱海环湖截污工程（2016 年 9 月）

2016 年 9 月，洱海环湖截污工程（一期）项目 6 个标段开工建设，挖色、双廊、上关、湾桥、喜洲、古城等地新建 6 座污水处理厂，在环洱海东岸、北岸、西岸铺设 234.2 千米污水管（渠）。项目建成后，将发挥截污治污作用。

二百〇三、大理健全公安环境保护联动机制　严惩洱海违法排污（2016 年 9 月）

云南省大理白族自治州 2016 年 9 月举行环境保护、公安联合执法座谈会，对取得的成果及存在的问题进行了认真分析和沟通，并形成会商意见，决定持续推动环境保护、公安联动执法，严惩洱海流域的违法排污犯罪行为。据悉，2015 年以后，大理白族自治州环境保护局与大理白族自治州公安局在洱海流域对 36 起环境违法案件做出行政处罚决定，移送公安机关 6 起、实施行政拘留 4 起、实施按日连续处罚 2 起，特别是大理白族自治州环境保护、公安两部门不断深化协作配合，创新执法模式，在洱海流域开展联合执法，坚持主动出击，加大对洱海的巡查和保护力度，查处的污染洱海环境违法犯罪案件逐年上升。大理白族自治州环境保护、公安执法人员联合对大理山泉、大理神野、大理天龙烤羊王等企业进行检查，及时办理举报投诉 16 条，立案调查 12 起，下发整改通知 5 起，要求停厂整治 2 家，下达行政处罚决定 6 起，结案 3 起，电视曝光 2 起，责令拆除大理古城 1 家养猪场。

二百〇四、云南省政协召开专题协商会 切实把云南土壤污染防治工作落到实处（2016 年 9 月）

2016 年 9 月 27 日，云南省政协在昆明召开"进一步加强云南土壤污染防治"专题协商会。此次协商课题由云南省政协人口资源环境委员会、致公党云南省委、台盟云南省委负责牵头。8 月上中旬，3 家牵头单位邀请云南省农业厅、国土资源厅、环境保护厅和部分政协委员、专家先后召开了两次咨询座谈会，赴昆明市、曲靖市进行了实地调研，认为全省土壤环境质量总体保持良好和稳定，但土壤污染防治形势严峻、任务艰巨。协商会上，云南省国土资源厅、环境保护厅、农业厅负责人分别介绍了云南省土壤污染及防治的基本情况。与会云南省政协委员、专家学者围绕加强土壤污染治理、防范土壤环境风险、实现土壤资源永续利用建言献策。

二百〇五、云南省人民政府九大高原湖泊水污染综合防治督导组调研丽江"两湖"水污染防治工作时提出落实责任抓好"两湖"生态环境保护（2016 年 10 月）

2016 年 10 月 11—14 日，云南省人民政府九大高原湖泊水污染综合防治督导组在丽江市督导程海、泸沽湖水污染综合防治工作时强调，高起点规划，强化依法治湖，狠抓责任落实，确保"两湖"水质稳定改善。督导组组长晏友琼一行实地调研了泸沽湖里格村环境综合整治、永胜县环境保护局沿程海湖螺旋藻养殖企业智慧环境保护监控系统建设等，并召开专题汇报会。晏友琼要求，一要坚持对"两湖"实行全面截污治污，加快污水处理工程建设，杜绝污水直排直放；二要做好"两湖"周边农村环境综合整治，重点解决好农村垃圾、污水乱排乱放的问题；三要做好泸沽湖《控制性详规》《修建性详规》的编制工作，尽早审查上报，并落到实处；四要继续铁腕推进对泸沽湖"两违"的整治，只要涉及违法用地、违法建设行为的建筑，坚决整治；五要建立与四川省相关州（市）协调、（市）共建共用共享的机制；六要程海镇加快农业产业结构调整，重点解决好程海农业面源污染问题；七要坚持依法治湖，在一级保护区内必须做到禁种禁养退房退人；八要加强对程海湖边企业的监管，禁止企业污水直接排放；九要抓紧做好程海补水节水工作，尽快扭转水位快速下降的趋势。

二百〇六、蒙自市整治城市环境（2016 年 10 月）

蒙自市瞄准脏、乱、堵、污等城市建设管理中的突出问题，成立了以市长为组长的环境保护督查工作领导小组，市级相关部门积极联动，按照各自工作职责，密切配合，形成合力，协同推进城市环境管理保护督查工作。对城市主要道路的扬尘污染问题，采取吸尘、洒水、清扫一体化的作业方式，对道路进行定期保洁。对城市主干道破损路面进行及时修补，以减轻因路面颠簸造成的物料抛洒和地面扬尘污染。以道路扬尘整治为突破口，蒙自市进一步拓宽城市环境治理的范围，督导组先后深入泉丰苑、锦隆财富中心、滇南绿洲、市人民医院扩建工程等在建项目工地，就建筑工地综合整治工作情况进行督查；前往锦华路延长线，督导拆临拆违、占道经营整治、沿线绿化美化等相关工作进展。开展城乡综合整治事关经济社会发展大局，事关蒙自市委、蒙自市人民政府执政能力，事关群众切身利益。蒙自市召开全市动员大会，要求开展城乡综合整治，要一步一个脚印抓落实；提升人居环境，要一件事一件事推动，要定人、定事、定时、定效，让人民群众真真切切感受到城市工作提质、人居环境提升带来的实惠。

二百〇七、香格里拉以"六城同创"为契机开展环境综合整治（2016 年 10 月）

为进一步打造和提升香格里拉品牌，全面提升城乡人居环境，香格里拉市以全面启动"六城同创"工作为契机，把提升生活污水和生活垃圾"两污"治理能力、治理流经城区河道污染、治理修复周边地区面山等作为重点工作抓紧抓好。4 月以来，借助第二污水处理厂配套管网项目完善城区管网工程，同步实施了供暖、供热、供水及强弱电、绿化等工程，年内完成城区6条道路部分路段的管网建设。与此同时，还加紧推进了河道整治、面山恢复、植树造林等工程，城区198家机关事业单位的干部职工在城郊解放村面山义务植树15万株。为依法推进城乡环境综合整治，8月以来，还从市直各部门抽调人员组成专项行动工作组，集中驻村开展工作。在开展违法违建整治工作中，香格里拉市下一步将从纳帕海周边向市区范围内拓展和延伸。

二百〇八、楚雄彝族自治州加大整治力度打造绿色家园（2016年11月）

自2014年实施城乡人居环境综合整治3年行动计划以来，楚雄彝族自治州10县市城市面貌明显改善、乡镇环境治理取得成效，全州城乡开始向"净、绿、美"迈进，城乡环境质量不断提升。截至2015年底，楚雄彝族自治州城市生活水处理率达100%，生活垃圾无公害处理率达86.07%、建成区绿地率达30.46%，人均公园绿地面积达11.42平方米。2016年以来，楚雄彝族自治州进一步加大城乡人居环境综合整治的力度，结合实际，拟订了提升城乡人居环境的"一计划六方案"，围绕"魅力楚雄、滇中绿洲"的主题，以城乡规划为引领，按照"净、绿、美"的要求，在城市全面实施治乱、治脏、治污、治堵，改造旧住宅区、旧厂区、城中村，拆除违法违规建筑，增加绿化面积的"四治三改一拆一增"行动；在村镇开展改路、改房、改水、改电、改圈、改厕、改灶和清洁水源、清洁田园、清洁家园的"七改三清"行动，着力改善城乡环境质量、承载功能、居住条件、特色风貌，打造"水净、地绿、天蓝、气爽、人和"的美丽家园。楚雄彝族自治州住房和城乡建设局副局长李永军介绍，下一步，将充分利用一切可利用的空间增绿建绿、拆违补绿，构建楚雄彝族自治州城乡绿色生态系统，实现城乡生态同步发展，楚雄彝族自治州山川更美、人居和发展环境更优，可持续发展能力更强，使人民群众的生活环境、生活质量、生活水平和幸福指数有大的改善和提升。

二百〇九、农业发展银行大理白族自治州分行12亿元组合贷款支持洱海保护治理（2016年11月）

为服务地方经济发展和洱海治理保护，农业发展银行大理白族自治州分行发挥农业政策性金融产品优势，以"重点建设基金+贷款"组合方式，向洱海综合治理保护的13个项目投放资金12.015亿元，已发放资金10.96亿元，其中贷款6.59亿元、基金4.37亿元。据介绍，该行的组合贷款资金将用于支持洱海环湖截污工程项目，洱河北路的截污干渠、金星河金星后河道路及管线工程，洱海下和至观音阁截污工程，大理海东新城中心片区雨水收集处理调蓄利用工程等 13 个项目。农业发展银行信贷资金的投入，有力地推动了洱海综合治理保护项目的实施，大理市境内 34 条洱海主要入湖河道进行了综合治理，建设洱海重点生态湿地 1.6 万亩，累计建成排污管道 102.03 千米、雨水管道 144.45 千米，建成了城镇污水处理厂、村落污水处理系统、畜禽粪便收集站。

二百一十、安宁投 1500 万余元改造城市绿化（2016 年 11 月）

2016 年以后，安宁市投资 1500 万余元用于城市面山绿化改造。截至 2016 年 11 月，全市人均公园绿地面积 15.95 平方米，远超出国家园林城市考核标准。2016 年初，安宁市按照"统一规划，分片实施""宜园则园，宜林则林"的原则，对安宁城区宁湖路北侧、龙山立交、环湖东路、兴屯二期东侧等 5 个片区、400 余亩的城市近山面山低质林分阶段分片区实施提升改造，整合了近山面山绿化、道路绿化、公园绿地。安宁市城市管理局绿化科有关负责人介绍，在 2016 年的城市面山绿化工作中，安宁市投入 1500 万余元，在景观林改造过程中成立专门的工作组，统筹绿地规划、建设、管理三大环节，树立系统性思维，突出植物乡土和多样性特色。安宁市建成区绿地率达 38.48%，绿化覆盖率达 41.68%，人均公园绿地面积 15.95 平方米，指标超出国家园林城市考核标准。

二百一十一、弥勒把脉开方保护治理甸溪河（2016 年 11 月）

甸溪河是弥勒的"母亲河"，流经弥勒市弥阳镇、新哨镇、竹园镇和朋普镇。近年来，甸溪河的水域污染问题日趋凸显，治理保护问题迫在眉睫。弥勒市政协委员在一届二次会议期间重点提案，提出保护好治理好甸溪河，以甸溪河发源流域全程保护与分区域项目开发的方式，实施甸溪河景观改造，提升河道景观品质，促进弥勒旅游产业大发展。弥勒市委、弥勒市人民政府多次研讨后，采纳了该项提案，并召开了甸溪河治理工程项目建设专题会议，讨论通过了规划设计方案，确定项目于年底开工建设。

二百一十二、西畴加快实施石漠化综合治理（2016 年 11 月）

西畴县是滇桂黔石漠化连片贫困地区之一，石漠化严重、贫困程度深。西畴县委、西畴县人民政府一直都把加快石漠化综合治理作为重大政治责任来抓。为改善人居环境和贫困状况，该县以"生态西畴"建设为目标，在石漠化地区大力实施封山育林、人工造林等生态保护工程，把森林覆盖率从 2010 年的 44%提高到了 2015 年的 53.3%。据了解，西畴县自 2011 年被列为全国石漠化综合治理重点县以后，共投入 3650 万元，实施封山育林 12.62 万亩、人工造林 3.35 万亩；实施棚圈建设 8560 平方米、青贮窖建设 2040 立方米；实施坡改梯地 4090.5 亩，开挖引水沟渠 24.6 千米，建造拦沙坝 4 座；铺筑田间便道 4.4 千米，完成石漠化治理面积 140.2 平方千米。

二百一十三、富宁县实行最严格水资源管理制度（2016 年 11 月）

富宁县确立用水总量、用水效率、水功能区限制纳污三条红线控制指标体系建设。从严落实最严格水资源管理制度，缓解全县水资源日益短缺的问题。作为云南省实行最严格水资源管理制度 40 个示范县之一，富宁县结合示范县建设的需求，开展乡镇示范建设、高原农业高效节水示范工程建设、饮用水水源地达标示范建设、水生态保护与修复示范建设、中水回用示范建设等，力争建设一批水资源节约、管理、保护的示范单位或示范工程。规范计划用水管理，优化水资源配置，实行用水效率控制管理，深化节水型社会试点建设，实行水功能区限制纳污控制管理，改善和修复水生态环境，实行用水总量控制，促进水资源可持续利用。积极配合国家、省级水资源监控能力建设涉及富宁县项目，启动实施县级水资源管理系统项目建设，规范统计与信息发布工作，全面加强水资源监控能力建设，显著提高水资源统计、计量、监测、评价能力。实行水资源管理行政首长负责制，实施最严格水资源管理制度年度绩效考核，将水资源开发、利用、节约和保护的主要指标纳入地方经济社会发展综合评价体系，把用水总量、用水效率、水功能区限制纳污 3 条红线控制指标纳入对地方人民政府绩效综合考核评价体系，将水资源管理约束性指标作为水行政主管部门及相关部门领导干部综合考核评价的重要依据，考核结果向社会公告。

二百一十四、昆明市委常委会强调努力建成全省生态文明建设首善之区（2016 年 12 月）

2016 年 12 月，昆明市委常委会审议通过了《昆明市贯彻落实中央环境保护督察反馈意见问题整改方案》。会议强调，要采取有力措施，不折不扣整改到位，并以环境保护督察整改为契机，全面推进实施大气、土壤、水污染防治行动计划，不断改善生态环境质量，努力把昆明建设成为全省生态文明建设的首善之区。会议强调，全市各级各部门要高度重视中央环境保护督察反馈的意见问题，切实把整改落实工作作为一项重大政治任务、重大民生工程和重大发展问题来抓，严格落实环境保护主体责任，明确整改目标和具体内容，采取有力措施，不折不扣地落实好中央环境保护督察意见，确保按时按质全面整改到位。《昆明市贯彻落实中央环境保护督察反馈意见问题整改方案》对昆明市的整改问题清单逐一进行了梳理，有针对性地制定了整改措施。在整改工作中，成立昆明市环境保护督察整改工作领导小组，按照中央、云南省对环境保护督察整改工作的要求，统一领导和统筹推进昆明市环境保护督察整改工作，研究全市环境保护督察整改涉及的重要事项。

二百一十五、西山区投入 4000 万元整治市容市貌（2016 年 12 月）

截至 2016 年 12 月，西山区 2016 年共投入 4000 万元对西福路、日新路、前兴路、滇池路、二环路 5 条重要城市道路进行城市景观及市容环境整治工作。西山区城市管理综合行政执法局市政道桥科科长赵雄燕介绍，按照昆明市的要求，该局牵头开展了 5 条重要城市道路的城市景观及市容环境整治工作，包括道路临街建筑物外立面清洗粉刷、屋顶维修维护、城市道路桥梁修缮翻新、户外广告设施、店招店牌提升整治等项目。此次整治得到了业主、市民的支持和理解，有效改善了市容市貌、提升了城市形象，受到了市民的好评。

二百一十六、云南构建环境保护工作八大体系全面提升环境保护能力和水平（2016 年 12 月）

进入"十三五"以来，云南省委、云南省人民政府对云南省争当全国生态文明建设排头兵提出了更高要求，全省上下齐心协力，以环境质量改善为目标，千方百计推进经济社会发展绿色转型，努力实现生态建设和环境保护新突破。着眼全面提升环境保护能力和水平，2016 年 12 月印发的《云南省环境保护厅关于构建环境保护工作"八大体系"的实施意见》明确提出，要引领全省上下群策群力投身环境保护事业，全面构建环境质量目标、法规制度、风险防控、生态保护、综合治理、监管执法、保护责任和能力建设保障八大体系。意见强调，云南省环境保护系统要统一思想，切实把构建和实施八大体系摆到全省环境保护工作的核心位置。各级环境保护部门和相关单位要结合职能职责，进一步细化"十三五"期间构建八大体系的时间表和路线图，对照八大体系逐一明确责任领导、责任部门和责任人，确保工作落实。云南省环境保护厅要加强检查督促督办，加大奖惩问责力度。

二百一十七、云南省新增 8 处省级重要湿地（2017 年 1 月）

2017 年 1 月，云南省人民政府公布第二批省级重要湿地名录，新增 8 处省级重要湿地。至此，云南省已有重要湿地 26 处，其中 4 处国际重要湿地、7 处国家重要湿地和 15 处省级重要湿地，重要湿地面积占全省自然湿地总面积的 28%。这次公布的 8处省级重要湿地包括：巧家马树省级重要湿地、富源小海子省级重要湿地、鹤庆草海省级重要湿地、盈江省级重要湿地、宁蒗青龙海省级重要湿地、宁蒗拉伯省级重要湿地、兰坪箐花甸省级重要湿地、香格里拉千湖山省级重要湿地。这些重要湿地以湖泊湿地和沼泽湿地为主，多分布于长江流域，资源稀缺、生态区位重要、生态系统脆弱，在区域内发挥着调节气候、提供生物栖息生境、净化水质、涵养水源、稳定径流、保持水土、储碳等重要生态服务功能，对区域生态建设和经济社会可持续发展及流域生态安全、水资源安全具有重要意义。湿地认定是《云南省湿地保护条例》和《云南省人民政府关于加强湿地保护工作的意见》中确定的一项制度。通过开展湿地认定，明确湿地的保护管理和执法范围，以及保护管理机构及其责权，为云南省湿地分级管理，有效开展湿地保护执法、管理等工作奠定基础。认定的湿地可因地制宜地采取建立自然保护区、国家公园、湿地公园、湿地保护小区等形式，开展分类分区保护管理。

二百一十八、大理白族自治州全面推进洱海保护治理工程（2017 年 1 月）

2017，大理白族自治州开启洱海保护治理抢救模式，保护这颗高原明珠。"近年来，洱海水质总体在Ⅱ—Ⅲ类波动。2016 年洱海水质总体为Ⅲ类，其中 1—4 月和12 月为Ⅱ类，5—11 月为Ⅲ类。"上海交通大学研究员王欣泽根据在大理多年从事水体污染控制与治理的观测说。大理白族自治州坚持严格依法治湖，疏堵结合、标本兼治，铁腕整治，实行环境保护"一票否决"。立足当前治标、着眼长远治本，大理白族自治州坚持科学治湖，充分发挥规划引领作用，以问题为导向，系统编制了

《洱海保护治理与流域生态建设"十三五"规划》及 8 个子规划。大理白族自治州坚持强化工程治湖，启动全方位、多领域、覆盖洱海流域城镇乡村的工程治湖项目建设。依靠群众、发动群众，实行党政同责、全民参与，该州坚持推动全民治湖，充分发挥群众主体作用。全面推行"网格化管理责任制"，将洱海流域的 16 个乡镇和 2 个办事处、167 个村民委员会和 33 个社区、29 条主要入湖河流，由州级领导负责包乡镇，县、市级领导包村，乡镇领导、村干部分层负责，1266 名河道管理员、滩地协管员、垃圾收集员分区管理，形成 5 级网格化保护治理洱海责任体系，实现洱海保护治理责任的全覆盖。

二百一十九、推进洱海保护治理"七大行动"（2017 年 3 月）

为加快推进实施洱海保护治理"七大行动"，大理白族自治州 16 支工作队于 2017 年 3 月 10 日奔赴洱海周边 16 个乡镇，抓落实、促见效，确保洱海水质稳定并持续向好。大理白族自治州 2017 年初启动洱海流域"两违"整治、村镇"两污"治理、面源污染减量、节水治水生态修复、截污治污工程提速、流域综合执法监管、全民保护洱海"七大行动"以来，大理白族自治州委、大理白族自治州人民政府不断加大工作力度。3 月初，大理白族自治州委、大理白族自治州人民政府决定成立洱海保护治理"七大行动"指挥部和选派 16 支洱海保护治理"七大行动"工作队，做到在一线统筹协调、解决问题、推进工作。据了解，大理白族自治州层层压实责任、层层明确任务，以水质倒逼抓实截污治污，加快实施截污治污工程，确保全覆盖；强力整治流域"两违"，只拆不建、只减不增；加紧面源污染防控，年内完成洱海流域 7 万亩高效节水灌溉、3 万亩农药化肥减量生态种植。以水质倒逼抓实洱海增容，加快实施"清水回补"工程，改善洱海水动力；加快海西系统供水工程，坚决整治苍山十八溪无序取水；加快实施入湖河道治理工程，保障入湖水质改善；加快实施湖滨带和湿地建设工程，构建洱海生态屏障；加快实施海东面山生态灌溉工程，保障海东面山绿化成效。以水质倒逼抓实监测技术分析，加速构建洱海流域水生态环境监测预警体系，健全完善污染源、水文气象信息、水质水生态和蓝藻水华等生态环境监测网络，建立健全洱海保护治理科学精准决策机制。以水质倒逼抓实应急排险措施，实施应急补水，把优质清水及时补充到蓝藻水华风险高的水域；实施应急停污，不让滴漏污水进入洱海；实施应急打捞，切实提高蓝藻应急处置能力。

二百二十、大理白族自治州推出洱海保护治理新举措（2017年4月）

为全面加强洱海保护治理，大理白族自治州人民政府、大理市人民政府、洱源县人民政府结合实际推出专项治理新举措。大理白族自治州人民政府3月27日发布了《大理白族自治州人民政府关于划定和规范管理洱海流域水生态保护区核心区的公告》，洱海流域水生态保护区核心区内，禁止新建除环保设施、公共基础设施以外的建筑物、构筑物，并依法查处违法违章建筑物、构筑物；按照"总量控制、只减不增"的原则，暂停审批餐饮、客栈等经营性场所，并对现有的餐饮、客栈服务业进行整治和规范；禁止畜禽规模养殖。大理市人民政府决定，从4月1日起至大理市环湖截污工程投入使用，开展洱海流域水生态保护区核心区餐饮客栈服务业专项整治。整治范围为水生态保护区核心区划定红线经过的洱海环湖自然村所有餐饮、客栈服务业。洱源县人民政府决定，4月1日起开展洱海流域水生态保护区核心区餐饮客栈服务业专项整治。整治范围为洱源县洱海流域水生态保护区核心区范围内的所有餐饮、客栈服务业，以及核心区划定红线经过的自然村内所有餐饮客栈服务业。大理市和洱源县从《大理白族自治州关于划定和规范管理洱海流域水生态保护区核心区的公告》发布之日起10日内，整治范围内所有餐饮、客栈经营户一律都自行暂停营业，接受核查。对限期内未暂停营业的餐饮、客栈经营户，由相关职能部门依法查处，予以停业整治。同时，大理市和洱源县专项整治均实行分类处置。

二百二十一、阳宗海环湖截污工程12月底前完成（2017年4月）

阳宗海环湖截污工程将在12月底前完工并完成验收工作，阳宗海风景名胜区管理委员会以阳宗海水环境综合治理为重点，多措并举、攻坚克难，生态环境得到持续改善。

2016年阳宗海水质稳定在Ⅲ类标准，全区空气质量优良率达100%，各项环境保护管理制度、机制逐步完善。2017年，管理委员会不仅加紧完成环湖截污工程等十余个"阳宗海'十二五'规划建设项目"，还全面实施《阳宗海流域水环境保护治理"十三五"规划》中流域截污治污、流域生态建设、入湖河道综合整治、农村农业面源污染防治等19个项目的建设。同时抓好源头防控、综合治理、过程监管等工作，其中将强化在线监控，督促企业安装在线监控设施，严格监控在线监测情况，加强在线监测数据分析，及时预警在线监测数据超标企业。用准确的监测数据反映生态环境的真实情况，杜绝企业偷排、漏排、乱排行为。

二百二十二、昆明市加强农业面源污染防治力度，确保清水海水质稳定在地表水Ⅱ类（2017 年 5 月）

昆明市加大实施农业面源污染防治力度，致力集镇、村庄污水垃圾集中收集处理、清洁小流域生态治理、森林补植补造等工程，有效消减进入清水海水库的污染负荷，进一步加强清水海饮用水水源区的保护管理工作，确保清水海水库水质总体稳定在地表水Ⅱ类。昆明市人民政府常务委员会审议通过的《昆明市清水海饮用水源区保护治理整改方案（送审稿）》提出，要全力保护治理整改清水海饮用水水源区，确保清水海水库水质继续稳定在地表水Ⅱ类，保障昆明主城饮用水安全。在加强面源污染控制方面制定 7 个方面的举措：一是开展清洁小流域综合治理工程。2017 年 12 月底前在板桥小流域实施封禁治理 238.09 公顷，安装封禁标牌 5 个，新建污水收集池 4 座、截污沟 570 米；在西拉龙小流域实施封禁治理 364.33 公顷，新建蓄水池 11 个、生态氧化池 3 座。二是于 2017 年 12 月底前完成六哨集镇、清海、新田村庄污水收集处理主体工程。三是持续开展村庄生活垃圾收集处理工作，2017 年 12 月底前增加 55 名保洁人员、建设垃圾房 30 座、配备垃圾清运车 10 辆，实现村庄生活垃圾有效治理率达 100%。四是于 2017 年 12 月底前在饮用水水源区安装太阳能热水器 600 台、省柴节煤炉灶 1200 台，完成测土配方施肥 10 000 亩、病虫害防控技术示范 5000 亩。五是于 2017 年 12 月底前完成饮用水水源区 2000 亩退耕还林补植补造、新建 10 千米林区防火道路。六是加大饮用水水源区和库区管理力度，及时查处危害饮用水水源安全的行为，积极开展水污染应急演练。七是加强水质监测与信息报送反馈工作，确保饮用水水源地保护相关部门及时掌握清水海水库水质状况。

二百二十三、云南省最长湖下取水管道助力洱海治理（2017 年 5 月）

2017 年 5 月 10 日上午 9 时，洱源县东北部的茈碧湖上静卧的一条白色钢管"长龙"，随着"扑哧"一声气阀开启，清澈的湖水灌入钢管中，整条管道开始缓缓下沉。2 小时 40 分钟之后，这条 2.5 千米长的管道潜入水中，20 天后，洁净的湖水从这里启程，以每小时 7200 立方米的流量，流经 40 千米，注入洱海。大理白族自治州 3 库连通洱海应急补水工程，是其治理洱海、抢救洱海的重点项目，茈碧湖取水工程正是这个环境保护工程中的重要部分。该工程由云南省建设投资控股集团有限公司总承包施工。项目负责人介绍，茈碧湖至洱海连通工程从茈碧湖内湖取水，湖内埋设双排沉管引水至低位水池，再由泵站抽水至高位水池，抬高水头后经引水管道自流至洱海，线路全长约 40 千米，沿线途经茈碧湖镇、洱源县城、右所镇、邓川镇、上关镇，出水口为马厂湾、小排村、沙坪湾 3 处，总工期两个月，确保 5 月 30 日通水。"这是云南迄今为止最长的湖下取水管道。"云南建投安装股份公司负责人介绍。沉入茈碧湖水下的两根 2.5 千米长的管道总重量约 1800 吨，为确保工程质量，钢管连接部分 100%进行了超声检测。同时，为了保护环境，取水管内外均使用饮用水标准油漆，现场使用机械严格确保无漏油情况，挖掘机工作时尽量防止水体大面积浑浊。

二百二十四、洱源推行河长制全力保护水资源（2017 年 5 月）

2017 年，洱源县对 5 个主要湖泊（水库）、79 条主要河流及其支流、457 个河段全面推行河长制，努力实现河畅、水清、岸绿、景美。据介绍，洱源县在河湖库全面建立县、镇乡、村、组 4 级河长制，分别由各级负责人担任，旨在将坚持管理与养护相结合、治理与发展相结合，加强水资源保护，严守水资源开发利用控制、用水效率控制、水功能区限制纳污 3 条红线，严格管控地下水开采。加强河湖水域岸线管理保护，依法划定河湖管理范围，严禁以各种名义侵占河道、围垦湖泊、非法采砂，对岸线乱占滥用、多占少用、占而不用等突出问题开展清理整治，恢复河湖行洪和水域岸线生态功能。加强水污染防治，全面实行水陆统筹，强化联防联控，统筹水上、岸上污染治理，完善入河湖排污管控机制和考核体系。加强源头防控，从源头上清理各类污染源，保护江河源头和饮用水水源地；全面加强重要水功能区排污口监督管理，严格排查入河湖河流污染源并登记造册，加强综合防治，全面管控污染源。加强水环境治理，强化水环境质量目标管理，组织实施不达标水体达标方案，确保《洱源县水污染防治目标责任书》水质目标如期实现。

二百二十五、洱海保护"七大行动"全面推进（2017 年 5 月）

大理白族自治州环境保护局局长李劲松接受记者采访时说，1—4 月全湖水质综合类别均为Ⅱ类，5 月全湖水质综合类别有望保持Ⅱ类。2017 年，大理白族自治州洱海流域"两违"整治、村镇"两污"治理、面源污染减量、节水治水生态修复、截污治污工程提速、流域综合执法监管、全民保护洱海"七大行动"全面推进，落地见效。洱海流域水生态保护区核心区范围内的 2415 户餐饮、客栈全部暂停经营，叫停在建建筑 4918 户、拆除违建 612 户。污水处理设施、农户化粪池、生态库塘建设和治理河道、恢复非煤矿山植被、封堵地下井等工作有序推进。截污治污工程全面提速，在 2018 年 6 月底前实现全面截污治污。

二百二十六、杞麓湖保护治理项目超六成已开工（2017 年 5 月）

通海县委、通海县人民政府扎实推进依法治湖、工程治湖、科学治湖、全民治湖，"十二五"期间累计投入 6.7655 亿元，实施杞麓湖水污染综合防治项目 22 项。2017 年，杞麓湖化学需氧量、总氮、总磷、氨氮浓度四大指标明显下降，水质富营养化趋势得到缓解，污染得到初步控制。"十三五"规划中保护治理项目超六成已开工。"十三五"期间，通海县将继续坚持以问题为导向，以有效治理杞麓湖主要入湖河道污染减排为重点，以全面控污减负农业农村、城镇两大污染负荷源为核心，以疏浚杞麓湖底泥等污染存量为基准，围绕"保护水资源、防治水污染、改善水环境、修复水生态"的总体要求，进一步健全杞麓湖流域水陆统筹治污控污体系，通过工程与非工程两大措施，逐步削减存量污染负荷，严控增量污染负荷。力争到 2020 年，杞麓湖湖体及主要入湖河流水质达到 V 类标准。据悉，《杞麓湖保护治理与流域生态环境建设"十三五"规划》实施的 6 大类 15 个项目已开工 10 个，开工率达 66.67%，开展前期工作 4 个，累计完成投资 1.27 亿元。

二百二十七、昆明市 2016 年度环境状况公报发布（2017 年 6 月）

2017 年 6 月，昆明市环境保护局发布《2016 年昆明市环境状况公报》。公报显示，昆明市 2016 年环境质量较往年有所改善，其中，空气质量日均值达标率 98.9%，优级天数 146 天。水环境质量中，滇池、阳宗海等水质有所改善，声环境质量总体水平达二级。2016 年，昆明市主城区空气质量优良天数为 362 天，其中优级天数 146 天、良级天数 216 天；轻度污染 4 天，同比减少 4 天，空气质量日均值达标率 98.9%，排名全国第 9。颗粒物平均浓度达到空气质量二级标准。滇池外海水质类别由上年的劣 V 类上升为 V 类，化学需氧量达 V 类，其他评价指标均达Ⅳ类，达到"省考核目标"。综合营养状态指数下降 2.0%，富营养化程度有所减轻。草海水质类别由上年的劣 V 类上升为 V 类，五日生化需氧量、总磷达Ⅴ类，其他评价指标均达Ⅳ类，达到"省考核目标"。综合营养状态指数下降 8.0%，富营养化程度有所减轻。阳宗海水质类别为Ⅲ类，达到"省考核目标"。主城区集中式饮用水水源地中，云龙水库、松华坝水库、宝象河水库、自卫村水库、清水海、大河水库、柴河水库均 100%达标。声环境质量方面，2016 年昆明市主城区区域环境昼间噪声平均值为 53.5 分贝，声环境质量总体水平达二级（较好），噪声总体水平与上年持平。

二百二十八、异龙湖综合治理持续推进（2017 年 6 月）

2017 年，红河哈尼族彝族自治州、石屏县围绕"科学精准、有效治污"的总体思路推动异龙湖综合整治，积极开展全面截污治污、调水补水、河道综合治理、生态湿地建设、面源污染治理、水生植物残体打捞和湖泊生态系统修复等工程。为推动对异龙湖的保护，红河哈尼族彝族自治州、石屏县编制完成《红河州异龙湖水体达标三年行动方案（2016—2018 年）》，以水环境质量改善为核心，提出"控源截污、生态修复、节水补水、科技支撑与综合监管保障"4 方面重点任务，规划项目 27 项，力争用 3 年时间，摘除异龙湖水质劣Ⅴ类的"帽子"。截至 2017 年 5 月底，全部项目完工 12 项，在建 15 项，累计完成投资 8.8 亿元。同时，编制完成《异龙湖流域水环境保护治理"十三五"规划》，规划项目 30 项，争取到 2020 年水质持续稳定达到Ⅴ类，项目已完工 12 项、在建 17 项、开展前期 1 项。依托项目建设，异龙湖流域截污治污、水资源调配体系逐步完善。环湖沿河 44 个村庄"两污"综合治理和流域内产业结构调整使得源头治理初见成效，异龙湖 7 条入湖河道综合整治在 2017 年雨季前完成。6 月，实现年新增异龙湖补水能力 2600 万立方米，年补水能力达 5300 万立方米。2017 年雨季前新街海河计划向外排水不低于 1000 万立方米，逐步实现水体置换。异龙湖水质不断改善，主要污染指标有了明显下降，蓄水量不断增加，截至 6 月 9 日，异龙湖水位 1413.47 米，蓄水量达到 9210 万立方米，与 2016 年同期相比水位上升 1.11 米，水量增加 3213 万立方米。异龙湖容量不断增加，湖滨生物多样性及湖泊生态景观得到初步恢复。湖泊内水草长势良好，紫水鸡、白鹭鸶、野鸭子等原生动物回归，迁徙候鸟红嘴鸥明显增多。

二百二十九、寻甸回族彝族自治县加强突出环境问题整改力度（2017 年 8 月）

2016 年 11 月 23 日，中央第七环境保护督察组向云南省正式反馈督察意见，对寻甸回族彝族自治县提出了云南安一精细化工有限公司在牛栏江流域重点污染控制区内，建成 5 万吨/年草甘膦原药及其配套装置的违法问题。针对督察组提出的问题，寻甸回族彝族自治县从源头抓起，用机制保障，全面加强突出环境问题的整改力度，保障群众环境权益。该公司已停产，拆除了核心生产设备，并对生产以来产生的污染物进行了处置。该公司所处的寻甸特色产业园区总面积 37.7 平方千米，其中有约 30 平方千米处于牛栏江保护重点控制区。坚持"绿水青山就是金山银山"的绿色发展理念，认真落实中央环境保护督察整改要求和《云南省牛栏江保护条例》及相关要求，寻甸回族彝族自治县对入驻园区的企业制定了严格的"门槛"，强化辖区内环境保护监管工作。寻甸特色产业园区管理委员会主任孔祥英介绍，园区已经明确把环评作为入园的第一道关。对园区内原有的企业实施严格监管，排污不达标的坚决关停。截至 2017 年 8 月，园区金所片区已建成 2 座污水处理厂、1 个污水提升泵站，铺设污水处理收集管网 30 余千米，覆盖金所片区入园企业。同时，园区还大力推广清洁能源的使用，已完成 10.6 千米高压输气管线建设并投入使用。下一步，园区将积极调整产业结构，探索园区的绿色、长效发展机制，全力做好牛栏江寻甸段保护工作。牛栏江河口水质自动监测站监测显示：牛栏江（寻甸段）出境断面水质稳定达到Ⅲ类，2016 年以来，水质总体评价为Ⅱ类。

二百三十、洱海环湖截污工程提速（2017 年 9 月）

为全面推进中央环境保护督察反馈意见问题整改落实，以整改促成效，大理白族自治州开启抢救模式，全面加强洱海保护，全面提速洱海环湖截污治污工程，稳步推进洱海治理。

大理白族自治州实行截污治污工程提速行动，围绕 5 年完成总投资 199 亿元、110 个项目，2018 年前完成总投资 80% 以上的工作目标，按照"目标倒逼、工期倒排、挂图作战"的工作要求，全力加快"十三五"规划的实施。据了解，截至 2017 年 9 月，洱海环湖截污一期工程 6 个污水处理厂抓紧实施，完成管道施工 70 千米、干渠 1.74 千米，累计完成投资 21.84 亿元；洱海环湖截污二期工程，完成 135 个村施工图纸设计，111 个村已进场施工，完工 24 个村，建成管网 231 千米，建成 22 座生态库塘，累计完成投资 2.57 亿元。计划于 2018 年 4 月底完成环湖截污一期工程建设，2018 年 6 月底完成环湖截污二期建设，实现洱海流域城乡截污治污全覆盖。大理市采取超常规措施，深入推动洱海保护治理"七大行动"各项工作落地、落细、落实。形成了全民参与、上下联动、有序推进的良好局面。截至 2017 年 9 月，全市收集清运垃圾 19.09 万吨、清理沟渠 3375.46 千米、收集畜禽粪便 6.53 万吨。大理市已全面叫停洱海流域农村建房审批及在建户 4691

户、拆除违章建筑450户；建立5级河长体系，全面推进落实"一河一长、一源一策"河长制，实行农村"四水全收、雨污分流"，新建23 353个化粪池、131个生态库塘；推进两个国家级农业面源污染综合治理试点项目，实施海西5万亩高效节水减排项目；新一轮退耕还林工程完成造林4635.4亩和陡坡地生态治理1438亩；开展规模化畜禽禁养区、限养区划定工作；封堵建成区地下井3711口、苍山十八溪农灌口106个。通过干部齐心协力，奋力拼搏，"七大行动"各项工作进展顺利，洱海水质1—5月水质为Ⅱ类，6—8月水质为Ⅲ类，洱海水质朝着正向性趋势发展，洱海保护取得初步成效。

第六节 环 境 治 理

一、《洱源西湖国家湿地公园修建性详细规划》和《洱源湿地保护规划》通过专家评审（2011年3月）

2017年3月17日上午，由洱源县人民政府主持召开的《洱源西湖国家湿地公园修建性详细规划》《洱源湿地保护规划》评审会在下关举行，由大理白族自治州人大常委会副主任尚榆民为组长，大理白族自治州政协副主席孙明和上海交通大学工程院教授及大理白族自治州洱源县林业、财政、规划、环境保护等相关部门负责人组成的专家组一致通过了两个规划评审。专家组一致认为，《洱源西湖国家湿地公园修建性详细规划》从空间布局、功能分区、道路交通、土地利用、绿地与景观、环境保护等方面进行了系统规划，规划理念新颖，开发重点明确、布局合理，具有科学性、实用性，同意通过评审；《洱源湿地保护规划》突出体现了建设湿地生态文明、构建和谐社会的理念，抓住了洱源生态建设的关键问题，为洱源县可持续发展提供了生态保障，对开展洱源县湿地保护具有较好的指导作用，同意通过评审。同时，专家组对两个规划在完善实用性、可操作性及洱源西湖湿地的保护与合理开发利用等方面提出了意见建议。《洱源西湖国家湿地公园修建性详细规划》对洱源西湖湿地南部地段的旅游资源和旅游开发条件进行了全面分析和系统规划；《洱源湿地保护规划》则对洱源县及其洱海流域湿地的保护等方面进行了详细阐述。两个规划是洱源进一步推进洱海保护及生态文明试点县建设的重要举措之一。洱源西湖于2009年12月被国家林业局正式批准为国家湿地公园，是继红河哈尼梯田国家湿地公园之后云南省的第二个国家湿地公园。评审通过后，《洱源西湖国家湿地公园修建性详细规划》将报洱源县人民政府审批实施；《洱源湿地保护规划》将报云南省林业厅审批实施。

二、楚雄彝族自治州开展对重污染企业专项整治取得明显成效（2011 年 4 月）

楚雄彝族自治州环境保护局在 2011 年整治违法排污企业保障群众健康环境保护专项行动中，结合本地实际，对全州高钛渣、铬渣、蓄电池企业、磷化工等重污染企业开展专项检查，重点对回收废旧蓄电池生产再生铅和蓄电池生产企业进行检查。共检查企业 46 家，其中铅酸蓄电池企业 8 家、其他企业 38 家。对 15 家企业下发了环境保护限期整改通知，此次专项整治取得了明显效果。3 月 28 日环境保护部等 9 部委联合召开了 2011 年全国整治违法排污企业保障群众健康环境保护专项行动电视电话会议以后，楚雄彝族自治州人民政府及时组织州、县市两级环境保护部门多次对全州辖区内的铅酸蓄电池企业进行督查督办。4 月 7 日，楚雄彝族自治州环境保护局组织对禄丰县铅酸蓄电池企业开展全面检查，针对检查中发现的问题，对 7 家铅酸蓄电池和再生铅企业发出了环境保护限期整改通知；4 月 20 日，楚雄彝族自治州环境保护局对全州就检查中发现的问题，向相关县、市发出《楚雄州环保局关于加强回收废旧铅酸蓄电池生产再生铅企业和蓄电池生产企业环境监管的函》，同时对检查中发现的问题提出了处理意见和建议。全州 8 家铅酸蓄电池企业和再生铅生产企业中，3 家生产再生铅企业和 2 家既生产蓄电池又生产再生铅企业的 2 条再生铅生产线已于 4 月初全部停产，同时，当地环境保护部门已向县、市人民政府写出专题报告，建议县、市人民政府予以关闭。其余 3 家蓄电池生产企业已停产整治。

三、洱源县启动 2011 年洱海主要入湖河道保洁周活动（2011 年 4 月）

为切实抓好洱海入湖河道专项整治和长效保洁工作，进一步改善洱海主要入湖河流水环境质量，促进洱海流域经济社会又好又快发展，洱源县于 2011 年 4 月 14 日启动 2011 年洱海主要入湖河道保洁周活动。洱源县洱海主要入湖河道保洁周活动以改善主要入湖河道水环境、有效削减入湖河道污染物为目的，以河道保洁为重点，建立河道监管的长效机制，全面提升河道环境管理水平，营造保护河流湖泊环境良好的社会氛围。洱源县紧紧围绕永安江、罗时江、弥苴河、凤羽河、来凤河、消水河、海尾河、弥苴河、三营河、白沙河、跃进渠、白石江、兰林河、三爷沟、东湖、西湖、绿玉池、海西海、茈碧湖主要入湖河道湖泊水域、河道湖泊两岸100米以内的陆域，在河道湖泊内及堤岸两侧向外延伸100米范围内禁止从事畜禽养殖活动；禁止设置生产、生活污水排放口；禁止任意堆放、倾倒各种工业废渣、建筑垃圾、生活垃圾、死畜、畜禽粪便等；禁止埋藏有毒有害物质，挖砂取石；禁止损坏水保林木及对水质有净化作用的水生植物。县级各单位以凤羽河、消水河、弥苴河、海尾河的河道保洁为重点，洱海流域6乡镇以乡镇人民政府所在地、沿湖沿河村庄为重点，对河道、沟渠、村庄垃圾等进行整治。其中，邓川镇负责辖区内永安江、罗时江、弥苴河段的垃圾清除；右所镇负责辖区内永安江、罗时江、弥苴河段和西湖、东湖、绿玉池的垃圾清除；茈碧湖镇负责辖区内凤羽河、来凤河、消水河、海尾河段和茈碧湖的垃圾清除；三营镇负责辖区内弥苴河段、三营河、白沙河、跃进渠的垃圾清除；牛街乡负责辖区内弥苴河段和海西海的垃圾清除；凤羽镇负责辖区内白石江、兰林河、三爷沟的垃圾清除。通过对洱海源头主要入湖河道实施专项整治，全面实行以保洁为主的长效管理机制和监督检查机制，实现"面清、岸洁、有绿、河流水质有改善"的目标。

四、云南省林业厅成立九大高原湖泊水污染综合防治林业生态建设工作领导小组（2011年6月）

为切实加强九大高原湖泊水污染综合防治林业生态建设工作的领导，进一步推进九大高原湖泊水污染综合防治林业生态项目建设，按照云南省人民政府九大高原湖泊领导小组的要求，云南省林业厅于2011年6月2日成立了由厅长陈玉侯任组长、副厅长冷华任副组长，相关处室领导为成员的九大高原湖泊水污染综合防治林业生态建设工作领导小组。

五、安宁市环境保护专项行动打击违法排污不手软（2011年6月）

2011年6月，安宁市环境保护局结合环境保护专项行动，积极配合昆明市公安局水上治安分局民警依法对安宁的3家废旧塑料加工作坊进行了查处，强制拆除了加工作坊所使用的临危建筑，并对其负责人予以治安拘留处罚，该案件的查处极大地震慑了环境违法行为，真正体现了安宁市"一次违法排污，永久退出市场"的治污理念，更是安宁环境保护部门铁腕治污的又一范例。长期以来，守法成本高、违法成本低一直都是打击环境违法行为的瓶颈，对此，安宁环境保护部门一方面主动为企业的污染防治献谋献计、排忧解难，积极引导企业自觉建立清洁生产的长效机制；另一方面，注重培育市场引导力、组织社会参与力、运用法制规范力，杜绝"企业污染、老板发财、百姓遭殃、政府买单"的现象出现，在环境保护方面切实做到强势发动、强力推进、强制规范、强行入轨，当发现企业违法排污时一律依法严厉打击，决不手软。2011年，安宁市环境保护部门以污染源拉网式普查及整治为抓手，不断加强环境执法力度，严肃查处了各种环境违法行为，切实维护了人民群众的根本利益，共出动执法人员 1053 人次，车辆 487 台次，检查企业 491 家次，其中夜间突击检查 30 余次，节假日巡查 10 余次，依法取缔 53 家小作坊、小企业，对 56 家有轻微环境违法行为的企业下达了《安宁市环境监察现场处理决定通知书》。

六、2011 年九大高原湖泊流域"河道保洁周"专项活动工作取得圆满成效（2011 年 4 月）

为加强河道治理和监管，进一步减少河道垃圾对湖泊的污染，提高沿湖沿河群众保护环境意识，推进生态文明建设进程，2011 年 4 月 14 日，云南省九大高原湖泊水污染综合防治领导小组办公室下发了《关于继续在九湖流域开展"河道保洁周"活动的通知》（云环通〔2011〕70 号）。按照通知要求，昆明市、玉溪市、大理白族自治州、红河哈尼族彝族自治州、丽江市根据各湖特点，在 4 月下旬至 5 月中旬，各自开展了以"保洁河道，减少污染！"为主题的九大高原湖泊入湖河道清理保洁周专项行动。活动期间，5 州（市）及沿湖各县（区）按照"一湖一策"的原则，进一步加强领导，落实责任，结合各自特点分别制订了各湖的实施方案，动员湖区广大人民群众积极参与湖泊水污染综合防治工作，不断增强湖区广大干部群众保护湖泊生态环境的意识，以有效削减入湖河道污染为目的，明确了河道保洁活动的目标任务。昆明市要求通过"河道保洁周"活动，达到"三无一畅一治"（河底无淤积、水面无杂物、河岸无垃圾，河道排水畅通，整治入河排污口）的保洁目标。各县（区）人民政府、开发（度假）区管理委员会以开展"河道保洁周"活动为主线，将学习、宣传和贯彻《昆明市河道管理条例》、"创卫"工作和汛前清淤保洁等工作贯穿其中，结合工作实际，组织机关、事业单位、部队、学校、厂矿、企业、共青团及社会团体、沿河（湖）乡镇及村民委员会等广大群众踊跃参与，认真开展"河道保洁周"活动，加强河道两岸排水口、垃圾漂浮物、污染源状况的检查，坚持做到每日巡查，违法排污立即查，河道绿化有人护，河道保洁有人管，实行排污"零申报"，保持河道综合整治效果；玉溪市及时下发了《关于开展 2011 年"三湖"主要入湖河道保洁活动的通知》，要求通过"河道保洁周"活动，要实现"三无一畅一治"的保洁目标；活动周期间，九大高原湖泊流域共出动人员 13 万余人，车辆 7000 余辆次，清理河道 144 条，清理各类污泥、垃圾共 19.2 万吨，有效地控制了雨季污染物入湖。通过广泛宣传和流域广大干部群众的积极参与，极大地提高了广大干部群众的湖泊保护意识，激发了保护母亲湖的责任感和紧迫感。

七、云南省环境保护厅任治忠副厅长到洱源调研洱海保护治理及生态文明建设工作（2011 年 7 月）

2011 年 7 月 22—23 日，云南省环境保护厅任治忠副厅长在大理白族自治州环境保护局领导陪同下到洱源调研洱海保护治理及生态文明建设工作。任治忠副厅长在副县长马利生、张守君陪同下先后深入邓北桥湿地、永安江在线水质自动监测站、南登村中温沼气站、右所镇农村污水处理厂、西湖进行实地察看，任副厅长指出，洱源县洱海保护治理及生态文明建设领导重视、措施有力、成效明显，为洱海保护做出了积极的贡献。任副厅长要求洱源要结合加快推进洱源生态文明建设实际，坚持把洱海源头水污染防治作为环境保护工作的重中之重，继续实施好洱海保护治理"新六大工程"，加强工业污染治理和农业农村综合整治，加大饮用水水源地保护力度，不断提升环境管理能力建设，对"十二五"时期洱源县环境保护的重点领域与重大工程实施方面进行深入研究，突出如何在保护环境的同时发展工业、农业和第三产业，实现经济发展和环境保护"双赢"。

八、玉溪红塔区环境保护专项行动效果明显（2011 年 7 月）

为改善环境质量、保障人民群众身体健康，2011 年以来，红塔区环境保护局紧紧围绕污染物减排工作和重金属监察工作，加大环境执法力度，扎实开展整治违法排污企业保障群众健康环境保护专项行动，严厉打击各种环境违法行为。一是加大对国控、省控、市控重点企业和重点行业的污染治理设施运行情况开展定期检查，严厉打击不正常使用污染治理设施、偷排、超标排放等违法行为。二是加强对涉重金属污染企业和化工企业的监察力度，对危险废物处置情况、转移联单制度落实情况进行了排查。三是加强对放射源使用单位和矿山尾矿库的专项检查，对放射源安全管理进行了整治，对矿山尾矿库环境安全隐患进行了深入排查。四是加大了建设项目"环评"制度及"三同时"制度落实情况的检查力度。全区共出动监察人员 873 人（次），检查各类排污企业 291 家（次）。其中：检查国控、省控、市控企业 69 家（次），检查涉重金属企业 36 家（次），检查矿山尾矿库企业 35 家（次），检查其他污染企业 151 家（次）。检查发现存在环境违法企业 36 家，针对存在问题，向 26 家企业下达了《环境违法限期改正通知书》，责令企业限期改正环境违法行为；对问题较为突出的 11 家企业进行了立案调查，立案 11 件，结案 11 件，累计处罚金额 31 万元。通过专项整治，有效地打击了企业环境违法行为，确保了环境安全。

九、云南省制定全省铅酸蓄电池企业复产条件（2011 年 7 月）

按照国家司局级督查组及云南省环境保护专项行动领导小组要求，为确保云南省铅酸蓄电池企业整改落实到位，云南省环境保护专项行动领导小组办公室制定印发了全省铅酸蓄电池企业恢复生产的 6 个条件。一是必须符合国家产业政策及《铅锌行业准入条件》。2005 年起坩埚炉熔炼再生铅已属于淘汰落后产能；2007 年 3 月 10 日起，再生铅企业的生产准入规模应大于 10 000 吨/年，改造、扩建再生铅项目，规模必须在 2 万吨/年以上，新建再生铅项目，规模必须大于 5 万吨/年。二是企业环评手续完备（含审批、试生产及验收）。按照《建设项目环境保护分类管理名录》的规定，凡是 2008 年 10 月 1 日以后建设的项目应编制环境影响评价报告书，2009 年 3 月 1 日以后建设并经州（市）或县级审批的项目必须重新报请云南省环境保护厅审批。三是全面落实环境保护"三同时"制度，环境保护设施必须按环评及批复要求建设到位，规模及效果应满足处理要求。四是必须依法达到卫生防护距离要求。严格依据《铅蓄电池厂卫生防护距离标准》（GB11659—89）及环评和批复要求，逐家核实防护距离，对不能依法达到卫生防护距离要求的，明确要求在规定期限内，要么搬迁居民，要么关闭企业。五是污染治理设施完善。做到雨污分流，生产废水及厂区内淋浴、洗衣等含铅生活废水必须全部收集，经配套的污水处理设施处理后循环使用不外排；铅烟、硫酸雾等废气要配套规范的废气收集处理设施；铅膏、污泥等危险废物要建设规范的"三防"危险废物渣库妥善堆存，不得擅自外卖。六是具备危险废物经营资质。从事废旧蓄电池回收、再生铅的企业，必须办理危险废物经营许可证，危险废物贮存规范，建立危险废物管理台账，执行危险废物转移联单制度；从事蓄电池加工（含极板生产）企业，铅膏等危险废物外卖必须执行危险废物转移联单制度。以上 6 个复产条件必须全部满足，需要复产的只要任何一条达不到要求，不得恢复生产，逾期整改不了的，报请政府关闭。全省铅酸蓄电池企业限于9月30日前完成整改。

十、云南省铅蓄电池企业专项整治成效显著（2011年8月）

2011年环境保护专项行动中，云南省分步骤对全省铅蓄电池企业开展专项整治，取得明显成效。一是责成全省铅蓄电池企业一律停产整治。把铅蓄电池行业企业整治作为环境保护专项行动首要任务来抓，云南省严格执行国家"6个一律"的要求，对全省21家铅蓄电池企业进行省级挂牌督办，并一律停产整治。二是实行一企一策，制定严格整治和复产条件。云南省环境保护专项行动领导小组办公室制定了全省铅蓄电池企业恢复生产的6个条件，并要求铅蓄电池企业必须满足规定的6个复产条件，方可申请复产验收，需要复产的铅蓄电池企业只要任何一条达不到要求，不得恢复生产，逾期整改不了的，报请政府关闭。三是制定了铅蓄电池企业菜单式现场监察记录。根据国家《铅蓄电池行业现场监察指南（征求意见稿）》，结合云南省实际，制定了《云南省铅蓄电池现场监察记录（试行本）》，初步解决了基层环境保护部门对铅蓄电池监察环节有遗漏的问题，提高了铅蓄电池现场监察的效果。四是开展了铅蓄电池企业监测工作。2011年第二季度组织完成了全省环境保护专项行动排查的铅蓄电池企业专项监督性监测工作。21家企业中，因关闭、拆除、停产的11家企业未监测，另外10家企业临时复产开展监测，监测后继续停产。10家开展废气监测的企业中，除祥云威龙电源科技有限责任公司铅及其化合物超出标准限值外，其他企业硫酸雾、铅及其化合物的平均浓度均达标。五是强化宣传、曝光典型。环境保护专项行动中，积极召开新闻发布会，通报2011年环境保护专项行动工作进展情况，向电视、广播、报纸等新闻媒体公开曝光了全省铅蓄电池行业企业环境污染问题整治等5个省级挂牌督办事项，公布具体的整改时限、责任单位、完成目标等情况，营造了良好的社会氛围。按环境保护部要求，云南省把铅蓄电池加工、组装和回收（再生铅）企业名单、地址，以及产能、生产工艺、清洁生产和污染物排放情况在网上进行了公布。通过对全省铅蓄电池企业分步骤实施专项整治，21家铅蓄电池企业，除关闭、拆除的4家企业外，其余17家企业已停产整治。

十一、红河哈尼族彝族自治州蒙自市开展重金属排放企业专项整治取得成效（2011年10月）

蒙自市环境保护局结合环境保护专项行动对重金属排放企业开展环境保护专项整

治，取得了明显成效。一是突出重点，综合整治。提高环境保护准入条件，下大力度整治重点地区，重点打击重金属排放企业的违法建设行为，对未经环评审批的建设项目，一律停止建设和生产，督促重金属排放企业建立污染治理设施运行记录和日常监测制度，定期报告监测结果；促进企业提升污染治理水平，规范原料、产品、废弃物堆放场和排放口，建立和完善重金属污染突发事件应急预案；对重点企业开展清洁生产审核。二是进一步加大对重金属排放企业污染物排放现状及周边环境质量的监督性监测力度，建立重金属污染预警预报机制，全面监控重金属污染状况。严格规范重金属污染企业废渣、废水的处置。三是严肃查处重金属排放企业环境违法行为。为了全面排查涉铅、铬、汞、镉和类金属砷企业的生产状况，摸清辖区内重金属行业、企业污染物分布、排放、治理情况，蒙自市环境保护局先后 3 次对涉重企业开展了专项检查，建立了《重金属污染企业专项检查情况汇总表》和《重金属污染企业专项检查企业情况明细表》，对重金属行业实施有计划、有步骤、有重点的环境检查，对 3 家违法排污的重金属排放企业进行了查处。四是加大落后产能的淘汰力度。严格执行国家产业政策，切实加快对钢铁、冶炼、水泥等行业存在的落后产能企业限期淘汰，并向社会公告。五是开展重金属污染企业环境执法后督查。蒙自市环境监察部门加强了对前期开展涉铅、铬、汞、镉和类金属砷企业的重点整改问题及重金属尾矿库环境污染隐患整改落实情况进行后督查，以进一步巩固重金属排放企业污染整治工作取得的成效。

十二、红塔区违规广告招牌拆除整治工作圆满结束（2012 年 1 月）

玉溪市红塔区户外广告和招牌整治工作自 2011 年 7 月 15 日正式开始，截至 2011 年 12 月 31 日已全部结束。共拆除违规广告和招牌 9358 块，其中墙体广告 4795 块、楼顶广告 2092 块、大型立柱广告 58 块，应拆除率达到 100%。整治工作涉及玉溪市中心城区范围，主要集中在违规广告和招牌较多的路段和区域及高速公路沿线等。经过半年紧张、艰苦的工作，城市管理和执法部门投入大量人力物力，在涉及街道和社区的全力配合下，本着"以人为本、注重协调各方关系"的原则，有效解决群众的合理诉求，充分争取业主方的理解和支持，引导业主方主动拆除，按时按量完成拆除任务，整治工作顺利推进并最终圆满结束。玉溪市中心城区街道、建筑、交通环境由此变得更加规范有序和整洁清爽，城市面貌在亮化、美化方面有了较大改观，进一步巩固了玉溪市创建国家卫生城市工作成果，并促进了国家环境保护模范城市创建工作。红塔区在整治工作中同时开展了城市管理条例的宣传和实施准备工作，为城市管理条例的实施打好基础。随着 2012 年 1 月 1 日《云南省玉溪市城市管理条例》的颁布实施，玉溪市户外广告和招牌设置将进入规范管理渠道。

十三、玉溪市质量技术监督局组织开展塑料制品专项整治行动（2012 年 1 月）

为进一步加强对玉溪市塑料制品的质量管理，杜绝不合格塑料制品流向社会，推动玉溪市创模工作不断深入取得实效，2012 年 1 月玉溪市质量技术监督局组织人员对塑料制品生产加工企业开展专项整治行动。一是全面普查，摸清底数。通过从代码中心调出涉及塑料制品生产企业的完整资料，配合标准数据库备案标准，对辖区内塑料制品生产企业进行了全面摸底备案。二是加大执法力度，强化监管职能。在对多家塑料制品生产企业进行监督检查的过程中，重点对塑料制品生产加工企业的原辅材料进货验收、生产过程控制、产品出厂检验、是否按生产许可相关要求进行生产、是否存在利用不合格塑料制品进行回收加工等多个生产环节进行了认真细致的检查。通过检查，暂未发现有企业存在违规生产行为。三是加大宣传力度，落实责任意识。通过组织塑料制品生产企业对《食品用塑料包装容器工具等制品生产许可审查细则》等多部涉及塑料制品的法律法规进行学习，着重强调了企业质量安全主体责任。每到一家企业，执法人员都会向生产企业宣传企业主体责任意识，并要求企业全面加强自身建设，建立健全质量管理制度，提高质量控制能力，确保产品质量安全。通过专项活动的开展，有序规范了塑料制品企业生产行为，推进了全市限塑工作的不断深入，为玉溪创模工作的顺利开展做出了应有的贡献。

十四、通海县污水处理厂及配套管网工程扩建项目举行试通水仪式（2012 年 1 月）

通海县污水处理厂及配套管网工程扩建项目于 2011 年 12 月 28 日 16 时 30 分举行试通水仪式。该项目建设规模近期日处理能力 1 万吨，远期日处理能力 1.5 万吨，建设污水管道 24.89 千米，项目总投资 4018.95 万元。工程项目建成后，将对县城东部规划区、杨广镇区等片区 11 平方千米的城镇生活污水进行收集处理，污水处理后达到国家一级 A 类排放标准，可有效减轻入湖污染负荷，对改善湖水水质意义重大。建设通海县污水处理厂及配套管网工程扩建项目是通海县深入贯彻科学发展观，落实市委、市人民政府"三湖一海"保护工作，加快推进"生态立县"发展战略、实现经济社会可持续发展和推进生态文明建设的具体行动，是完善城市功能、改善县城投资环境、提升城市品位、推进节能减排工作，保护母亲湖——杞麓湖的重要举措，亦是全市创模工作的一项重点工程内容。

十五、玉溪市医疗废物处理中心（2012 年 2 月）

玉溪市医疗废物处理中心建设项目位于玉溪市红塔区春和街道办事处，距玉溪市中心城区城市生活垃圾综合处理厂西南方向约 40 米，占地面积 9.38 亩。设计规模为日处理医疗废物 3 吨，年处理能力 1095 吨，总投资 984.59 万元。采用高温蒸汽消毒灭菌工艺处理医疗废物中的感染性废物和损伤性废物（病理性、药物性和化学性废物拟委托昆明市医疗废物处置中心处理）。服务范围为玉溪市行政区域内所有医疗机构，服务年限为 15 年。玉溪市医疗废物处理中心工程项目于 2011 年 3 月 16 日开工建设，6 月 5 日完成建设任务，单机运行成功，10 月 1 日开展试运行工作。截至 2011 年 8 月 31 日，项目建设资金 984.59 万元全部已到位，其中地方配套资金 312.59 万元、中央预算内投资 672 万元。2011 年 11 月 1 日启动玉溪市医疗废物集中处置工作。计划于 2012 年 1 月底前完成工程项目环境保护验收和工程验收，于 2012 年 2 月投入正常运营；2012 年 3 月底前制定完成玉溪市医疗废物处理处置管理办法和收费标准等。

十六、云南省环境保护厅集中约谈大型国有企业（2012 年 5 月）

云南省环境保护厅根据本省连续 3 年干旱及涉重金属企业较多的实际，切实加大火电企业及涉重金属企业的监管力度。从 2012 年 3 月开始，结合环境保护专项行动工作的开展，先后约谈了云南锡业集团（控股）有限责任公司、云南驰宏锌锗股份有限公司等 5 家涉重企业，以及全省所有 8 家 30 万千瓦以上机组火电企业，明确要求进一步提高认识，加强学习，严格执行环境法律、法规，做好环境保护有关工作，为改善云南省大气、水环境质量起到了积极作用。根据云南省环境保护厅领导要求，云南省环境监察总队会同云南省环境保护厅相关处室先后 3 次组织召开了约谈会。约谈内容主要是通报企业存在的主要问题、环境保护部门查处情况及提出下一步整改的要求和建议。对环境违法问题突出、屡查屡犯、对当地环境造成较大影响的个旧市白花草锡矿等 3 家企业，云南省环境监察总队在依法给予 170 万元行政处罚的同时，还对企业负责人实施约谈，并对当地州（市）人民政府进行了约谈。经过约谈，以上 13 家企业均表示将依照国家有关法律、法规的规定，严格执行环境法律、法规，增强环境保护意识，尽到企业对社会和公众的环境责任，切实保障人民群众环境权益。

十七、昆明市借力环境保护专项行动强化流域水环境保护（2012 年 5 月）

在 2012 年环境保护专项行动中，云南省昆明市进一步加大滇池、牛栏江流域水环境保护工作力度，对不符合国家产业政策及严重超标排放的 13 家企业予以关停。同时，对 1 家企业烧结机脱硫系统运行不稳定问题进行挂牌督办。《2012 年昆明市整治违法排污企业保障群众健康环保专项行动工作方案》明确，昆明市将在专项行动中突出 5 个重点：全面深入整治重点行业重金属排放企业环境污染问题；全面排查危险废物产生、利用、处置企业，严肃查处违法行为；巩固污染减排成效，进一步强化污染减排重点项目的监管督察力度；进一步加大滇池、牛栏江流域水环境保护工作力度；继续推进污染源普查整治行动，巩固污染源普查成果。为进一步加大滇池、牛栏江流域水环境保护工作力度，方案明确各县（市、区）、管理委员会要以控源减污为重点，以改善水质为目标，强力推进"一湖两江"流域水环境综合整治。此外，方案明确了省级挂牌督办事项的督办要求。武钢集团昆明钢铁股份有限公司三烧 1 号烧结机烟气脱硫系统设计存在缺陷，日常运行、维护、管理不规范，导致脱硫设施长期运行不稳定，脱硫效率低，被列为 2012 年省级挂牌督办事项，限于 2012 年 10 月 31 日前完成脱硫系统改造，并规范脱硫系统的运行维护和管理，确保脱硫系统长期稳定运行，综合脱硫效率不低于 70%。为加强建成投运的城镇污水处理厂和各类工业园区污水处理厂日常监督检查，方案明确各县（市、区）、管理委员会务必于 6 月 1 日前，在媒体上公布污水处理厂的名单、详细地址、处理水量、氨氮排放情况和环境守法情况，接受公众监督。

十八、玉溪市中心城区城市生活垃圾综合处理厂工程（2012 年 6 月）

玉溪市中心城区城市生活垃圾综合处理厂建设地点在距中心城区西北 7.5 千米处的红塔区春和街道办事处黑村狐狸箐（黑村西 1.5 千米），占地 340.1755 亩，工程库容为 160 万立方米。服务面积为 46 平方千米，近期服务人口为 39 万人，远期服务人口为 51 万人，规划年限至 2020 年，设计日均处理 400 吨。采用焚烧、卫生填埋综合处理工艺。工程估算总投资 13 948.46 万元。工程于 2007 年 12 月 28 日正式动工建设。至 2011 年 5 月 31 日基本完成填埋库区建设，包括垃圾填埋场主坝、分期坝及分期坝渗滤层、清库修坡、地下水收集管、渗滤液排污管道网的铺设、防渗膜的铺设、锚固沟、截洪沟、库区道路、导气石笼、渗滤液调节池等工程内容。按现行国家卫生填埋的标准，能基本满足生活垃圾卫生填埋技术规范的要求。附属设施办公楼、倒班宿舍、食堂等已建设完工。累计完成投资 9786 万元，占总投资的 70.15%。2011 年 4 月 29 日，红塔区人民政府与北京科林皓华环境科技发展有限责任公司签订该项目特许经营协议。按照市、（红塔）区两级人民政府签订的该项目建设目标责任书要求，计划 2012 年底竣工运行。

十九、九大高原湖泊流域河道保洁周活动顺利完成（2012 年 7 月）

2009 年以来，云南省多数地区连续 3 年干旱，九大高原湖泊受到严重影响，水位急剧下降，部分湖泊水位已降至法定最低控制水位以下。2012 年，为进一步加强九大高原湖泊水污染防治，防范水污染风险发生，各地积极开展了以"清洁河道 清洁湖滩 清洁村庄 清洁田园"为主题的河道保洁周活动。据不完全统计，河道保洁周活动期间九大高原湖泊流域共组织动员 16.1 万余人参与此次活动，出动运输车辆、装卸机械共计两万余辆（台），共清理河道 643 条，清理河道、湖堤、湖滩总长 1008 千米，累计投入资金 2000 余万元，清除垃圾、污染淤泥约 23.68 万吨。通过清理保洁，入湖河道内及周边环境、湖堤、村庄、农田垃圾杂物明显减少，环境卫生质量明显改善，有效削减了入湖污染负荷，实现了河道"三无一畅一治"的目标，激发了保护母亲湖的责任感和紧迫感，进一步增强了全民环境保护意识。

二十、九大高原湖泊流域水污染综合防治"十二五"规划顺利推进（2012 年 7 月）

"十二五"以来，以滇池为重点的九大高原湖泊水污染综合防治工作在云南省委、云南省人民政府的领导下，各级各部门以科学发展观为指导，坚持"一湖一策"的治理原则，以"强力截污、突出生态、深化监管、科学治湖"为主线，认真贯彻执行九大高原湖泊治理"十二五"规划，全面推进"六大工程"实施，九大高原湖泊水污染综合防治"十二五"规划推进顺利。以滇池为重点的九大高原湖泊水污染综合防治"十二五"规划编制全面完成，滇池治理"十二五"规划于 2012 年 4 月获得国务院批复，其他八湖治理"十二五"规划由云南省人民政府于 2012 年 5 月批准实施。九大高原湖泊治理"十二五"规划总要求是在"十二五"期间消灭劣 V 类水质、九大高原湖泊水质和生态环境明显改善。九大高原湖泊治理"十二五"规划共设置治理保护项目 295 项，需投入资金 552.74 亿元，其中，滇池共设置规划项目 101 项，投入资金 420.14 亿元，其他八湖共设置规划项目 194 项，投入资金 132.6 亿元。各级各有关部门按照"准备一批、启动一批、建设一批、完工一批"的总要求，加快九大高原湖泊治理"十二五"规划的实施。截至 7 月底，九大高原湖泊治理"十二五"规划项目已完工 19 项，正在实施 113 项，开展前期 137 项，累计完成投资 121.35 亿元，其中，滇池已完工 3 项，在建 49 项，开展前期工作 49 项，累计完成投资 101 亿元。其他八湖已完工 16 项，在建 64 项，开展前期工作 88 项，累计完成投资 20.35 亿元。通过九大高原湖泊治理"十二五"规划项目的实施，湖泊治理"六大工程"建设取得积极进展，污水处理能力达到 139.65 万吨/日，垃圾处理能力达到 4927.8 吨/日，排水管网 4000 多千米。其中"十二五"以来，新增污水处理能力 11.5 万吨/日、垃圾处理能力 600 吨/日、污水管网 647.7 千米，完成四退三还 53 182.8 亩、湖滨带及湿地建设 64 441.8 亩、水葫芦控养 6000 亩、人工林建设 7.8 万亩、封山育林 20 万亩、测土配方工程 145.55 万亩，完成村落环境综合整治 94 个、建成 4 座大中型沼气工程，建设沼气池 1312 口、沤肥池 10 429 口，完成底泥疏浚工程 102 万立方米，昆明市主城二环路内 16 座调蓄池正在建设。

二十一、云南省环境保护厅给力红河哈尼族彝族自治州重金属污染防治（2012 年 8 月）

为认真贯彻落实云南省人民政府全省重大项目建设推进会和云南省人民政府红河现场会精神，进一步做好全省"三个一百"重点项目建设环评管理，加快实施一批重金属污染防治项目开工建设，云南省环境保护厅王建华厅长一行到红河哈尼族彝族自治州检查指导工作，并召开红河哈尼族彝族自治州重金属污染防治及重点建设项目环评审批推进会，同时宣布解除对该州涉重金属工业建设项目的限批。检查指导期间，王厅长一行先后现场检查了云南锡业股份有限公司铅业分公司铅冶炼烟尘综合回收利用、危废渣处置，个旧市旭众有色矿冶有限公司低品位铅银废料综合利用，红河锌联科技发展有限公司固体废弃物炼铁烟尘资源化综合利用等项目。王厅长指出，红河哈尼族彝族自治州重金属污染防治工作初见成效，但是形势依然严峻，特别是以个旧市为中心的有色金属工业基地，由于长期高强度的开发、冶炼、加工，形成了较为严重的重金属污染隐患。做好红河哈尼族彝族自治州的重金属污染工作，对全省重金属污染防治工作有着举足轻重的作用，希望红河哈尼族彝族自治州以解除限批为契机，进一步统一全州各级党委、人民政府及全社会加强重金属污染工作的认识，认真贯彻落实云南省人民政府现场办公会要求，以对子孙后代高度负责的态度，切实推进重金属污染防治工作；狠下决心，铁腕治污，重拳出击，长期保持对涉重、涉危环境突出问题的高压态势，加快推进红河哈尼族彝族自治州重大项目建设和重金属污染治理工作；积极推进重大建设项目环评管理。

二十二、昆明形成资源化利用　变废为宝突破垃圾围城（2012年8月）

昆明基本形成与生活垃圾产量相适应的无害化处理规模，主城区生活垃圾有望年底全部实现焚烧发电，形成资源化利用，实现变废为宝的目标。生活垃圾中除一般废弃物以外，还有电池、硒鼓等危险废物。危险废物与普通生活垃圾混合收集处理，会对环境造成极大的危害，所以垃圾分类是进行垃圾无害化焚烧的基础。近年来昆明城区内建筑垃圾排放量约为 500 万吨/年，随着昆明"十二五"期间将全面完成 382 个城中村改造任务，建筑材料需求量与建筑垃圾产生量将会越来越大。为此，昆明市对建筑垃圾处理提出的要求是，将工程弃土为主的建筑垃圾引导至荒山、荒坡、采空区等进行填埋后覆土绿化。而以废混凝土、废砖石为主的建筑废弃物则引导至资源化利用场进行建筑材料再生利用。2012 年，昆明市已经建成两个建筑废弃物资源化综合利用示范基地，分别位于昆明市东西片区生活垃圾处理场内，成为东、西建筑废弃物资源化利用示范基地。每个厂占地面积约 200 余亩，设计处理规模为 200 万吨/年，是国内处理规模最大、工艺技术领先的建筑废弃物资源化综合利用示范型基地。在西郊建筑废弃物资源化利用示范基地，工人们将建筑废弃物生产成可以再次使用的砖块。一车车建筑废弃物被渣土车运送到西郊建筑垃圾处置场，工人们利用设备将建筑废弃物中的废铁、电池、玻璃、小木屑等物品分解出来，然后将剩余的建筑废弃物打碎变成再生骨料。之后工人用电脑控制一台打砖机，只需要 14 秒时间就能将一盘再生骨料打成 100 块砖头的模样。这些成型的砖头经过 28 天的保养时间，就成为可以出厂使用的再生砖块。据了解，从 2012 年 4 月开始试运营生产，西郊建筑垃圾处置场处理建筑废弃物约 800 米^3/日，已经累计处理建筑废弃物 5 万立方米，再生产品的日产量折合标砖 15 万块，总生产量折合标砖约 800 万块。而 2010 年 6 月开始生产的东郊建筑垃圾处置场，也已经利用建筑废弃物生产再生产品折合标准实心砖总产量约为 60 万块。

二十三、云南省认真督促农村环境综合整治项目实施（2012 年 9 月）

2012 年以后，云南省环境保护厅着力督促编制《云南省农村环境保护规划》《云南省土壤污染防治规划》；开展全省"十二五"农村环境综合整治项目库建设，共纳入 25 个项目，涉及 50 个建制村、144 个自然村；开展 2010 年度农村环境综合整治"以奖促治"项目环境成效评估，督促 2011 年度中央和省级环境保护专项资金项目的实施，截至 8 月底 21 个已完工、11 个基本实施完毕、30 个正处于施工阶段，部分州县的项目进展缓慢。2012 年 9 月 26 日云南省环境保护厅组织召开全省环境保护重点工作推进会，张志华副厅长在会议上特别强调"2011 年农村环境综合整治项目还没完成的，要加大工作力度"。会后，云南省环境保护厅自然处建立了项目进度跟踪责任制，安排专人督促项目进展，加强项目实施指导，及时协调项目建设中遇到的困难问题，对工作不力的将予以通报批评。

二十四、云南省首家年处理危险废物 3.4 万吨的危险废物处理处置中心投运（2012 年 9 月）

2012 年 9 月，昆明市危险废物处理处置中心正式投运。投运当天，昆明市危险废物处理处置中心就已经和 451 家涉危险废物企业达成签约协议，并实际收储各类危险废物约 1000 吨。昆明市危险废物处理处置中心正式投运意义重大，它是云南省内唯一一家危险废物处理处置中心，设计处置各类固体废弃物 34 000 吨/年，主要是针对昆明市及其周边地区产生的除医疗废物外的各类危险废物，经统计有 47 大类，共 600 多种。该中心处置危险废物的方法主要有 3 种，即焚烧处理、稳定化固化填埋处理和物化污水处理，不同类型的废物将采用不同的工艺处置。整个处理过程不仅规范、安全，而且处理处置中所产生的废水通过处理能实现中水回用，如含油废液、废乳化液等经综合利用车间处理，也能实现资源循环使用。在高温焚烧尾气处理系统中安装的 24 小时在线监测系统，也确保了气体达标排放，对周边环境零污染。

二十五、大理白族自治州节能减排科技创新成绩喜人（2012 年 12 月）

截至 2012 年 12 月，大理白族自治州加大太阳能、风能、水电、生物能源开发力度，增加清洁能源供给。投资两亿多元的洱海治理国家水专项，为洱海保护综合治理提供了强有力的技术支撑。云南顺丰生物科技肥业开发有限公司"环保型精制生态有机肥研发及其产业化"州长科技工程，全年可消耗畜禽粪便 80 万吨，有效降低了洱海流域农业面源污染，推动了生态经济的发展。

二十六、弥渡县积极开展企业突发环境事件应急预案评估工作（2012 年 12 月）

2012 年 12 月 26 日，由大理白族自治州环境保护局、大理白族自治州环境监察支队、大理白族自治州建设项目环境审核受理中心、乡镇人民政府、弥渡县环境保护局、弥渡县安全生产监督管理总局、弥渡县工业和信息化局、弥渡县卫生局、弥渡县工业园区管理委员会相关专家、管理人员及企业周边村民代表组成的环境突发事件应急预案评估小组对大理白族自治州弥渡二郎矿业有限公司、华润水泥（弥渡）有限公司编制的《突发环境事件应急预案》进行评估，是大理白族自治州内首次对企业开展突发环境事件应急预案评估工作。评估小组专家、管理人员和代表认真听取了《突发环境事件应急预案》情况汇报，重点评估了《突发环境事件应急预案》的实用性、基本要素的完整性、内容格式的规范性、应急保障措施的可行性及与其他相关预案的衔接性等内容，同意两家企业的《突发环境事件应急预案》通过评估，在完善修改意见后依据程序上报、备案。通过开展《突发环境事件应急预案》评估工作，对不断提高企业突发环境事件应对能力，规范《突发环境事件应急预案》管理，完善环境应急预案体系，及时、合理处置可能发生的各类突发性环境污染事件，有效控制和消除环境污染，保障人民群众生命健康和财产安全，促进辖区经济社会全面、协调、可持续发展具有重要意义。

二十七、玉溪市 2012 年省级重点节能项目完成情况（2013 年 1 月）

2012 年重点节能项目 21 个，预计总投资 123 632.8 万元，截至年终完成投资 71 201 万元，完成计划投资 57.6%。竣工投产项目 12 个，预计投资 67 547 万元，项目完工实际投资 56 988 万元，比计划节约投资 10 559 万元。该批技改项目完工投产后，预计年可节约标煤 253 301 吨，将进一步提升玉溪市工业企业的装备水平，减少企业污染物的排放，改善企业的生态环境。

二十八、大理白族自治州环境保护局深入开展"四群"教育活动积极推进挂钩村河道保洁及整治工作（2013 年 1 月）

大理白族自治州环境保护局以开展"四群"教育活动为契机，充分发挥部门特点，积极推进挂钩村环境保护工作。2013 年，大理白族自治州环境保护局对永联村启动实施河道保洁及整治项目给予大力帮助。洱源县茈碧湖镇永联村面积15平方千米，是茈碧湖镇最大的农业村，全村总人口 6380 人，水田总面积约 4500 亩，烤烟种植面积 640 亩。弥茨河从永联村横穿而过，随着河道两岸村落经济的快速发展，农村生产、生活带来的环境压力越来越大，同时群众环境保护的意识和管理上还存在一定差距，导致河道内垃圾污染、引排水无序、两岸农田面源污染加重、河道生态功能下降。为此，积极支持永联村启动实施永联村河道保洁及整治项目，实现河道长期保洁。项目主要实施内容：一是清理河道垃圾，清除杂物，加强两岸植被保护，提高水体自净能力，使河道的水质得到较大改善；二是规范水系，增强河道引排能力，减少有水灌不上、有涝排不出的问题，避免农田漫流，引起农业面源污染。为确保永联村河道保洁及整治项目的顺利启动实施，大理白族自治州环境保护局在项目资金上给予积极支持。

二十九、保山市中心城市污水处理厂二期扩建 2 万吨/日工程通过云南省环境保护厅竣工环境保护验收（2013 年 1 月）

2013 年 1 月 10 日，保山市中心城市污水处理厂二期扩建2万吨/日工程通过云南省环境保护厅竣工环境保护验收。保山市中心城市污水处理厂二期扩建2万吨/日工程于 2008 年 5 月经云南省发展和改革委员会批准立项，6 月云南省环境保护厅批复了环评，5月开工建设，2010 年 5 月保山市环境保护局批复了试运行。验收组实地察看了保山市中心城市污水处理厂二期扩建2万吨/日主体工程氧化沟2套、二沉池2套、污泥泵房1套、贮泥池1套、出水口紫外线消毒设施1套，重点检查了污水处理厂进出水口在线监测水量和水质、氧化沟曝气运行、污泥脱水泥量、中控室传输、出水口紫外线杀菌消毒等情况。最后，验收组认为保山市中心城市污水处理厂二期扩建 2 万吨/日工程建设符合国家有关法规和政策规定，建设前期环境保护审批手续完备，并按照环评要求逐一落实了各项环境保护措施，委托云南省环境监测中心站进行了项目竣工环境保护验收监测，提交了项目竣工验收调查报告，处理后外排污水达到国家规定的排放标准，达到了环境影响评价文件及行政许可决定的环境保护要求，具备验收条件，同意验收。同时验收组要求保山

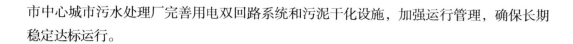

市中心城市污水处理厂完善用电双回路系统和污泥干化设施，加强运行管理，确保长期稳定达标运行。

三十、云南积极探索生态补偿机制（2013 年 2 月）

国家在"十二五"规划中提出建立生态补偿机制，云南省积极开展探索，在水环境保护、生物多样性保护等领域实施生态补偿机制。近年来，昆明、玉溪和大理等地人民政府做了大量保护工作，使滇池、抚仙湖、洱海水环境得到有效保护。各级人民政府不再一味追求经济增长，关闭了沿岸大量污染企业，实施"四退三还"。在国家战略发展定位上，云南是"我国西南生态安全屏障和生物多样性宝库"。围绕生物多样性保护，云南开展了许多工作，先后建立了 180 多个各级各类自然保护区，为生物多样性保护做出了突出的贡献。在做好环境保护的过程中，地方经济做出了巨大牺牲，却没有得到相应补偿，因此这些区域在发展经济和保护流域生态环境中矛盾十分突出。云南省人大代表、政协委员纷纷以提案议案的方式建议，要结合云南省实际，选取试点探索制定水环境生态补偿机制。由环保、水文、财政等部门组成专门机构，制定生态补偿的具体办法和标准。值得一提的是，2012 年 12 月 1 日起实施的《云南省牛栏江保护条例》明确规定，省人民政府应当建立生态补偿机制，加大财政转移支付，多渠道筹集资金用于扶持并改善牛栏江流域内居民的生产、生活条件。

三十一、昆明经开区综合整治马料河（2013 年 2 月）

2013 年 2 月，昆明经开区继续加大对马料河上段水环境综合整治力度，实施马料河犀牛龙潭至果林水库段水环境综合整治工程。马料河犀牛龙潭至果林水库段水环境综合整治工程投资 1.1 亿元，整治长度 4.8 千米，主要建设内容包括生态河道工程 4.1 千米，河岸生态修复工程 64 100 平方米，涵洞工程、桥梁工程、监测系统工程及附属工程等，把马料河经开区沿线打造成集休闲、旅游、环境优美的景观河道。

三十二、玉溪市城市生活垃圾综合处理厂渗滤液处理工艺拟进行调整（2013 年 3 月）

玉溪市城市生活垃圾综合处理厂于 2007 年 12 月 28 日动工建设，2011 年 5 月 31 日完成填埋库区建设，正在开展焚烧工艺和渗滤液处理站建设。玉溪市中心城区生活垃圾填埋和建筑垃圾的应急填埋场在2013年3月底填满封场。2013年2月5日工程实施领导小组会议决定，启用玉溪市城市生活垃圾综合处理厂，已建设完工的填埋场进行填埋。根据云南省人民政府投资项目评审中心通过的《玉溪市城市生活垃圾综合处理厂渗滤液处理工程可行性研究报告》（云投审发〔2012〕298号）评审意见，该填埋场只能填埋经焚烧后的残渣，与工程实施领导小组会议要求填埋未经焚烧的生活垃圾的工艺要求有较大差异。工程实施领导小组会议研究决定调整玉溪市城市生活垃圾综合处理厂垃圾填埋场渗滤液处理站工艺，渗滤液处理站的环评、《玉溪市城市生活垃圾综合处理工程可行性研究报告》按可以填未经焚烧的生活垃圾方案重新上报审批。渗滤液处理设施建设进度计划调整如下：2013年3—6月完成《玉溪市城市生活垃圾综合处理工程可行性研究报告》编写、审批；2013年6—8月项目初设、审批和施工图设计开展；2013年9月—2014年3月进行土建施工与设备安装；2014年4月进行调试和试运行；2014年5月渗滤液处理站正式运行。已制定《玉溪市城市生活垃圾综合处理厂—焚烧车间建设实施方案》《玉溪市城市生活垃圾综合处理厂渗滤液处理设施建设实施方案》《玉溪市城市生活垃圾综合处理厂排水管网设施建设实施方案》《玉溪市城市生活垃圾综合处理厂供水管网二标段设施建设实施方案》。

三十三、保山市环境保护局成立了保山市固体废弃物管理中心（2013年2月）

为进一步加强对工业固体废弃物、危险废物、危险化学品、医疗废物等的监管和综合处置利用、应急响应工作，根据市委机构编制办公室《对市环保局关于成立保山市固体废物管理中心的请示的批复》精神，保山市环境保护局于2013年2月组建成立了保山市固体废物管理中心。该中心为市财政全额拨款、独立核算的事业单位，核定编制5人，主要负责对全市固体废弃物实施申报登记、许可证发放、危险废物转移审批和监督检查。

三十四、星云湖一级保护区退田还湖工作进展顺利（2013年4月）

星云湖一级保护区退田还湖自2011年12月启动前期工作以后，指挥部、各镇（街道）均做了大量的工作，进展顺利。其中江城镇已完成土地租赁费兑付，基本完成退田工作；前卫镇已完成公示，即将开始土地租赁费兑付；大街街道正在进行最终最后面积核实；路居镇正在加紧宣传工作。全湖退田还湖工作在10月1日前全面完成。同时已退农田生态建设也正在紧锣密鼓推进中，湖滨带巡护道路招标工作已基本完成，澄川路—东西大河段即将进场施工。

三十五、易门县7家企业列入全国万家企业节能低碳行动计划（2013年4月）

2013年4月，为强化节能工作措施，提高能源利用效率，国家启动"万家企业节能低碳行动"，确定全国"万家企业节能低碳行动"名单及节能量目标，易门铜业有限公司、云南易门大椿树水泥有限责任公司、云南中瑞（集团）建材有限公司、云南闽乐钢铁有限公司、易门县东源水泥有限公司、云南泰山石膏建材有限公司、易门云铸工贸有限公司7家企业列入全国"万家企业节能低碳行动"计划，确定7家企业"十二五"期间总节能目标4.2万吨标准煤。下一步易门县将健全管理、监察、服务"三位一体"的节能管理体系，全面落实节能目标责任，扎实开展节能低碳行动，加大节能技改和落后产能及生产工艺淘汰，推行清洁生产，发展循环经济，力争"十二五"期间生产总值能耗累计下降15%。

三十六、玉溪市加大中心城区道路运输扬尘污染整治（2013年4月）

为认真贯彻《玉溪市红塔区人民政府关于开展超限超载及建筑垃圾散体物料密闭运输专项整治的通告》精神，全面优化城市人居环境，提升玉溪城市形象，玉溪市对中心城区的渣土违规运输车辆及施工场地进行了全面整治，渣土运输整治工作取得了阶段性成效。各综合整治领导小组加强对矿山、采石场、采砂场的管理，对不按规定运输的矿山、采石场、采砂场业主，加大处罚力度，坚决杜绝违法行为。通过专项整治活动，建设工地围挡高度符合规范要求，并且实行了封闭施工，对在中心城区施工出入口及场内主要道路进行了硬化处理，对出入工地的运输车辆要求保持清洁，竣工后的工程及时清理，平整场地，对因施工损坏的周边环境及时进行修复。在运送垃圾、渣土、砂石和粉状物时，做到了使用密闭车辆运输，并向城市管理部门办理核准手续，按照时间地点路线进行运输管理。对存在安全隐患、不文明施工的项目建设单位，下达整改通知，停工整改，工程项目整改符合文明施工及安全生产要求后方可继续施工，并做好工地出入口周边及运输沿途卫生责任区的清扫保洁工作。经过50天的综合整治，玉溪市建筑渣土运输车辆乱倾倒渣土，撒漏污染城市道路等违法现象逐步减少，95%以上建筑渣土运输车辆能按规定运输，专项整治工作取得一定成效。专项整治行动结束后，对该项工作继续保持常态化，同时充分利用数字化城市综合管理与指挥系统，加强相关监控工作，遏制玉溪市建筑渣土车辆违章倾倒建筑渣土、运输撒漏、车轮带泥上路等污染城市道路的违法行为。

三十七、重点节能项目加快推进实施（2013 年 5 月）

云南省提出"十二五"期间加快推进实施 1 000 项重点节能项目以来，实现节能 500 万吨标准煤的目标，截至 2013 年 4 月底，全省已实施重点节能项目 432 项，实现节能 300 多万吨标准煤。结合云南省委、云南省人民政府提出的加快推进"产业建设年"要求，全省在钢铁、化工、有色金属、建材等高耗能行业大力实施节能技术改造。2013 年，云南省工业和信息化委员会筛选出重点推进的 200 项节能示范项目，包括余热余压利用、电机系统节能、能量系统优化等 9 个大类，项目总投资超 100 亿元。项目全部建成投产后，每年可节约 282 万吨标准煤，减排二氧化碳 600 万吨，减排二氧化硫 4.5 万吨。云南玉溪玉昆钢铁集团有限公司利用高炉煤气余压发电技术，实现整个生产过程不消耗燃料、无污染、无公害，同时降低了噪声污染。该公司已配备 6 套高炉煤气余压发电机组，年累计发电量达 1.9 亿千瓦时，年节约 66 500 吨标准煤，创造价值 9000 万元。云天化集团有限责任公司投资 4.31 亿元，在所属 4 户企业中实施硫酸低温位热能回收利用项目，项目建成后可年节约 16.73 万吨标准煤，硫酸生产工序的余热回收率从 60%左右提高至 90%以上。云南省工业和信息化委员会相关人士介绍，2012 年省级安排 6000 万元节能专项资金支持 43 个项目，拉动投资 23 亿元。2013 年省级和各州（市）本级财政将继续加大资金投入力度，积极支持重点节能项目。

三十八、云南省环境保护厅厅长王建华调研洱海保护治理工作（2013 年 5 月）

2013 年 5 月 21—22 日，云南省环境保护厅厅长王建华一行在大理白族自治州人民政府副州长许映苏陪同下，到大理、洱源两县市，对洱海保护治理工作进行了深入调研。王建华一行先后深入大理市感通奶牛养殖基地污水处理站、才村国家水专项科研基地、洱源县右所镇南登中温沼气站、东湖湿地、邓川有机肥料加工厂、大理市江前江尾湿地、上关牛粪收集站、罗时江河口湿地、灵泉溪、凤仪有机肥料加工厂等地，实地察看了养殖业污水处理、畜禽粪便资源化利用、湿地生态修复、河道清水产流机制修复、洱海科研示范等项目实施情况，听取了相关负责人的情况汇报。在随后举行的座谈会上，调研组听取了大理白族自治州洱海保护治理工作情况汇报。通过实地调研和听取汇报，王建华对大理白族自治州洱海保护治理工作给予了充分肯定。王建华认为，自 2011 年洱海开展生态环境保护试点工作以来，洱海保护治理有了新发展、新突破、新成效、新亮点，特别是在流域畜禽养殖污染治理、生活垃圾处理市场化、产业化，科学治湖，管理体制机制创新 3 个方面取得了一定的成功经验，值得认真总结和推广。王建华要求，在接下来的工作中，大理白族自治州要以国家实施洱海生态环境保护试点和云南省人民政府洱海保护工作会议为契机，按照国家试点和云南省人民政府洱海保护工作会议的要求，朝着既定目标，进一步提高认识、拓宽思路、落实责任、加大工作力度，深入扎实地做好洱海保护治理各项工作，为国家试点工作、生态文明建设做出新贡献。

三十九、松华坝水源区森林覆盖率 54%（2013 年 6 月）

截至 2013 年 5 月末，整个松华坝水源区林地面积达到了 72.6 万亩，占到水源区土地总面积的 55.8%，水源区森林覆盖率达到 54%。良好的植被覆盖，已成为涵养水源、保障水库水质的最有效屏障；而分布于水源区里的 3635 亩生态湿地，成为保护水源的有效过滤网。为提高水源区绿化覆盖率，减少面源污染，冷水河、牧羊河两岸 100 米及支流两岸 50 米范围内建设了 24 200 亩永久生态林带，在二级区完成 27 100 亩"农改林"，重点发展经果林、水源涵养林及苗木种植。退耕还林 5.89 万亩，种植生态林、经果林；种植杨树、核桃、中山杉、川滇桤木，植树造林两万余亩；封山育林两万余亩；实施天然林保护 72.2 万亩、低效林改造 5000 亩，建立起水质多重生态净化屏障。2013 年，水源区大力发展优质高效林业，调整和优化水源区土地利用结构，减少耕地种植面积，大力发展生态林建设，到 2020 年，水源区荒山及难造林地造林面积将达到 6750 亩、封山育林 5700 亩，增加森林面积 12 450 亩，使森林覆盖率提高到 54%，进一步增强水源区森林保持水土、涵养水源的能力。

四十、江川县拆除九溪大河占用河道的临违建筑（2013 年 6 月）

九溪大河是玉溪市中心城区集中式饮用水水源地东风水库的主要入库河流。2013 年以来，玉溪市加大了各湖泊（水库）主要河流污染整治力度，建立了由市级领导担任河长的河流治理保护责任制。6 月 1 日启动了九溪大河环境综合整治示范工程，开始对河道内种植农作物、淤泥杂草的清除、清运工作。九溪大河占用河道的临违建筑涉及大村、六十亩、马家庄 3 个村民委员会 5 个村民小组共 22 户，占地面积 595.07 平方米。至 6 月 18 日，河道清淤整治工作已经完成总工程量的 95%，共清理河道约 9000 余米，清理淤泥杂草 34 000 余平方米，河道整形 5800 余米。对河道两边河埂进行绿化固定，预计栽种河岸杨柳 10 120 株，已栽种河岸杨柳 6000 余株，整条河道畅通、整洁、河道功能得到恢复。

四十一、异龙湖生态危机变治理良机（2013 年 6 月）

连续 4 年的干旱，异龙湖没有外来水源的补给，流域内农业生产用水量大，补水量减少，用水量却在增加。气候干旱，导致异龙湖湖面大面积干涸，暴露异龙湖生态危机。异龙湖生态危机与治理机遇并存。2013 年以来，红河哈尼族彝族自治州和石屏县按照云南省领导到异龙湖调研时的重要指示，抓住时机，进一步加大治理力度，加快扩容、减污、补水三大工程的实施，围绕《异龙湖水污染综合防治"十二五"规划》，采取了有力措施，全力以赴积极开展湖水污染综合防治。2012 年 5 月，《异龙湖流域水污染综合防治"十二五"规划》获得云南省人民政府批复。针对异龙湖现状，红河哈尼族彝族自治州委、红河哈尼族彝族自治州人民政府分析研究认为，目前虽然是改善水质最困难的时期，但也是治理异龙湖内源污染最好的机遇。为此，异龙湖干涸底泥快速清除及资源化利用工程被列为重要工作，石屏县人民政府集中财力物力，全面组织实施异龙湖底泥及湖滨带修复建设工程，最大限度地削减内源污染量，改善水质环境。异龙湖干涸底泥快速清除及资源化利用工程正在积极推进。工程计划投入资金 8593 万元，疏挖底泥 212.77 万立方米，疏挖面积 341.83 万立方米，疏挖深度 0.4—0.95 米。各单位倒排工期，截至 5 月 10 日，累计清除污染底泥 232.88 万立方米。4 月底到 5 月上旬，异龙湖迎来了一轮持续性的降水过程。而异龙湖的水位终于在 1410.54 米处止跌回升，蓄水量也达 1746 万立方米。异龙湖管理局称：虽然增加的水量不是太多，但是到了转折点，水位开始上升，雨后的异龙湖一定会重放光彩。

四十二、对抚仙湖周边在建项目进行清理（2013 年 6 月）

2013 年 6 月 8 日，玉溪市召开抚仙湖旅游项目建设现场整改工作会并宣布，从当日起，抚仙湖周边在建的旅游开发项目一律停工进行清理，按照《云南省抚仙湖保护条例》，坚守旅游项目准入的 4 条红线。玉溪市委、玉溪市人民政府强调，对于抚仙湖周边旅游开发过程中不同程度存在的一些问题，将以积极的态度，采取强有力的措施进行整改和规范：在停工清理的基础上，今后将严格执行《云南省抚仙湖保护条例》，一级保护区内坚决不准建设与环境保护无关的永久性设施；严格执行抚仙湖—星云湖建设与旅游改革发展综合试验区控制性详细规划，所有旅游项目都必须经试验区管理委员会统一审批；明确并严格坚守旅游项目准入的 4 条红线；派出调查组，对存在问题的 5 个旅游开发项目进行全面清理和检查，依法整顿和规范开发行为；在项目建设过程中，有失职、渎职等行为的责任单位和责任人，要根据有关规定进行严肃处理。

四十三、抚仙湖环境保护要健全跨流域、跨区域污染联防联控（2013 年 6 月）

2013 年 6 月 20 日下午，玉溪市环境保护局就《玉溪市创建国家环境保护模范城市规划（修编本）》举行了听证会。在促进滇中城市群发展方面，水环境质量体现着一个城市的环境保护，玉溪市辖区有抚仙湖、星云湖和杞麓湖，随着玉溪市拆临拆违的不断推进，玉溪市的环境堪称变了大样；大玉溪"三湖四区"规划给玉溪市的环境建设提供了机遇。玉溪市本次创模以 2015 年创建国家环境保护模范城市为总体目标。围绕 26 项创模考核指标，通过 4 年努力，巩固已达标的指标，着力解决未达标指标涉及的环境问题，最终将玉溪市建设成为基础设施功能全、管理规范、环境质量不断改善、生态环境良性循环的国家环境保护模范城市。在完善空气质量监督体系方面，玉溪市提出将着力提高空气质量监测能力，创模期间在 8 县城中心区及红塔区的研和工业园区、红塔工业园区新增 10 个空气自动监测站。在玉溪市 2012 年原有 3 个大气自动监测点开展细颗粒物监测。抚仙湖治理将建立健全跨流域、跨区域的污染联防联控、跨界污染防治机制。在水环境质量上，《玉溪市创建国家环境保护模范城市规划（修编本）》提出，为有效控制和降低澄江、江川和通海 3 县水污染对"三湖"水环境的影响，加强 3 县生活污染和涉水企业综合防治，建立健全跨流域、跨区域的污染联防联控、跨界污染防治机制。

四十四、云南省 3 万个自然村建垃圾处置点（2013 年 7 月）

2013 年 7 月 7 日，全省人居环境提升暨城乡建设会议在蒙自召开。会议提出，全省实现人居环境提升要1年起步、3年见效、5年变样，努力建设生态宜居幸福家园，为云南争当全国生态文明建设排头兵奠定坚实基础；云南省人居环境提升工作开展后，首先要抓的就是城市综合体、特色小镇、美丽乡村、安居工程建设，还要抓好城乡环境综合整治，抓好城镇综合承载能力建设，各级政府"一把手"要将这项工作摆上议事日程。新华社报道称，为加快城镇污水和生活垃圾处理设施建设，切实提升人居环境，云南省将通过5年时间，全面提高生活污水处理率和生活垃圾无害化处理水平，力争到2017年底，全省城市污水处理率和生活垃圾无害化处理率达到85%以上，建制镇镇区污水处理率和垃圾无害化处理率达到80%以上。据介绍，2013—2017年，云南省在继续推进中小城市污水和生活垃圾处理设施建设的同时，省级财政每年还将安排5亿元资金，采取"以奖代补"的方式，专项用于完善县级污水配套管网、垃圾处理设施，以及建制镇供水、污水和生活垃圾处理设施建设，使乡镇"一水两污"设施新增服务人口1000万人以上。探索推行市场化投融资和经营管理模式，缩小城镇间污水和生活垃圾处理水平的差距，均衡协调发展。此外，将在人口相对集中的3万个自然村建设垃圾集中处置点，引导村民集中收集处理垃圾。同时，全省将对纳入规划的210个特色小镇按照规划进行建设，未来每年将抓好1500个省级重点村建设，5年内对350个乡镇进行整乡推进及生态文明村建设。

四十五、昆明市2013年退耕还林20.5万亩（2013年7月）

在全面完成2012年市级退耕还林工程的基础上，2013年市级退耕还林计划为20.5万亩。计划任务涉及全市14个县（市、区）和阳宗海、倘甸两个开发（度假）园区。2013年是昆明市市级退耕还林工程建设的第二年，市级退耕还林工程是昆明市生态建设的重要内容和组成部分，是一项投资大、政策性强、涉及面广、群众参与多的重大生态治理工程。2012年是昆明市市级退耕还林工程建设的第一年，全年共完成退耕还林面积20.5058万亩，完成率102.5%，为2013年的工作奠定了基础。2012年和2013年两年共实施市级退耕还林41.0115万亩。截至2013年7月，全市在高等级公路及县乡村公路等交通沿线两侧实施的面积有20.18万亩，占完成数的49.6%，主要分布在昆石、昆玉、昆曲、嵩待、昆武等高速公路和昆禄公路、轿子山旅游专线、九石阿公路、机场公路等沿线两侧，县乡村公路沿线两侧，城镇面山，饮用水水源保护区，生态脆弱区。

四十六、易门县实施城乡环境整治（2013 年 7 月）

2013 年以来，易门县认真贯彻落实市委、市人民政府提出的"美丽家园行动"的重大部署，以"整治村容村貌、改善人居环境、提升城乡形象、建设美丽家园"为目标，牢固树立"抓城乡环境综合整治就是抓发展"的理念，把巩固国家卫生县城创建成果、争创国家园林县城、拆临拆违、村容村貌整治和新农村建设结合起来，全力推进以县城为中心，以安易路、易峨高为主线，以六街、龙泉、浦贝 3 个乡镇（街道）为点的城乡环境综合整治工作，先后开展了以城中村、城乡接合部为重点的卫生整治和亮化工程；以乡镇（街道）为主的农业面源污染治理、村庄绿化美化和以交通沿线为重点的拆临拆违、植树绿化、垃圾清运处理，以及在工业园区实施老旧厂房拆除、主干道硬化绿化亮化等 7 项重点工作。截至 2013 年 7 月，已投入资金 4800 万元，完成绿化 206 000 平方米，栽种绿化树 35.7 万株，拆除违法违章建筑 20 468 平方米、老旧厂房 16 672 平方米、塑料大棚 290 亩，村庄靓化 525 户 10.6 万平方米。

四十七、昆明处罚 75 起"大嗓门"（2013 年 7 月）

2013 年以来，昆明市环境保护公安分局联合环保、城管等部门针对商业片区噪声扰民行为进行了综合整治，共处罚 75 家违法商家。在一些地区，商户为了招揽生意，竞相比拼嗓门，让附近的住户苦不堪言。最为常见的是利用喇叭做促销，噪声严重扰民。根据《声环境质量标准》有关规定，昆明城市区域可按功能类别划分为 5 类区域。商业片区白天的噪声不能超过 60 分贝，夜间则不能超过 50 分贝。根据上述标准，一旦喇叭的音量分贝白天超过 60 分贝，环保公安将对使用喇叭的商铺经营者进行处罚。环境监测人员使用噪声监测仪，逐个对正播放着广告的喇叭测量其音量分贝。环境执法人员介绍，对于在商业经营活动中使用高音广播喇叭或者采用其他发出高噪声的方法招揽顾客的行为，第一次将给予警告或教育，第二次将根据噪声污染情况给予 200—500 元的罚款。

四十八、云南省环境保护厅高度重视驻滇部队营区环境污染问题（2013 年 8 月）

2013 年 8 月，云南省环境保护厅收到中国人民解放军云南省军区后勤部《申请处理成都军区驻滇部队营区环境污染问题的函》（后营〔2013〕42 号），反映驻滇部队 17 个单位 18 个营区不同程度受到周边企业和单位环境污染问题。云南省环境保护厅领导高度重视，召集相关人员专题开会研究，并做出批示要求。6 月 24 日—7 月 3 日，云南省环境监察总队组织执法人员分 3 组赴相关 7 个州（市），与当地环境保护部门联合开展调查，听取部队官兵意见，共同研究整改措施，部队反映涉及企业 103 家，检查组现场排查企业 116 家。116 家企业涉及冶金、化工、水泥、制胶、养殖、城镇垃圾处置等方面的环境问题，调查人员实地进行充分调研后，形成了《云南省环境监察总队关于成都军区驻滇部队营区环境污染问题的调查报告》并通报给云南省军区。7 月 30 日，由杨副厅长主持，总队及相关 7 个州（市）环境保护局领导、监察支队支队长、污防科长等 33 人参加了"省环保厅驻滇部队营区环境污染整治专题会议"。黄杰总队长在会上通报了驻滇部队营区涉及企业环境污染问题现场调查及初步整治情况，杨志强副厅长提出了具体整改措施和要求，明确了整改时限，落实了相关责任人，部署了下一步工作，以实际行动践行群众路线教育实践活动。

四十九、云南省环境保护厅自然生态保护处考察调研腾冲县农村生活垃圾处理（2013 年 8 月）

2013 年 8 月 13 日，云南省环境保护厅自然生态保护处夏峰处长带领云南省环境科学研究院的专家在保山市环境保护局姜明副局长的陪同下考察调研腾冲县农村生活垃圾处理情况。为了提高农村生活垃圾处理水平，加快美丽乡村建设步伐，腾冲县 2012 年引进安徽省宣城绿保环境工程有限公司自主研发的自燃式垃圾焚烧炉，在多个乡镇进行了试点建设。焚烧炉采取的是垃圾热解汽化工艺，热解温度可以达到 800—1 000℃，根据安徽宣城绿保环境工程有限公司提供的监测报告和 7 月腾冲县环境保护局委托中国科学院上海高等研究院分析测试中心对焚烧炉排放烟气中二噁英浓度的监测分析结果，焚烧炉排放烟气中各项污染物浓度达到国家相关排放标准。该炉窑建设费用低，每个焚烧炉含附属工程投资约 15 万元；管理和运行费用不高，一次点火，长期运行，日处理生活垃圾 3 吨的炉窑，每年运行管理费用 8 万元左右；处理后垃圾减量化程度可达 95%以上。调研组一行考察了腾冲县明光乡、固东镇的生活垃圾处理情况，认为该处理工艺建设投入和运行成本费用低、操作简单、管理方便，比较适宜农村生活垃圾处理的实际，值得进一步完善推广。

五十、玉溪市加大环境保护专项行动力度有效保障群众的环境权益（2013 年 9 月）

2013 年 9 月 2 日，玉溪市环境监察支队召开例会，认真分析前阶段环境监察执法工作，针对环境监察执法过程中存在的突出问题，提出要加大 8 个力度：一是加大现场监察频次力度；二是加大自动监控应用力度；三是加大执法程序规范力度；四是加大环保专项行动力度；五是加大建设项目监管力度；六是加大排污费征收力度；七是加大环境应急管理力度；八是加大信访案件处理力度。进一步提高环境监管和依法执法效率，有效地保障人民群众的环境权益，确保全市环境监察执法各项任务的圆满完成。特别针对 2013 年环境保护专项行动，以挂牌督办项目为重点，特别要抓紧工业园区环境问题的整治力度，要组织召开环境保护专项行动联席会，组成督查组深入企业进行督查督办，坚持日常督查严肃执法的原则，坚持实事求是、有错必纠、惩戒与教育相结合，行政处罚与各类专项督查、区域排查相结合，对敏感区域的环境污染问题，发现一起，处理一起，严厉打击环境违法行为，特别是重点行业、重点企业、重点污染源，要定时、定期进行跟踪监督检查，确保整改到位，切实提高环境保护专项行动的效果。全市环境监察部门不管是通过现场监督检查还是群众投诉等渠道反映出的违法行为都要依法、及时地予以查处，使侵害群众环境权益的问题得到迅速、有效的解决，坚决杜绝执法人员不依法行使职权、推脱职责等行为。对执法人员因推诿责任、不依法执法等原因而引起群众投诉的情况，要对相关责任人员进行严厉的批评教育，并根据量化考核办法进行严肃处理，切实维护群众的合法权益，维护和谐稳定，确保群众满意度。

五十一、加强水源地保护保障饮用水安全（2013 年 9 月）

2013 年 9 月，由昌宁县人大牵头，昌宁县环境保护、水务、林业、住建、漭水镇等相关职能部门，围绕昌宁县 2013 年环境保护世纪行活动"关注农村生活垃圾污染，保护饮用水源，保护生态环境，建设美丽乡村"主题，对昌宁县河西水库径流区生态环境保护情况进行了调研。调研组先到位于河西水库径流区的翠华村进行了座谈，然后又实地察看漭水镇翠华村的大理石开采综合整治后的现状和农村"四清、四改、两拆"工作实绩，全面了解径流区的生态保护情况。通过此次专题调研，对河西水库径流区生态环境现状有了进一步的了解，各单位根据部门工作实际，结合整乡推进工作的开展，重点抓好径流区村庄基础设施建设，对美化村庄环境、生活垃圾和生活污水的收集处理提出意见和建议，为今后加强水源地保护、建设美丽乡村奠定基础。

五十二、洱海局部湖湾出现蓝藻漂浮，大理白族自治州积极应对（2013 年 9 月）

2013 年 9 月 15 日，大理白族自治州、大理市人民政府及时组织有关部门召开洱海保护治理工作现场推进会。会议认为，洱海保护正处于十分敏感的关键时期，从国家洱海水专项研究结果来看，洱海属于富营养化初期的典型代表，正值"草藻"共生时期，在高温气候条件下，在下风向湖湾地区和局部人口密集的湖区，会有藻密度增加的情况出现。蓝绿藻是洱海正常水生态系统的组成之一，根据藻类生长规律，夏、秋季是藻类生长旺季，会有"阶段性、低浓度"藻密度增加现象，在风力作用下，多集聚在下风向湖湾地区。9—10 月是洱海藻密度增大的关键月，重点湖湾和局部湖区仍有藻密度增加的趋势。会议针对洱海保护和治理的实际，研究对策，制定采取综合治理的措施，部署了全面加强洱海保护治理的工作。

五十三、国家水专项"十二五"云南项目全面启动实施（2013 年 10 月）

国家水专项"十二五"云南项目包括滇池项目（"滇池流域水环境综合整治与水体修复技术及工程示范"）和洱海项目［"富营养化初期湖泊（洱海）水污染综合防治技术及工程示范"］。根据国家总体部署，滇池项目牵头单位是云南省环境科学研究院和北京大学，洱海项目牵头单位是上海交通大学。滇池项目 2012 年启动了"滇池环湖截污治污体系联合运用关键技术及工程示范"（中国市政工程西南设计研究总院牵头）、"流域入湖河流清水修复关键技术与工程示范"（云南省环境科学研究院牵头）、"滇池流域农田面源污染综合控制与水源涵养林保护关键技术及工程示范"（云南大学牵头）、"滇池水体内负荷控制与水质综合改善技术研究及工程示范"（中国环境科学研究院牵头）4 个课题。2013 年启动了"滇池草海水生态规模化修复关键技术与工程示范"（中国科学院水生生物研究所牵头）、"滇池流域水资源联合调度改善湖体水质关键技术与工程示范"（北京大学牵头）2 个课题。各课题工作进展顺利。洱海项目 2012 年启动了 "洱海低污染水处理与缓冲带构建关键技术及工程示范"（中国环境科学研究院牵头）、"入湖河流污染治理及清水产流机制修复关键技术与工程示范"（上海交通大学牵头）、"洱海湖泊生境改善关键技术与工程示范" （中国科学院水生生物研究所牵头）3 个课题。2013 年启动了"富营养化初期湖泊（洱海）防控整装成套技术集成及流域环境综合管理平台建设"（华中师范大学牵头）课题。4 个已启动课题的各项工作开展顺利。2014 年拟启动"洱海流域农业面源污染综合防控技术体系研究与示范"课题，该课题已通过课题择优论证。"流域面源污染处理设备研发及产业化基地建设"为洱海"十一五"延续课题项目，该课题自 2011 年实施以来，各项工作进展顺利，2013 年底可完成课题任务。

五十四、云南省成功举办突发环境事件应急演练（2013 年 11 月）

2013 年 10 月 27 日，云南省 2013 年突发环境事件应急演练在昆明市寻甸回族彝族自治县成功举行。这次演练由环境保护部主办，云南省环境保护厅、昆明市环境保护局、寻甸回族彝族自治县人民政府等共同承办。演练以云南南磷集团电化有限公司烧碱分厂液氯储罐区液氯泄漏为背景；演练主题为环境应急响应，环保、公安、消防、卫生、安监、民政、气象等部门联动，确保环境安全；演练科目为有毒有害气体环境风险预警，突发环境事件的接报和处置，突发环境事件研判，环保、公安等部门的联动处置和现场应急指挥，突发事件的信息报送、应急监测及监察。整个演练持续约 1 小时，参演部门达 14 个、参演人员近百人（次），先后动用各种车辆 150 多台（次）、监测监察设备 90 多台（次）、防护装备 300 多套（次）。这次演练是云南省环境应急管理工作的一次成功展示。通过演练，检验了预案、锻炼了队伍、磨合了机制、检查了装备、受到了教育，全面反映了云南省处置突发环境事件的能力和水平。云南省环境保护厅组织了 11 个重点州（市）、部分县（市、区）环境应急机构负责人，省内部分国控和省控化工企业环境监督管理员共 263 人在现场进行了观摩。

五十五、云南省环境保护厅王建华厅长率调研组一行专题调研瑞丽国家重点开发开放试验区环境保护工作（2013 年 11 月）

2013 年 10 月 25 日，云南省环境保护厅厅长王建华率调研组一行赴德宏傣族景颇族自治州，就瑞丽国家重点开发开放试验区环境保护建设进行专题调研，要求创新环境保护理念，让试验区水清、山绿、天蓝。王建华一行在德宏傣族景颇族自治州委常委、常务副州长柳五三，德宏傣族景颇族自治州政协副主席朱旗及德宏傣族景颇族自治州环境保护局局长黄彪的陪同下，先后察看了瑞丽江嘎中水质自动监测站、畹町芒满口岸、北京汽车工业集团总公司瑞丽项目、瑞丽银翔摩托车产业项目、弄莫湖公园项目湿地恢复建设情况，听取试验区规划和重大项目建设情况介绍，全面了解了开发开放试验区规划情况、区位优势、空间布局、城市总体规划编制情况，了解云南省环境保护厅援缅项目——中缅云井、芒秀农村环境综合整治示范项目点整治经验。朱旗就政协委员通过认真调研德宏傣族景颇族自治州环境保护工作，以政协委员的眼光看瑞丽国家重点开发开放试验区环境保护建设工作，向调研组一行汇报了德宏傣族景颇族自治州环境保护工作的 3 个特点和对环境保护工作的 4 个深刻印象。通过实地调研和听取汇报，云南省环境保护厅调研组认为，在试验区建设中，德宏傣族景颇族自治州高度重视环境保护工作，强化环境保护宣传、监测与执法工作，牢牢守住存量、盘活增量、提高质量的底线。妥善处理开发建设与环境保护的关系。王建华要求试验区建设在空间布局上要充分听取环境保护部门的意见建议，使空间布局和产业结构符合环境容量，在依法依规的基础上，创新环境保护理念，加强试验区能力建设，进一步提升中缅云井、芒秀农村环境综合整治亮点。王建华还表示云南省环境保护厅将按云南省委、云南省人民政府的要求，与德宏傣族景颇族自治州委、德宏傣族景颇族自治州人民政府多协调、多沟通、多衔接，从农村环境综合整治、能力建设、业务用房等生态环境保护、环境保护产业发展、环境监管能力建设、项目环评审批及污染物排放指标等方面给予试验区以更多的关注与倾斜，为促进试验区建设做好服务。

五十六、水专项洱海项目"富营养化初期湖泊（洱海）防控整装成套技术集成及流域环境综合管理平台建设"课题通过子课题论证（2013 年 11 月）

2013 年 11 月 5 日，国家水专项洱海项目第 5 课题"富营养化初期湖泊（洱海）防控整装成套技术集成及流域环境综合管理平台建设"（课题编号：2013ZX07105-005）在华中师范大学（武汉）召开课题启动会及子课题论证会，会议由课题责任单位华中师范大学组织，黄永林副校长出席了会议，会议邀请了相关专家组成论证专家组，并邀请了国家、云南省、大理白族自治州水专项管理办公室相关负责人参会。会议通过查阅课题及子课题实施方案、听取各子课题的汇报、质疑、发表意见等程序，各子课题论证获通过，专家对各子课题工作的深入开展及与地方需求结合等方面提出了很好的意见和建议。课题共设置"富营养化初期湖泊治理整装成套技术研究""洱海全流域生态系统综合观测系统构建与业务化运行""洱海流域生态环境综合管理平台建设与业务化运行""洱海流域社会经济结构调整控污减排方案制定与规模化示范及生态文明体系建设"4 个子课题，1、4 子课题由华中师范大学负责，2、3 子课题分别由暨南大学、武汉大学负责。

五十七、大理白族自治州新注册机动车环境保护标志核发正式启动（2013 年 12 月）

为深入推进大理白族自治州"十二五"机动车氮氧化物减排工作，进一步促进大气污染防治工作，不断改善空气环境质量，保障人民群众的身体健康，根据《中华人民共和国大气污染防治法》、《机动车环保检验合格标志管理规定》和《云南省人民政府关于加强机动车排气污染防治工作的意见》等要求，大理白族自治州环境保护局、大理白族自治州公安交通警察支队按照大理白族自治州人民政府的统一安排，精心筹划、务实细抓新注册机动车环境保护标志核发工作的落实。经过为期 1 个月的方案拟订、设备系统安装调试、工作人员业务培训、环境保护标志试发，于 2013 年 12 月 10 日上午，"大理白族自治州机动车环境保护标志泛亚核发点"在大理白族自治州公安局交通警察支队车辆管理所泛亚汽车城服务站正式挂牌，新注册机动车环境保护标志核发工作正式启动。大理白族自治州交通警察支队、大理白族自治州环境保护局分管领导亲临环境保护标志核发启动现场指导，并向广大群众发放传单。此次新注册机动车环境保护标志核发工作的启动，必将为全面推行机动车环境保护标志核发、有效规范机动车环境保护标志管理探索积累工作经验，也必将更进一步推进机动车排气污染防治工作的落实。

五十八、大理白族自治州 2013 年整治违法排污企业保障群众健康环境保护专项行动全面完成（2013 年 12 月）

为认真贯彻党的十八大精神，落实《国务院关于加强环境保护重点工作的意见》，根据国家和云南省的统一部署要求，大理白族自治州积极开展 2013 年整治违法排污企业保障群众健康环境保护专项行动，在州、县（市）人民政府的统一安排部署下，全州各级环保、发改、工信、司法、住建、工商、安监等部门各司其职、通力协作、联合行动，扎实开展集中检查、整治和督查工作，按照整治违法排污企业保障群众健康的总体要求，紧紧围绕解决损害群众健康和影响可持续发展的突出环境问题这一核心，通过现场监督检查、实行突出环境问题挂牌督办等形式强化执法，加强对钢铁、水泥、涉重金属排放和医药制造行业及污染减排重点行业企业的监督管理，加大危险废物的监管力度，狠抓环境污染事故、环境污染投诉、环境信访事件的调查处理，对群众反映强烈的大气污染、废水污染的环境违法问题进行严肃查处，严厉打击各种环境违法行为。截至 2013 年 11 月，全州共出动 2497 人次，检查企业 685 家，全面完成各项工作任务，专项行动取得阶段性成效。专项行动的扎实开展，进一步强化了环境监督执法，加大了对环境违法行为的查处力度，解决了一些危害群众健康和影响可持续发展的突出环境问题，为维护人民群众的切身环境权益提供坚实保障。

五十九、大理白族自治州全面完成排污费征收计划任务（2013 年 11 月）

2013 年 1 月以来，大理白族自治州环境监察支队认真贯彻执行排污申报登记制度和排污收费制度，始终把排污申报登记和排污费征收作为重点工作来抓，积极帮助、指导全州 12 县（市）及两区环境保护局根据《中华人民共和国环境保护法》、《排污费征收使用管理条例》（国务院令第 369 号）、《排污费征收标准管理办法》、《排污费资金收缴使用管理办法》、《大理白族自治州排污费征收使用管理办法（暂行）》（大理白族自治州人民政府令第 2 号）等法律、法规及规章的规定要求，严格执行"环保开票，银行代收，财政统管"管理模式，按照排污费征收管理程序，扎实开展排污申报登记和排污费征收各项工作。截至 11 月底，全州共完成 300 多家企业的排污申报审核，征收排污费 1100 多万元，超额完成云南省环境保护厅下达的排污费征收计划任务。多年来，排污收费已成为大理白族自治州环境执法的重要手段，通过经济手段，有力地促使企业加强环境管理，主动采取措施防治污染，减少污染物排放，对污染减排起到积极的推动作用。同时，为筹集污染治理资金发挥重要的经济调节作用。

六十、"十一五"国家水专项洱海项目通过验收（2014 年 1 月）

2014 年 1 月 14 日，由国家水专项管理办公室主持，在北京召开了"十一五"国家水专项洱海项目验收会。环境保护部科技司刘志全副司长、国家水专项管理办公室王明良主任、云南省水专项管理办公室、大理白族自治州水专项洱海项目办公室参加了会议。专家们在认真听取了项目牵头单位上海交通大学孔海南教授对"十一五"水专项洱海项目的汇报后，经质询、答疑，专家们普遍认为"十一五"水专项洱海项目在与大理白族自治州人民政府洱海保护治理工作紧密结合的基础上，共取得了"整装成套技术 1 项、湖滨带生物多样性恢复技术 1 套、水生态管理与修复理念 1 套、生态文明建设评价及考核 1 套"4 项重要研究成果，22 项关键技术和 20 多项示范工程，达到了项目考核指标要求，实现了河口"清水入湖"与湖湾"清澈见底"的水生态环境与景观综合效果。项目研究成果已被列入大理白族自治州人民政府的《云南大理洱海绿色流域建设与水污染防治规划》及《云南洱海流域水污染综合防治"十二五"规划》文件中，开发的技术成果为洱海保护治理提供了科技支撑，项目取得的治理技术及科研成果对云南省及我国类似富营养化初期湖泊具有借鉴意义。

六十一、大理市环境保护局积极开展环境卫生整治活动（2014年1月）

按照大理市委、大理市人民政府关于印发的《大理市开展市容环境卫生整治活动工作实施方案》的通知（大市办通〔2014〕2号）文件要求，大理市环境保护局高度重视，积极配合，并于2014年1月13日下午组织全局40名党员干部职工到挂钩的双廊镇双廊村开展迎新春市容环境卫生整治活动。大家发扬不怕脏、不怕累、不怕苦的精神，重点加强对村庄道路、卫生死角、村容村貌等全面清理，此次整治活动中大理市环境保护局与州（市）、村相关部门相互配合共同清扫建筑垃圾1.8吨、生活垃圾1吨。通过全体干部职工的努力，村容环境焕然一新。迎新春市容环境卫生整治活动与全州"清洁家园、清洁水源、清洁田园"环境卫生整治相结合，进一步加强洱海保护、推进美丽幸福大理建设。今后，大理市环境保护局将继续深化配合与挂钩的双廊村"两污"治理工作并取得实效，进一步改善村民生活环境。

六十二、保山生活垃圾基本实现无害化处理（2014年1月）

保山招商引资2014年突破300亿元大关，保山机场旅客吞吐量也首次突破了20万人次。此外，农村危房改造项目有望春节前全部竣工，保山市生活垃圾无害化处理率达到98.6%、污水处理率达83%。保山市住房和城乡建设局副局长高勇就一些工作进一步解读：保山市早在"十五"期间，各县区就均已建成1座城市生活垃圾处理厂，在全省各州（市）中率先实现县域垃圾处理设施全覆盖，并在各县区均搭建了垃圾处理市场化运营平台，基本建立完善了垃圾处理价格机制。生活垃圾的无害化处理对完善城市功能、改善县城生态环境、提升城市品位、提高人居环境质量发挥了重要保障作用。截至2013年底保山市5座城市生活垃圾处理厂共处理垃圾22万吨，垃圾处理率达到了98.6%，基本实现了全处理。2013年，云南省人民政府下达保山市农村危房改造拆除重建 14 300 户的任务目标，所有改造项目已全部开工。2014 年，全市已完成投资 17.5 亿元用于农村危房改造，这些资金的注入对促进农村经济社会发展、拉动农村固定资产投资、改善农民居住和生活条件起到了积极的促进作用。"根据我们2013 年年底的统计，农村人均居住建筑面积达到了 32 平方米。截至 2013 年底，保山市农村危房改造项目全部开工，竣工率达90.03%，所有改造项目可确保在春节前全部竣工。"高勇说。

六十三、腾冲探索农村垃圾焚烧新技术　垃圾处理设备在多地试点使用（2014 年 1 月）

云南省腾冲县积极探索推广农村垃圾"户集、村收村运、镇处理"的模式，全县农村生活垃圾收集处理体系日益完善。截至2014 年，全县 15 个乡镇建成自燃式垃圾焚烧炉 54 座，基本实现了垃圾处理减量化、无害化和资源化。2009 年，腾冲县出台了《关于农村生活垃圾处理工作的意见》，明确到 2014 年全县建立较为完善的农村生活垃圾收处体系和运行机制的目标。在考察调研的基础上，腾冲县于 2012 年初引进了安徽绿保环境工程有限公司的"自燃式垃圾焚烧炉"处理工艺，选择明光镇作为试点，逐步探索出了一条符合农村实际的"户集、村收村运、镇处理"的明光垃圾收集处理模式。据了解，这次试点突出抓好了 4 方面工作：一是投资 180 万元，在明光建成辛街中心集镇、东营村、自治村 3 座自燃式垃圾焚烧炉、432 座垃圾收储池。二是按照"政府主导，村级管理"的管理方式，乡镇要求各村制定《村民卫生公约》，与个体工商户、各家各户签订"门前三包"责任书，群众负责各家房前屋后的卫生清扫，按时将垃圾送到垃圾收储池或指定地点。三是安排专项环境保护资金用于垃圾焚烧厂及附属基础设施建设。四是在明光顺龙垃圾焚烧场安装了烟尘净化器进行垃圾焚烧除尘试验，同时对垃圾焚烧炉开展二噁英有毒气体排放监测。试点成功的"明光模式"迅速在腾冲县全面推广。记者在腾冲县曲石镇清河村的一个山坡洼地里看到，已建成投运的垃圾焚烧厂里共有 6 座自燃式垃圾焚烧炉，其中有 5座正在运行、1 座备用。

六十四、水专项示范工程"土壤固砷治理砷污染水体示范工程"顺利通过第三方评估（2014 年 2 月）

水专项河流主题中的 1 个课题（水体汞砷污染控制与治理技术及工程示范课

题）在云南省红河哈尼族彝族自治州个旧市的大屯海实施了 1 项示范工程（土壤固砷治理砷污染水体示范工程）。根据《水体污染控制与治理科技重大专项验收暂行管理细则》等规定，云南省水专项管理办公室于 2014 年 1 月 17—18 日在个旧市组织评估组对该示范工程进行了第三方评估，通过采取会议审查、现场调查、资料查验和专家质询等形式相结合的评估方式，在专家独立评估基础上，形成专家评估意见，最终该示范工程顺利通过了第三方评估。国家水专项管理办公室派员亲临指导整个评估过程，红河哈尼族彝族自治州环境保护局、个旧市环境保护局均派员参与评估。

六十五、临沧市加大过境河流环境综合整治力度（2014 年 2 月）

2014 年 2 月，从临沧市环境保护局获悉，临沧市人民政府印发了《临沧市主要城镇过境河流生态环境专项整治方案》，进一步加大主要城镇过境河流环境综合整治力度。据了解，为进一步提升临沧市过境河流水环境质量及景观功能，打造"森林之城，洁净之城"，临沧市人民政府决定用 3 年的时间，在全市 8 县（区）及孟定镇开展以采矿整治行动、公路建设整治行动、生态保护行动、治污工程建设行动、工业污染深化治理行动、农村环境整治行动等为主要内容的过境河流环境综合整治，使全市城镇过境河流水质均达到或优于《云南省地表水水环境功能区划（复审）》要求，最终实现"一年四季山常绿，一年四季水常清"及"山清水秀、景美民富"的目标。为了确保目标的实现，《临沧市主要城镇过境河流生态环境专项整治方案》对开展整治行动提出了 5 点要求：一是各县（区）人民政府要高度重视，把整治行动列入重要议事日程，建立相应的工作机构。二是要加强部门之间沟通协调，强化情况通报和信息共享，增强工作合力。三是按照"工程项目化、项目部门化、部门责任化"的要求，多渠道积极争取上级专项资金，市、县两级财政要筹集安排必要的整治工作经费。四是要加大宣传力度，为整治行动营造良好的社会舆论氛围。五是要建立督查问效机制，实行"半年一上报、一督查，一年一评比、一通报"制度，对不作为影响年度目标任务完成的部门主要领导进行问责。

六十六、大理白族自治州环境保护局认真开展环境信访矛盾纠纷排查化解工作（2014 年 3 月）

2014 年来，大理白族自治州环境保护局认真开展环境信访矛盾纠纷排查化解工作，并在全州环境保护系统开展环境信访矛盾纠纷及热点相关工作的整治。通过集中化解环境矛盾纠纷，不断解决环境信访问题，妥善处理环境信访的突出问题，处置长期积累的环境信访突出问题，解决与群众利益相关的现实问题，提高从源头上预防和化解纠纷的能力和水平，并逐步建立健全排查调处矛盾纠纷的长效机制。2014 年 3 月 18—20 日，大理白族自治州环境保护局着眼实际工作，针对大理白族自治州环境保护的舆论热点，对大理市、洱源县的环境信访纠纷及隐患进行了排查。按照早排查、早发现、早控制、早解决的工作要求，认真梳理和细化，通过科学分析，妥善处理大理市、洱源县的重点来信来访案件，及时化解了矛盾纠纷，有力促进了社会稳定。

六十七、大理白族自治州建设项目环境审核受理中心非污染生态类建设项目竣工环境保护验收调查工作顺利推进（2014 年 3 月）

自 2013 年以来，大理白族自治州建设项目环境审核受理中心非污染生态类建设项目竣工环境保护验收调查工作顺利推进。大理白族自治州建设项目环境审核受理中心按照大理白族自治州环境保护局《关于大理州建设项目环境审核受理中心开展非污染生态类建设项目竣工环境保护验收调查的批复》（大环发〔2012〕144 号）的要求，严格执行国家相关技术规范和管理要求，对建设项目的环境保护对策措施落实情况做出全面、客观、科学的评价，确保竣工环境保护验收调查报告质量符合国家规定要求，为竣工环境保护验收管理工作提供了有力的技术支持。截至 2014 年，中心已顺利完成两个项目的验收调查工作，另有两个项目已进入具体实施阶段。

六十八、大理强化管理确保洱海水质稳中有升　划定生态红线严惩违法排污（2014 年 3 月）

大理白族自治州采取对违法排污单位进行立案查处、划定 3 条洱海保护生态红线等措施，不断增强洱海保护治理实效，确保洱海水质稳中有升。洱海保护治理面临的形势依然十分严峻。大理白族自治州将通过重点抓好以下 10 个方面的工作，确保洱海水质稳中有升。一是按照"分散与集中处理相结合，依山就势、有缝闭合"的原则，统一规划、分步实施，建设环洱海截污管网，2014 年启动实施洱河北路综合管网建设。二是划定 3 条洱海保护生态红线，即洱海 1966 米（85 高程）界桩线，界桩外延 15 米的湖滨带保护范围线，洱海西岸界桩外延 100 米的禁建线。三是坚决实行"环保一票否决制"。四是制定出台《苍山十八溪取水用水管理办法》，加快推进海西片区统筹取水供水工程，年内重点完成中和溪、白鹤溪和茫涌溪整治，确保优质低温水进入洱海。五是继续以洱海源头、上关和环洱海 3 个片区为重点，因地制宜加快推进流域万亩湿地建设。六是在洱海流域推广使用有机肥，用 5 年左右的时间将洱海流域建设成为无公害农产品生产基地。七是采取倒逼机制，建立全流域水质监测体系，严格考评。八是继续加强洱海蓝藻生长和爆发规律的研判，积极与中国环境科学研究院推进"州院"战略合作，与上海交通大学筹建"上海交大云南（大理）研究院"。九是切实加强建成设施运行管理，确保项目发挥最大效益，同时逐步提高环湖污水处理设施排放标准。十是在全流域深入开展"清洁家园、清洁水源、清洁田园"为主要内容的环境卫生整治活动，启动"保护洱海全民参与——摒弃不文明行为"等活动，在全社会营造关心支持洱海保护、积极主动参与洱海保护的良好氛围。

六十九、曲靖综合考核促减排 指标完成情况纳入干部绩效考核（2014 年 3 月）

云南省曲靖市通过一票否决、综合考核等措施，确保污染减排提质增效，2013 年全市完成重点减排项目 185 个，完成主要污染物减排任务。据介绍，2013 年，曲靖市在层层签订污染减排目标责任书的同时，强力推进工程减排、管理减排、结构减排，加强重点行业监管核查。全面完成 2013 年 10 个结构减排项目，淘汰落后产能 131.9 万吨、火电 1.2 万千瓦；投入 2.2 亿元对白石江、潇湘江进行全面整治，两河流域内生活污水全部纳入城市污水处理厂处理，实现达标排放。曲靖市把减排工作纳入全市科学发展综合考核，建立健全激励机制，将减排指标完成情况作为考核各级领导干部和各企业负责人绩效的重要内容。曲靖市人民政府和职能部门定期研究减排工作，督促检查全市污染减排工作进展和重点减排项目实施情况。曲靖市委、曲靖市人民政府将污染减排纳入重大事项督察和行政效能监察范围，组织督察组对全市 186 个重点减排项目进行专项督察。对不能按期完成的项目，曲靖市人民政府下达限期治理决定，要求企业加快进度。建立污染减排工作联席会议制度，定期组织发改、工信、住建、环保等部门研究解决减排工作中存在的突出问题。2014 年 1 月，曲靖市人民政府对各县（区、市）初步下达了 2014 年主要污染物总量减排目标，并与 32 家重点减排企业签订了目标责任书。

七十、大理白族自治州环境保护局多措并举有效推进"三清洁"活动（2014 年 4 月）

2014 年 4 月 29 日大理白族自治州环境保护局机关全体干部职工再次深入陈官村开展"三清洁"活动。"三清洁"活动开展以来，大理白族自治州环境保护局按大理白族自治州委、大理白族自治州人民政府的总体安排部署，结合深入实施洱海保护宣传教育工程，及时制订实施方案，多措并举，并积极指导、组织联系点洱源县右所镇陈官村开展活动。一是积极营造氛围，加大宣传力度，发动全社会参与"三清洁"活动，切身投入洱海保护治理之中。由大理白族自治州环境保护局自行组织拍摄系列洱海保护公益广告宣传片，第一期已在州（市）电视台、大理市公交车和各类 LED 屏等循环播放近 3 个月，取得了良好的宣传效果。第二期公益广告宣传片从洱海流域各个社会群体不同的角度，宣传洱海保护刻不容缓，应从我做起、从小事做起、从现在做起，养成良好的行为习惯，呵护我们共同的家园。广告片已报大理白族自治州"三清洁"活动领导小组审定，近期将播出。同时制作了"洱海的一天"公益宣传片，上传到腾讯视频、优酷视频播放，从 26 日上传至 29 日，累计点击观看次数已达 8 000 多人次，得到网友一致好评。二是积极指导陈官村建立"三清洁"长效机制，联合编制了洱源县右所镇陈官村"三清洁"活动实施方案，项目累计投入资金近 17 万元。积极协调，多渠道筹措资金组织项目实施，组织召开了村民大会，采取竞标的方式开展村落垃圾管理员招聘工作，并通过制作宣传标语、村民自发编唱白族民歌宣传"三清洁"等活动，全力发动广大群众参与"三清洁"活动。门前三包责任制、硬件设施建设、陈官村完小"小手牵大手"环境保护小卫士评比活动等项目也将有序组织开展。三是结合右所镇洱海保护治理工作，合理布局畜禽粪便收集站、东湖湿地建设及农村环境综合整治等工程，切实推进陈官村"三清洁"工作。四是在雨季来临之前，特别是节假日前，以村内沟渠、村间道路等为重点，集中组织局机关全体干部职工多次开展"三清洁"活动。

七十一、云南省环境保护厅和云南省公安厅加强执法衔接配合合力打击环境污染犯罪（2014 年 4 月）

为深入贯彻落实党的十八大、十八届三中全会和云南省第九次党代会会议精神，发挥环境保护、公安部门职能优势，严厉打击污染环境的违法犯罪行为，形成防范、打击环境污染违法犯罪活动的合力，维护环境安全，推动全省生态文明建设，2014 年 4

月 27 日，云南省环境保护厅和云南省公安厅联合出台了《云南省环境保护厅 云南省公安厅关于建立环境执法衔接配合机制的实施意见》。意见明确提出了建立联动执法联席会议制度、联动执法联络员制度、信息通报机制、紧急案件联合调查机制、案件移送机制、重大案件会商和联合督办机制、奖惩机制 7 个方面的制度和机制，确保环境保护、公安部门环境执法衔接配合机制正常运转。意见要求省级部门每年至少召开一次联席会议，州（市）级部门每半年至少召开一次联席会议，基层部门每季度至少召开一次联席会议，必要时可邀请人民检察院、政府法制机构等相关部门共同参加联席会议，并明确联运执法联络员，以便开展经常性的信息交流。意见明确提出遇到重大环境污染等紧急情况，环境保护、公安部门要快速启动相应的调查程序，分工协作，防止证据灭失。

七十二、水专项"十二五"课题示范工程第三方监测方案通过国家级评审（2014 年 5 月）

受国家水专项管理办公室委托，云南省水专项管理办公室在昆明组织召开的洱海项目示范工程第三方监测方案专家论证会于 2014 年 5 月 15 日结束，参加会议的有国家水专项管理办公室、云南省水专项管理办公室、大理白族自治州水专项管理办公室和昆明市水专项管理办公室。会议组成了由水利部太湖流域管理局陈荷生为组长的 7 人专家组，与会专家在认真听取了课题单位汇报后，经质询和答疑最终形成专家意见，水专项"十二五"洱海项目 "洱海低污染水处理与缓冲带构建关键技术及工程示范"课题、"入湖河流污染治理及清水产流机制修复关键技术与工程示范"课题、"洱海湖泊生境改善关键技术与工程示范"课题和"富营养化初期湖泊（洱海）防控整装成套技术集成及流域环境综合管理平台建设"课题示范工程第三方监测方案顺利通过了专家评审。

七十三、保山市 6 项措施扎实推进农村环境综合整治（2014 年 6 月）

一是保山市委、保山市人民政府按照《国务院办公厅关于加强农村环境保护工作的意见》精神，明确了今后农村环境保护工作的指导思想、基本原则和主要目标，确定了切实加强农村生活污染防治、面源污染防治、生态环境建设和深入开展农村生态示范创建等 11 个方面的工作重点和任务。二是启动实施农村环境综合整治目标责任制试点，制定考核办法，签订目标责任书，安排农村环境综合整治资金，推动农村环境综合整治目标责任制试点深入开展。三是编制《保山市美丽乡村建设方案》《"美丽乡村·洁净保山"专项整治活动实施方案》，针对农村生活垃圾严重影响生态环境质量问题，保山市人民政府提出在全面抓好环境保护和治理工作的同时，利用 3 年时间，在全市范围内开展"洁净乡村·美丽保山"行动，并整合部门资金，配套建设环境基础设施，组织实施一批城乡垃圾、污水"收、运、处"项目，改善农民居住环境。四是把农村饮用水水源地保护作为农村环境保护的首要任务，2014 年下半年对全市供水人口在 1000 人以上的乡镇集中式饮用水水源地开展摸底调查工作，2015 年开展水源地环境状况调查评估和区划工作将增加全市 40 多个农村主要集中式饮用水水源地保护区划分，切实保障农村居民的饮用水安全。五是通过建设生活污水处理、畜禽粪便处置、秸秆综合利用示范工程，以点带面，发挥示范带动效应，解决农村突出环境问题。六是加强对农村环境保护项目与资金管理，严格执行责任制、招投标制、公示制和考核验收制度，确保资金项目安全有效运行。

七十四、大理白族自治州洱海流域环境保护管理信息平台（一期）建设项目通过专家验收（2014 年 8 月）

2014 年 8 月，大理白族自治州洱海流域环境保护管理信息平台（一期）建设项目专家验收会在大理白族自治州洱海流域保护局会议室举行。大理白族自治州人民政府网管中心、财政局、环境保护局、纪律检查委员会、审计局等相关部门的领导参加了项目验收会，会议由大理白族自治州人大原副主任尚榆民同志主持。来自大理学院、大理白族自治州网管中心、大理白族自治州环境信息中心、软件公司等单位的专家对大理白族自治州洱海流域环境保护管理信息平台（一期）建设项目进行了评估和验收。专家组听取承建单位的项目建设情况汇报、观看平台功能演示、就有关问题进行质询，经充分讨论，认为本项目完成了合同规定的各项任务指标，功能特色明显、系统安全可靠，一致同意通过验收。大理白族自治州洱海流域环境保护管理信息平台（一期）建设项目平台自 2013 年 9 月开始建设以来，在大理白族自治州人民政府领导的高度重视和亲切关怀下，大理白族自治州洱海流域保护局精心组织，加强项目管理，项目按时、保质完成。通过 10 个月的努力，共完成洱海流域重点区域的视频监控平台、洱海流域垃圾收集处理系统、河道巡查管理系统、流域畜禽粪便收集处理、水质自动监测、水文及气象基础数据采集集成平台、洱海流域生态试点项目管理信息系统等多项运用平台。平台的建成标志着洱海流域环境管理信息化水平迈上一个新台阶，整个洱海流域的环境监管能力得到极大提升。下一步，大理白族自治州洱海流域保护局将继续推动平台后续建设工作，抓好部门特色应用的深度挖掘，完善平台使用和考核的相关制度规定，搞好平台的培训工作。

七十五、玉溪市环境保护局 7 项措施推进环境保护专项行动（2014 年 8 月）

2014 年 8 月，玉溪市环境保护局环境保护专项行动领导小组提出，要围绕主要污染物减排、重点污染源、"三同时"制度执行监管、环境安全大检查，严查环境违法行为，着力解决群众关心的突出问题，着重抓好 7 项工作，确保 2014 年环境保护专项行动任务的全面完成。积极推进污染减排监管。加强对结构减排关停企业的现场监督检查，加大减排企业和减排项目的监察督办力度，及时发现和纠正污染减排中存在的问题，检查一项、督办一项、落实一项，全面推进全市污染减排任务的完成。积极推进环境安全检查。继续以查违法排污、超标排污等行为为重点，查处群众反映强烈的大气污染和废水污染等环境违法问题。积极推进专项检查行动。继续加强对城镇污水处理厂及集中式饮用水水源地的监督检查，进一步加大"3 湖"入湖河流监管力度，加大挂牌督办事项督查力度，集中开展对污染治理企业的监督检查。积极推进"三同时"监管。全市环境监察部门要切实开展好对新、改、扩建项目的专项执法检查，依法查处违反环境影响评价制度的环境违法行为，对"未批先建"等严重违反环境影响评价和"三同时"制度的，必须按照"三同时"规定，严守程序、依法监管。积极推进环境监察稽查。要继续开展环境监察稽查、环境专项执法检查和环境执法绩效评估试点工作。积极推进环境应急监管工作。继续加强对国控、市控企业的监管力度，进一步督促指导重点企业编制和完善环境突发事件应急预案的评估备案工作，加强应急管理，抓紧做好应急设备储备和应急人员对设备使用的培训工作，不断提高环境突发事件应急处置能力。积极推进生态环境监察。以畜禽养殖和集中式饮用水水源安全监察为重点，积极探索畜禽养殖行业分类监管方法，督促指导畜禽粪便废液综合利用设施和无害化处理设施建设。

七十六、玉溪市全面开展环境保护专项行动（2014 年 9 月）

玉溪市环境监察部门根据《玉溪市 2014 年整治违法排污企业保障群众健康环保专项行动实施方案》的要求，积极开展全市范围内的环境保护专项行动。一是环境保护专项行动与教育实践活动相结合。坚持群众路线，践行环境保护为民的原则，以"三严三实"为准则，既防止一般号召，搞形式、走过场，又切实转变工作作风，创新活动方法，在注重实际效果上下功夫，让群众真正感受到教育实践活动与环境保护专项行动两个成果。二是全面检查与严查重点企业相结合。专项行动以玉溪中心城区大气污染防治和以"三湖两库"为重点的保障饮用水水源环境安全为重点，现场监察钢铁、水泥、化工等大气排污企业及燃煤锅炉除尘、脱硫、脱硝设施运行状况和污染物排放情况，各部门落实面源污染和机动车污染防治措施情况，废水排放企业环保设施运行情况、污染物排放情况及挂牌督办企业；严查集中式水源保护区内违法排污口，以及利用渗坑、渗井、裂隙和溶洞排放废水或倾倒含有毒有害污染物等违法行为；督查涉重金属企业环境保护设施运行情况、污染物排放情况和突发环境事件应急预案制定及执行情况；严查城镇污水处理厂、工业园区污水集中处理设施的运行和污泥处理处置情况，垃圾填埋场、垃圾焚烧厂运行情况。三是坚持联合检查机制与多形式检查相结合。继续坚持联合执法、区域执法和交叉执法机制，强化各相关部门联合执法，提高执法效率；强化区域联防联控，协作解决共同的环境问题；强化属地管理负责制，增强环境保护力度。四是重点突击检查与严厉打击相结合。在环境保护专项行动中，对重点企业不定时间、不打招呼、不听汇报和直奔现场、直接监察、直接曝光的方法，全时段保持环境执法的高压态势，形成强烈威慑。对污染处理设施不正常运行、超标排污的企业，依法停产整治；对夜间停运污染物处理设施、偷排偷放的企业，依法从重处罚；对不能稳定达标排放的企业一律依法停产、限产；对涉嫌环境犯罪的，及时移交司法机关追究刑事责任。

七十七、红河哈尼族彝族自治州切实开展环境保护专项行动（2014 年 9 月）

为全面贯彻落实科学发展观，紧紧围绕保增长、保民生、保稳定的总要求，切实解决影响可持续发展的突出环境问题，保障人民群众的切身环境权益，红河哈尼族彝族自治州切实开展环境保护专项行动。一是加强组织领导。细化专项行动的工作目标和整治任务，落实到具体工作人员。加强部门间环境违法案件的协同处理，充分发挥部门联动优势，形成政府统一领导、部门联合行动、公众广泛参与共同解决环境问题的工作格局。二是加大违法排污案件查处力度。不仅在"查"上下功夫，更在"处"上加大力度，对明知故犯、屡查屡犯的企业，一律从严处理，依法足额追缴排污费。将群众反映强烈、污染严重、影响社会稳定的环境污染问题作为重点，认真核实查处，做到处理到位、整改到位、责任追究到位。处理结果向社会公布，必须做到事事有结果、件件有回音。三是加强宣传力度，营造良好舆论氛围。环境保护专项行动领导小组制订分阶段新闻报道计划，确定宣传重点，积极协调新闻媒体做好宣传和跟踪报道，充分利用电视、广播、报纸、互联网等各种媒体形式，加大环境保护法律法规的宣传力度，促进全民增强环境保护意识；发挥社会监督作用，引导群众广泛参与环境保护专项整治行动。

七十八、大理市环境保护局在国庆来临前积极开展"三清洁"活动（2014 年 9 月）

在国庆节来临之际，2014 年 9 月 24 日上午，大理市环境保护局组织全局党员干部职工到挂钩的双廊镇双廊村开展"清洁水源、清洁田园、清洁家园"环境卫生整治活动。大家发扬不怕脏、不怕累、不怕苦的精神，重点对村庄道路、背街小巷卫生死角、湖岸垃圾等全面清理，共清理生活垃圾两吨，清扫 5 千米，发放《致双廊村民的一封信》及宣传资料 1000 份、环保袋 2000 个。通过全体干部职工的努力，街道村容环境焕然一新。结合双廊镇开展的综合整治工作，大理市环境保护局今后将继续帮助挂钩的双廊村治理"两污"，把"三清洁"工作落到实处，加大"美丽乡村"建设力度，努力创建干净卫生、整洁有序、优美文明的城乡人居环境，以实际行动推进洱海保护和美丽幸福新大理建设。

七十九、曲靖将建机动车环境保护检测站控制机动车污染物排放（2014 年 9 月）

2014 年 9 月，曲靖市环境保护局召开机动车环境保护检测站建站方案批复会议，批准全市建设 28 家机动车环境保护检测站。环境保护检测站投入运行后，将对全市机动车进行环境保护检测，有利于提升空气环境质量。随着机动车数量不断增加，机动车尾气对空气的污染问题也日益突出。截至 2014 年，机动车尾气对曲靖城区空气的污染占比达到了 25%左右，成为大气环境最突出的问题之一。为有效控制机动车污染物的排放，提升空气环境质量，曲靖市环境保护局在全市范围内规划建设 28 家环境保护检测站，共设置 85 条环境保护检测线，对全市机动车进行环境保护检测。机动车排放的主要污染物为碳氢化合物、氮氧化物、一氧化碳和颗粒物，环境保护检测站建成后，将对机动车的这几项污染物排放量进行检测，检测标准按照国家标准执行。获得批复的 28 家环境保护检测站动工建设，2014 年年底投入运行，届时，全市所有的机动车都将强制进行环境保护检测，检测费用由车主承担。机动车环境保护检测将结合机动车安检开展，环境保护检测合格的车辆，将获得环境保护合格标志，有了环境保护合格标志，才能上路行驶，检测不合格的，必须进行维修，维修后必须进行复检。云南省唯有昆明市已经实行机动车环境保护检测。曲靖市和玉溪市将成为云南省第二批执行环境保护检测的市。

八十、曲靖 2016 年将实现农村生活垃圾建管全覆盖（2014 年 10 月）

按照"户分类、自然村收集、行政村清运、乡镇中转和处置"的模式，曲靖计划每年实施 30 个乡镇（省级 10 个、市级 20 个）的农村垃圾处置规范化建设，全面实施乡村清洁工程，用 3 年时间即到 2016 年实现全市农村生活垃圾基础设施建设和管理运行全覆盖。据介绍，2014 年，该市广大农村的生活垃圾基本上处于管理无序、设施缺乏、处置无措的状态，农村生活垃圾问题已成为影响人居环境提升及城镇化建设的现实问题。该市将根据国土面积、村庄分布、人口密度等实际情况，对农村生活垃圾收集、清运、处置等基础设施进行统筹规划，分步实施。户分类：向农户统一配发两只有盖密闭垃圾桶，教育引导农户按可回收和不可回收将垃圾分类存放。自然村收集：以自然村为单位，按方便群众的原则建设有顶简易垃圾收集池或垃圾房，经济条件较好的自然村可以设置小型垃圾清运专用货箱。行政村清运：各行政村配置 1 辆小型垃圾清运车和与清运车相配套的清运货箱，负责将自然村收集的生活垃圾运送至乡镇垃圾中转站。乡镇中转和处置：离县城垃圾处理场较近的乡镇，建设 1 座垃圾中转站，购置 1 辆大型压缩式垃圾清运车，将行政村运送的垃圾压缩运送至县城垃圾处理场进行处置；离县城垃圾处理场较远的乡镇，根据覆盖半径的不同，建设 1 个或多个垃圾填埋场和中转站，购置相应的大型压缩式垃圾清运车。在争取省级财政资金补助的基础上，曲靖财政对列入当年乡村清洁工程建设的乡镇，每个给予 100 万元的经费补助，对运转正常的乡镇，每年给予 10 万元的经费补助。积极支持鼓励社会资金参与农村垃圾处理基础设施建设及垃圾综合利用，对综合利用农村生活垃圾的经营性项目，将按有关规定落实税收减免政策。

八十一、大理白族自治州环保公安联合打击整顿清洗服务行业的环境违法（2014 年 11 月）

大理白族自治州开展环境保护专项行动，集中整治洱海流域清洗服务行业中存在的违法排污问题。行动立案查处 15 家清洗服务企业，并依法按上限进行处罚。2014 年 7 月以来，针对群众反映突出的部分清洗服务企业存在"洗净一碗，污染一片"的情况，大理白族自治州环保公安联合开展专项行动，对洱海流域清洗行业违法排污问题进行了全面排查、集中整治。排查发现，洱海流域的清洗服务企业普遍存在小、散、弱的现状，部分企业未经环评审批，非法生产经营。行动紧密结合"大理白族自治州环境保护全民行动"，将拉网式排查与群众举报、环境保护义务监督员和"大理环保微博"提供的线索有机结合，查实多家清洗服务企业有偷排等环境违法行为。专项行动中，在洱海流域立案查处了 13 家集中式餐饮具清洗消毒配送单位和两家床单被褥集中洗涤服务公司的环境违法行为，依法按上限进行行政处罚，责令各企业限期治理，并及时在地方媒体曝光违法企业。大理白族自治州已将洱海环湖周边清洗服务企业的污水排放情况纳入日常监管，从严惩治理环境违法，巩固专项行动效果，确保污染物达标排放，保障洱海入湖水质的安全。

八十二、云南省委书记李纪恒在大理调研环境保护工作　坚持依法保护治理洱海（2014 年 11 月）

2014 年 11 月云南省委书记李纪恒到大理白族自治州宣讲党的十八届四中全会精神，调研洱海治理和生态环境保护工作。李纪恒强调，保护好洱海就是保护大理的生命线，就是保护子孙后代的可持续发展，必须坚持依法治湖、常抓不懈、综合治理，永葆洱海一湖清水。调研中，李纪恒来到洱源县、大理市实地察看了茈碧湖湿地、上关镇污水处理厂、畜禽粪便收集站等工程项目，听取了当地党委政府领导及环境保护部门负责人的汇报。李纪恒指出，洱海是大理白族自治州的"母亲湖"，大理的发展成于斯、败于斯，中共中央、国务院高度重视。大理白族自治州各级党委政府一定要以对党和人民高度负责的态度，把洱海保护治理放在重中之重的位置，千方百计做好洱海保护治理工作，这是大理白族自治州各级党委政府的政治任务。李纪恒强调，要结合深入学习贯彻党的十八届四中全会精神，坚持依法治湖、综合治理、强化责任、全民参与，推进洱海全面、系统、科学的保护治理。大理全州上下都要保护良好的生态环境，践行绿色发展、可持续发展，使大理的天更蓝、山更绿、水更清、空气更清新、人民更开心。云南省委、云南省人民政府有决心、有信心、有行动，一定把洱海保护好、治理好，把云南的生态文明建设好。

八十三、大理白族自治州农村环境连片整治项目申报工作取得积极成效（2014年11月）

2014年11月，大理白族自治州完成2015年中央农村环境保护专项资金项目申报工作，共计16个农村环境连片整治项目通过云南省、大理白族自治州审核，进入全国农村环境综合整治项目库，累计申请中央农村环境保护专项资金8000万元。近年来，大理白族自治州环境保护局以改善农村环境质量为目标，狠抓农村环境综合整治项目实施，深入推进农村生态示范创建，积极引导农村转变生产生活方式和习惯，不断推进农村环境保护治理。"十二五"以来，大理白族自治州共实施中央农村环境保护专项资金项目13个，累计争取到中央资金1085万元。通过中央农村环境保护专项资金的支持，项目村的污水、垃圾等环境保护基础设施建设得到进一步加强，村容村貌得到有效改观，人居生活质量和生态环境得到明显改善，在当地产生了良好的环境和社会效应。大理白族自治州完成的16个申报项目涵盖了永平、剑川、云龙、祥云、鹤庆、漾濞、南涧7个县，主要实施农村饮用水保护、农村生活垃圾和污水治理、畜禽养殖污染治理等内容。本次16个项目顺利进入全国农村环境综合整治项目库，标志着大理白族自治州在落实国家农村环境保护"以奖促治"政策、加大农村环境保护资金争取力度、弥补地方治理资金匮乏等方面，迈出了实质性的一步。下一步，将在此基础上，继续加大申报力度，强化项目申报质量，注重项目实施成效，切实改善农村环境质量，促进农村地区可持续发展。

八十四、大理白族自治州环境保护局深入推进"三清洁"活动（2014年11月）

按照大理白族自治州"三清洁"领导小组办公室的统一部署，在大理白族自治州州庆来临之际，2014年11月21日大理白族自治州环境保护局机关全体干部职工再次深入联系点——洱源县右所镇陈官村开展"三清洁"环境卫生整治活动。大理白族自治州环境保护局机关全体干部职工不怕脏、不怕累，重点对村庄道路、背街小巷、湖岸和河岸垃圾等进行清理，共清除1吨多垃圾。自"三清洁"活动开展以来，大理白族自治州环境保护局投入陈官村"三清洁"活动经费15万元，全局干部职工清运陈官村垃圾4.6吨，陈官村村民委员会群众清除垃圾160多吨。

八十五、九大高原湖泊治云南兴 九大高原湖泊清云南美 九大高原湖泊综合治理持续发力（2015 年 1 月）

截至 2014 年 11 月，滇池治理"十二五"规划项目开工率达 85.1%，阳宗海完成砷污染源截断 3 项工程，抚仙湖、星云湖、杞麓湖治理"十二五"规划项目开工率达 98.5%，异龙湖流域减污、水体置换、流域生态建设三大任务全面推进，程海、泸沽湖环境依法加强监管，环境违法行为受到整治。截至 2015 年，九大高原湖泊水质总体保持稳定，主要入湖污染物总量基本得到控制，重污染湖泊水质恶化趋势得到遏制，主要污染指标呈稳中有降的态势。九大高原湖泊流域水质监测数据显示：2014 年泸沽湖、抚仙湖保持 I 类水质；阳宗海、程海（pH、氟离子除外）为 IV 类水质；滇池、星云湖、杞麓湖、异龙湖水质为劣 V 类。

八十六、上下联动推进污染减排（2015 年 1 月）

2014 年，针对全省污染减排面临的严峻形势和存在问题，云南省委、云南省人民政府以前所未有的力度高位推动污染减排工作，全省目标一致、上下联动，污染减排工作提速增效。2014 年全省 4 项主要污染物总量减排工作全面推进，减排重点项目完成率大幅上升。截至 2014 年 11 月 30 日，80 个国家级重点减排项目已完成 79 个，占 99%；1000 个省级重点减排项目已完成 993 个，占 99%。2015 年，全省 129 个县（市、区）已建成 144 座县级污水处理厂，污水处理能力达 352.25 万吨/日，全年已建成城镇污水管网 1220.91 千米，完成年度计划的 112%；全省脱硫装机容量达 1240 万千瓦，占火电总装机的 100%，全面完成国家"十二五"下达的脱硫任务；脱硝装机容量达 1140 万千瓦，占火电总装机的 92%，超额并提前完成国家下达的 2014—2015 年火电脱硝任务；安装脱硫设施的钢铁烧结机面积达 2575 平方米，占烧结机总面积的 100%，提前完成国家下达的 2014—2015 年钢铁烧结机脱硫任务；安装脱硝设施的水泥熟料产能达 9064 万吨，占总产能的 98%，超额并提前完成国家下达的 2014—2015 年水泥脱硝任务。

八十七、大农村整治省级资金投入云南近 140 万人受益（2015 年 1 月）

云南省在用好用活中央农村环境保护资金的同时，先后投入省级资金 8075 万元，助推农村环境综合整治提速增效，近 140 万人口直接受益。云南省委、云南省人民政府坚持把农村环境保护摆在突出位置，针对农村环境污染压力不断加大的实际，在财力十分有限的情况下，以"两污"（生活垃圾、污水）处理为切入点，着力解决农村环境基础设施滞后等问题，多措并举确保农村人居环境质量不断改善。2008 年以来，云南省共获得中央农村环境保护专项资金 32 899 万元，成功实施了 311 个农村环境综合整治示范项目。自 2011 年起，云南省想方设法投入省级环境保护资金 8075 万元，支持 99 个村庄开展农村环境综合整治。通过全省上下共同努力，云南省农村环境综合整治取得明显成效。农村饮用水安全保障、"两污"收集处置能力得到明显加强，一些严重影响群众生产生活的突出环境问题得到初步解决，一批村庄的村容村貌发生很大变化。在推进农村环境综合整治项目实施中，云南省严格全过程规范管理，尤其注重采取措施对项目前期工作进行强化，下发了《关于加强农村环境综合整治项目前期工作的通知》，拟定了《云南省农村环境综合整治项目申报材料编制指南》，完善了项目库建设。截至 2015 年，全省申报国家项目库储备的项目共 130 个，涉及 600 余个建制村。

八十八、建立河长制度实行长效管理　曲靖重点河流水质九成达标（2015 年 1 月）

云南省曲靖市通过实施重点河流"河长制"考核，有效促进了水环境保护工作。2014 年，重点河流水质明显好转，水质达标率由 2013 年的 83%提高到 90%。曲靖市位于珠江源头，保障珠江流域环境安全责任重大。2013 年以来，曲靖市人民政府通过实施重点河流河长制考核，全市纳入考核的 23 条重点河流的 30 个监测考核断面明确由县级政府主要负责人担任"河长"，按照属地管理原则，对流域水环境保护、重点流域企业环境综合整治及污染防治负责，进一步促进了水环境保护工作。曲靖市环境保护局组织各县（市、区）环境保护局每季度对纳入考核的 30 个断面进行交叉监测，客观反映各断面的水质情况，及时公开水质状况，对存疑的监测数据进行抽测，并协调超标断面所在地政府查找污染源。据了解，自河长制建立以来，曲靖市先后实施了南盘江陆良西桥段环境综合治理、曲靖市中心城区污水管网配套建设等系列项目工程，开展了沿江沿河企业违法排污专项整治行动等专项行动，形成了共同推进水环境保护的互动机制。

八十九、西畴县 12 年退耕造林近 15 万亩（2015 年 2 月）

西畴县以"生态增效、经济增长、农民增收"为目标，以加强生态建设为核心，以调整优化林业产业结构为主线，对全县水土流失、自然灾害频繁的退耕地和荒山地分步实施退耕还林工程，通过 12 年的努力，累计退耕造林 14.7 万亩。据了解，通过实施退耕还林工程，西畴县的森林面积增加了 7.7 万亩，森林覆盖率提高了 3.4 个百分点。自 1992 年实施退耕还林工程以来，按生态林补助 16 年、经济林补助 10 年计算，国家和云南省共补助西畴县有关费用 1.18 亿元，惠及全县 10 098 户退耕农户。同时，退耕还林工程的实施还取得了良好的生态效益。据西畴县林业局测算，按每亩森林增加蓄水 25 万立方米计算，7.7 万亩退耕还林面积的蓄水能力每年达到 192.5 万立方米。按每亩森林每年保土 4000 千克计算，7.7 万亩退耕还林工程造林每年保土 30.8 万吨。

九十、玉溪推进生态文明建设 66 项"三湖"水污染综合防治"十二五"规划项目开工率 93.9%（2015 年 2 月）

2014 年以来，玉溪市坚持生态立市、环境优先，坚持源头严防、过程严管、后果严惩，不断增强可持续发展后劲，努力争当全省生态文明建设排头兵，生态文明建设迈上新台阶。作为全国第二批水生态文明城市建设试点，玉溪市制定了争当全省生态文明建设排头兵实施意见和 4 年行动计划，抓紧编制生态文明建设规划，坚定不移地建设湖滨生态带，推进沿湖 4 县绿色低碳转型发展。截至 2015 年，66 项抚仙湖、星云湖、杞麓湖"三湖"水污染综合防治"十二五"规划项目开工率达 93.9%，完工率 40.9%，以"三湖"为重点的生态环境保护治理取得显著成效。

九十一、腾冲着力提升河道生态环境（2015 年 2 月）

近年来，在"美丽腾冲"建设中，腾冲县对境内河道分期、分段实施大力整治，主要河流水体环境得到明显改善，水质状况总体转好，防治工作成效明显。在河道整治过程中，腾冲县充分整合项目，水务、环保、国土、住建、财政等部门将土地整理、农业生态治理、城市建设与河道专项治理及污染防治工作结合起来，"各拼盘子、共做蛋糕"，从不同途径争取项目，与相关乡镇通力协作，切实加强全县河道治理及污染防治工作。截至 2014 年，全县共治理河道 136 千米、建设河堤 248 千米。"十二五"期间，已投资 9900 万元实施南底河城市防洪段、南底河官家湾段、西山河滇滩段及明光河等中小河流治理项目 4 个，治理河道 50.5 千米。

九十二、盘龙区修复水源区植被（2015年2月）

2014年盘龙区共完成水源区生态修复6700亩，辖区生态环境明显改善。一直以来，盘龙区不断加强辖区的生态建设，持续加大松华坝水源区保护力度，完成冷水河、牧羊河综合整治主体建设工程和双玉清洁型小流域治理。一级核心区移民搬迁后，土地生态修复完成6700亩。同时，盘龙区还深入推进入滇河道综合整治，盘龙江清水通道打造、海河整治主体工程建设完成，并进一步加强金汁河、马溺河、东干渠等整治工作。

九十三、玉溪市抚仙湖管理局探索环境保护新模式（2015年2月）

玉溪市抚仙湖管理局和清华大学公共管理学院研究提出，通过"国家公园+特区"模式，在抚仙湖流域通过"一区二园五基地"建设，构建"生态好、产业优、城乡美、百姓富、体制顺"的绿色经济与生态文明。通过"保护"、"修复"和"防控"三点位支撑的生态环境保护策略，走绿色发展、循环发展和低碳发展之路，实现区域绿色经济发展转型。2015年，这一研究报告已通过云南省水利厅组织的专家审查。

九十四、保护洱海生态　建设美丽大理（2015年3月）

2014年以来，大理白族自治州坚持生态优先、环保优先、严守红线，以全面实施洱海流域保护和主要污染物减排为重点，进一步建立健全洱海流域环境保护管理体制机制和完善洱海流域联合执法机制，全力推进洱海生态保护。截至2014年底，洱海水质总体稳定保持在Ⅲ类，有7个月达到Ⅱ类，全年平均透明度2.03米。"十二五"以来，投入洱海保护的到位资金已达18亿元，洱海Ⅱ类水质月份总数已超"十一五"期间3个月。

九十五、丽江市以"两山三湖一江一城"为主体全力构建生态安全屏障（2015年3月）

丽江市坚持以玉龙雪山、老君山、泸沽湖、程海、拉市海、金沙江和丽江古城为重点的"两山三湖一江一城"为主体，采取最严厉的生态保护措施，构建生态安全屏障，彰显丽江天蓝、地绿、山青、水净、气爽之灵韵。全市森林覆盖率已从 12 年前的 40.33% 提升到 2015 年的 66.15%。通过实施绿洲效应、冷湖效应、绿色交通、森林消防"四大工程"，编制完成《玉龙雪山景区详细规划》和甘海子、裸美乐、下虎跳、玉湖村、宝山石头城等 30 多项详细规划，形成了玉龙雪山科学、完整的规划保护体系。到 2015 年，丽江市已累计投入 20 多亿元资金，用于玉龙雪山基础设施建设和保护。2014 年以来，丽江市和永胜县按照"截断污染、恢复生态、科学管理、绿色发展"理念，认真组织实施了以 4 条入湖河道综合治理、1 个农业面源污染防治、1 项面山林业生态修复、47 个村落环境综合治理、1 条环湖生态路建设和 1 个云南绿 A 类生物产业园建设为内容的"4114711"程海治理保护工程。2015 年，已累计投入资金超过 4 亿元。世界文化遗产丽江古城与雄伟壮丽的玉龙雪山遥相呼应，构成了一幅雪山、古城交相辉映的优美画卷。丽江市累计投入 30 多亿元资金，构建起环境保护、文化原真性保护、科学规范法制、保护与利用共赢、资金投入支撑、多元一体人才"六大保护体系"，精心呵护人类共同的精神家园。

九十六、实施"7 大工程"做实"20 项活动"　保护洱海在行动（2015 年 3 月）

近年来，大理白族自治州委、大理白族自治州人民政府坚持生态优先、绿色发展的理念，以宣传报道、精神文明创建、农村宣传教育、学生宣传教育、旅游从业人员和游客宣传教育、志愿者服务、挂钩包村工作为载体，组织实施洱海保护教育"7 大工程，20 项活动"，在全州掀起了又一轮保护洱海的绿色热潮。"洱海旭日升、三塔披霞光"通过中国中央电视台"飞"向全国，中国中央电视台还现场直播大理"江山多娇"。"保护洱海开学第一课"扎根全州 1204 所中小学。"洱海保护曝光台"是当地媒体设置的品牌栏目，公开点名工作不力的单位和负责人，曝光玷污洱海保护的行为。"百名专家宣讲员，开展千场洱海保护宣讲，让万人受教育"，集中宣讲 1460 场次，受教育群众 32.5 万人次。组织近百名社会科学专家，专题研究 20 个课题，为洱海保护提供决策依据。"保护洱海·巾帼行动"，在洱海源头及环洱海乡、村建立 95 所妇女环境保护学校，参加培训妇女 1 万多人次。同时，向社会发放 2.1 万册《洱海保护知识读本》，发放 1.5 万份"洱海保护倡议书"，发放 50 万份《"洱海保护"游客须知》，组织了"美丽洱海·幸福大理"电视公益广告大赛、书法美术展。2015 年，有 7.3 万人注册"保护洱海生态文明志愿者"，开展了"保护母亲湖"、寻找"最美洱海人"、寻访苍山十八溪活动；参加"清洁家园、清洁水源、清洁田园"活动。"今年，我们将按照州委、州政府全面推进洱海保护宣传教育工程的要求，用项目化思路将'7大工程'向纵深推进。"张志斌介绍，新年要做好28个项目，在继承2014年成功经验的基础上又有创新。要继续举办寻找"最美洱海人"、唱响保护"母亲湖"主旋律等活动，展示大理生态美、生活美、文化美、民族团结美。

九十七、九大高原湖泊治理强力推进（2015年3月）

以改善湖泊生态系统为目标，以湖体水质改善为重点，以大幅削减主要入湖污染物为基础，"十二五"以来，云南省狠抓九大高原湖泊水污染综合防治工作，在流域经济快速增长、人口环境压力不断加大的情况下，九大高原湖泊水污染综合防治工作取得积极成效。据悉，九大高原湖泊中，水质良好湖泊总体保持稳定；受到轻度污染的湖泊主要入湖污染物总量基本得到控制；受到重污染的湖泊水质恶化趋势得到遏制，主要污染指标有明显改善。其中，2014年与2010年相比，滇池已由重度富营养状态转变为中度富营养状态，综合污染指数由24.5下降为17.2，主要超标水质指标氨氮、总磷、总氮分别下降61.5%、46.3%、42.4%。在新春采访中，记者分别到访洱海之滨的新邑村民委员会西城尾村和滇池湖畔的新旧宝象河沿岸，访问了部分群众、干部和企业，大家表达出一个共同的心愿：治理好、保护好高原湖泊，让绿色发展带给云南更多幸福。

九十八、芒市开展城市环境专项整治（2015年3月）

2015年3月，芒市召开城市环境综合治理专项行动大会，全面启动此项工作。专项行动将着力提升城市规划水平和城市特色建设，实现自然风光之美、山水田园之美和现代城市之美融合发展，努力建设美丽幸福新芒市；在专项治理过程中，坚持以人为本、先易后难、先外后里、突出特色、不搞大拆大建、重大项目一事一议、全社会参与、建章立制定规矩的原则，着力把芒市建设成为"一带一路"和孟中印缅经济走廊的重要节点城市、辐射南亚东南亚的口岸明珠和民族风情浓郁的绿色宜居福地。

九十九、玉溪启动"仙湖卫士"行动计划（2015年3月）

2015年以来，玉溪市围绕"确保抚仙湖稳定保持Ⅰ类水质，星云湖、杞麓湖水质明显好转，主要入湖河流河道水质良好"的目标，要求全市各级各部门以抚仙湖保护治理为龙头，以县县绿色发展、村村截污、户户节能、人人环保、党员表率为重点，想实策、用实招、出实力、用真劲，深入开展争当"仙湖卫士"行动计划。为全面落实争当"仙湖卫士"行动计划的各项目标任务和工作措施，玉溪市将深化入湖河道"三长"制，延伸入湖河道综合整治、流域截污治污责任链条；建立"三湖"保护治理"五包"责任制，形成"网格化"管理新模式；组建爱湖护湖党员先锋队，开展"四带头四争当"活动；推行保护母亲湖主题服务活动，做到"一月一主题、月月有活动"。同时，要求沿湖 4 县各级党委要创造性地开展争当"仙湖卫士"行动计划，积极帮助挂钩联系村组谋划发展思路、协调项目资金，解决实际困难，不断出成果、见实效，促进玉溪经济社会全面协调可持续发展。

一百、底泥疏浚让异龙湖美景重现（2015 年 3 月）

近年来，石屏县不断加大对异龙湖周边生态环境保护力度，把生态的恢复和保护作为重中之重，按照生态优先、强县富民的发展战略，以林业体制改革为动力，借助国家高原湖泊治理政策，打响绿山治湖的攻坚仗。先后调动投入大量人力物力完成异龙湖治理的底泥疏浚工程。2015 年，湖区蓄水量达到 6000 多万立方米，昔日碧波荡漾、鸥鹭翻飞的景象又重回人们眼前。

一百〇一、星云湖截污治水成效初显（2015 年 3 月）

农业农村生产生活产生的面源污染是星云湖主要污染源。在治理过程中，玉溪市规划投入 6.76 亿元实施环湖截污工程，通过建设截污沟渠、生态库塘系统、生态调蓄带，将生活污水、农田灌溉回归水、区域初期雨水进行分项处理。2015 年，已完成的星云湖南岸 8.4 千米试点带状调蓄预处理效果良好，大大减轻入湖污染负荷，沟渠岸边的景色宜人，空气清新，田园美景初显。

一百〇二、抚仙湖开始封湖禁渔（2015 年 4 月）

2015 年 4 月 1 日 12 时—9 月 1 日 12 时，抚仙湖进入封湖禁渔期。在禁渔期间，在抚仙湖水域范围内，除手竿娱乐性垂钓外，禁止一切捕捞活动，禁止收购、加工、晾晒抚仙湖鱼类，禁止任何形式的破坏渔业资源和渔业生态环境的活动。玉溪市抚仙湖管理局副局长李家富介绍，同往年相比，2015 年封湖禁渔有了五大新变化。一是明确了"简政放权、属地管理，书记县长负责，加大执法力度"的工作原则，使澄江、江川、华宁 3 县和相关部门的职责更加明确。二是进一步强化了渔船入港问题。三是突出了从严、从重、从快打击的内容，从重处罚破坏抗浪鱼繁殖环境的非法捕捞行为和捕捞方式，对非法捕捞行为保持高压态势；拆除捕鱼窝棚，坚决杜绝渔民搭棚住宿、晚上偷鱼等行为；对湖面进行拉网式排查，发现渔网、大漂网，依法没收并处罚；抚管、公安人员将走村入户，对捕鱼大户和钉子户进行个别约谈；对顶风作案、执意违法入湖捕鱼的，公安机关等政府部门将及时介入。四是落实责任，严格追责。五是完成"三证合一"改革，要求 2015 年 5 月底前完成抚仙湖渔船数据清理、整合和导入内陆渔船管理系统，完成渔业船舶登记证、渔船检验证和捕捞许可证"三证合一"证书的模拟换发演练工作。此外，在 9 月开湖捕捞前，颁发新版的内陆渔业船舶证书。

一百〇三、"绿化昆明 共建春城"义务植树活动工作领导小组会议提出用实际行动争当全国生态文明建设排头兵（2015 年 4 月）

2015 年 4 月 9 日，"绿化昆明 共建春城"义务植树活动工作领导小组第一次会议在昆明召开。会议认真贯彻落实云南省委、云南省人民政府主要领导关于"绿化昆明 共建春城"义务植树活动的重要指示精神，对当前和今后一段时间的工作进行安排部署。云南省长张祖林出席会议并讲话。他要求，各级各部门要统一思想，充分认识"绿化昆明 共建春城"义务植树活动的重要性，用实际行动争当全国生态文明建设排头兵。要迅速开展省市联动"绿化昆明 共建春城"义务植树活动，力争通过 3 年努力，把昆明建设成为生态宜居的森林城市。同时，带动全省其他州（市）进一步强化绿色意识，加强生态修复、生态保护，从"见缝插绿"、建设每一块绿地做起，推动全省森林资源总量不断增加，自然生态和人居环境不断改善，发展的环境承载力不断提升。他强调，各级各部门要高度重视此次义务植树活动，切实把思想认识和行动统一到云南省委、云南省人民政府的决策部署上来，把此项工作摆上重要议事日程和办事日程，做到主要领导亲自抓、林业部门牵头抓、有关部门配合抓。云南省委督查室、云南省人民政府督查室要建立健全相应的督查考核机制。务必做到认识到位、责任到位、分级管理、层层负责，确保省市联动开展"绿化昆明 共建春城"义务植树活动取得实效。按照云南省委、云南省人民政府统一安排部署，开展"绿化昆明 共建春城"义务植树活动初定为 2015—2017 年，范围以滇池流域为主，绿化植树总任务 45 971 亩。第一年完成绿化种植工程量的 70%；第二年完成绿化种植工程量的 30%；第三年查缺补漏，巩固植树造林成果。

一百〇四、昆明抽调人力物力整治城市环境（2015 年 4 月）

城市环境综合整治工作是"保南博百日会战"的重要工作之一，官渡区在加紧会展中心周边基础设施建设的同时，抽调人力物力，组织精兵强将，掀起市容市貌综合整治工作的高潮。此次市容市貌整治范围主要集中在官渡区辖区内，包括南绕城高速公路以南、昌宏路以西、官南大道以东、环湖路以北区域，以及上述道路外延 100 米范围。整治将结合"城乡清洁"工程及片区开发要求，进行村庄及市容市貌环境综合整治、拆临拆违和绿化景观提升等环境综合整治工作。2015 年，已拆迁临违建 6 处，完成率达 60%；累计整治拆除沿街各类户外违法广告 439 块，已基本完成整治拆除任务；对 25 宗涉嫌临违的建筑下达了询问调查通知书。在市容环境卫生整治方面，加大对会展中心周边在建施工工地及渣土运输各类违规违章行为的管控，组织人员加强对会展中心周边市容市貌环境卫生的检查。共检查道路 4082 条，发现问题 3253 起；检查公厕 41 座，发现问题 62 起；发出督办通知 464 期，检查工地 212 家，签订市容市貌责任书 133 份。同时，加强对市政道路及设施的维护工作，已完成会展中心周边道路路面修复 530 余平方米，人行道修复 1170 余平方米，检修街沿石、石材护栏 180 余米，更换窨井及落水盖板 24 块。

一百〇五、易门县整治农村环境建设美丽乡村（2015 年 4 月）

2014 年，易门县先后整合各类项目资金 7450 万元，用于农村环境综合整治，全县农村环境面貌得到全面改善。每当夜幕降临，村民们聚集在村里的小广场上载歌载舞，享受环境综合整治带来的幸福生活。从人居环境到美丽乡村建设，易门的乡村面貌焕然一新。2014 年，该县启动了以集镇、村庄、公路沿线、河道等重点区域为主的农村环境综合整治行动。先后开展农村环境集中整治行动 222 次，投入劳动力 2.5 万人次、大型机械 428 个台班、清运车辆 1678 辆，清运垃圾 1.5 万吨，清理沟渠 10.7 万米。通过开展农村环境卫生集中整治行动，许多垃圾及卫生死角得到了清除，农村人居环境得到了有效改善，彻底改变了过去农村落后的环境面貌。为破解资金瓶颈，易门县按照多元化投入、多渠道筹资的思路，整合各类项目资金 7450 万元，投入农村环境综合整治。全县 58 个村（社区）共新建和修缮垃圾房 136 座、垃圾池 277 座，配备垃圾箱（桶）212 个，新建、改扩建垃圾填埋场 11 座，新建卫生公厕 80 座，新建、修缮排污沟 1.3 万米，绿化美化面积 1.7 万平方米，安装太阳能路灯 314 盏，移栽各类绿化树 18.89 万棵。

一百○六、李纪恒在大理白族自治州调研时强调多管齐下综合施策强力推进确保苍山洱海青山永在碧水长流（2015 年 4 月）

2015 年 4 月 11—13 日，云南省委书记李纪恒在大理白族自治州就贯彻落实习近平总书记考察云南重要讲话精神，进一步做好洱海保护与综合治理工作、促进经济社会平稳健康发展进行专题调研。他强调，要牢记习近平总书记的嘱托，以对党和人民负责、对历史负责的态度，多管齐下、综合施策、强力推进，确保苍山洱海青山永在、碧水长流。李纪恒一直都十分关注和牵挂洱海的保护和治理，多次提出明确要求、给予具体支持，这次调研再一次把洱海保护治理作为重中之重。

一百○七、经济技术开发区进行环境综合整治（2015 年 4 月）

2015 年 4 月，经济技术开发区城市管理局组织保洁公司、道桥公司等对昆明市宝象河、马料河沿线及周边开展了环境综合整治工作。共清理河道漂浮垃圾 6 吨、淤泥 30 余吨。加快推进生态园区建设是经济技术开发区 2015 年的重点工作之一，经开区的河道整治工作，在已经完成马料河上段水环境综合整治工程建设的基础上，将进一步完善马料河上段水环境综合整治工程河道监测系统及平台建设，并进一步落实"河（段）长"负责制，将整治工作由主干河道拓展到其支流、沟渠。

一百○八、用青山绿水留住幸福　昌宁加快生态保护治理见闻（2015 年 4 月）

围绕"山更绿、水更清、田更美、园更靓"的生态建设思路，昌宁县加快实施生态保护治理工程建设，在坚持生态建设产业化、产业发展生态化原则的基础上，建立长效保护机制，注重名木古树等资源的林政管理，把保护和开发有机结合起来。全力开展绿化荒山行动，2015 年重点种植樱花 10 万亩以上，为生态旅游产业发展夯实基础。积极争取项目资金治理河道，实施全面截污、全面清淤、全面绿化、全面治理工程，加强环境卫生综合整治，实现生活垃圾处理减量化、资源化、无害化。2009 年，昌宁县开工建设城市污水处理厂及截污管网工程；2011 年，实施了田园镇达仁村农村环境综合整治项目；2014 年，实施河西水库径流区漭水镇 4 个村环境连片综合整治项目。严要求保护、多层次绿化、高标准整治的实施，有效促进了昌宁的生态建设与经济建设同步发展。2015 年，昌宁县进一步健全资源有偿使用和生态效益补偿机制，继续申请上级立法机关制定颁布《昌宁县基本农田农地永久性保护条例》，积极创建生态乡镇、生态村（社区），深入实施环境连片整治，确保县城污水处理率达 86.5%以上，生活垃圾无害化处理率达 96.7%以上；完成绿化造林 4.5 万亩，城市建成区绿化率达 38.6%以上，人均绿地面积达 12 平方米以上。

一百〇九、昆明海关"绿色销毁"35 吨"洋垃圾"（2015 年 5 月）

2015 年 5 月，昆明海关在寻甸回族彝族自治县云南华再环保公司采用"绿色销毁"方式处理 2014 年查获的约 236 万张废旧光盘，共计 35.4 吨固体废弃物"洋垃圾"，这是昆明海关 2015 年的首次"绿色销毁"活动，也是昆明海关采用"绿色销毁"方式集中销毁固体废弃物"洋垃圾"数量最多的一次。"绿色销毁"，即不点火焚烧，而是采取碾压、化浆等回收再利用方式予以销毁，既不污染环境，又能充分利用资源。2015 年，昆明海关作为全国海关系统率先开展"绿色销毁"工作的关区，已实现对固体废弃物"洋垃圾"统一在有资质的环境保护企业进行集中销毁，其销毁量、销毁率及取得的社会效益和环境保护效益在全国海关系统位居前列。

一百一十、重拳整治污染　强化节能减排（2015 年 5 月）

2014 年以来，在云南省委、云南省人民政府高度重视下，全省各级各部门齐心协力，重拳整治强力推动污染减排工作取得成效。城镇生活污染减排方面，2014 年新建成污水管网 1373 千米，完成年度计划的 126%；一批污水处理厂的进水量和进水浓度明显提高，实际形成减排量的污水处理厂较 2013 年增加 36 座，实现在线监测联网的污水处理厂较 2013 年增加 32 座。与 2013 年相比，全省新增污水处理能力 56 万吨/日，实际新增污水处理量 20.32 万吨/日，平均运行负荷率达 79%。全年全省污水处理厂实际削减化学需氧量 4.79 万吨，完成年度任务（3.06 万吨）的 157%；削减氨氮 5830 吨，完成年度任务（4600 吨）的 127%。工业污染减排方面，已提前完成国家下达的"十二五"减排工程建设任务，已提前并超额完成《国务院办公厅关于印发 2014—2015 年节能减排低碳发展行动方案的通知》下达的污染减排相关任务。减排监测体系方面，国家核定云南省 2014 年度国控重点污染源自动监控数据传输有效率达 76.9%、企业自行监测结果公布率达 94%、监督性监测结果公布率达 97%，全面完成了年度任务。通过各项减排措施的实施，全省环境质量总体稳中向好，局部地区和部分指标改善明显。16 个州（市）人民政府所在城市环境空气中二氧化硫、二氧化氮和可吸入颗粒物平均浓度较 2013 年分别下降了 22.7%、5.88%、2.0%。地表水水质进一步好转，全省 179 个国控、省控河流断面中，水质达到Ⅲ类以上的断面有 131 个，占断面总数的 73.2%，比 2013 年提高 4.7 个百分点。化学需氧量平均浓度下降 5.3%，氨氮平均浓度下降 11.5%。

一百一十一、江川县着力治理农业面源污染（2015 年 5 月）

近年来，为有效保护农村生态环境和控制农业面源污染，江川县以新农村建设为契机，积极实施农村环境综合整治、规模化畜禽养殖和土壤及化肥农药面源污染治理，倡导农民减少化肥使用，从源头上减少了对星云湖、抚仙湖的污染，实现面源污染的减量化。江川县农村环境保护能源工作站工程师岳志强介绍，江川将小、散、远的养殖户纳入规范化养殖监管范围，对新、改、扩建的规模化畜禽养殖场严格落实环评和"三同时"制度，督促污染防治设施不达标的规模化畜禽养殖场建设污染防治设施。同时，通过发展沼气、生产有机肥等措施，实现饲料—养殖场—粪便—沼气燃料—废液渣肥料—施用农田、果园的循环养殖模式，确保废弃物的减量化、资源化和无害化。走进江川县海埂良种猪场，记者注意到，总投资约 14 万元的"地埋式"养殖小区联户沼气池，产生了明显的经济效益。"猪粪、洗猪圈的水和渣肥进入沼气池后，通过生化处理，形成沼气，不仅可以给仔猪保温、脱温，还为附近十多家百姓免费提供有机肥，可谓是一举多得。"负责人潘春梅表示，1 年下来，既保护了环境，还节约燃料费 1 万多元。

一百一十二、洱海流域保护实现网格化管理（2015 年 5 月）

2015 年以来，为深入贯彻落实习近平总书记关于加强洱海保护的重要指示精神和云南省委、云南省人民政府的工作部署，大理白族自治州委、大理白族自治州人民政府立足新起点、把握新机遇、落实新要求，强化全民参与，创新体制机制，启动了洱海保护的精细化管理。洱海流域保护网格化管理责任制实行"党政同责、属地为主、部门挂钩、分片包干、责任到人"的工作机制，将洱海保护治理责任全方位细化分解到全流域 16 个乡镇和 2 个办事处、167 个村民委员会和 33 个社区、29 条重点入湖河流的具体责任单位和责任人。以入湖河道、沟渠、村庄、农田、道路、湿地、库塘为管理对象，以流域乡镇（办事处）、村民委员会行政辖区为单元格，建立了州级领导挂钩乡镇、州级部门挂钩村民委员会、县市领导为河长、流域乡镇（办事处）党政主要领导为段长、村民委员会（社区）总支书记（主任）为片长、村民小组长及"三员"（河道管理员、滩地协管员、垃圾收集员）为管理员、挂钩部门为协管单位的5级网格化管理责任体系。流域保护网格化管理责任制实施以来，州级挂钩领导高度重视并多次深入挂钩乡镇检查调研指导，州级挂钩部门深入挂钩村民委员会，帮助制订网格化管理责任制工作实施方案，积极参与挂钩村的责任制落实工作。大理市开展了以双廊、挖色、才村、桃源、金梭岛等区域和环洱海、主要入湖河道沿线客栈、餐馆为重点的环境综合整治和农村宅基地专项整治。洱源县开展了以右所镇西湖为重点的环境综合整治。2015年，发动53.6万人次，动用挖掘机、清运车等24 023台，清理河沟262.3千米，收集清运处置生活垃圾7.92万吨，收集处理畜禽粪便6.59万吨，最大限度减少污染排放，使洱海的水更干净清澈。

一百一十三、昆明年内推广应用新能源汽车3400辆（2015年5月）

到2015年底，昆明完成推广应用新能源汽车3400辆，完成3700个充电桩建设，重点培育2—3家新能源汽车整车生产龙头企业，力争实现5000辆新能源汽车生产能力。昆明市积极探索新能源客车租赁模式、新能源汽车微公交模式，加大力度促进社会领域推广应用。2014年，昆明市共完成新能源汽车推广应用123辆。根据国家有关部门统计，在39个示范城市中昆明推广数量列第28位。2015年，昆明市已具备生产能力和正在建设的新能源汽车生产企业有3家，分别为云南五龙汽车有限公司、云南航天神州汽车有限公司和昆明客车制造有限公司。昆明将按照市场化推广的原则，加大社会领域新能源汽车推广应用工作，重点在物流领域和客车分时租赁等方面取得突破，公共领域重点加快推进新能源公交车示范线路运营及新能源环卫车选型、招标工作。按计划完成好200辆环卫车和600辆租赁客车项目实施，推进600辆物流车、40辆新能源公交车示范线路运营和2000辆新能源微公交项目。

一百一十四、呈贡区雨花街道开展环境卫生整治（2015年6月）

2015年6月，呈贡区雨花街道办事处全体机关干部、所辖社区三委人员、高校及企业职工、部队官兵等在下庄社区开展"迎南博"环境卫生整治活动。本次卫生整治活动共出动200多人、2辆车辆，重点对下庄社区主要街道两侧存在乱堆乱放的问题进行整改，清扫道路 3.5 千米、卫生死角 6 个，清除乱贴小广告，对道路两侧临时乱摆乱放的商铺和居民进行劝说教育并进行现场取缔。

一百一十五、云南省推行参与式水土流失治理模式（2015 年 6 月）

近年来，云南省积极探索推行尊重农户治理意愿，请农民参与水土流失治理项目全过程的参与式治理模式，将治理区农民从旁观者变成参与者，调动了农民参与水土流失治理的积极性。4 年间，全省水土保持重点治理工程累计投资 7.38 亿元，治理水土流失面积 609 平方千米，一批昔日山光、地瘦、水土流失严重的小流域，重现出山清水秀、林茂粮丰的景象。近年来，云南省实施的 150 多项水土流失治理项目全部推行。治理工程上先以户长通知书的形式征求治理区农民群众的意见，治理工程要干什么事、干到什么程度由农民首先提出意愿，之后再由设计部门根据群众需求做出规划，经专家审查报上级部门批准后，回到项目区公示，群众满意了，工程才能实施。项目实施中，工程招标、工程进度、工程质量、资金使用由群众选出的村民代表全程参与和监督；工程完工后的工程验收、运行管护由农民说了算。农民群众选择权、参与权、监督权、批评权的落实，让云南省水土流失治理获得了新动力。

一百一十六、推广生物防治保护生态环境（2015 年 6 月）

近年来，陆良县着手推广运用"蚜茧蜂"生物防治技术，将放蜂领域逐步从烤烟向蔬菜、玉米等拓展，有效灭杀了农作物的最大天敌——蚜虫，减少了农业生态系统化学农药用量，保障了农产品质量安全，保护了生态环境。

一百一十七、2014 年云南环境状况公报出炉　全省环境质量进一步改善（2015 年 6 月）

2014 年 6 月 5 日是"六·五"世界环境日，《2014 年度云南省环境状况公报》出炉。公报显示，2014 年，全省环境保护及相关部门加强生态保护，解决突出环境问题，全省环境质量进一步改善。2014 年，全省 18 个主要城市（16 个州市人民政府所在地及个旧市、开远市）开展了城市空气环境质量监测与评价，以日平均浓度按环境空气质量指数评价，空气质量优良率有所提高，开远市、芒市、景洪市、保山市优良率略有下降，全省城市空气质量总体良好。主要河流总体水质为轻度污染，保持稳定。六大水系主要河流干流出境跨界断面水质全部达到水环境功能要求。与 2013 年相比，九大高原湖泊中洱海水质类别由Ⅲ类上升为Ⅱ类，其余湖体水质保持稳定。异龙湖、星云湖、杞麓湖由重度富营养状态好转为中度富营养状态。2014 年，云南省 21 个主要城市（16 个州市人民政府所在地和 5 个县级市）的 46 个取水监测点水质监测结果表明，46 个饮用水水源地（取水点）均能满足饮用水水质要求，达标率为 100%，与上年相比达标率提高 2.4 个百分点，集中式饮用水水源地保护进一步加强。从城市道路交通声环境看，全省 20 个城市（16 个州市人民政府所在地及宣威市、个旧市、开远市、瑞丽市）的平均声级值为 63.8—69.9 分贝，总体上声环境质量较好。全省森林资源面积、蓄积呈现持续稳步增长态势，森林资源质量逐年提高，森林生态服务功能逐步加强。

一百一十八、洱源安装污水收集罐护西湖（2015 年 6 月）

西湖是洱海上游重要补给水源湖泊之一。记者走进西湖，只见水清天澄，环境优美。杜光祥指着家门口的 1 个污水收集罐说，原来，他们家吃喝拉撒、牛粪及厕所里的污水，全都直排到西湖中，加上越来越多的游人，西湖水质明显变差。2015 年 6 月，西湖环境综合指挥部花了 3500 多元，免费帮他家安装了污水收集罐，家中的所有污水，全都流到罐中，而且过三五天定时有专门的人来收集、拉运，若污水量不够，还会追究污水的去处。右所镇副镇长李润荣介绍，西湖核心区每家每户都建设污水收集罐，这些污水收集罐大小不一，大的可以装两三吨污水，供两三户人共同使用。200 多个污水收集罐建成并全部运行，日收集处理污水 500 多立方米。2015 年 6 月，西湖环境综合整治工作领导组及指挥部成立，抽调县、镇（乡）、村组干部 103 名，开展西湖环境综合整治，实施恢复西湖水域及湿地、奶牛规模集中养殖、生态农业种植示范、环境综合整治和环境综合执法宣传教育五大工程，累计投入资金 600 多万元，计划用半年时间杜绝污水流进西湖，流进洱海。

一百一十九、政府主导群众参与　保山探索农村垃圾处理新路（2015 年 7 月）

2015 年 7 月，记者在保山市施甸县姚关镇垃圾热解处理站看到，垃圾热解处理设备有序运行，站内几乎看不见冒烟，噪声极低，异味很小，工作环境清洁，周围的山地上栽种着绿油油的蔬菜。据介绍，该处理站设计日处理垃圾 4 吨左右，主要负责收运热解山邑、蒜园两个社区及富阳村的生活垃圾，涉及 2800 户农户、9800 余人。施甸县环境保护局主要责任人介绍，2014 年施甸县在保山市率先引入云南利鲁环境建设有限公司的农村垃圾热解机处理工艺，该技术以电解高温加热实现垃圾分解处理，是国内较为先进的垃圾热解处理设备。热解时产生的灰渣体积减小98%以上且可综合利用，烟气排放量少、浓度低，经三级处理系统处理可实现稳定达标排放，产生的少量冷凝废水排入沉淀池后可回用。保山市因地制宜、积极探索，通过政府主导、全民参与的方式，引进新技术，形成了一套"户集、村运、乡镇处理"的垃圾处理新模式，全市生活垃圾得到及时收集处理，农村环境质量明显改善。为弥补资金不足，保山市建立了多渠道、多层次、多形式的投入机制，采取"财政预算一点、项目整合一点、企业支持一点、各级帮扶一点、集体经济列支一点、农民交纳一点"的办法，有效保障农村生活垃圾收集处理设施建设和运行管护。通过积极推进环境共建共享，充分调动了当地群众保护环境的热情。

一百二十、星云湖水质有改善（2015 年 7 月）

以项目为抓手，坚持依法治湖，玉溪市星云湖治理成效初显。2014 年监测结果显示，星云湖湖水较 2013 年能见度上升、叶绿素大幅下降42.24%，蓝藻富集、爆发现象大量减少，水质逐渐得到改善。据了解，玉溪市始终坚持把"三湖"保护治理作为实施生态立市战略、推进生态文明建设的重中之重。"十二五"以来，该市紧紧围绕消灭星云湖劣 V 类水质的目标，全面打响湖泊保护治理攻坚战；坚持高位统筹，调整充实星云湖保护治理领导机构和工作机构，组建督导组，改革创新考核评价体系，降低沿湖县生产总值考核权重，调升生态建设考核权重，对星云湖主要入湖河道构建市、县、乡、村、组 5 级责任管理网络，切实推动保护治理工作；加快推进水污染综合防治规划实施项目。截至 2015 年 4 月初，星云湖 17 个规划项目开工率达到 100%，完成投资 2.32 亿元。为深入贯彻好云南省九大高原湖泊工作会议精神，玉溪市严格落实"三湖"保护条例，实施了以"四退三还"为核心、生态修复为基础、控源截污为前提、河道治理为重点，标本兼治的全流域综合防治思路。星云湖实施退田还湖 3000 余亩，建成湖滨缓冲带 5000 余亩，种植树木 45 万株。记者在星云湖畔的江川县前卫镇一带看到，昔日种植蔬菜的农田已变成防护林，湖泊生态屏障初具雏形。在实施工程治湖的基础上，玉溪市还积极探索环湖截污及水资源循环利用的治理思路，狠抓非工程措施治湖，加大《云南省星云湖保护条例》的宣传力度，提高沿湖干部群众的法治意识和环境保护意识。同时，严格实施达标排放及排污许可证制度，严处各类环境违法事件，全面提升依法保护治理水平。通过一系列措施，星云湖由重度富营养状态变为中度富营养状态，湖泊水质有所改善。

一百二十一、沾益整治环境建美丽家园（2015 年 7 月）

从过去的脏乱差到如今的干净整洁，通过户收集、社区集中、街道转运，规范处理垃圾，沾益县的金龙、花山两个街道办事处各社区小组面貌焕然一新。在"美丽家园"建设中，沾益县整合各类项目和资源，通过实施乡村清洁工程等行动，有效推动各项建设顺利开展。以改善人居环境、建设美丽家园为主题，该县全面消除农村危房、整治提升农村环境，以环境美、风尚美、人文美、秩序美、创业美为目标，深入推进"山清水秀、天蓝地绿、景美民富、和谐宜居"的美丽家园建设。力争通过开展"清洁家园"活动，实现村容整洁卫生，垃圾及时收集处置，切实解决农村垃圾乱倒、柴草乱放等"五乱"问题；重点抓好房前屋后、屋内户外、村内村外清垃圾、清污泥、清路障的整治工作，全面建设村庄干净整洁的人居环境；因地制宜完善村规民约，建立健全村庄清扫保洁制度。该县坚持"政府主导、社会参与、城乡统筹、长效管理"原则，在金龙、花山两个街道办事处率先试点示范，以点促面，统筹推进乡村清洁工程。金龙街道办事处结合实际累计整合投入资金 500 余万元，完善环卫设施，建盖垃圾压缩中转站、垃圾房、公厕，新建、改造垃圾清运道路 10 千米，清理河道、沟渠 8.2 千米，实行"四色分类、四级管理、板块保洁、包干运转"的乡村清洁管理运行模式；花山街道办事处 2015 年投入资金 258.1 万元，清除存量垃圾，疏通、修理排水管网 3000 余米等，并组建保洁队伍，建立环卫保洁制度，进行垃圾统一清扫、收集和处置。

一百二十二、治理城市扬尘，淘汰黄标车老旧车　昆明大气污染防治重实效（2015 年 7 月）

昆明市加强大气污染防治工作，重点解决城市扬尘治理、机动车污染防治、工业企业大气污染治理等方面存在的问题，取得显著成效。2015 年上半年，全市空气质量优良率达 98.9%。

在城市扬尘治理方面，昆明市要求城市建成区及周边地区的工程建设施工现场必须配备专业降尘设施，应全封闭设置围挡、施工围网、防风抑尘网，严禁敞开式作业，施工现场道路要进行地面硬化、洒水。要确保做到 6 个 100%，即施工现场 100%标准化围蔽、工地砂土 100%覆盖、工地路面 100%硬化、拆除工程 100%洒水压尘、出工地车辆 100%冲洗干净、施工现场长期裸土 100%覆盖或绿化。针对机动车尾气污染，昆明市出台了《昆明市治理淘汰黄标车及老旧车工作方案》，从建立黄标车及老旧车淘汰更新信息平台、加密检测频次、加强限行管理、制定奖励政策等方面开展黄标车淘汰工作。2014 年，昆明市共淘汰黄标车及老旧车 3.3 万辆。在治理工业排放污染方面，昆明市加大对工业企业的监督检查力度，重点对辖区内的大气污染物排放企业进行现场检查，对超标排污企业严厉查处，完成了国电阳宗海发电有限公司等重点企业脱硫、脱硝及除尘改造工程建设任务。积极开展重点行业企业大气污染物处理设施运行专项检查，督促企业严格执行新的排放标准，确保达标排放。自 2009 年《昆明市高污染燃料禁燃区管理规定》实施以来，昆明市持续开展高污染燃料禁燃工作。截至 2015 年 6 月 30 日，全市累计淘汰、取缔停用、改燃、改造锅炉窑炉 640 台（套），淘汰茶炉、热水炉等两万余台，禁燃工作取得显著成效。2015 年上半年，昆明市空气质量优良天数为 179 天，轻度污染天数为两天，空气质量优良率达 98.9%。

一百二十三、陈豪在大理白族自治州调研时强调加强洱海保护全力稳增长（2015 年 8 月）

2015 年 8 月 5—6 日，云南省委副书记陈豪在大理白族自治州调研时强调，要深入贯彻落实习近平总书记考察云南重要讲话精神，千方百计稳增长、全力以赴促跨越，切实加强洱海保护治理力度，努力实现大理富民强州、山青水绿。陈豪一行先后来到海东新区、喜洲镇海舌和洱源县西湖湿地、东湖湿地，详细了解洱海保护治理网格化管理、环湖截污工程建设、流域环境综合整治和"十三五"规划编制等情况，对大理白族自治州所做的工作表示肯定。陈豪强调，要按照习近平总书记对洱海保护治理做出的重要指示，全民动员、及时行动，全面打响洱海保护治理攻坚战。陈豪要求，省和州（市）相关部门要立足洱海保护治理的新要求，抓好规划引领、基础设施建设、生态环境治理和宣传教育等工作，把源头治理与末端治理更好地结合起来，把工程措施与生物措施更好地统一起来，综合施策，以洱海保护治理的实际成效落实"生态文明建设排头兵"的要求。

一百二十四、昭通市坚持生态立市筑牢生态屏障　生态环境与经济社会协调发展（2015 年 8 月）

近年来，昭通市牢固树立生态文明理念，把生态文明建设放在突出位置，融入政治、经济、文化和社会建设各方面和全过程，加强生态保护，发展生态经济，深入实施"生态立市"战略，筑牢长江上游重要生态屏障，全面推进"山水昭通""森林昭通""清洁昭通"建设，生态环境保护工作成效显著，实现经济、社会、生态协调发展。建设"山水昭通"。实施了"长治"和小流域治理工程，累计治理水土流失面积 2043 平方千米；狠抓保水、保土、保肥"三保"措施落实，扎实开展土地石漠化治理，大兴农田水利建设；推进水源地环境整治，坚持"一河一策"的治污原则，全面构建"治、用、保"流域治污体系，境内 24 条主要河流监测断面优良水质比例达到 87.5%。石漠化地表植被覆盖率在原有基础上提高 15%。建设"森林昭通"。大力实施天然林保护、城乡绿化造林、退耕还林还草、草原生态保护、石漠化综合治理和水土流失治理等重大工程，进一步改善高寒冷凉山区、干热河谷区、石漠化严重区的生态环境，确保森林生态系统、湿地生态系统、生物多样性等得到较好保护。2015 年 8 月，全市森林覆盖率达 35%，较"十二五"初提高了 2.4 个百分点。全市已建成各级各类自然保护区 15 个，面积达 15 万公顷，珍稀动植物种群数量逐年回升。建设"清洁昭通"。加快生活污水处理厂和生活垃圾无害化处理场建设，狠抓扬尘污染治理，强化土壤、重金属污染防治和危险废物处置，加大废水、废气、废渣、噪声和大气污染治理力度。昭通中心城市空气环境质量优于国家二级标准的天数占全年的 99.71%；昭通市深入开展生态文明乡镇、生态文明村、绿色社区、绿色学校等系列创建活动，启动实施省级生态文明市创建工程。对 53 个村庄实施环境综合整治，项目整治村庄受益人口达 28 万余人，较好地解决了村庄的突出环境问题。

一百二十五、云南省推进主要污染物总量减排工作（2015 年 8 月）

2015 年以来，云南省深入推进各领域主要污染物总量减排工作，上半年，两个国家级重点减排项目已全部完成，全省新建成污水管网 510 千米，城镇污水处理水量增加 3830.7 万吨，化学需氧量、氨氮、二氧化硫和氮氧化物 4 项主要超标水质指标的排放量均呈下降趋势。2015 年，云南省人民政府与 16 个州（市）人民政府和滇中产业新区管理委员会签订《云南省 2015 年度主要污染物总量减排目标责任书》，明确各州（市）年度减排目标，并确定了 890 个省级重点减排项目。在超额完成 2014 年城镇污水处理厂减排任务的基础上，将 2015 年 2.1 万吨化学需氧量、3160 吨氨氮年度新增削减任务分解到全省 129 个县（市、区）及 144 座污水处理厂。上半年，全省共淘汰黄标车和老旧车 54 817 辆；火电发电量为 165 亿千瓦时，同比减少 30%；原煤消耗量为 877 万吨，同比减少 31%。全省重点减排项目进展情况总体顺利。全省 129 个县（市、区）已建成 154 座污水处理厂，全省污水处理能力达 401.1 万吨/日，配套管网达 6932 千米。上半年新建成污水管网 510 千米，完成年度计划的 46%，一批污水处理厂运行情况得到了明显改善。上半年主要污染物排放量明显减少，全省环境质量总体保持稳定，局部地区和部分指标有所改善。对全省 16 个州（市）人民政府所在城市环境空气质量监测结果表明，二氧化硫、二氧化氮和可吸入颗粒物平均浓度与上年同期相比有所下降。全省 16 个州（市）人民政府所在城市环境空气质量平均优良率为 95.3%，其中昆明市的空气优良率为 98.9%，与上年同期相比提高了 4.4 个百分点。全省 183 个国控、省控河流断面中，水质达到Ⅲ类以上的有 145 个，占总断面的 79%。

一百二十六、昆明建成 508 座再生水利用设施（2015 年 8 月）

昆明市全面开展雨水污水资源化利用，强力推进非常规水资源利用。截至 2015 年 8 月，采用集中与分散相结合的模式，全市已建成 508 座再生水利用设施。昆明市节水办相关人员介绍，昆明集中式再生水的利用主要集中在中心城区，是在污水处理厂全面提标改造出水水质为一级 A 标的基础上，以道路新建及改扩建、雨污分流工程项目等市政工程建设为依托开展再生水站及配套管网建设。主城已建成集中式再生水处理站 9 座，总设计供水能力为 12.8 万米³/日，建成再生水供水主干管约 560 千米，集中式再生水用水户 220 户，正在建设捞鱼河、洛龙河再生水处理厂，总设计处理规模 10.5 万米³/日。集中式再生水主要用于城区河道生态补水、市政绿化、环卫用水、市政杂用水、公园景观补水及管网覆盖范围内的单位、小区绿化浇灌等。与此同时，由符合条件的新建项目建设单位按照相关要求投资建设分散式再生水利用设施，将再生水回用于项目内绿化、道路浇洒、景观、公共设施卫生间冲厕等。已建成 449 座分散式再生水利用设施，广泛分布于住宅小区、学校、机关单位、公交停车场、工业企业等，总设计处理规模约 13.98 万米³/日。

一百二十七、普照水质净化厂完成交工验收（2015 年 8 月）

2015 年 8 月，由昆明经济技术开发区投资和承建的普照水质净化厂（第十二污水处理厂）工程顺利完成交工验收。此前，昆明经济技术开发区内污水回收利用主要由昆明市第六污水处理厂和倪家营污水处理厂及再生水厂承担。普照水质净化厂顺利完成交工验收，意味着宝象河流域经济技术开发区管理范围内污水将不再下泄到昆明市第六污水厂处理，将有效缓解当前第六污水厂满负荷运转的压力，同时实现该流域范围内污水全收集全处理，削减入滇池污染负荷。普照水质净化厂及配套管网工程是昆明市"十二五"重点建设项目，项目主要建设内容包括：建设 1 座地下式污水处理及再生利用厂，一期污水处理规模 5 万米³/日，设计总规模 10 万米³/日，配套建设 30.56 千米污水主干管和 1 座规模 2.5 万米³/日的污水提升泵站。普照水质净化厂位于昆明经济技术开发区高桥村安石公路、小普路和宝象河三角地点，主要负责收集经济技术开发区宝象河流域的牛街庄—鸣泉片区、出口加工区及普照—海子片区的污水并进行处理。该项目于 2013 年 8 月开始建设，2014 年底顺利通水。2015 年经过半年试运行，8 月出水水质已达到并优于设计标准。

一百二十八、大理白族自治州建设生物净化多塘系统 鱼塘改湿地污水变清流（2015 年 8 月）

2015 年 8 月，记者在大理镇中龙龛村看到，在两三个篮球场大小的地方里，水生植物生长茂密，有西葫芦、菖蒲，有芦苇、水葫芦，还有各种密密麻麻的杂草。在入水口处，污水黑臭，经过七弯八拐的水塘循环，在出水口处，水变成了涓涓清流。王松泉说，原来，他们村养牛，街上的牛粪随处可见，大雨一来，顺着沟渠直接就流进了洱海；现在，村中养牛的少了，卫生环境保护好了，还建起了生物净化塘，不但可以将村中所有污水全部处理掉，菱瓜还可以出售产生经济价值，达到了双赢和良性循环。"中龙龛村的多塘系统取得了成效，今年便在大理迅速推开。"大理镇副镇长周雪蓉介绍，大理镇现已建成 9 个、在建 1 个，光是拦截的垃圾每个月就能装满十几辆拖拉机，效果十分显著。大理市洱海保护管理局副局长杨林丙介绍，2015 年内，计划以大丽路、环海路附近区域为重点，在大理市建设 80 个多塘系统。同时，大理市采用"水污染控制—水资源调蓄利用—清水通道修复—河道水体生态环境改善"的治理理念和总体思路，按照"一次性规划，分期实施，逐步减污"的治理策略，实施多塘系统建设，计划分 3 年完成 189 个多塘系统建设，2016 年完成 80 个，2017 年完成剩余的多塘系统。

一百二十九、西畴县持续不断治理石漠化（2015 年 8 月）

近年来，西畴县通过持续不断地实施石漠化综合治理，让过去的石漠山区变成了生态宜居家园。据统计，截至 2015 年全县实施石漠化治理 95.2 平方千米，治理陡坡地 1 万亩，森林覆盖率达 53.3%。西畴县因为石漠化严重，曾被外国地质专家断言为"基本失去人类生存的地方"。为减少石漠化面积、改善人居环境，西畴县在扶贫攻坚中将实施石漠化综合治理作为常态化工程来抓，把石漠化治理与生态恢复相结合、与基础设施建设相结合、与农村能源建设相结合、与产业发展相结合、与人口转移相结合，并探索总结出了"山顶戴帽子、山腰系带子、山脚搭台子、平地铺毯子、入户建池子、村庄移位子"的成功治理模式。据了解，实施石漠化治理以来，西畴县已营造山林 40 万亩、封山育林 10 余万亩、公益林保护 61.3 万亩、义务植树 400 万株。"十一五"以来，全县共治理小流域 186.03 平方千米；建成各类高稳产农田地 13.65 万亩；新建、改建农村公路 1111 条（段）2294.2 千米；建成沼气池 4.3 万口，实施农村节能改灶 7.8 万眼。昔日峰岩裸露，只见石头不见树木的地方都种上了各种各样的经济作物，并因地制宜发展起了畜牧养殖业。全县共种植烤烟 3 万亩、甘蔗 5.5 万亩，种植三七、重楼、苦参等中药材 3 万亩，发展金线鲃、鲟鱼等水产养殖 3600 亩，大力发展云岭肉牛养殖，建成肉牛规模养殖场 53 个；人口转移走出了标本兼治的路子，全县共实施易地搬迁 1163 户 5576 人，长年有 5 万多人在外打工，劳务收入近 4 亿元。

第七节　环境宣传

一、大理白族自治州环境保护局开展"洱海保护月"活动（2011 年 2 月）

2011 年 1 月 28 日上午，大理白族自治州环境保护局副局长段彪、沈兵、谢宝川等领导带领 30 余名局机关干部到大理市新邑村民委员会开展"洱海保护月"活动，对该村道路、水沟、绿化带和洱海湖滨带废弃的塑料袋、枯草等生活垃圾进行清理。当天上午，大理白族自治州环境保护局全体干部一到新邑村，便立即与该村群众一道用铁锹、火钳等工具分头清理村间道路、水沟、绿化带的枯草、落叶等杂物，有的干部挽起裤腿、手袖沿洱海湖滨带打捞塑料袋、杂草等漂浮物。收集拢的垃圾在村干部的配合下被集中处理。大理白族自治州环境保护局全体干部与该村群众在劳动中发扬不怕累、不怕脏的精神，齐心协力，仅一上午的功夫就把新邑村周边垃圾清理得干干净净，村容村貌得到极大改善。据悉，从 2009 年起，大理白族自治州就将每年 1 月定为"洱海保护月"，两年来，大理白族自治州环境保护局高度重视、积极参与洱海保护活动，并主动与新邑村民委员会结成挂钩帮扶对子，每年都挤出一定资金帮助新邑村民委员会开展生活垃圾处理、洱海湖滨带污染治理等工作，受到了当地干部群众的一致好评，为保护洱海、保护大理的生态文明建设做出了积极努力。

二、中央电视台《中国湖泊大观》摄制组走近洱海（2011 年 3 月）

2011 年 3 月 3—4 日，中央电视台科教频道《地理·中国》栏目《中国湖泊大观》摄制组深入大理市、洱源拍摄《洱海》专题片。《地理·中国》栏目是中央电视台科教频道科普类电视栏目。栏目以地质科考为线索，以普及地理学知识为宗旨，展示我国丰富多彩的地质资源和地貌景观，介绍地质学的新发现、新成果、新探索，展示地质地貌的新、奇、特、美。《地理·中国》栏目，在带着观众感受大自然神奇魅力的同时，传播科学知识，倡导热爱自然、珍惜自然，弘扬科学精神，激发爱国之情，并传播人与自然和谐共生、相互依存的理念，每天在中央电视台科技频道晚上 19 时 10 分首播。《中国湖泊大观》在全国选 30 个湖泊进行拍摄，此次云南之行共选取了抚仙湖、洱海、泸沽湖 3 个湖泊。摄制组聘请了中国科学院南京地理与湖泊研究所的吴庆龙工程师作为栏目随行专家，在大理白族自治州委宣传部、大理市和洱源县环境保护局陪同下，深入洱海、西湖、茈碧湖、茈碧湖镇梨园村、大理地热国进行拍摄，洱源县优美的自然风光及生态文明试点县建设取得的成就给摄制组留下了深刻的印象。中央电视台记者陈力说："这次到洱源来，感受特别深，神奇秀美的洱海源头给我们摄制组留下了深刻印象，以后，我们将再到洱源来专题拍摄，把洱源生态文明建设的成就介绍给观众。"

三、云南省多措并举增强"六·五"世界环境日宣传渗透力（2011 年 6 月）

"六·五"世界环境日期间，云南省紧紧围绕"共建生态文明，共享绿色未来"

这一世界环境日中国主题，结合正在全力推进的"两强一堡"发展战略和七彩云南保护行动，采取多种方式拓宽宣传途径，把基层环境保护一线主要工作和群众关心的热点问题作为宣传重点，切实增强宣传吸引力和渗透力，更加充分调动了公众参与环境保护的积极性和自觉性。开展宣传活动中，云南省人民政府组织专题新闻发布会通报了全省环境保护工作情况，发布了《2010 年云南省环境质量状况公报》，在云南电视台举办了生态文明系列讲座。全省各地紧密结合环境保护工作实际，把宣传阵地设在城市广场、饮用水水源保护区、主要河湖沿岸、乡镇集市和庙会、企业生产区等地，通过张贴环境保护标语、宣讲环境保护法规、普及环境保护知识、践行环境保护活动、参观环境保护企业、体验环境保护成果等多种形式，吸引更多公众踊跃加入宣传活动。此外，云南省各地利用世界环境日宣传活动促进一些环境保护问题的尽快解决。例如，曲靖市陆良县委、陆良县人民政府在加大对企业环境保护现状调研的基础上，组织政府相关部门领导和企业代表召开"六·五"世界环境日专题座谈会，一起商讨解决环境保护重点难题的具体办法，深受企业欢迎。为确保宣传活动质量，云南省环境保护厅副厅长任治忠带领云南省环境保护宣传教育中心人员多次到基层环境保护部门进行检查指导。全省各地按照云南省环境保护厅的统一部署，举办的一系列宣传纪念活动富有成效，公众参与热情显著增强。

四、大理白族自治州积极开展 2011 年"六·五"世界环境日宣传活动（2011 年 6 月）

2011 年 6 月 5 日是第 40 个世界环境日，2011 年世界环境日的主题是"森林，大自然为您效劳"，中国的主题是"共建生态文明，共享绿色未来"。大理白族自治州紧紧围绕上述主题，创新宣传方法，积极组织各县市环境保护局开展了丰富多彩的宣传纪念活动，取得了较好的社会效果。一是环境保护局联合妇女联合会、文明办、科学技术局、司法局、工业和信息化局等相关部门以大理市、县城、集镇街天群众集中的时机巡回开展以"低碳家庭 时尚生活"为主题的环境保护宣传活动，从 5 月 31 日起共开展环境保护宣传活动 89 场，发放《七彩云南保护行动丛书》、《农村生态环境科普挂图》、《环境保护相关法律法规手册》、《大理公民简明文明知识手册》和《低碳家庭 时尚生活倡议书》等相关环境保护宣传资料 107 500 多份，共展出环境保护法律法规、七彩云南保护行动、节能减排、生态文明、绿色消费、低碳减排、绿色生活等为内容的展板 316 块、悬挂环境保护世界主题和中国主题布标 40 块，现场播放《云南省环境警示教育专题片》、环境保护知识等。二是在"六·五"世界环境日当天，委托移动公司向公众免费发布 "共建生态文明, 共享绿色未来", 世界环境日中国主题信息 30 000 多条; 通过大理白族自治州科学技术协会短信平台发送科普信息 40 000 多条。三是借助大理电视台《新视野》栏目对大理市 "绿色创建" "生态建设" "洱海保护" 的工作动态进行了系列报道, 利用广播、短信播报相关公益广告, 在主要街道悬挂大型环境保护标语, 组织文艺表演等形式, 向广大群众传播绿色文化, 倡导低碳生活。四是结合 "两考" 工作, 对考点周边的建筑工地进行巡查, 发放停工通知书 25 份, 出动现场监察 30 次, 给 "两考" 顺利进行保驾护航。通过一系列的宣传活动, 进一步提高了全民参与环保、热爱环保、关心环保意识, 引导人们关心身边环境, 关注地球生态, 为构建一个和谐绿色生态环境做出自己应尽的责任。

五、2011 年大理环境保护世纪行活动启动（2011 年 7 月）

2011 年 7 月 19 日, 以 "共享的水, 共享的机遇——节水、防污" 为主题的 2011 年大理环境保护世纪行活动正式启动。19—22 日, 由大理白族自治州人大常委会环境与资源保护委员会牵头, 相关部门协调配合, 大理电视台、大理日报社、春城晚报等 7 家媒体组成的大理环境保护世纪行采访团先后深入云龙、永平、祥云、宾川 4 个县进行采访报道。采访团第一站来到云龙县, 对云龙县的城市污水处理厂建设情况、沘江河道治理情况及天池保护区的保护情况进行了集中采访。随后, 采访团还分别对永平县垃圾处理和污水处理情况及祥云县、宾川县的农业节水工程进行采访报道。大理白族自治州环境保护局和所到县环境保护局积极参与此次活动, 认真准备, 做好有关情况介绍。2011 年的环境保护世纪行活动深入大理白族自治州典型地区, 认真组织新闻媒体对节水工程和防污工作情况进行实地检查和宣传报道, 充分发挥新闻媒体的舆论监督作用, 进一步增强活动的针对性和实效性。2011 年 9 月底, 大理环境保护世纪行执委会还向云南省组委会选送各新闻单位推荐的优秀稿件, 参加云南环境保护世纪行 "好新闻作品奖" 评选。

六、云南省环境保护宣传教育中心开展业务知识讲座提高人员业务水平（2012 年 2 月）

2012 年 2 月 15 日、16 日, 云南省环境保护宣传教育中心针对宣传教育中心业务人员在上报和下发公文时不规范、策划宣传教育工作时与全省环境保护中心工作脱节的情况, 邀请了云南省环境保护厅自然生态保护处孙凤智和总工程师杨春明两位同志,分别就公文的规范与写作和云南省环境保护工作形势及"十二五"工作思路，对全体职工进行了知识讲座。孙凤智同志结合自身工作经验和中心上报公文中存在的问题，向大家讲解了机关公文的规范及常用几种公文写作的技巧、方法和注意事项。通过讲解，云南省环境保护宣传教育中心全体人员对公文的规范和写作有了基本了解，对正规中心公文格式、提高公文写作能力奠定了基础。杨春明总工程师引用大量的资料和数据，对我国、云南省环境保护工作取得的成绩、存在的问题、面临的困难进行了讲解和分析，同时通过解读云南省"十二五"环境规划，特别对"十二五"环境保护工作的总体思路和框架及需要把握的重点进行了讲解，并对参会人员提出的问题做了详细解释。2012 年是云南省环境保护宣传教育中心全面增强人员业务能力、提高工作质量建设年，中心将采取请进来、走出去、相互教、自己学，有计划、有步骤地开展业务知识讲座、送部分同志外出学习等办法，不断提高干部职工的业务素质，同时，将建立业务知识学习考核奖惩规定，激励全体同志学习业务的积极性，全面提升中心人员的业务技能水平，促进各项工作的开展。

七、云南世界环境日主题宣传活动　百余市民绿色出行（2012 年 6 月）

2012 年 6 月 5 日是第 41 个世界环境日，2012 年中国的主题是"绿色消费 你行动了吗？"。云南环境保护系统"为民服务创先争优 维护群众环境权益——2012 年纪念'六·五'世界环境日主题宣传活动"在云南启动，16 个州（市）同时进行。在官渡区福保文化城主活动场上，设置了七彩云南保护行动实施 5 周年回眸、创先争优志愿服务群众、环境保护工作内容和程序及环境保护知识等展板，向市民发放宣传册、环保袋、环保厨用围裙等物品。同时，省、市、区环境保护部门还开设了环境政策法规、高原湖泊保护与管理、环境投诉等 7 个环境保护咨询服务台，为现场市民提供相关咨询服务。活动主会场现场，相关领导为昆明公交车发放了"绿标"，昆明市公交车有 4000 余辆合格，纯电动公交车有 5 辆，黄标车占有 15%。"绿色出行，节能低碳，是我们倡导的，也是要由我们大家一起来做"。据介绍，近年来，昆明市加大了滇池治理、城市环境质量改善等重点保护工作。不过，环境资源约束仍在加剧，保护好生态和改善环境就必须要治理好滇池。希望通过世界环境日等宣传活动，人人参与环保，保护滇池、建设生态昆明成为每一位市民的自觉行动，让昆明的天更蓝、水更清、山更绿。

八、大理白族自治州环境保护局开展"为民服务创先争优维护群众环境权益"暨 2012 年"六·五"世界环境日宣传活动（2012 年 6 月）

为深入贯彻落实大理白族自治州委开展的"四群教育"和大理白族自治州委创先争优活动领导小组办公室《关于继续做好"创先争优志愿服务"活动的通知》（大创电明〔2012〕1 号），结合云南省环境保护厅转发的《省委创先争优办关于继续做好"创先争优志愿服务"活动的通知》（云环发〔2012〕43 号）和云南省环境保护厅《关于在六·五世界环境日期间开展"为民服务创先争优 维护群众环境权益"活动的通知》（云环通〔2012〕59 号）精神，大理白族自治州环境保护局联合大理学院、大理市环境保护局于 2012 年 6 月 5 日在下关人民公园开展"为民服务创先争优、维护群众环境权益"暨2012 年"六·五"世界环境日宣传活动。主活动场正面设背景画面模板 1 块，上面设置"为民服务创先争优、维护群众环境权益"主题、"绿色经济，你参与了吗？"2012 年世界环境日主题，两侧挂 2012 年世界环境日中国主题"绿色消费 你行动了吗？"布标各 1 块，四周设置关于七彩云南大理行动、创先争优志愿服务群众、环境保护工作内容和程序、环境保护知识等宣传展板 35 块。开设环境保护政策法规、洱海保护、环境影响评价行政许可、环境投诉等环境保护咨询服务台，发放宣传资料。活动当天共计发放环保宣传画 30 000 多幅、环保宣传册 20 000 多册、环保袋 10 000 个、环保围腰 2000 个、环保扑克 1000 幅；有 4000 多名群众参加了活动，把"四群"教育和"创先争优"工作落到实处，为公众释疑解惑，解决群众关心的环境问题，切实为人民群众提供高效便捷的环境保护服务，让人民群众在创先争优中得到实惠。

九、大理白族自治州深入开展环境保护世纪行活动（2012 年 7 月）

根据大理白族自治州十二届人大常委会 2012 年工作部署，大理 2012 年环境保护世纪行活动已全面开展。为了使环境保护世纪行活动开展更加体现特色，大理白族自治州环境保护局积极配合大理白族自治州人大环境与资源保护委员会，结合实际，组织了云南日报、大理日报、大理白族自治州电视台及大理白族自治州电台等 9 家媒体 10 名记者组成的新闻记者采访团，于 2012 年 7 月 3—6 日分别深入洱源、鹤庆、剑川、云龙 4 县进行水源地保护情况的调研，并对水源地保护情况相关情况进行采访和报道。有力监督了全州水源地的保护工作，切实保障了广大人民群众的身体健康和生命安全，有效促进了幸福大理的建设工作。参加本次采访活动的主要领导有大理白族自治州人大环境与资源保护委员会杨立章主任、刘峰副主任、周文伟调研员，大理白族自治州委宣传部相关领导，大理白族自治州环境保护局、水务局及住房和城乡建设局有关领导及负责人参加了本次活动。

十、保山市环境保护局深入挂钩联系点走访慰问（2013年1月）

春节将至，保山市环境保护局党组心系挂钩村群众生活，为了能让挂钩村的贫困老党员、困难群众过上一个安乐、祥和、喜庆的春节，2013年1月30日，保山市环境保护局相关领导带队深入保山市环境保护局"四群"教育挂钩点——隆阳区水寨乡洼子田村民委员会进行了走访慰问送温暖活动。在村干部的陪同下，保山市环境保护局相关领导首先深入该村4户贫困老党员、困难群众家中，察看了农户家境实情，与村民促膝而谈，逐户了解生产生活情况和急需解决的困难与问题，为村民脱贫致富出谋划策，鼓励他们要坚定信心、克服困难，争取早日脱贫致富。同时给他们送去慰问金和饵丝、食用油、副食品等慰问品，并祝愿他们春节快乐、生活越来越好。其次保山市环境保护局相关领导认真听取村党支部书记对保山市环境保护局开展"四群"教育工作以来给予洼子田村的支持、帮助及基础设施建设情况的介绍，并仔细察看了龙潭村民小组滑坡情况。最后保山市环境保护局相关领导对该村挂钩工作和取得的成效表示满意，并表示保山市环境保护局2013年将继续选派新农村指导员入住该村支持新农村建设及村级群众活动场所建设；村干部要积极协调解决好龙潭滑坡搬迁工作，并综合利用未损害的原房屋；积极帮助协调该村水窖管道项目建设经费。

十一、《斯德哥尔摩公约》走进七彩云南大学校园（2013年4月）

2013年4月19日，云南省环境保护对外合作中心联合云南省环境保护宣传教育中心在云南大学呈贡校区举办了名为"《斯德哥尔摩公约》走进七彩云南大学校园"的教育培训示范活动，旨在普及持久性有机污染物基础知识，提高公众认知和防范意识。此次宣传活动通过播放宣传片、发放宣传材料、专家现场开展知识问答和咨询等形式，让众多学子了解持久性有机污染物对生态环境的危害，以及云南省将采取的履约行动。云南省环境保护厅对外交流合作处就"持久性有机污染物与《斯德哥尔摩公约》"做了专题讲座，来自云南大学、昆明理工大、云南师范大学和云南农业大学等

院校的百余名学生参加了培训。

十二、元江哈尼族彝族傣族自治县环境保护局开展城市环境保护满意率调查（2013年5月）

为推进元江生态县建设工作，摸清城区居民对环境保护工作的满意度和征求改进环境保护工作的方法，2013年3—4月，元江哈尼族彝族傣族自治县环境保护局开展了城市环境保护满意率调查活动。本次活动得到元江哈尼族彝族傣族自治县统计局的大力支持和指导，共制作了100份环境保护工作满意度问卷调查表，采用分层多阶段随机抽样的抽样方法。以年龄在18—65周岁且居住在本地1年以上的家庭成员作为问卷表的发放对象。结果显示，元江哈尼族彝族傣族自治县公众对城市环境保护满意率为92%。其中对县城空气质量的满意率为82%，对县城饮用水的水质满意率为91%，对县城治理生活污水效果的满意率为58%，对整治交通噪声效果的满意率为51%，对治理生活垃圾效果的满意率为70%，对治理环境卫生脏乱差效果的满意率为60%，对元江哈尼族彝族傣族自治县环境保护宣传教育、污染投诉处理工作的满意率为92%。元江哈尼族彝族傣族自治县环境保护局将对收集到的意见和要求进行认真整理和归纳，并结合群众反映强烈的部分问题进行重点查办，以切实维护城区居民的环境权益。

十三、保山市举办志愿者"爱·分享公益创意市集"系列活动（2013年5月）

2013年4月27—29日，中国共产主义青年团保山市委员会、保山市志愿者协会、保山市志愿者之家、保山市环境保护局组织开展了2013年志愿者"爱·分享公益创意市集"系列活动。此次活动旨在引导大家关注公益、创意、绿色生活及消费，为人民群众推广绿色生活方式和低碳理念。活动为期3天，内容包括：社会企业与社会创新讲座；环保酵素制作、公益创意市集、探访保山生态咖啡种植基地。在"爱·分享公益创意市集"现场，保山市长与来自全省各地的志愿者们一起体验了公益行动、绿色生活的快乐。他说："保山是绿色的城市，保山志愿者们的行动很有教育意义。"保山市长聆听相关机构分享社会企业公益创意和绿色低碳生活的经历，保山市环境保护局与志愿者一起向市民宣传环境保护、节能、低碳、减排等工作，提倡资源节约、环境友好的生活方式和消费方式，倡导绿色生活的和谐理念，吸引驻足观看人员达200余人，并现场发放环境保护宣传资料300余份，与中国共产主义青年团保山市委员会、保山市志愿者协会、保山市志愿者之家等团体共同形成一道青年志愿者服务亮丽的风景线，受到市民的欢迎。

十四、玉溪市教育系统开展"六·五"世界环境日中国主题系列宣传活动（2013 年 6 月）

玉溪市教育系统充分发挥学校环境保护宣传教育优势，各级各类学校开展了"六·五"世界环境日中国主题系列宣传活动。举行国旗下讲话仪式。倡导"低碳减排，绿色生活"活动；利用橱窗、黑板报、校园网、校园广播、环境保护宣传图片等大力宣传生态环境保护知识；组织环境保护教育活动，教育学生从我做起、从身边事做起；组织师生积极参与绿化、净化、美化校园活动；组织学生积极参加社区环境保护实践，让学生更多地参与社会环境宣传监督活动；举办大型公益晚会，宣传环境保护知识，传递环境保护理念。2013 年的世界环境日宣传教育活动呈现出师生参与面广、活动有创新、成效明显的特点。

十五、世界环境日从种树清扫做起（2013 年 6 月）

2013 年 6 月 3 日，来自学校、社区和省市环境保护部门工作者近 200 余人，以植树、沿河道两岸进行垃圾清捡等方式参与"六·五"世界环境日宣传活动。联合国环境规划署确定 2013 年的世界环境日主题为"思前，食后，厉行节约"，旨在倡导反对粮食浪费，减少耗粮和碳排放，使人们意识到粮食消耗方式对环境产生的影响。而中国主题为"同呼吸，共奋斗"，旨在释放和传递建设美丽中国人人共享、人人有责的信息，倡导每一位公民都应牢固树立保护生态环境的理念，自觉从我做起、从小事做起，为改善空气质量，实现天蓝、地绿、水净的美丽中国而做出贡献。围绕"同呼吸，共奋斗——爱护美好家园 我们一起行动"这一云南省主题，活动现场除展出生态文明、节能减排、低碳生活、白色污染、湖泊保护、农村环境污染防治等贴近民生的环境保护知识宣传展板 60 块外，云南省生态环境科学研究院、环境科学学会的专家还就市民关心的环境保护问题进行了生动的讲解。活动中，环境保护工作人员、社区群众、小学生还一起在滇池湖畔种下 140 多棵"环保树"；云南省环境保护厅团委组织团员分别对盘龙江、金太塘河入湖河段岸边垃圾进行清捡；河道打捞队员对盘龙江入湖河段内的漂浮物进行了打捞。此外，多名环境保护工作人员走近市民、走进社区，在发放宣传材料的同时，向市民宣传环境保护政策和环境保护理念。

十六、云南社区讲解池畔栽树　环境宣传活动异彩纷呈（2013 年 6 月）

2013 年 6 月云南省环境保护厅在昆明滇池国家旅游度假区海埂社区举行了第 42 个"六·五"世界环境日宣传活动。来自云南省、昆明市环境保护部门的工作人员、环境保护专家、学生、社区群众 200 多人参加了这次活动。活动现场展出了生态文明、节能减排、低碳生活、白色污染、湖泊保护、农村环境污染防治等贴近民生的环境保护知识宣传展板 60 块；环境保护专家就市民关心的环境问题进行了生动的讲解；工作人员走近市民、走进社区，发放宣传材料，向市民宣传环境政策。活动中，环境保护工作人员、社区群众、小学生一起在滇池湖畔种下 140 多棵"环保树"；云南省环境保护厅团委组织团员们分别对盘龙江、金太塘河入湖河段岸边垃圾进行清捡；河道打捞队员对盘龙江入湖河段内的漂浮物进行了打捞。"六·五"期间，云南省环境保护系统围绕"同呼吸，共奋斗——爱护美好家园　我们一起行动"的主题，结合本地实际，开展丰富多彩的环境保护宣传活动，旨在传播环保理念，宣传环保法规，普及环保知识，正面引导环保舆论，促使广大公众关心环保、支持环保、参与环保，为云南生态文明建设贡献力量。

十七、保山市举办 2013 年环境保护法制教育专题讲座（2013 年 7 月）

为适应新形势下环境保护工作的需要，2013 年 7 月 12 日，保山市举办了"2013 年环保法制教育专题讲座"，来自 5 县区环境保护局领导及股（室）负责人、部分重点企事业单位分管领导、社会监督员、保山市环境保护局全体干部职工及新闻媒体共 300 余人参加了培训会。保山市人大城乡建设环境资源保护委员会、政协人资委领导参会指导。专题讲座特邀请保山市人民政府法制办公室调研员徐苏南为全体参会人员讲授环境行政执法、《最高人民法院、最高人民检察院关于办理环境污染刑事案件适用法律若干问题的解释》等相关法律知识。徐苏南采用"以案说法"的形式，深入浅出地阐述了我国环境保护的主要法律法规、环境保护面临的形式，对《最高人民法院、最高人民检察院关于办理环境污染刑事案件适用法律若干问题的解释》进行详细的解读和如何运用其内容加强环境监管，将枯燥的法律知识讲得生动有趣，具有较强的理论性、实用性及可操作性。通过专题讲座，全体参会人员更好地学习领会解释内容，用于指导具体工作，有助于提高全市环境保护系统干部职工的依法办事和依法行政的能力，更好地服务于环境保护行政执法工作，有助于增强企业的环境保护法律意识，提高企业守法生产经营及履行环境保护责任的自觉性，更好地为建设和谐保山、美丽保山保驾护航。

十八、减少、消除和预防持久性有机污染物宣传入社区（2013 年 9 月）

2013 年 9 月 15 日，借助"春城益市"公益活动的平台，云南省环境保护厅在盘龙区云南映象小区广场开展"为了更加和谐的明天——减少、消除和预防持久性有机污染物"入社区的宣传活动，以宣传持久性有机污染物基础知识，提高人们的参与和防范意识。活动设计了淘汰消减和控制持久性有机污染物的签名活动，群众积极参与，取得了较好的宣传效果。活动期间，现场发放宣传手册百余份、宣传手袋百余个，并解答热心群众提出的有关问题。

十九、"保护臭氧层 我们在行动"宣传入社区（2013 年 9 月）

2013 年 9 月 15 日，借助"春城益市"公益活动的平台，云南省环境保护厅在盘龙区云南映象小区广场开展"保护臭氧层，我们在行动"的社区宣传活动。以宣传保护臭氧层知识，普及人们的知识认知和参与、保护意识。活动中，现场发放宣传手册百余份、宣传手袋百余个，并解答热心群众提出的有关问题。

二十、中国农业大学环境保护实践服务队到云龙县进行环境保护科普宣传活动（2013 年 9 月）

为了进一步提高广大群众对于环境保护的参与意识，普及环境保护知识，受云龙县环境保护局和云龙县新农队办的邀请，2013 年 7 月 26—27 日，云南省环境科学学会组织中国农业大学环境保护实践服务队一行 9 人到云龙县进行环境保护科普宣传活动。服务队紧紧围绕"同呼吸，共奋斗"的 2013 年世界环境日的中国主题，在云龙县环境保护局相关人员配合下，分别到果郎村庄坪组、诺邓古村开展环境保护科普宣传活动，采取问卷调查、入户走访、现场讲解、发放宣传资料等宣传手段，向村民讲解如何合理施用化肥、农药，如何科学养殖，怎样有效减少农村的环境污染；引导广大农民群众自觉保护农村生态和环境，从我做起、从小事做起，尊重自然、顺应自然，增强节约意识、环保意识、生态意识，形成良好的环境卫生和符合环境保护要求的生活、消费习惯；弘扬生态文明，发展生态文化；创造清洁的家园、良好的农村环境。活动期间，累计发放《化肥使用环境安全技术导则宣传册》《农药使用环境安全技术导则宣传册》《农村环保科普知识宣传册》《化肥使用环境安全技术导则挂图》《农药使用环境安全技术导则挂图》《畜禽养殖业污染防治挂图》等各种宣传资料 300 余份，指导村民填写调查问卷 40 余份。本次活动把环境保护宣传教育工作做到田间村头，受到了当地群众的热烈欢迎与一致好评，不仅提高了村民的环境保护意识，还为大学生们提供了提升综合素质和实践能力的锻炼平台。

二十一、大理市海东镇进行洱海保护知识专题宣讲（2013 年 11 月）

2013 年 11 月 12 日，大理市海东镇社会主义新农村建设工作管理办公室组织召开了以"保护洱海、你我共参与"为主题的洱海保护知识宣讲活动。本次宣讲活动是根据上级对洱海保护提出的新要求，结合海东镇实际和海东镇新农村建设工作队的工作重点开展的。宣讲活动邀请了大理市委副书记、大理市新农村建设工作队王海波总队长和大理市新农办领导到会指导，海东镇党政主要领导、相关部门负责人、各村干部和新农村建设工作队全体队员等60余人参加。本次宣讲活动首先由海东镇党委副书记寸靖文对如何做好洱海保护进行了动员，其次由大理白族自治州环境保护局洱海湖泊研究中心派驻海东镇上登村民委员会和大理白族自治州环境保护局环境监测站派驻海东镇文武村民委员会新农村建设指导员分别就《洱海流域农村面源污染及防治对策》和《洱海保护与水质监测》等内容进行了讲述。最后大理市委副书记、大理市新农村建设工作队总队长王海波结合上级对洱海保护提出的相关要求和自己的调研结果对洱海保护工作的重要性和必要性进行了说明，并对指导员及镇村干部群众在洱海保护中的骨干作用进行了要求，提出在农村生产生活中"勿以恶小而为之，勿以善小而不为"的倡议。会后海东镇新农村建设全体指导员、村民委员会负责人和镇相关部门工作人员一起在海东镇街道上向群众发放了洱海保护知识读本和洱海保护宣传画。通过本次宣讲活动，参会人员增加了投身到洱海保护的热情，纷纷表示将从自身做起、从小事做起，积极为保护洱海贡献一份力量。

二十二、云南省"数字环保"第一期建设项目启动（2013 年 12 月）

2013 年 12 月 30 日下午，云南省环境保护厅"数字环保"第一期建设项目启动会及工作会在昆明召开，宣布云南省"数字环保"一期建设项目正式启动。从 2013 年起，云南省环境保护厅计划用 3 年时间，提高云南省环境管理"信息化、智能化、精细化"水平，初步建成"数字环保"体系。云南省"数字环保"工程建设内容主要包含：建设 1 个门户、2 个平台、3 个中心、12 个应用系统及配套设施。具体来说，就是建设支撑环境信息整合发布、环境监测、环境监察、污染源管理等环境保护核心业务的应用系统及系统对外接口，实现关键环境保护信息的全面、及时、准确共享和发布。

二十三、大理白族自治州环境保护局认真开展"清洁家园、清洁水源、清洁田园"活动（2014 年 1 月）

按照大理白族自治州委、大理白族自治州人民政府开展"清洁家园、清洁水源、清洁田园"活动的要求，大理白族自治州环境保护局主要领导亲自抓、负总责，明确目标任务，认真落实了本轮环境卫生整治活动的责任和措施。2014 年 1 月 13 日中午，由环境保护局主要领导带队，班子全体成员及环境保护局机关全体干部职工参加，赴挂钩村右所镇陈官村开展环境卫生整治。活动中，全体干部职工亲力亲为、不怕脏、不怕累，重点对陈官村沟渠及村落卫生死角的生产生活垃圾和废弃物进行了全面清理，使该村貌焕然一新。大理白族自治州环境保护局通过本次活动积极引导该村广大居民，从自己做起、从小事做起、从身边做起、从养成良好习惯做起，全面、深入、持久地开展好环境卫生综合整治活动，为洱海之源的清洁美丽做出新的贡献。同时，为进一步加大"美丽乡村"建设力度，大理白族自治州环境保护局下一步将把集中整治与建立长效机制结合起来，保证合理的人员配备和必要的经费投入，从垃圾清理、转运、处理各个环节，一步一步推进、一片一片解决，坚持不懈抓下去，实现制度化、常态化，并将其作为开展群众路线教育实践活动，进一步加强洱海保护，推进美丽幸福新大理建设的重要举措。

二十四、共建美丽家园，环保志愿者在行动（2014 年 1 月）

2014 年 1 月 10 日，西双版纳傣族自治州环保志愿者在景洪市勐泐广场举行了"共建美丽家园，环保志愿者在行动"公益活动。来自 30 个单位、不同行业的 200 多名志愿者及市民在印有"同顶一片蓝天，共护一方水土"的宣传横幅上签下了自己的名字，以示对环境保护活动的全心支持。大家认真观看了省级生态州、国家级生态县（市）创建、节能减排、污染治理、环境保护知识、农村环境整治工作等展板，向市民发放环境保护知识宣传册和宣传图片。景洪市南国帝景幼儿园小朋友及家长在活动现场，以绘画的方式，表达了小小环保志愿者心声，他们用彩笔描绘出了自己心中美丽家园的景象。活动最后，环保志愿者们对活动现场和市中心 4 条主要街道沿路乱扔乱弃的垃圾进行了清理。西双版纳傣族自治州环保志愿者将陆续举行一系列环境保护公益活动，目的是倡导在全社会牢固树立生态文明观念，自觉行动、保护环境、厉行节约、低碳生活、综合利用、循环发展，引导大家从自己做起、从家庭做起、从点滴做起，为建设美丽家园奉献自己的力量。

二十五、加大环境保护宣传力度，提升全民环境保护意识（2014年 2 月）

保山市环境保护局紧紧围绕争当云南省生态文明建设排头兵和创建"生态文明市"的目标，引导公众树立尊重自然、顺应自然、保护自然的理念，进一步提高群众对环境保护的认知度，保障群众的知情权、监督权和参与权，推进污染减排、优化产业结构，切实做到环境保护宣传力度大、群众环境意识提升快。一是加强新闻报道，推动环境保护工作的开展。二是实行政务公开。三是对建设项目环境保护审批、"三同时"执行情况、污染减排、企业环境治理、生态环境破坏、饮用水水源等方面环境问题及时处理、及时进行反馈。四是依托"国家环境信息与统计能力建设项目"的带动和"保山电子政务平台"建设，完善了基础网络和安全体系，基本建成了国家、省、市和县 4 级联通的广域信息网络、视频会议、24 小时实时污染源在线监控、政务平台（电子公文传输）及保山环境保护公众网站。五是积极开展"绿色"创建活动，通过开展"绿色社区""绿色学校""环境教育基地"等系列活动，对公众的环境保护意识进行潜移默化的影响，最大限度激发社会各界参与环境保护工作的各种创建活动。六是保山市各县区多形式组织开展环境保护宣传教育，以"六·五"世界环境日、"5·22"国际生物多样性日、"6·17"全国低碳日等重要节日活动为契机，认真组织开展一系列形式多样、具有地方特色、内容丰富的宣传教育活动。七是扩大宣传面，邀请云南省有关环境保护方面的专家，一起深入基层进行环境保护宣讲，让环境保护法律法规与环境保护知识走进机关、走进学校、走进企业。

二十六、全民发动　保护洱海　掀起洱海保护宣传教育新热潮（2014 年 3 月）

为全面发动广大人民群众参与洱海保护治理工作，大理白族自治州委、大理白族自治州人民政府制定了深入实施洱海保护宣传教育工程的意见。大理白族自治州环境保护局积极主动、多措并举，与大理白族自治州委宣传部、教育局、州委党校等有关部门密切配合，掀起洱海保护宣传教育新热潮。一是大理白族自治州环境保护局自行组织拍摄系列洱海保护公益广告宣传片。洱海保护公益广告宣传片第一期已在大理白族自治州电视台、大理市电视台、大理市内公交车和各类 LED 屏等循环播放 1 个多月。通过高强度、多频次的播放，大大增强全民保护洱海的意识、积极投身洱海保护的热情。洱海保护公益广告宣传片第二期正在抓紧拍摄。二是新学期伊始，将"洱海保护"作为大理白族自治州中小学生开学第一课，全州 1008 所小学、159 所初中，近 40.6 万名中小学生收看了洱海保护多媒体课件。通过教师传授相关知识，并开展讨论，增强了广大学生保护洱海的意识。由学生向家长积极宣传洱海保护知识和具体做法，"小手牵大手"，带动广大人民群众形成良好的生活生产行为方式。三是积极参与洱海保护宣讲团组建工作，提供洱海保护治理宣传基础材料，推荐环境保护系统内专业技术骨干作为宣讲人员。

二十七、建设"美丽凤庆、森林凤庆"环保志愿者在行动（2014 年 3 月）

为积极响应凤庆县委、凤庆县人民政府的号召，扎实推进迎春河流域环境综合整治，全力打造"水清、河畅、岸绿、景美"的生态景观，加快凤庆县建设"美丽凤庆、森林凤庆"的步伐，2014 年 3 月 7 日下午 2 点，由凤庆县环境保护局牵头，住房和城乡建设局、食品药品监督管理局、统计局、科学技术局、粮食购销公司全体妇女共计 67 人组成的凤庆县"巾帼环境保护志愿服务队"，到凤山镇文昌阁参加"巾帼林植树活动"。劳动现场：志愿者们胸前佩戴志愿者会徽，3—5 人一组，争先恐后地挖坑、提水，把事先准备在植树现场的 2 米多高的 20 棵天竺桂树苗从路上抬起来，运到挖好的坑里，摆放好，培上土，浇上水，来来回回，活动现场一片忙碌的景象。此次活动全体志愿者积极履行职责，不怕苦、不怕累，大力弘扬志愿者精神，以实际行动为全县妇女做出典范，为凤庆县文昌阁景区增添了绿意，为凤庆县建设"美丽凤庆、森林凤庆"尽了一份微薄之力。

二十八、大理市环境保护局积极开展 2014 年科技周宣传活动（2014 年 5 月）

2014 年 5 月 20 日，为不断提升人民群众的科技文化水平，增强群众的学科学、用科学的意识，大理市环境保护局与科学技术局等单位在大理市挖色镇举办 2014 年科技宣传周活动。大理市环境保护局结合自身实际，以洱海保护、环境保护科技为主开展宣传活动。在活动现场，大理市环境保护局通过设立咨询台、展出展板、发放宣传资料等形式向群众宣讲了洱海保护、垃圾分类及低碳生活等知识。同时，热情为群众提供了政策法规咨询、环境保护小常识及一些与日常生活有关的环境保护知识解答等一系列服务，使广大群众进一步增强了对环境保护科技知识的了解，对于倡导绿色生活、提高公众环境保护意识起到了积极的作用。本次活动当天，共发放有关环境保护宣传材料 2000 份、环保袋 2000 份，布置展板 4 块，宣传活动引起了广大观众极大的兴趣。通过宣传活动，群众的环境保护观念和环境保护意识不断增强。此次活动达到了环境保护科技宣传的目的，收到了良好的效果，有力地推动了大理市洱海保护治理工作。

二十九、保山市开展环境保护知识进校园活动（2014 年 5 月）

2014 年 5 月，保山市环境保护局联合保山学院开展"细颗粒物，争做环保第一人"环境保护知识进校园活动。通过学习，大学生们可以提高对保护环境的重要性、紧迫性的认识，积极参与环境保护、逐步形成低碳节俭的消费观念和生活习惯。当天，保山市环境保护局副调研员、总工程师王华，在保山学院永保楼学术报告厅对该校 300 余名学生就大气环境保护方面的内容做了专题讲座。她利用多媒体图文并茂地向学生从空气污染是全球城市面临的共同问题、细颗粒物的来源和组成、细颗粒物的污染危害、环境空气质量新标准、细颗粒物污染防治与国家《大气污染防治行动计划》5 个方面做了专题讲座，讲座中介绍了我国的环境状况、国家对大气污染防治方面采取的重大举措，紧密联系学生们身边的生活实例和所见所闻向学生们讲述了什么是环境保护、保护环境的重要性及如何去环保。课后，该校环境保护社团蓝宇社组织学生对学校周边街道的白色垃圾进行了清扫。此外，该校结合学生的节约意识、环境保护意识、生态意识和参与环境保护的自觉性，积极筹备 2014 年世界环境日活动，使更多学生树立环保意识，养成环保习惯。

三十、大理市环境保护局积极开展"六·五"世界环境日宣传活动（2014 年 6 月）

为进一步增强公众环境保护意识，倡导全社会共同行动起来保护洱海母亲湖，2014 年 6 月 5 日，大理白族自治州、大理市环境保护局在下关人民公园开展"保护洱海母亲湖，向污染宣战"为主题的宣传活动。在活动现场，大理市环境保护局通过摆放展板、设立咨询台、发放宣材资料和赠送环保购物袋等形式向群众宣讲了洱海保护治理、垃圾分类及低碳生活等知识。同时，热情为群众提供了政策法规咨询、环境保护小常识及一些与日常生活有关的环境保护知识解答等一系列服务，宣传活动引起了广大观众极大的兴趣。活动当天，发放有关环境保护宣传材料和《云南省大理白族自治州洱海保护管理条例（修订）》共计 7000 份、环保购物袋 2000 个，布置展板 5 块。通过宣传活动，群众的环境保护意识和洱海保护意识不断增强，此次活动达到了环境保护宣传的目的，收到了良好的效果，有力地推动了大理市洱海保护治理工作。

三十一、保山市环境保护局深入开展节能减排宣传活动（2014 年 6 月）

2014 年全国节能宣传周和低碳日活动的主题是"携手节能低碳共建碧水蓝天"，积极倡导绿色、健康、低碳、节能环保的生活理念，提高群众节能减排意识。6 月 12 日，保山市环境保护局参加保山市人民政府组织的节能减排宣传周活动。一是认真学习《公共机构节能条例》，深刻领会条例内涵，认清公共机构节能在节能减排工作中起到的重要性；二是保山市环境保护局党组进一步要求要积极开展以节电、节水、节油、节约办公用品、节约公用经费为重点的节能降耗工作，建立完善节能降耗目标责任和考核评价制度，并将活动持之以恒地开展下去，全力做好机关节能工作。三是精心制作了污染防治减排知识宣传展板，在活动期间向广大干部群众讲解污染减排的重要意义，共发放宣传资料 200 余份。此次活动提高了群众节能减排、低碳生活意识，充分调动了各方面社会力量积极参与生态文明建设和节能低碳行动，在全社会树立和普及了生态文明理念，努力建设美丽、绿色、低碳保山。

三十二、云南省环境保护大型宣传教育活动走进昌宁县湾甸乡帕旭芒石傣族寨（2014 年 7 月）

2014 年 7 月，云南省环境保护宣传教育四进活动（进企业、进乡村、进学校、进社区）走进保山市昌宁县湾甸乡帕旭芒石傣族寨开展主题活动，展示云南各族人民人与自然和谐相处的生态观、良好的自然生态环境和多年来云南省生态文明建设成效。保山市环境保护局党组成员、副局长薛众一行应邀参加了开幕式。此次活动采取悬挂横幅、参观环境保护展板、观看环境保护微电影、民族歌舞、有奖知识问答、捐赠活动、专家讲解、发放宣传材料等方式大力宣传安全健康知识、生态环境常识等环境保护知识。以实际行动把"绿色、生态、环保"的理念落到实处，湾甸商会为帕旭村捐助 1 个公共沼气池，用于该村养殖小区的牲畜粪便的处理，使该村在具备生态设施的基础上发展生态产业。据统计，共悬挂标语 3 幅、摆放宣传图片及展板 60 幅、发放环保袋 1000 个、发放环境保护宣传册和材料 1200 余份。通过开展环境保护宣传教育活动，向广大群众宣传了保护生态环境的基本知识和方法，引导大家从身边的小事做起，积极参与到节约资源、减少污染、爱护环境的行动中，倡导保护生态环境的生活理念，为建设生态傣乡奠定基础。

三十三、环境保护宣传适时再下乡为美丽新农村建设添力（2014 年 9 月）

自年初全州上下开展"三清洁"活动以来，巍山彝族回族自治县紫金乡坚决贯彻落实州、县美丽乡村建设有关指示精神，严格按照上级"清洁家园、清洁水源、清洁田园"活动的有关要求，广宣传、造氛围，定措施、建制度，商民约、定村规，抓治理、真落实，"三清洁"工作取得了实效，全乡农村环境整体向好的方向发展。针对山区农村秋收渐近和新《中华人民共和国环境保护法》正式施行时间临近的实际，为进一步启发广大群众"保护环境 人人有责"的自觉性，逐步规范山区农村对农作物秸秆、核桃果皮等农业生产废弃物的堆放与利用，不断巩固"三清洁"成果，促进广大村民人人参与美丽乡村建设意识的提升，大理白族自治州环境保护局、巍山彝族回族自治县环境保护局及时组织环境保护法规及农村污染防治知识宣传下乡，紫金乡人民政府及驻乡新农村建设工作队组织"三清洁"再宣传。此次宣传活动，紧扣"三清洁"主题，突出宣传新《中华人民共和国环境保护法》、农业面源污染防治、水污染防治、饮用水水源地保护、农村生活垃圾和污水处置等内容重点，利用覆盖全紫金乡的乡辖新合、白马塘、金沙坪、岩鸡场、洱海等街场赶集天，采取观看展板、发放资料、现场答询等形式，于 9 月 11—16 日，联合宣传队历时 5 天组织了 5 场次宣传，共发放农业农村污染防治知识宣传画和"三清洁"知识宣传日历各 1000 份、环保袋近 1000 个，现场接受环境保护知识宣传的群众约 3000 人。此次环境保护知识的巡回宣传活动，有效拓展了农村环境保护知识的普及面，达到了预期目的，同时也受到了紫金乡广大干部群众的一致好评，必将助推美丽幸福新紫金建设再上新台阶。

三十四、大理市环境保护局积极组织开展"公民道德宣传日"宣传（2014 年 9 月）

2014 年 9 月 20 日是"公民道德宣传日"，为促进公民道德素质和社会文明程度的提高，结合大理市创建全国文明城市活动，大理市环境保护局组织单位志愿者到建设路十字路口进行宣传，向市民发放环保购物袋、文明城市创建和环境保护等资料。广泛地号召市民朋友关心支持和参与道德建设，为争创全国文明城市贡献力量。

三十五、保山市启动 2014 年环境保护世纪行环境保护宣传月活动（2014 年 9 月）

2014 年 9 月 15—19 日保山市开展 2014 年环境保护世纪行环境保护宣传月活动，活动以"关注农村垃圾处理、建设美丽乡村"为主题。旨在总结经验，推动农村垃圾处理工作，促进农村生活垃圾热解汽化炉的推广运用，加大农村生态环境保护。活动由保山市人大常委会杨习超副主任带队，保山市人大城环资工委全体人员，隆阳区、施甸县、腾冲县、龙陵县、昌宁县人大常委会分管领导及城环资工委全体人员，保山市环境保护局分管领导及相关工作人员参加。先后深入龙陵县黄草坝社区、勐冒社区，施甸县由旺镇、仁和镇小马桥、姚关镇，昌宁县漭水镇、田园镇新城社区、龙泉社区，隆阳区西邑乡、丙麻乡、蒲缥镇，并听取了各县区对农村垃圾处理的总体情况和实地调研点的情况介绍。

三十六、保山市环境保护局集中宣传社会管理综合治理工作（2014 年 11 月）

2014 年 11 月 2 日，保山市环境保护局联合隆阳区水寨乡人民政府积极组织参加了

2014 年社会管理综合治理秋季集中宣传活动。活动现场，通过展出展板、发放宣传单及手册的形式，进行环境保护政务公开宣传。围绕保山市环境保护局的主要工作职责，重点宣传新《中华人民共和国环境保护法》、农村垃圾处理及环境信访工作的办理程序等内容。发放了环境保护知识宣传手册 80 余份，接受群众现场咨询 20 多人次。通过此次宣传，进一步提高了广大民众对环境保护工作的知晓度，对于方便群众到环境保护部门办事、促进市民参与环境保护、进一步深化保山市环境保护局政务公开工作起到了积极的促进作用。

三十七、国际志愿者日——绿色环保，我们在行动（2014 年 12 月）

2014 年 12 月 5 日是第 24 个"国际志愿者日"，为弘扬善洲精神，保山市杨善洲志愿者协会、环境保护局联合开展"拒绝白色污染环保从我做起"志愿宣传活动。保山市委宣传部、教育局、气象局、质量技术监督局多部门联动，通过在明强、杏花、南苑商场菜市场及太保公园发放宣传单、环保购物袋、"拒绝白色污染·环保从我做起"倡议书等形式集中宣传"白色污染"的危害，开展志愿服务传递爱心、奉献社会的公益事业，传承美德、弘扬新风的崇高事业。此次活动开展唤起居民杜绝白色污染、增强环境保护意识，形成人人关心环境、参与环境保护，杜绝使用超薄塑料袋和一次性发泡塑料餐具，营造绿色城市呵护美好家园的良好氛围。保山市环境保护局还开展了"环保三下乡，环保进校园"，"洁净乡村·美丽保山"建设行动，据统计，共发放"拒绝白色污染·环保从我做起"倡议书 1000 份、环境保护宣传手册 800 份、宣传单 4000 份、环保购物袋 1100 个、"洁净乡村·美丽保山"倡议书 3000 张。

三十八、强化公民的环境保护意识（2015 年 1 月）

在全省开启两会时间，代表委员履行职责、参政议政的同时，云南海埂会堂外的蓝天也成为人们关注的话题。晴天一碧、云卷云舒，人们在享受高原阳光的同时，也在隐隐担忧：担负跨越式发展重任的云南，会不会重走先污染后治理的老路？久久为功，能否施之长远？这就需要每个人树立"大生态"观念。人类生存于环境之中，若自然环境受到污染、趋于恶化，人类的根基就被摧毁，我们的生命就将受到影响，所以保护环境就是保护人类自身。我们应尊重环境、顺应环境，精心调适发展与环境保护的关系，尽最大可能维持两者间的平衡。公民精神是现代社会对公民提出的一种最基本、最重要的美德要求。它有着丰富的社会内涵，其中"公民自觉关怀与维护公共安全、公共卫生、公共环境、公共资源、公共财物等公共利益的态度与情怀"是题中应有之义。保护大生态，核心在于唤起全社会参与。归根结底，环境问题是由社会结构、社会过程和社会成员的行为模式共同导致的社会问题。只有政府、企业、个人、社会一起发力，综合施治，"云南蓝"才会长驻天空、永现眼前。

三十九、昆明市开展新《中华人民共和国环境保护法》宣传（2015年1月）

2015年，昆明市在呈贡区开展新《中华人民共和国环境保护法》学习和宣传活动。据介绍，我国新《中华人民共和国环境保护法》已于2015年1月1日起正式实施。昆明市计划在2015年采取多种形式，开展一系列新《中华人民共和国环境保护法》学习和宣传活动。一是开展新《中华人民共和国环境保护法》进社区、进企业、进学校、进乡村、进机关的"五进"宣传活动；二是借助广播、电视、报纸等传统媒体和网站、微博、微信等网络平台大力宣传新《中华人民共和国环境保护法》；三是在机关、企事业单位和学校等部门举办新《中华人民共和国环境保护法》专题学习培训、普法知识考试和知识竞赛；四是结合世界环境日和国家宪法日等特定日期开展新《中华人民共和国环境保护法》普法宣传。在呈贡新区开展的学习宣传活动中，既有现场宣讲、现场咨询活动，又有现场受理环境保护投诉、现场提供法律咨询援助服务活动。另外，活动中组织居民、学生和环境保护志愿者参与环境保护知识有奖问答和环境保护互动有奖小游戏。

四十、昆明宣传新《中华人民共和国环境保护法》持续1年（2015年2月）

云南省昆明市环境保护局组织开展的新《中华人民共和国环境保护法》系列宣传活动启动，活动将持续1年时间。在启动活动上，昆明市委书记、市长等在新《中华人民共和国环境保护法》宣传展板前聆听讲解，与环境保护人员面对面交流；社会组织自编自演"奶孙同心护滇池"等文艺节目，把市民自觉践行环境法规、齐心协力保护母亲湖演绎得惟妙惟肖；执法人员现场受理环境投诉；律师耐心为市民提供法律咨询服务。据了解，活动内容包括云南省、昆明市各大新闻媒体对新《中华人民共和国环境保护法》的专栏解读、专题报道；昆明全市领导干部专题培训、干部职工知识竞赛、演讲比赛、普法考试；进社区、进企业、进学校、进乡村、进机关"五进"宣传及行业协会、环境保护联合会等社会组织的民间自发宣传。活动将在昆明各市（县、区）同步展开，通过广泛、深入、持久的活动，在全市掀起学习、贯彻新《中华人民共和国环境保护法》的热潮，形成全社会知晓、支持、遵守、监督法律实施的良好氛围，进一步规范各级各部门依法行政。

四十一、云南启动《中华人民共和国草原法》普法宣传月（2015年3月）

2015 年 3 月 31 日，云南省 2015 年《中华人民共和国草原法》普法宣传月活动在会泽县大海乡大海草场正式启动。以"依法保护草原、建设生态文明"为主题的《中华人民共和国草原法》普法宣传月活动，将深入开展《中华人民共和国草原法》等法律法规宣传，进一步增强社会各界依法保护草原、建设生态文明的意识。云南省是草原资源大省，草原面积 2.29 亿亩，其中，可利用面积有 1.78 亿亩，居全国第 7 位、南方第 2 位。全省有万亩以上连片草原 1548 块，万亩以上连片草原面积 4649.98 万亩，是全国重要的草食畜生产基地。全省草原主要分布在大江大河的源头或上游，草原在维护国家生态安全、经济发展和构建和谐社会中具有不可替代的战略地位和作用。国家实施草原生态保护补助奖励政策以来，云南的草原生态效益、经济效益、社会效益日渐突显，在可持续发展中发挥了极其重要的作用。宣传月期间，将开展送法下乡活动、执法巡查工作，加大对草原上作业企业的宣传力度等。

四十二、李纪恒在昆明参加义务植树活动时强调全省动员全民动手绿化美化环境共建美丽云南（2015年5月）

2015 年 5 月 16 日上午，云南省委书记、云南省人大常委会主任李纪恒，云南省委副书记陈豪，云南省委副书记钟勉，云南省政协主席罗正富等省党政军领导来到昆明市官渡区开展义务植树活动。李纪恒强调，植树造林是功在当代、利在千秋的事业，是建设美丽云南的重要途径，要全省动员、全民动手，领导带头、社会参与，绿化美化城乡环境，让云南的山更青、水更绿、天更蓝，争当全国生态文明建设排头兵。上午 9 时许，李纪恒、陈豪、钟勉和罗正富一行来到这里，与省市机关干部、驻滇解放军、武警官兵和当地村民共同开展义务植树活动。据了解，全民义务植树运动开展 30 多年来，云南省累计有近 5.8 亿人次参加义务植树，完成义务植树

35.08 亿株，国土绿化步伐不断加快，全省林业用地面积居全国第 2 位，森林覆盖率居全国前列。2015 年云南省计划完成营造林任务 600 万亩，截至 4 月底已经完成计划任务的 45%。

四十三、富民县政协开展"关爱环卫工人·爱护环境卫生"活动（2015 年 5 月）

2015 年 5 月，富民县政协组织开展"关爱环卫工人·爱护环境卫生"活动。此次活动主要内容是为环卫工人配备工作服，在主要街道规划建设环卫工人爱心驿站，开展爱护环境卫生宣传教育进学校、进社区、进单位等活动，在街头巷尾开展爱护环境卫生青年志愿者行动等。活动旨在搭建良好的沟通、互动、服务平台，使大家进一步了解环卫工人生活，关心支持环卫工人工作，同时号召广大干部群众积极投身于环卫事业中，为城市清洁美丽做出自己的贡献。

四十四、"绿化昆明·共建春城"义务植树活动启动 钟勉出席动员大会并讲话（2015 年 5 月）

2015 年 5 月 29 日，"绿化昆明·共建春城"义务植树活动动员大会在昆明召开，云南省委副书记钟勉出席动员大会并讲话。钟勉在讲话中强调，此次义务植树活动是云南省委、云南省人民政府做出的一项重要决策部署，各级各部门一定要攻坚破难、扎实工作，确保活动取得实效。一要深化认识、增强自觉。站在贯彻落实习近平总书记对云南生态文明建设重要指示精神、支持昆明建设区域性国际城市、带动全省开展造林绿化的高度来认识这项活动，切实增强思想自觉和行动自觉，有力有序推进活动。二要科学组织、讲求实效。坚持科学规划确保整体实效，在昆明市城乡建设规划的总体框架下做好绿化活动各类专项规划，做到栽种的地块区域、苗木的品种规格符合昆明城乡建设规划和城乡造林绿化相关规划。坚持质量第一确保建设实效，严格把好种苗质量关、作业设计质量关、施工质量关，确保各个环节都严格按标准要求进行。坚持创新机制确保管护实效，采取购买服务等方式，以专业化队伍参与造林绿化管护，确保植树造林成活率。三要加强领导、落实责任。活动领导小组要加强指导协调、政策制定和督促检查。在昆中央单位、省级机关、企事业单位和驻昆部队要明确分管领导和具体责任人，保质保量完成好各自任务。昆明市要认真落实属地责任，抓好市域范围的造林绿化工作，也要认真落实领导小组办公室职责，做好规划设计、配套工程建设等基础保障工作。各级各部门要主动对接、协调配合，建立联动机制，合力推进工作落实。在活动开展过程中，要时刻绷紧廉政建设这根弦，确保工程建设、政府采购等严格按照有关规定实施。

四十五、云南举办首届大学生保护生物多样性宣传活动周（2015 年 5 月）

云南省首届大学生保护生物多样性宣传活动周在昆明成功落幕。这是云南省环境保护厅与西南林业大学云南生物多样性研究院共同举办的系列宣传活动之一，旨在唤起全社会逐步形成保护生物多样性的行动自觉和文化自信。活动周期间，来自西南林业大学等高校的大学生以保护生物多样性为主题，积极参与微视频展示、保护生物多样性话剧剧本创作大赛等形式多样的线上线下宣传活动；云南生物多样性研究院的科研人员带领西南林业大学青年志愿者协会志愿者，走进昆明市区南屏街广场、圆通山动物园等地，通过发放生物多样性知识彩页、珍稀濒危野生动物精美明信片、纪念国际生物多样性精美宣传品，与市民面对面交流，传播生物多样性保护知识，让大家了解云南省生物多样性保护工作取得的成果和面临的难题。云南生物多样性研究院常务副院长董文渊说："云南是全球的生物多样性富集区和物种基因库，是中国生物多样性最丰富的省份。希望通过科普宣传，让生物多样性知识走进千家万户，让大众更多地认识到生物多样性与人类生活的关系，深刻理解生物多样性是人类生存和实现可持续发展必不可少的基础，在全社会逐步形成保护生物多样性的行动自觉和文化自信。"

四十六、云南环境保护世纪行活动结束 重点采访报道新《中华人民共和国环境保护法》实施情况（2015 年 7 月）

2015 年 7 月，云南环境保护世纪行活动结束。2015 年是开展云南环境保护世纪行活动的第 22 年，活动的主题是"推进生态文明，建设美丽家园"。本次活动紧密配合云南省人大常委会水污染防治监督工作，针对云南省水污染治理、水环境保护面临的重点和难点，重点采访报道贯彻实施新《中华人民共和国环境保护法》和《中华人民共和国水污染防治法》等法律法规情况，重点流域、重污染河流综合治理行动及成效和存在的问题，城镇、工业（园区）水污染防治进展及存在的问题，城乡饮用水水源地保护及面临的突出问题等。进一步推动实施国务院《水污染防治行动计划》，增强政府、企业和社会防治水污染、保护水环境的责任和意识，推动水环境质量持续改善。同时，活动聚焦洱海和生物多样性保护两个重点，组织开展专项采访活动。围绕洱海环湖旅游业环境整治，建立与云南省人民政府有关部门联动机制，通过专项采访活动，督促解决一些突出环境问题。通过深入采访报道自然保护区建设管理及生物多样性保护情况，进一步推动和解决保护地建设的有关问题。

四十七、云南省首届大学生湿地和生物多样性保护公益演讲大赛举行（2016年1月）

云南省首届大学生湿地和生物多样性保护公益演讲大赛于2016年1月拉开帷幕。此次大赛由共青团云南省委和云南省环境保护厅指导，云南蓝星企业管理咨询有限公司策划，云南省湿地保护发展协会共同与云南各高等院校校团委组织实施。云南省湿地保护发展协会相关负责人表示，大学生湿地和生物多样性保护公益演讲大赛是《云南省生物多样性保护战略与行动计划（2012—2030年）》的具体行动。大赛举办的目的在于唤起全社会湿地和生物多样性保护的思想意识，呼吁社会各界自觉行动起来，形成合力，共同维护生态环境，积极保护湿地，保护生物多样性，探索绿色、可持续发展路径。

四十八、云南启动湿地保护演讲大赛　企业参与搭建公众宣传教育平台（2016年1月）

由共青团云南省委、云南省环境保护厅指导的云南省首届大学生湿地和生物多样性保护公益演讲大赛于2016年1月在昆明启动。本次公益演讲大赛是云南省湿地和生物多样性保护公众宣传教育活动的重要组成部分，是"湿地保护行动在云南"系列活动之一。大赛倡议百家企业和百名协会（或商会）会长全面助推公益演讲，旨在用爱心唤起全社会湿地和生物多样性保护意识。大赛由云南省湿地保护发展协会与云南各高等院校团委共同组织实施，参赛报名时间为2016年1月9日—3月9日，启动时间为2016年3月1—15日，分赛时间为2016年4月1日—6月1日，决赛时间为2016年7月1—16日。启动仪式上，多位企业家表示将积极参与搭建云南湿地和生物多样性保护公众宣传教育平台，支持本次公益演讲大赛，充分发挥湿地爱心人士表率作用，与社会各界一道共建美好家园。云南经济管理学院40位大学生代表宣誓加入云南省湿地保护发展协会成为志愿者，将以自己的实际行动保护生态环境及生物多样性。

四十九、"2016 年世界水日·中国水周"宣传活动在云南省开展（2016 年 3 月）

2016 年 3 月，全省"2016 年世界水日·中国水周"宣传活动在晋宁县郑和文化广场启动。这次活动由云南省水利厅、昆明市水务局主办。活动现场，工作人员和志愿者以"落实五大发展理念，推进最严格水资源管理"为主题，通过设置展板、发放宣传画册和资料、文艺演出等形式，宣传节水理念和水环境保护知识，普及涉水法律，呼吁全社会珍惜水资源、保护水环境。

五十、普法助力洱海保护（2016 年 5 月）

2016 年 5 月，不少到洱海边旅游的外地游客参与了大理市司法局举行的保护洱海普法宣传活动，见证了大理市"一定要把洱海保护好"的行动和决心。据悉，自 2015 年以来，大理市全面打响了洱海流域环境综合整治攻坚战，特别是围绕洱海保护，在综合整治、项目推进、制度建设、宣传发动等方面做了大量工作。大理市司法局亦按照"围绕中心、服务大局"的工作思路，将司法行政各项工作重心调整到洱海保护治理这项重点工作上来。1 年多来，大理市司法局坚持每周赴环洱海各镇开展 1 次法治宣传活动，通过深入宣传以《云南省大理白族自治州洱海保护管理条例（修订）》《云南省大理白族自治州苍山保护管理条例》《云南省大理白族自治州洱海海西保护条例》《云南省大理白族自治州湿地保护条例》等为重点的法律法规，提高广大群众保护洱海的法律意识、责任意识，营造全社会关心、支持和参与洱海保护的良好氛围。截至 2016 年 5 月，已累计开展各类宣传活动 70 余场次，发放各类宣传资料 142 000 多份（册），受教育人次达 45 万余人次。

五十一、云南举办环境保护流动公益展 宣传法律法规 倡导绿色生活（2016 年 5 月）

"云南环保流动展"公益宣传活动于 2016 年 5 月在昆明市郊野公园举行。此次活动以"节约利用资源、倡导绿色生活"为主题，向市民普及环境保护知识，展示环境保护成果，推动社会各界积极参与环境保护工作。本次活动中，云南省环境保护宣传教育中心与昆明市环境保护联合会、昆明市园林绿化局共同打造了环境文化长廊，图文并茂地展示"十二五"生态文明建设和环境保护成绩，宣传新《中华人民共和国环境保护法》、世界地球日等与市民息息相关的环境保护知识。"云南环保流动展"公益宣传活动主要围绕环境法律法规及环境保护重点工作，以"绿色生活"为中心，通过文艺演出、环境保护知识有奖问答、展板展示、资料发放、现场志愿者招募等形式，在公园、社区等地全面开展活动。据了解，昆明市将在年内举办 8—10 次环境保护流动公益展。第二季度还将围绕生物多样性主题在昆明市大观公园展开宣传活动；第三、第四季度将以争当环境保护志愿者及新《中华人民共和国环境保护法》宣贯等为主题在昆明各大公园展开活动。

五十二、昆明市：节水宣传周活动启动（2016 年 6 月）

2016 年 6 月，由昆明市水务局、呈贡区人民政府主办，昆明市计划供水节约用水办公室、昆明市呈贡区水务局承办的昆明市 2016 年全国城市节约用水宣传周启动仪式在呈贡区文化广场举行。本次宣传活动的主题是"坚持节水优先·建设海绵城市"，旨在通过宣传活动促进节水工作，普及相关节水知识，大力倡导科学用水，营造浓厚的节水氛围，鼓励和发动人民群众积极参与海绵城市建设。启动仪式上，昆明滇池阳光艺术团以歌舞、小品等形式多样的文艺节目进行了节约用水、海绵城市建设宣传。呈贡区水务局、清源自来水公司、天外天矿泉水公司、珍茗矿泉水公司、净化水设备公司组织在启动仪式现场开展了节约用水、建设海绵城市宣传，还对市民咨询的节约用水知识、水管理政策制度进行了现场解答。

五十三、"绿色发展·生态昆明"主题活动举行（2016 年 6 月）

2016 年 6 月 3 日，在第 45 个世界环境日到来之际，昆明市在昆明学院举行以"绿色发展·生态昆明"为主题的环境宣传活动。活动现场，举行了"绿色发展·生态昆明"环境保护主题诗歌朗诵，绿色学校、绿色社区命名表彰，生态摄影作品获奖表彰及新《中华人民共和国环境保护法》《中华人民共和国大气污染防治法》宣传和学生环境保护文艺节目表演等一系列活动。昆明市环境保护局举办的"绿色发展·生态昆明"环境保护公益摄影展作品征集活动，自启动征集活动以来，共征集到社会各界摄影作品 2600 余幅。经过摄影专家、环境保护专家、媒体代表共同组成的评委现场投票评选后，最终 18 名作者分别荣获和谐发展类、人文地理

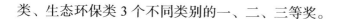

类、生态环保类 3 个不同类别的一、二、三等奖。

五十四、云南省环境保护厅开展世界环境日宣传活动（2016 年 6 月）

2016 年 6 月 5 日，云南省环境保护厅在昆明市博物馆举行"六·五"世界环境日宣传活动。2016 年世界环境日中国主题为"改善环境质量　推动绿色发展"。围绕这一主题，云南省环境保护厅组织开展环境保护公益书画摄影展，生态文明、节能减排、低碳生活环境保护知识宣传展，环境保护志愿者宣誓，小学生百米长卷环境保护主题绘画，环境保护徒步等多项主题活动。

五十五、"践行生态文明·畅想绿色生活"云南省环境保护公益书画摄影展　奏响绿色发展主旋律（2016 年 6 月）

为纪念"六·五"世界环境日，由云南省环境保护厅、云南省文学艺术界联合会、中国共产主义青年团云南省委员会、云南省妇女联合会主办，云南省人大常委会环境与资源保护工作委员会、政协人口资源环境委员会协办，云南省环境保护宣传教育中心、书法家协会、美术家协会、摄影家协会承办的"践行生态文明·畅想绿色生活"环境保护公益书画摄影展于 2016 年 6 月顺利举行。据了解，此次环境保护公益书画摄影展自发出征稿公告以来，受到社会各界广泛关注，各界热心人士参展热情高涨。4 月 6 日—5 月 10 日，历时 35 天，收到书法 1075 幅、美术绘画 753 幅、摄影 1199 幅，共 3027 幅。长期以来，云南省高度重视环境保护宣传教育工作。在 2016 年召开的全省环境保护工作会议上，云南省环境保护厅党组书记、厅长张纪华表示，"十三五"期间，全省环境保护系统将深入贯彻习近平总书记系列重要讲话精神，紧紧围绕"五位一体"总体布局和"四个全面"战略布局，树立和贯彻创新、协调、绿色、开放、共享的发展理念，以生态文明理念为引领，认真落实中共中央、国务院关于生态文明建设和环境保护的部署要求，促进环境宣传教育工作上台阶上水平。落实《全国环境宣传教育工作纲要》，推行《生活方式绿色化指南》《生活方式绿色化行为准则》，充分发挥各种载体的作用，努力搭建贴近群众、贴近生活、贴近人与自然和谐共处的环境保护宣传教育平台。

五十六、丽江环境保护世纪行活动启动（2016 年 8 月）

2016 年 8 月 15 日，丽江市启动以"加强农村环境综合整治，推动农村饮用水问题解决"为主题的 2016 年丽江环境保护世纪行活动，活动将持续到 11 月底。活动期间，丽江市将重点宣传新《中华人民共和国环境保护法》，加大对生态文明制度建设、法治建设及农村生活垃圾处理、水污染治理等工作的宣传报道，推动丽江市农村环境综合整治和饮用水安全问题的解决。活动在市级启动后，各区县也将同期进行。据介绍，丽江市高度重视农村环境保护工作，编制完成了《丽江市农村环境综合整治规划》，同时积极争取中央和省级资金支持，以程海、泸沽湖、拉市海流域的高原湿地、传统村落为重点，深入实施农村环境综合整治示范工程。2015 年以来，该市对 10 个建制村开展了农村环境综合整治示范工程，争取到 1600 万元中央财政资金，对 11 个传统村落开展环境综合整治。通过引入农村环境保护实用技术、实施农村饮用水水源地污染防治、生活污水和生活垃圾收集处置、农村畜禽养殖污染防治等示范工程，进一步促进了农村人居环境好转。

五十七、关上街道中心区社区宣传绿色低碳生活（2016 年 9 月）

2016 年 9 月，由交通银行云南省分行、官渡区环境保护局、关上街道中心区社区联合主办的"绿色畅想、低碳生活、节能环保促和谐家园"为主题的绿色低碳生活宣传进社区活动在昆明市官渡广场举行。此次活动吸引 1000 余名市民参与。主办方通过低碳环保知识讲解、知识问答等形式，动员市民珍惜水资源、减少水污染；使用节能灯、随手关闭电源；少开私家车、多坐公交或自行车出行；劝诫家人及亲友不吸烟、不随意焚烧垃圾等。活动紧紧围绕"绿色环保、低碳生活"的理念，弘扬中华民族勤俭节约的传统美德，倡导市民家庭实行低能量、低消耗、低开支、低代价的低碳生活方式，享受绿色时尚的新生活，努力营造节约能源、合理消费、健康的生活方式。

五十八、华坪县启动 2016 年环境保护世纪行活动（2016 年 10 月）

2016 年 10 月，华坪县启动以"加强农村环境综合治理，推动农村饮用水问题解决"为主题的环境保护世纪行活动，活动将持续到 11 月底。活动期间，华坪县将重点宣传新《中华人民共和国环境保护法》，加大对生态文明制度建设、法治建设及农村推进生活垃圾处理、水污染处理、饮水安全和环境执法监管等工作情况的宣传报道，进一步提高全社会的法律意识、环境保护意识、生态意识，进一步加大环境资源保护舆论监督力度，推动华坪县农村环境综合整治和饮用水安全问题的解决。

五十九、云南省水生野生动物保护宣传月启动（2016 年 10 月）

2016 年 10 月，由云南省渔业局主办的"云南省 2016 年水生野生动物保护科普宣传月活动"在昆明正式启动。本次活动以"关爱水生动物，共建和谐家园"为主题，旨在通过为期 1 个月的集中科普宣传，进一步促进全社会对水生野生动物的关注，引导公众共同参与保护水生野生动物行动，保护水生野生动物资源。活动时间截至 11 月 12 日。活动现场举行了有奖知识问答，并通过发放宣传手册、展板展示、播放宣传片等方式，向参加活动的群众普及水生野生动物相关法律法规，倡导科学放生。

六十、昆明市第二届小学生环境保护"绿视频"竞赛启动（2017 年 1 月）

2017 年 1 月，昆明市第二届中小学生环境保护"绿视频"竞赛活动在新文化宫启动。当日起至 3 月 15 日，活动面向全市中小学生征集环境保护视频。活动主办方介绍，活动希望让学生通过 DV 或手机拍摄的形式记录身边的环境保护行为，捕捉环境保护工作中的亮点、成效，捕捉身边践行环境保护的感人故事或人物，以此引导全市青少年关注身边环境问题，树立保护春城环境从身边点滴做起的意识，提升昆明市中小学生关注环境、参与环境保护的意识和行动能力，并通过学生的参与，提高家长乃至全市市民对环境保护的关注度，激发公众参与环境保护的热情。

拍摄主题以展现昆明市环境保护和生态文明建设成效，以及市民尊重自然、爱护环境的绿色生活方式和昆明环境保护工作者、环境保护志愿者的感人瞬间等为主。作品征集时间截止后，将通过专家初评、网络投票和专家终评环节，最终评选出获奖作品。

第三章 2011—2017 年云南气象灾害

气象事件是指大气非正常活动对人类的生命财产和国民经济建设等造成直接或间接损害的事件。本章主要选取了云南省发生的典型气象事件，主要包括雪灾、干旱、暴雨洪涝、低温霜冻等事件。

第一节 雪 灾

一、2011 年

（1）福贡县"1·17"雪灾。1月17日，福贡县遭受严重的雪灾。造成1人在返家途中冻死；损坏房屋 48 间、倒塌 30 间；农作物受灾面积 3345 公顷；死亡大牲畜 271 头；林木受灾面积 6014 公顷；损毁电杆 23 根，电线断损千米，停电 10 316 户。直接经济损失 10 174.2 万元，其中农业经济损失 4759.1 万元。

（2）维西傈僳族自治县1月中旬暴雪成灾。1月16—20 日，维西傈僳族自治县出现罕见暴雪灾害。造成房屋损坏 92 间、倒塌 61 间；农作物受灾面积 218 公顷；死亡牲畜 1918 头；损坏输电电杆 544 根。直接经济损失 2020 万元。

（3）泸水县1月中旬末雪灾。1月中旬末，泸水县遭受雪灾。造成 1990 人受灾；损坏房屋 1197 间；农作物受灾面积 1821 公顷；死亡家禽 514 只。直接经济损失 572.3

万元，其中农业经济损失 242.7 万元。

（4）曲靖市"1·17"雪灾。1 月 17—18 日，曲靖市罗平县、会泽县、马龙县、师宗县、麒麟区、沾益县发生雪灾。造成 304 100 人受灾；农作物受灾面积 33 621.8 公顷、成灾面积 13 891 公顷、绝收面积 815 公顷，损失粮食 154.5 万斤（1 斤=0.5 千克）。直接经济损失 8243.1 万元，农业经济损失 4768.8 万元。

（5）宣威市 1 月中旬雪灾。1 月 17 日、25 日，宣威市出现强降雪。道路结冰，导致两人死亡；雪灾造成农作物受灾面积 8 公顷；冻坏管道 580 米、水表 610 块；压塌彩钢瓦 1300 平方米。直接经济损失 234.6 万元。

（6）东川区"1·17"雪灾。1 月 17 日，东川区遭受雪灾。农作物受灾面积 62 公顷；死亡牲畜 855 头。直接经济损失 230.5 万元。

（7）红河哈尼族彝族自治州 3 月中旬雪灾。3 月 15—17 日，受冷空气影响，红河哈尼族彝族自治州弥勒县、蒙自县、泸西县、石屏县发生雪灾。造成 47 720 人受灾；房屋受损 6 间；作物受灾面积 4521.1 公顷、成灾面积 2881.1 公顷、绝收面积 415 公顷。直接经济损失 2123.9 万元，其中农业经济损失 2113.9 万元。[①]

二、2012 年

2012 年，维西傈僳族自治县冬季暴雪成灾。1 月 4 日夜间到 5 日上午，维西傈僳族自治县降暴雪，测站最大雪深 17.5 厘米。雪灾造成民房倒塌 34 间，损毁大棚 32 个；损坏村组公路 50 千米，损坏电杆 200 根、电线 120 千米，停电 17 小时。[②]

三、2013 年

云南"12·14"雪灾。12 月 14 日夜间至 15 日白天，除滇西南边缘地区以外出现大面积降雪，局部大到暴雪。雪灾造成文山、保山、普洱、昆明、临沧、丽江、曲靖、红河、楚雄、玉溪、昭通、大理 12 个州（市）70 个县 614 个乡镇 343.1 万人受灾、9 人紧急转移安置；死亡大牲畜 2894 头、羊只 4315 只；房屋倒塌 445 间、损坏 3408 间；农业经济损失 43.3 亿元。[③]

---

① 云南减灾年鉴编委会：《云南减灾年鉴：2010—2011》，昆明：云南科技出版社，2012 年，第 110—111 页。
② 云南减灾年鉴编委会：《云南减灾年鉴：2012—2013》，昆明：云南科技出版社，2014 年，第 120 页。
③ 云南减灾年鉴编委会：《云南减灾年鉴：2012—2013》，昆明：云南科技出版社，2014 年，第 120 页。

四、2014 年

（1）滇中及以东发生雪灾冻害。2 月 17—19 日，云南出现了 2014 年第三次强寒潮天气过程，并伴有明显降水。滇中及以东地区的日最低气温普遍下降到 6℃以下，其中昆明东部、曲靖大部、昭通大部下降到 0℃以下。滇中及以东的 22 个站和凹塄大郡、昭通大部下降到 0℃以下。滇中及以东的 22 个站出现降雪。滇中及以东地区的大幅降温及低温霜冻对小春作物、蔬菜、花卉、药材等作物产生冻害，特别是对文山、红河的热带作物影响较大。

（2）呈贡区发生雪灾。2 月 18—19 日，昆明市呈贡区出现雨夹雪和降雪天气，最大积雪深度 10.1 厘米。雪灾造成 4356 人受灾，分散安置 6 人；农田受灾面积 394.9 公顷；农房损坏 16 间；斗南花乡停车场停车大棚倒塌，造成 60 余辆车辆受损。直接经济损失 2211.5 万元，其中农业损失 1799.5 万元。

（3）镇雄县暴雪成灾。2 月 17—18 日，镇雄县高海拔地区出现了暴雪天气，雪量 10.2 毫米，最低气温－2.3℃。造成 9 个乡镇 23.4 万人受灾；农作物受灾面积 2880 公顷、成灾面积 2020 公顷；苗圃、林地受灾面积 756 公顷、成灾面积 340 公顷、报废面积 138 公顷；公路中断 12 条 234 千米，运输受阻路线 12 条、车辆 273 辆、受阻旅客 1148 人；电力铁塔、电杆等设施受损；农村住房损坏 115 间。直接经济损失 1645 万元，其中农业经济损失 700 万元。[1]

五、2015 年

滇中及以东以南发生雪灾。12 月 14 日夜间至 17 日，云南省出现大范围强降温和雨（雪）天气，滇中及以东以南最高气温降幅为 10—13℃，局地达 14—17℃，其中 16 日滇西北、昆明及以东地区日最高气温低于 5℃，日最低气温低于 0℃。迪庆、昭通、曲靖、昆明、楚雄、玉溪东部、文山北部、红河北部降小到中雪局部大雪，积雪深度 0.3—2.0 厘米，局部达 4.0（太华山）—4.6 厘米（师宗）。对全省的蔬菜、花卉、药材及果木、园林植物等特色经济作物产生不利影响。[2]

---

① 云南减灾年鉴编委会：《云南减灾年鉴：2014—2015》，昆明：云南科技出版社，2014 年，第 95 页。
② 云南减灾年鉴编委会：《云南减灾年鉴：2014—2015》，昆明：云南科技出版社，2016 年，第 97 页。

第二节　干　旱

一、2011 年

（1）云南中东部夏秋连旱严重。2011 年入汛后，云南省大部降水偏少，5—10 月全省平均降水量较常年同期偏少 23%，为有气象记录以来降水最少的年份，尤其是中东部地区降水偏少 20%—60%，造成滇中及以东地区发生夏旱，致使农作物受灾，人畜饮水困难，昭通、曲靖、文山等重旱区灾情较重。夏季干旱灾害对云南中东部地区库塘蓄水影响尤其明显。由于汛期全省大雨以上强降水日数较历年平均严重偏少 34%（为有气象记录以来大雨以上降水日数最少年份），秋季降水仍然偏少，加之近 3 年来降水持续偏少的累积效应，造成库塘蓄水严重不足。云南省抗旱防汛办公室统计，截至 12 月 30 日，全省库塘蓄水量仅占计划蓄水量的 62%，大理、滇中及以东地区不足 60%。干旱共造成 1090.2 万人受灾，有 344.5 万人、169.3 万头大牲畜饮水困难；农作物受灾面积 142.15 万公顷、绝收面积 23.38 万公顷；林地受灾面积 98.4 万公顷、成灾面积 55.33 万公顷、报废面积 22.47 万公顷。直接经济损失 96.1 亿元，其中农业经济损失 90.4 亿元。

（2）昭通市发生夏秋连旱。昭通市汛期降水偏少，其中绥江、大关、昭阳、鲁甸等县区 5—10 月降水为历史同期最少的年份，造成 11 个县区发生干旱灾害；2 824 410 人受灾，880 308 人饮水困难；农作物受灾面积 425 324.4 公顷、成灾面积 284 625.8 公顷、绝收面积 82 745.7 公顷。直接经济损失 352 468.3 万元，其中农业经济损失 324 298.8 万元。截至 12 月 30 日，昭通市库塘蓄水量仅有计划蓄水量的 52%。

（3）曲靖市发生夏秋连旱。曲靖市汛期降水明显偏少，其中宣威、沾益、马龙、富源、罗平、陆良等县市 5—10 月降水为历史同期最少的年份，造成 9 个县区市发生干旱灾害；2 592 321 人受灾，959 762 人饮水困难；农作物受灾面积 450 253.8 公顷、成灾面积 293 322.5 公顷，绝收面积 59 106.2 公顷。直接经济损失 298 568.5 万元，其中农业经济损失 278 085.3 万元。截至 12 月 30 日，曲靖市库塘蓄水量仅有计划蓄水量的 45%。

（4）文山壮族苗族自治州发生夏季干旱。汛期，文山壮族苗族自治州降水明显偏少，其中砚山县 5—10 月降水为历史同期最少的年份，造成 8 个县市发生干旱灾害；1 068 459 人受灾，385 100 人饮水困难；农作物受灾面积 170 415.1 公顷、成灾面积

93 459.8 公顷、绝收面积 21 359.2 公顷。直接经济损失 80 164.2 万元，其中农业经济损失 74 217.0 万元。

（5）红河哈尼族彝族自治州发生夏季干旱。红河哈尼族彝族自治州汛期降水明显偏少，其中弥勒、泸西、绿春等县区 5—10 月降水为历史同期最少的年份，造成 8 个县市发生干旱灾害；1 068 459 人受灾，385 100 人饮水困难；农作物受灾面积 170 415.1 公顷、成灾面积 93 459.8 公顷、绝收面积 21 359.2 公顷。直接经济损失 80 164.2 万元，其中农业经济损失 74 217.0 万元。

（6）昆明市发生夏季干旱。汛期，昆明市降水偏少，其中安宁、宜良、石林、嵩明等县市 5—10 月降水为历史同期最少的年份，造成除呈贡区外的 13 个县区市发生干旱灾害；1 181 546 人受灾，395 921 人饮水困难；农作物受灾面积 85 854.7 公顷、成灾面积 492 44.9 公顷、绝收面积 20 618.0 公顷。直接经济损失 42 626.5 万元，其中农业经济损失 41 096.5 万元。

（7）楚雄彝族自治州发生夏季干旱①。汛期，楚雄彝族自治州降水偏少，其中永仁、姚安等县 5—10 月降水为历史同期最少的年份，造成 10 个县市发生干旱灾害。800 128 人受灾，231 616 人饮水困难；农作物受灾面积 58 948.5 公顷、成灾面积 33 666.5 公顷、绝收面积 8750.7 公顷。直接经济损失 43 527.0 万元，其中农业经济损失 43 279.0 万元。

（8）玉溪市发生夏季干旱。汛期，玉溪市降水偏少，其中易门、红塔、江川、华宁、通海、新平等县区 5—10 月降水为历史同期最少的年份，造成 9 个县市发生干旱灾害。399 660 人受灾，95 864 人饮水困难；农作物受灾面积 39 386.7 公顷、成灾面积 25 550.2 公顷、绝收面积 5086.6 公顷。直接经济损失 30 578.2 万元，其中农业经济损失 30 332.2 万元。

（9）丽江市发生夏季干旱。汛期，丽江市降水偏少，其中宁蒗彝族自治县 5—10 月降水为历史同期最少的年份，造成 5 个县市发生干旱灾害。245 229 人受灾，122 966 人饮水困难；农作物受灾面积 39 220.1 公顷、成灾面积 23 840.8 公顷、绝收面积 11 233.7 公顷。②

二、2012 年

（1）云南省发生冬春干旱。2—5 月，云南省平均降水量较常年同期偏少 34%，加之 2011 年秋冬季降水持续偏少，造成全省大部地区发生冬春干旱。昆明、楚雄、玉

---

① 云南减灾年鉴编委会：《云南减灾年鉴：2010—2011》，昆明：云南科技出版社，2012 年，第 110 页。
② 云南减灾年鉴编委会：《云南减灾年鉴：2010—2011》，昆明：云南科技出版社，2012 年，第 109—110 页。

溪、大理、保山、临沧、丽江 7 州（市）和普洱市北部、红河哈尼族彝族自治州南部、昭通市南部及曲靖市西部地区旱情突出，主要对小春作物及供水造成不利影响。5 月中旬全省河道平均来水量较常年偏少 31%，有 589 条中小河流断流、699 座小型水库干涸，5 月 30 日全省库塘蓄水量比上年同期少 112 630 万立方米。冬春连旱持续时间虽长，但干旱范围和影响程度不及异常干旱的 2010 年。旱灾共造成 16 个州（市）1 421.5 万人受灾，598.5 万人、268 万头大牲畜饮水困难；农作物受灾面积 126.6 万公顷、绝收面积 19.04 万公顷；林地受灾面积 132.82 万公顷、成灾面积 55.4 万公顷、报废面积 21.2 万公顷。直接经济损失 63.9 亿元，其中农业经济损失 59.7 亿元。

（2）永胜县发生冬春连旱。2—6 月，永胜县降水量较历年同期偏少 27%，造成县内 15 个乡（镇）147 个村（居）民委员会 23.4 万人遭受干旱灾害，7.2 万人、8.6 万头大牲畜饮水困难；小春农作物受灾面积 1.61 万公顷、成灾面积 0.98 万公顷、绝收面积 0.68 万公顷，粮食减产 26 275.3 吨。直接经济损失 10 814.8 万元，其中农业经济损失 5255.1 万元。

（3）曲靖市发生冬春连旱。1—4 月，曲靖市各县降水量较历年同期偏少 14%—50%，高温少雨造成全市 9 个县区 292.6 万人遭受干旱灾害，119.8 万人饮水困难；小春农作物受灾面积 16.04 万公顷、成灾面积 9.81 万公顷、绝收面积 2.81 万公顷。直接经济损失 95 557.5 万元，其中农业经济损失 92 011.8 万元。

（4）保山市发生冬春连旱。2—5 月，保山市各县降水量较历年同期偏少 21%—53%，高温少雨造成干旱灾害。全市 5 个县区 104.4 万人受灾，27.5 万人饮水困难；小春农作物受灾面积 11.4 万公顷、成灾面积 5.41 万公顷、绝收面积 0.94 万公顷。直接经济损失 74 883.3 万元，其中农业经济损失 71 172.3 万元。

（5）玉溪市发生冬春连旱。2—5 月，玉溪市大部降水量较历年同期偏少 36%—55%，干旱灾害造成全市 9 个县区 79.5 万人受灾，38 万人饮水困难；小春农作物受灾面积 9.18 万公顷、成灾面积 6.54 万公顷、绝收面积 2.33 万公顷。直接经济损失 73 028.2 万元，其中农业经济损失 72 424.2 万元。

（6）大理白族自治州发生冬春连旱。1—4 月，大理白族自治州各县降水量较历年同期偏少 26%—92%，尤其是宾川县、鹤庆县降水量仅有 3 毫米。旱灾造成全州 12 县市 46.9 万人受灾，30 万头大牲畜饮水困难；小春农作物受灾面积 8.32 万公顷、成灾面积 4.27 万公顷、绝收面积 1.55 万公顷。干旱灾害持续至 5 月。

（7）楚雄彝族自治州发生冬春连旱。1—4 月，楚雄彝族自治州各县降水量仅为 2—92 毫米，尤其是西北部的永仁、大姚、元谋等县，降水量仅有 2—16 毫米，较历年同期偏少 64%—93%，全州大部发生干旱灾害。119.7 万人受灾，44.6 万人饮水困难；小春农作物受灾面积 6.96 万公顷、成灾面积 4.37 万公顷、绝收面积 1.03 万公顷。直接经济损失 45 483.4 万元，其中农业经济损失 44 810.1 万元。

（8）红河哈尼族彝族自治州发生冬春连旱。1—5 月，红河哈尼族彝族自治州各县降水量较历年同期偏少 18%—53%，造成全州大部发生干旱灾害，红河哈尼族彝族自治州北部尤其严重。灾害使 106.3 万人受灾，56.5 万人饮水困难；小春农作物受灾面积 11.79 万公顷、成灾面积 6.98 万公顷、绝收面积 2.53 万公顷。直接经济损失 55 323.8 万元，其中农业经济损失 55 283.8 万元。

（9）澜沧拉祜族自治县发生冬春连旱。1—5 月，澜沧拉祜族自治县降水量较历年同期偏少 51%，干旱灾害造成 20 个乡镇 10.2 万人、0.56 万头大牲畜饮水困难；农作物受旱面积 2.12 万公顷，其中干枯面积 0.11 万公顷、水田缺水 0.54 万公顷、旱地缺墒 2.32 万公顷。①

三、2013 年

（1）云南大部发生冬春干旱。2012 年 10 月—2013 年 4 月，云南省平均降水量仅有 136.0 毫米，较常年同期偏少 5 成，加上 2009 年秋季以来云南降水持续偏少，滇中及以北以东地区的库塘蓄水不足，自然降水和蓄水量不能满足工农业生产需要，全省大部发生冬春干旱灾害，滇西和滇西南的部分地区干旱持续到 5 月底。干旱最严重时全省有 108 个县发生气象干旱，其中滇中及以西 65 个县达到特旱，但干旱范围和影响较 2010 年、2011 年轻。干旱灾害造成 16 个州（市）1266.2 万人受灾、376.7 万人饮水困难；农作物受灾面积 82.26 万公顷、成灾面积 42.35 万公顷，绝收面积 11.51 万公顷。直接经济损失 68.4 亿元，其中农业经济损失 65.8 亿元。5 月中旬全省河道平均来水量较常年偏少 28%，有 337 条中小河流断流、348 座小型水库干涸。

（2）临沧市发生干旱灾害。2012 年 10 月—2013 年 4 月，临沧市各县降水量较历年同期偏少 38%—59%，造成全市大部发生冬春干旱灾害，东部地区的灾害持续至 5 月。全市 77.9 万人受灾，19.0 万人饮水困难；小春农作物受灾面积 6.11 万公顷，成灾面积 2.22 万公顷、绝收面积 0.26 万公顷。直接经济损失 134 249.0 万元，其中农业经济损失 130 693 万元。

（3）曲靖市发生干旱灾害。2012 年 10 月—2013 年 4 月，曲靖市各县降水量较历年同期偏少 50%—68%，造成全市大部发生冬春干旱灾害，北部地区的灾害持续至 5 月。全市 207.2 万人受灾，38.9 万人饮水困难；小春农作物受灾面积 11.98 万公顷、成灾面积 6.25 万公顷、绝收面积 0.54 万公顷。直接经济损失 80 421.9 万元，其中农业经济损失 79 701.9 万元。

---

① 云南减灾年鉴编委会：《云南减灾年鉴：2012—2013》，昆明：云南科技出版社，2014 年，第 117 页。

（4）保山市发生干旱灾害。2012 年 10 月—2013 年 4 月，保山市发生干旱灾害，隆阳区的灾害持续至 5 月。全市 98.9 万人受灾，16.0 万人饮水困难；小春农作物受灾面积 6.71 万公顷、成灾面积 3.10 万公顷、绝收面积 0.64 万公顷。直接经济损失 69 421.6 万元。

（5）大理白族自治州发生干旱灾害。2012 年 10 月—2013 年 4 月，大理白族自治州各县降水量较历年同期偏少 53%—87%，造成全州大部发生冬春干旱灾害，大部地区的灾害持续至 5 月。全市 125.4 万人受灾，48.5 万人饮水困难；小春农作物受灾面积 7.91 万公顷、成灾面积 4.29 万公顷、绝收面积 1.75 万公顷。直接经济损失 67 476.0 万元，其中农业经济损失 63 389 万元。

（6）玉溪市发生干旱灾害。2012 年 10 月—2013 年 4 月，玉溪市各县降水量较历年同期偏少 57%—78%，造成全市大部发生冬春干旱灾害。全市 52.3 万人受灾，26.7 万人饮水困难；小春农作物受灾面积 6.96 万公顷、成灾面积 4.58 万公顷、绝收面积 1.8 万公顷。直接经济损失 55 283.7 万元，其中农业经济损失 55 177.7 万元。

（7）楚雄彝族自治州发生干旱灾害。2012 年 10 月—2013 年 4 月，楚雄彝族自治州各县降水量较历年同期偏少 60%—88%，造成全州大部发生冬春干旱灾害，大部地区的灾害持续至 5 月。全州 137.1 万人受灾，33.1 万人饮水困难；小春农作物受灾面积 9.1 万公顷、成灾面积 5.35 万公顷、绝收面积 2.34 万公顷。直接经济损失 48 620.8 万元，其中农业经济损失 46 928.2 万元。

（8）昆明市发生干旱灾害。2012 年 10 月—2013 年 4 月，昆明市各县降水量较历年同期偏少 44%—85%，造成全市大部发生冬春干旱灾害。全市 111.2 万人受灾、24.9 万人饮水困难；小春农作物受灾面积 7.39 万公顷、成灾面积 4.68 万公顷、绝收面积 1.56 万公顷。直接经济损失 34 961 万元，其中农业经济损失 33 962.0 万元。[1]

四、2014 年

（1）滇中及以西发生春季干旱灾害。2014 年春季，云南大部地区降水偏少到特少，全省平均降水量较常年偏少 45%，滇中及以西地区气象干旱严重，特别是 5 月中下旬至 6 月上旬初，出现了持续时间长、范围较大的极端高温事件。14 个县突破历史最高气温极值，全省有 7 个县（市）日最高气温超过 40.0℃，其中 6 月 2 日有 111 个县超过 30.0℃。昆明 5 月 24 日和 25 日、6 月 2—4 日最高气温 5 次超过历史极端最高气温 31.5℃的纪录。截至 6 月 5 日，全省有 28 个县特旱、22 个县重旱。高温少雨天气造成云南中西部地区烤

---

① 云南减灾年鉴编委会：《云南减灾年鉴：2012—2013》，昆明：云南科技出版社，2014 年，第 120—121 页。

烟等农作物栽插受影响，森林火灾频发。春季干旱灾害造成 13 个州（市）577.5 万人受灾、161.3 万人饮水困难；农作物受灾面积 60.83 万公顷、成灾面积 28.76 万公顷、绝收面积 6.25 万公顷。直接经济损失 26.2 亿元，其中农业经济损失 24.2 亿元。

（2）永胜县发生干旱灾害。5 月上中旬，永胜县持续高温少雨天气，干旱灾害造成 15 个乡（镇）129 个村民委员会 72 016 人受灾，36 037 人、33 433 头大牲畜饮水困难；农作物受灾面积 5937.5 公顷、成灾面积 2382.6 公顷、绝收面积 581.4 公顷，粮食减产 5440.1 吨。农业直接经济损失 2689.26 万元。

（3）华坪县春末夏初干旱灾害。2 月下旬以来，华坪县持续高温少雨天气，特别是 5 月 12 日至 6 月上旬，最高气温一直都在 35℃以上，部分乡镇超过 40℃，造成华坪县 8 个乡镇发生干旱灾害。13.4 万人受灾，4.9 万人、7.3 万头大牲畜饮水困难；农作物受灾面积 10 102.7 公顷，成灾面积 5176.8 公顷、绝收面积 860.8 公顷。直接经济损失 4397.1 万元。

（4）宾川县发生干旱灾害[①]。2013 年 10 月—2014 年 5 月宾川县降雨量为 53.5 毫米，较常年同期偏少 33.8 毫米，偏少幅度为 39%，造成春季发生干旱灾害。截至 5 月 30 日，农作物受灾面积 0.67 万公顷，其中轻旱 0.6 万公顷、重旱 0.07 万公顷；6.5 万人、2.3 万头大牲畜饮水困难；河道断流 19 条，水库干涸 8 座，机电井出水不足 160 眼。

（5）凤庆县发生干旱灾害。5 月 13 日—6 月 8 日，凤庆县持续高温少雨天气，尤其是 5 月 20 日以后，大部地区日最高气温超过 30℃，其中 6 月 1 日雪山镇高达 35℃、2 日营盘镇高达 35℃、4 日诗礼乡高达 35.1℃。高温持续时间突破历史纪录。干旱造成 13 个乡镇 10.4 万人受灾，1.4 万人、2.1 万头大牲畜饮水困难；农作物受灾面积 3014.2 公顷、成灾面积 2980 公顷、绝收面积 2223 公顷。直接经济损失 961.3 万元。

（6）寻甸回族彝族自治县发生干旱灾害。5 月，寻甸回族彝族自治县发生干旱灾害，造成寻甸回族彝族自治县七星、功山、甸沙、鸡街、先锋、河口、仁德、金所、柯渡 9 个乡镇山区 23 098 人、18 310 头大牲畜饮水困难；农业受灾面积 4882 公顷、林业受灾面积 7998 公顷。

（7）永德县发生干旱灾害。永德县 5 月降雨量（51.7 毫米）特少，气温偏高 1.2℃，截至 6 月 4 日，干旱造成县内 10 个乡（镇）62 个行政村 112 个自然村 182 个村民小组 11.3 万人受灾，3.6 万人、2.86 万头大牲畜饮水困难；玉米、甘蔗、水果、蔬菜受旱严重；受灾面积 18 227.8 公顷。直接经济损失 2259.8 万元。

（8）昌宁县发生干旱灾害。5 月，昌宁县降水 42.1 毫米，较历年同期偏少 67.0 毫米，造成干旱灾害。截至 5 月 26 日，全县 3.1 万人、1.1 万头大牲畜饮水困难；农作物

---

① 云南减灾年鉴编委会：《云南减灾年鉴：2014—2015》，昆明：云南科技出版社，2016 年，第 95 页。

受灾面积 5860 公顷，其中轻旱 3513 公顷、重旱 2347 公顷。[①]

五、2015 年

（1）滇中西部及滇西初夏干旱。2015 年全省春旱偏轻，但滇中西部及滇西地区初夏干旱明显，灾情重。5 月 1 日—7 月 8 日，全省平均降水量较历年同期偏少 38%，为 1961 年以来的次少年份，同时，全省平均气温为 1961 年以来第一高年份。5 月上旬至 7 月上旬降水偏少且分布不均，特别是大理、迪庆、丽江、怒江、楚雄西部、保山东部、玉溪西部偏少 3—9 成，尤其是大理偏少 71%（永平）—92%（祥云、南涧）。高温少雨天气引发区域性严重干旱，局部地区的干旱持续到 7 月下旬。干旱灾害造成大理、丽江、玉溪、楚雄、保山、怒江、迪庆、昭通、昆明 9 个州（市）46 个县（区、市）522.6 万人受灾，125.1 万人、100 万头大牲畜饮水困难；农作物受灾面积 51.49 万公顷、绝收面积 4.79 万公顷。直接经济损失 23.5 亿元，其中农业经济损失 22.4 亿元。由于初夏干旱影响范围有限，2015 年干旱造成的损失在近 7 年中属最轻的年份。

（2）隆阳区发生初夏干旱。5 月，保山市隆阳区发生初夏干旱，造成 6.3 万人、2.8 万头大牲畜饮水困难；农作物受灾面积 85 040 公顷，其中轻旱 29 793 公顷、重旱 54 707 公顷、干枯 540 公顷。

（3）施甸县发生初夏干旱。5 月上旬至 6 月上旬，施甸县降水过程少，雨量较历年同期偏少 8 成，尤其 5 月 1 日—6 月 11 日连续 42 天无有效降水，造成严重的初夏干旱。农作物受灾面积 2.92 万公顷、成灾面积 1.02 万公顷、绝收面积 0.36 万公顷，农业经济损失 2.17 亿元。

（4）鹤庆县发生初夏干旱。1—6 月，鹤庆县降水少、气温高、日照多，导致干旱严重。灾害造成县内 4.1 万人、5.6 万头大牲畜饮水困难；受旱作物面积 1.48 万公顷；25 条河道断裂，12 座水库干涸，19 眼机电井出水不足。

（5）玉龙纳西族自治县发生初夏干旱。1—6 月，玉龙纳西族自治县降水量仅为 88.7 毫米，比历年值偏少 68%，进入 4 月后持续高温晴热天气。全县 16 个乡镇发生旱灾，水资源奇缺的东部 4 乡镇和中部的太安、九河乡尤为严重。灾害造成 11.4 万人受灾，2.4 万人、0.8 万头大牲畜饮水困难；农作物受灾面积 1.32 万公顷、成灾面积 0.65 万公顷。农业经济损失 3185.6 万元。

（6）双柏县发生初夏干旱。4 月中旬至 6 月，双柏县降雨量仅 48.9 毫米，气温持续偏高，高温少雨导致旱情迅速发展，小股水源枯竭，坝塘、水窖干枯，群众生产生

① 云南减灾年鉴编委会：《云南减灾年鉴：2014—2015》，昆明：云南科技出版社，2016 年，第 95—96 页。

活用水困难。全县受灾人口 8.8 万人，1.2 万人、1.0 万头大牲畜饮水困难；农作物受灾面积 8350 公顷、成灾面积 4370 公顷、绝收面积 425 公顷。直接经济损失 6270 万元。

（7）峨山彝族自治县发生初夏干旱。5—6 月，峨山彝族自治县降水持续偏少，气温偏高，其中 5 月降水量 22.3 毫米，比常年偏少 76%，月平均气温比常年偏高 2.1℃。6 月降水量 56.3 毫米，比常年偏少 60%，月平均气温比常年偏高 1.8℃。干旱灾害造成县内 8 个乡镇 40 个村民委员会 90 个自然村 1.86 万人、0.56 万头大牲畜饮水困难；农作物受灾面积 9031.1 公顷、成灾面积 4676.2 公顷、绝收面积 505.1 公顷。①

第三节 暴 雨 洪 涝

一、2011 年

（1）云南汛期发生局部洪涝灾害。2011 年入汛后由于降水偏少，且强降水过程较少，云南省未发生大面积洪涝灾害，主要是单点大雨、暴雨、大暴雨造成的局部洪涝时有发生，全年因灾害造成的人员伤亡和经济损失较常年偏轻。3—11 月，全省各州（市）发生局地洪涝灾害 192 次，其中 6—8 月，滇东北、滇西北、南部边缘地区暴雨洪涝灾害突出。洪涝灾害造成 206.7 万人受灾、28 人死亡、1 人失踪；房屋受损 24 774 间、倒塌 4110 间；农作物受灾面积 11.32 万公顷、绝收面积 1.69 万公顷。直接经济损失 11.7 亿元，其中农业经济损失 6.8 亿元。灾情较重的临沧、玉溪、保山、昭通、西双版纳等州（市）直接经济损失都超过了 1 亿元，临沧、昭通、普洱、红河、文山、丽江、楚雄等州（市）因灾有人员死亡或失踪。

（2）滇西、滇东“6·23”暴雨洪涝灾害。6 月 23—24 日，怒江傈僳族自治州的贡山独龙族怒族自治县，临沧市的沧源佤族自治县，昭通市的彝良县，曲靖市的罗平县、会泽县，红河哈尼族彝族自治州的蒙自市、开远市、个旧市发生暴雨洪涝灾害，造成 38 469 人受灾、365 人被困、转移安置 1224 人；彝良县因灾死亡 1 人、受伤 3 人，个旧市死亡 1 人、失踪 1 人；房屋受损 1089 间、倒塌 140 间；农作物受灾面积 3139.9 公顷、成灾面积 1514.1 公顷、绝收面积 161.8 公顷。6 月 23 日贡山独龙族怒族自治县交通中断。直接经济损失 12 100.7 万元，其中农业经济损失 3977.1 万元。

---

① 云南减灾年鉴编委会：《云南减灾年鉴：2014—2015》，昆明：云南科技出版社，2016 年，第 97—98 页。

（3）富宁县"6·26"大暴雨成灾。6月26日，富宁县降139.3毫米大暴雨，造成新华、板仑、归朝、者桑、洞波、花甲、谷拉、里达、木央、田蓬10个乡镇77个村民委员会48 174人受灾、死亡1人；房屋受损67间、倒塌19间；农作物受灾面积1100.5公顷、成灾面积581.5公顷、绝收面积348.9公顷。直接经济损失1956万元，其中农业经济损失428万元。

（4）滇西南滇东"6·27"暴雨洪涝灾害。6月27—28日，曲靖市会泽县，昭通市威信县、彝良县，红河哈尼族彝族自治州蒙自市、红河县、元阳县、屏边苗族自治县、个旧市、建水县，文山壮族苗族自治州文山市、马关县，普洱市澜沧拉祜族自治县、翠云区、江城哈尼族彝族自治县，西双版纳傣族自治州勐海县、勐腊县，临沧市耿马傣族佤族自治县、云县发生暴雨洪涝灾害，造成107 583人受灾、39人被困、转移安置 123人；房屋受损787间、倒塌268间；农作物受灾面积8735.6公顷、成灾面积4198.2公顷、绝收面积694.8公顷。直接经济损失4833.3万元，其中农业经济损失3793.4万元。

（5）滇中及以南地区"7·1"暴雨洪涝灾害。6月30日—7月1日，昭通市盐津县，昆明市寻甸回族彝族自治县、晋宁县，玉溪市红塔区，红河哈尼族彝族自治州弥勒县、个旧市、蒙自市、绿春县、红河县，文山壮族苗族自治州广南县，丽江市玉龙纳西族自治县、宁蒗彝族自治县，临沧市凤庆县、永德县、双江拉祜族佤族布朗族傣族自治县，普洱市江城哈尼族彝族自治县、墨江哈尼族自治县发生暴雨洪涝灾害，造成84 250人受灾、转移安置417人；房屋受损547间、倒塌137间；农作物受灾面积4101.6公顷、成灾面积1537.7公顷、绝收面积635.5公顷。直接经济损失5448.1万元，其中农业经济损失3789.4万元。

（6）滇中及以南地区"7·17"暴雨洪涝灾害。7月17—19日，昆明市晋宁县，玉溪市红塔区、江川县、通海县、峨山彝族自治县、易门县，大理白族自治州宾川县、祥云县、永平县，楚雄市，丽江市玉龙纳西族自治县，红河哈尼族彝族自治州金平苗族瑶族傣族自治县，文山壮族苗族自治州马关县，临沧市沧源佤族自治县、耿马傣族佤族自治县，普洱市澜沧拉祜族自治县发生暴雨洪涝灾害，造成46 995人受灾、转移安置55人；7月20日澜沧拉祜族县洪灾造成1人死亡、1人受伤；房屋受损203间、倒塌78间；农作物受灾面积2434.0公顷、成灾面积792.2公顷、绝收面积175.2公顷，损失粮食32.8万斤。直接经济损失5831.4万元，其中农业经济损失3180.4万元。

（7）滇西、滇西南"8·14"暴雨洪涝灾害。8月14—16日，怒江傈僳族自治州兰坪白族普米族自治县，迪庆藏族自治州维西傈僳族自治县，大理白族自治州洱源县，保山市隆阳区、昌宁县、施甸县，临沧市凤庆县、沧源佤族自治县、双江拉祜族佤族布朗族傣族自治县，昭通市盐津县发生暴雨洪涝灾害，造成 96 209人受灾；房屋受损368间、倒塌192间；农作物受灾面积7160.4公顷、成灾面积4184.6公顷、绝收面积

1443.1公顷，损失粮食580.3万斤。

（8）景洪市、勐海县"8·24"大暴雨致内涝。8月24日，景洪市、勐海县分别降130.0毫米、130.6毫米大暴雨，造成城市内涝，16 247人受灾、1500人被困。景洪城区路段因积水过多致使居民区进水，勐海城区被淹地区最大水深达1.6米，车辆被淹100辆，大风折断树木111棵；毁坏管网180米；房屋受损387间；农作物受灾304公顷。直接经济损失4636万元，其中农业经济损失1250万元。[①]

二、2012年

（1）云南汛期发生局部洪涝灾害。2012年5月以来，云南降水总体偏少，未发生大面积洪涝灾害，主要是区域性和单点暴雨、大暴雨引发的局地内涝和山洪危害，洪涝灾害频次高、造成人员伤亡较多。5—10月，全省各州（市）发生局地洪涝灾害251次，其中6月至9月中旬初、10月上旬初，滇东北、滇西、南部边缘地区暴雨洪涝灾害突出。灾害造成的农作物受灾面积和经济损失较常年同期偏重，人员伤亡较近3年平均偏多，基础设施和家庭财产损失在直接经济损失中的比重也较大。洪涝灾害造成532.1万人受灾、75人死亡、8人失踪；房屋受损74 966间、倒塌14 966间；农作物受灾面积33.43万公顷、绝收面积4.87万公顷；死亡大牲畜1521头。直接经济损失64.8亿元，其中农业经济损失25.2亿元。

（2）玉龙纳西族自治县"6·14"山洪灾害。6月14日晚，玉龙纳西族自治县鸣音乡东联村境内阿海电站发生山洪灾害，造成7人死亡、1人重伤、9人紧急转移。

（3）富宁县"6·14"洪涝灾害。6月14日凌晨4—5时，富宁县境内出现降水，局地最大降雨量达113.4毫米。新华镇、木央、剥隘、板仑、者桑、谷拉、洞波、阿用8个乡镇53个村民委员会222个村小组2562户11 439人受灾，死亡2人、伤1人；房屋倒损122间；农作物受灾面积322.3公顷、成灾面积36.3公顷、绝收面积17.7公顷；冲毁3条沟渠计667米。

（4）泸西县"6·22"洪涝灾害。6月22—24日，泸西县发生洪涝灾害，造成11 890人受灾；倒塌房屋14间、损坏房屋151间；农作物受灾面积1983公顷、成灾面积1230公顷、绝收面积580公顷。直接经济损失3868万元，其中农业经济损失3784万元。

（5）马龙县"6·24"洪涝灾害。6月23日20时—24日20时，马龙县通泉、王家庄、月望、马过河、纳章5个乡（镇）突降暴雨，其中马过河镇降雨量为124.5毫米，月望乡降雨量为100.2毫米，造成洪涝灾害。农作物受灾面积740公顷、绝收面积

① 云南减灾年鉴编委会：《云南减灾年鉴：2010—2011》，昆明：云南科技出版社，2012年，第113—114页。

1329公顷。直接经济损失6100万元。

（6）昭阳区"7·15"洪涝灾害。7月15日晚，昭阳区苏甲乡降63.6毫米暴雨，造成全乡12个行政村162个村民小组6398户26321人遭受洪涝灾害，紧急转移245户953人，死亡2人、受伤9人；民房受损2517间、倒塌561间；粮食作物受灾面积1585公顷、成灾面积1205.7公顷、绝收面积379.3公顷；死亡大牲畜105头；新植核桃受灾31万棵；冲断沥青路面860万平方米、新建桥梁1座、桥涵491座、水沟97.7米；电力受损12.5千米电线，电杆124根；电信电杆受损67棵，通信杆路16.6千米，通信光缆16.6千米，基站电力设施1.1千米。直接经济损失36673万元，其中农业经济损失2140.4万元。

（7）昭通市"7·22"洪涝灾害。7月22日，昭通市普降大雨、暴雨，巧家、威信、盐津、绥江、大关、水富、永善、镇雄等县发生暴雨洪涝灾害，造成73.9万人受灾，11人死亡，其中镇雄县因灾死亡9人，盐津县2人，7人受伤。房屋受损7008间、倒塌1265间；农作物受灾面积7.76万公顷、受损7008间、倒塌1265间；农作物受灾面积7.76万公顷、成灾面积2.37万公顷、绝收面积0.42万公顷。直接经济损失13491.2万元。

（8）曲靖、文山等地"7·23"洪涝灾害。7月23日，曲靖、文山、红河、德宏、临沧等州（市）普降大雨、暴雨，其中西畴县降雨量达94.5毫米，造成耿马、西畴、文山、瑞丽、漾濞、砚山、红河、金平、文山、凤庆、罗平、宣威等县市发生暴雨洪涝灾害，19.9万人受灾，西畴县因灾死亡2人、7人受伤；房屋受损762间、倒塌324间；农作物受灾面积1.67万公顷、成灾面积0.73万公顷、绝收面积0.19万公顷。直接经济损失9851.3万元，其中农业经济损失6168.4万元。

（9）麻栗坡县"7·25"洪涝灾害。7月25—26日，麻栗坡县连降暴雨大雨，造成山洪、泥石流灾害。全县11个乡镇93个村民委员会9个社区10.1万人受灾、7人死亡、紧急转移安置人口389人；农作物受灾面积3462.9公顷、成灾面积1328.7公顷、绝收面积580.3公顷；圈舍倒塌190间；死亡大牲畜7头；南油水库洪水漫坝，11个乡镇的部分三面光沟渠被冲毁，饮水管道被冲断，部分河堤垮塌。直接经济损失9925万元，其中农业经济损失3474万元。

（10）景谷彝族傣族自治县"7·31"大暴雨致灾。7月30日23时—31日6时，景谷彝族傣族自治县出现强降水天气，其中正兴镇30日23时—31日2时降雨120.3毫米，威远镇31日4—6时降雨44.5毫米。强降雨导致10个乡镇发生洪涝灾害，1.2万户3.7万人受灾，威远镇、正兴镇受灾最为严重，14人死亡、87人受伤；民房受损2318间、冲毁108间；农作物受灾面积1.94万公顷、成灾面积0.73万公顷、绝收面积0.21万公顷；国道323线8个路段、省道222线9个路段受损；损坏灌溉设施128千米、人饮工程436千米，损坏坝塘7座、小水坝76座；20条供电线路因倒杆断线停运，电信电杆受损339棵，受损光缆38.7千米。直接经济损失46598万元，其中农业经济损失24018万元。

（11）水富县"8·6"大暴雨致灾。8 月 6 日 5—11 时，水富县降雨量 123.8 毫米，导致山洪暴发，3 个乡镇 29 个村（社区）435 个村（居）民小组 22 300 人受灾、3 人死亡、31 人受伤、紧急转移安置 1085 人；房屋倒塌 352 间、损坏 973 间；农作物受灾面积 3240 公顷、成灾面积 1465 公顷、绝收面积 820 公顷；种草受灾面积 30.9 公顷，毁坏耕地面积 321 公顷；581 处水利工程受损。直接经济损失 14 280.2 万元，其中农业经济损失 3788 万元。

（12）滇南、滇西"8·18"暴雨洪涝灾害。8 月 18—19 日，受第 13 号台风"启德"西移减弱的低压影响，红河、文山、普洱、西双版纳、德宏等州（市）的 10 个县因强降水引发洪涝灾害，造成 5.9 万人受灾、2 人死亡（勐腊县）；房屋受损 1528 间、倒塌 832 间；农作物受灾面积 1149.2 公顷、成灾面积 647.9 公顷、绝收面积 279.5 公顷。直接经济损失 8290.4 万元，其中农业经济损失 1161.3 万元。

（13）云南中东部南部秋季洪涝灾害。9 月 11—13 日，昭通、玉溪、红河、普洱、西双版纳、临沧等州（市）的 16 个县发生暴雨洪涝灾害，造成 25.8 万人受灾、3 人死亡（其中通海县 2 人，河口瑶族自治县 1 人）；房屋受损 22 063 间、倒塌 6644 间；农作物受灾面积 13 015.5 公顷、成灾面积 7165.0 公顷、绝收面积 1848.7 公顷。直接经济损失 82 768.8 万元，其中农业经济损失 9070.8 万元。[①]

三、2013 年

（1）云南汛期发生局地洪涝灾害。2013 年，云南省的大雨、暴雨分别较历年少 121 站次、27 站次。汛期全省降水量接近常年，为近 5 年最多。全省未发生大面积洪涝灾害，主要是区域性和单点强降水引发的局地山洪、内涝和地质灾害。5—10 月，全省各州（市）发生局地洪涝灾害 255 次，其中 6—8 月，滇东北、滇西、滇西南地区的昭通、大理、丽江、临沧、普洱、西双版纳、红河、文山等州（市）暴雨洪涝灾害突出。洪涝灾害造成 238.4 万人受灾、44 人死亡、7 人失踪；房屋受损 43 626 间、倒塌 4417 间；农作物受灾面积 13.25 万公顷、绝收面积 2.13 万公顷；死亡大牲畜 4761 头。直接经济损失 28.3 亿元，其中农业经济损失 12.1 亿元。

（2）滇中地区"5·23"暴雨洪涝。5 月 23 日，曲靖南部、玉溪、红河北部的 6 个县发生暴雨洪涝灾害，造成 19 364 人受灾；损坏房屋 116 间、倒塌 52 间；农作物受灾面积 2222.4 公顷、绝收面积 257.8 公顷。直接经济损失 3353.4 万元，其中农业经济损失 3270.5 万元。

① 云南减灾年鉴编委会：《云南减灾年鉴：2012—2013》，昆明：云南科技出版社，2014 年，第 117—119 页。

（3）宁蒗彝族自治县"5·26"暴雨洪涝。5月26日，宁蒗彝族自治县降62.5毫米暴雨，并伴有大风、冰雹天气，造成8个乡镇19 876人受灾；损坏房屋1711间、倒塌1184间；农作物受灾面积1560公顷、绝收面积195公顷。直接经济损失1599万元，其中农业经济损失1140万元。

（4）盈江县"7·9"大暴雨成灾。7月6—10日，盈江县持续强降水天气，过程降雨量335.6毫米，其中9日降126.1毫米大暴雨。造成县内14个乡镇和农场发生洪涝灾害，46 991人受灾，转移群众406人，294名学生停课；房屋受损6393间、倒塌43间；农作物受灾面积4507.5公顷；牲畜死亡4014头；冲毁桥涵1座；水毁路基9千米、路面24千米，涵洞局毁80道、全毁5道，水毁塌方950处7万立方米；沟渠损毁5条862米，河堤损毁1730米；城区供水管网受损2850米。直接经济损失11 912.7万元。

（5）昭通、昆明、丽江等地"7·18"洪涝灾害。7月18—20日，云南省出现大范围强降水天气，造成昭通、昆明、丽江、怒江、西双版纳等州（市）的15个县市发生洪涝灾害，24.2万人受灾、3人死亡（大关）、20人受伤、转移群众649人；房屋受损7226间、倒塌547间；农作物受灾面积5498.5公顷、绝收面积1223.1公顷。直接经济损失38 598.1万元。

（6）滇中以南"8·4"暴雨洪涝。8月4日，受第9号台风"飞燕"登陆后减弱的低压影响，滇中及以南地区出现大雨25站、暴雨12站、大暴雨1站（镇康县113.4毫米），造成临沧、普洱、西双版纳、文山、红河、保山等州（市）的17个县发生洪涝灾害；113 622人受灾、转移安置421人；房屋受损1135间、倒塌204间；农作物受灾面积8638.9公顷、绝收面积1007.7公顷。直接经济损失10 838.8万元，其中农业经济损失3489.3万元。

（7）绥江县"9·17"暴雨洪涝。绥江县"9·17"暴雨洪涝灾害造成4人死亡、1人受伤；房屋倒塌12间，房屋损坏34间。直接经济损失3215.7万元。

（8）滇东北、滇南"8·25"暴雨洪涝。8月25日，滇东北、滇中及以南地区出现大雨28站、暴雨12站、大暴雨两站（大关县100.7毫米、彝良县117.4毫米），造成昭通、临沧、普洱、西双版纳、文山、红河等州（市）的15个县发生洪涝灾害；117 831人受灾、3人死亡（大关县2人、红河县1人）、转移安置2183人；房屋受损2661间、倒塌463间；农作物受灾面积4381.2公顷、绝收面积584.6公顷。直接经济损失20 353.7万元，其中农业经济损失2172.7万元。

（9）云南南部冬季暴雨洪涝。2月14—15日，云南南部出现2013年暴雨站数最多的一次强降水过程，共出现大暴雨2站、暴雨22站、大雨20站，为1961年以来冬季最极端的一次暴雨过程。此次暴雨过程导致文山、西畴、勐腊、景洪和江城发生暴雨洪涝灾害，共造成10.1万人受灾，2人死亡（景洪市），金平苗族瑶族傣族自治县者米乡发生山体滑坡，97 人受威胁被转移安置，直接经济损失共计 1.17 亿元。[①]

四、2014 年

（1）汛期发生局部洪涝灾害。2014 年云南入汛晚，但汛期强降水过程多，暴雨、大暴雨频繁。6—10 月全省大雨、暴雨、大暴雨站次分别为 843 站次、240 站次、18 站次，较历史同期暴雨、大暴雨分别偏多 41 站次、4 站次，大雨偏少 17 站次，雨日数也较历史同期偏少 618 站次。全省共发生洪涝灾害 223 次，6 月中下旬中东部地区灾情较重，7 月中下旬、8 月下旬中南部地区受灾重。暴雨洪涝灾害导致全省 16 个州（市）402.1 万人受灾，因灾死亡 63 人、失踪 14 人，紧急转移安置 40 807 人；农作物受灾面积 63.14 万公顷、绝收面积 3.07 万公顷；房屋倒塌 5655 间、损坏 59 000 间。直接经济损失 40.9 亿元，其中农业经济损失 20.7 亿元。灾害造成的人员死亡失踪数少于近 10 年平均值，经济损失高于近 10 年平均值。

（2）云南中南部发生暴雨洪涝灾害。2014 年受第 9 号超强台风"威马逊"、第 15 号台风"海鸥"登陆后减弱的热带低压影响，云南中南部多地出现暴雨洪涝、滑坡、泥石流灾害，共造成 128.8 万人受灾，27 人死亡、8 人失踪，紧急转移安置 16 476 人；农作物受灾面积 6.43 万公顷、绝收面积 1.07 万公顷；房屋倒塌 1875 间、损坏 20 717 间。直接经济损失 19.7 亿元，其中农业经济损失 7.9 亿元，为近 5 年来台风影响造成损失最重的年份。

（3）"威马逊"台风致使多州（市）暴雨成灾。7 月 19—23 日受第 9 号超强台风"威马逊"登陆后减弱的热带低压影响，滇南、滇西多地出现暴雨洪涝、滑坡、泥石流灾害，部分地区还出现雷电、大风、冰雹等灾害。其降雨强度强（20—22 日连续 3 天出现大雨暴雨天气过程）、累计雨量大、灾害损失重。"威马逊"造成普洱、曲靖、临沧、红河、文山、玉溪、德宏、西双版纳、保山 9 个州（市）54 个县 100 多万人受灾、24 人死亡、7 人失踪、13 236 人紧急转移安置；农作物、房屋受损严重，其中 7 月 21 日 6 时，暴雨导致芒市芒海镇发生泥石流灾害，造成 1659 人受灾、17 人死亡、3 人失踪、7 人受伤、紧急转移安置 115 人。

（4）"海鸥"台风造成多州（市）暴雨成灾。9 月 16—19 日，受第 15 号"海鸥"台风登陆后减弱的热带低压影响，滇中及以东以南地区出现暴雨天气过程。曲靖东部和南部、昆明南部、玉溪东部、文山、红河中南部有 18 站过程累积雨量为 100—250 毫米（最大降雨量麻栗坡县 216.2 毫米），乡镇自动站有 5 站过程累积雨量为 250—350 毫

---

① 云南减灾年鉴编委会：《云南减灾年鉴：2012—2013》，昆明：云南科技出版社，2014 年，第 122 页。

米（最大降雨量广南县八宝镇 349.8 毫米）、100—250 毫米的有 325 站。"海鸥"带来的强降水首先引发城镇内涝、农田渍涝、山洪、地质灾害，其次是冰雹、大风、雷电等局地强对流天气引发的灾害。红河、文山、曲靖、玉溪、普洱、昆明、德宏、怒江、临沧等州（市）60 多万人受灾、3 人死亡、1 人失踪、紧急转移安置 3325 人，农作物、房屋、基础设施受损。①

五、2015 年

（1）暴雨洪涝灾害。2015 年洪涝灾害偏重，主要表现在冬季暴雨洪涝灾害突出和 7 月下旬至 10 月上旬局地洪涝灾害偏重。年内强降水过程多，大雨、暴雨频繁，全省大雨、暴雨站次分别为 1152 站次、280 站次，较历史同期大雨、暴雨分别偏多 94 站次、52 站次。全省共发生洪涝灾害 296 次，其中 1 月上旬末出现极端暴雨天气过程，引发的洪涝灾害突出，5—6 月滇中及以东以南地区发生局地洪涝、地质灾害，但灾情偏轻，7月下旬至 10 月上旬，共出现了 10 次全省性强降雨过程，造成大部地区局地洪涝灾害突出，并引发了山洪、地质灾害。暴雨洪涝灾害导致全省 16 个州（市）391.5 万人受灾、64 人死亡、17 人失踪、紧急转移安置 22 454 人；农作物受灾面积 22.99 万公顷、绝收面积 4.21 万公顷；房屋倒塌 6864 间、损坏 78 835 间。直接经济损失 70.4 亿元，其中农业经济损失 33.1 亿元。灾害造成的人员死亡失踪数少于近 10 年平均值，直接经济损失明显高于近 10 年平均值。

（2）冬季暴雨洪涝灾害。1 月 8—10 日，云南省出现 1961 年以来冬季最极端的一次暴雨过程，此次过程降雨强度大、范围广，其中 9 日出现 7 站大暴雨、29 站暴雨和 43 站大雨，造成玉溪、大理、保山、德宏、临沧、普洱、西双版纳等州（市）发生洪涝灾害。造成 26.7 万人受灾，陇川县因灾死亡 1 人；房屋受损 3736 间、倒塌 10 间；农作物受灾面积 2.17 万公顷、绝收面积 0.11 万公顷。直接经济损失 28 096 万元，其中农业经济损失 25 186 万元。

（3）滇东南暴雨洪涝灾害。6 月 24—25 日，受台风"鲸鱼"残余云系影响，文山、红河、昆明、玉溪北部和普洱北部出现中到大雨局部暴雨，泸西、弥勒、屏边、金平、富宁等县发生局地洪涝灾害，造成 6.1 万人受灾；房屋受损 80 间、倒塌 35 间；农作物受灾面积 805.5 公顷、绝收面积 63.3 公顷。直接经济损失 1625.7 万元。

（4）镇雄县"8·17"暴雨洪涝灾害。8 月 17 日，大湾、罗坎、雨河等 15 个乡镇发生暴雨洪涝灾害，最大雨量为 182.7 毫米，灾害造成 169 210 人受灾，致使 4 人失踪、

---

① 云南减灾年鉴编委会：《云南减灾年鉴：2014—2015》，昆明：云南科技出版社，2016 年，第 96 页。

3 人受伤、转移安置 2332 人；农作物受灾面积 2267 公顷、成灾面积 1949 公顷、绝收面积 400.4 公顷；经济林木受损 24.2 公顷，冲走牛 78 头。直接经济损失 3.51 亿元，其中农业经济损失 3500 万元。

（5）华坪县"9·16"特大暴雨成灾。9 月 15 日 8 时—16 日 8 时，华坪县田坪、姑娘坟降雨量分别为 288.3 毫米、207.8 毫米，强降雨时段主要集中在 15 日 21—23 时。特大暴雨导致鲤鱼河水暴涨，部分河段漫堤，灾区道路冲毁严重。暴雨洪涝造成 37 319 人受灾、10 人死亡、4 人失踪、转移安置 3067 人；民房倒塌、受损 5629 间，城区淤泥覆盖面积 2.5 平方千米，被淹和被水冲走车辆 610 辆；农作物受灾面积 891.7 公顷、绝收面积 228.9 公顷；死亡大牲畜 153 头；小型水库坝塘、公路、桥涵、电力线路受损。直接经济损失 30 083.1 万元，其中农业经济损失 9638.3 万元。

（6）昌宁县"9·16"大暴雨成灾。9 月 16 日，昌宁县漭水、河西分别降雨 239.6 毫米、191.0 毫米，大暴雨引发洪涝灾害，造成 15 400 人受灾、7 人死亡、19 人伤病、紧急转移安置 3023 人；农作物受灾面积 927.47 公顷、绝收面积 170 公顷；房屋倒塌 480 间、损坏 3474 间。

（7）昌宁县"10·9"大暴雨成灾。10 月 9—10 日，全省大部出现强降雨天气过程，造成曲靖、玉溪、保山、普洱、临沧、楚雄、红河、怒江和德宏 9 州（市）16 个县发生洪涝和滑坡灾害，共 10.2 万人受灾、9 人死亡、5 人失踪、5 人伤病、紧急转移安置 88 人；农作物受灾面积 3127.9 公顷、绝收面积 998.6 公顷；倒塌房屋 49 间、损坏房屋 671 间。

（8）秋季暴雨造成 9 州（市）受灾。10 月 9—10 日，全省大部出现强降雨天气过程，造成曲靖、玉溪、保山、普洱、临沧、楚雄、红河、怒江和德宏等州（市）16 个县发生洪涝和滑坡灾害，共 10.2 万人受灾、9 人死亡、5 人失踪、5 人伤病、紧急转移安置 88 人；农作物受灾面积 3127.9 公顷、绝收面积 998.6 公顷；倒塌房屋 49 间、损坏房屋 671 间。[1]

第四节 低温霜冻

一、2011 年

（1）富源县 1 月低温雨雪冰冻灾害。1 月 6—31 日，富源县发生低温雨雪冰冻灾

---

[1] 云南减灾年鉴编委会：《云南减灾年鉴：2014—2015》，昆明：云南科技出版社，2016 年，第 99 页。

害，造成 146 570 人受灾；农作物受灾面积 9933.5 公顷、成灾面积 5584.5 公顷，损失粮食 19.6 万斤；死亡牲畜 16 100 头；损失林木 94.2 万棵。直接经济损失 11 439.7 万元，其中农业经济损失 2771 万元。

（2）陆良县 1 月低温雨雪冰冻灾害。1 月 8—18 日，陆良县发生低温雨雪冰冻灾害。造成 285 070 人受灾；农作物受灾面积 19 901 公顷、成灾面积 18 553 公顷；大牲畜死亡 17 头。直接经济损失 6492 万元，其中农业经济损失 3547 万元。

（3）河口瑶族自治县发生低温冷冻灾害。1 月至 2 月 15 日，河口瑶族自治县发生低温冷冻灾害，造成 6 个乡镇 27 个村民委员会 3815 户 16 543 人及 4 个国有农场受灾；农作物受灾面积 15 566 公顷，橡胶受灾面积 12 869.9 公顷；死亡大牲畜 221 头。直接经济损失 74 503.8 万元。

（4）泸西县低温雨雪冰冻灾害。1 月 17 日—2 月 14 日，泸西县发生低温雨雪冰冻灾害。造成 29 800 人受灾；损坏房屋 4 间；农作物受灾面积 2988 公顷、成灾面积 996 公顷；死亡大牲畜 10 头。直接经济损失 4298.7 万元，其中农业经济损失 4193.5 万元。

（5）金平苗族瑶族傣族自治县 2 月低温冷冻灾害。2 月 1—25 日，金平苗族瑶族傣族自治县发生低温冷冻灾害，造成 12 个乡镇 28 678 人受灾。农业经济作物受灾面积 10 372.9 公顷、成灾面积 4579.5 公顷、绝收面积 5034 公顷；死亡大牲畜 1373 头。直接经济损失 43 641.6 万元，其中农业经济损失 43 641.6 万元。

（6）麻栗坡县发生低温冷冻灾害。1—2 月，麻栗坡县发生低温冷冻灾害，造成 11 个乡镇 88 个村民委员会 105 446 人受灾；农作物受灾面积 7079.7 公顷、成灾面积 1940.3 公顷、绝收面积 591 公顷；经济作物受灾面积 4662.2 公顷、成灾面积 1026.3 公顷、绝收面积 424.3 公顷；冻死大牲畜 95 头。直接经济损失 1529.3 万元，其中农业经济损失 1462.5 万元。

（7）丘北县发生低温冰冻灾害。1 月中下旬，丘北县遭受低温冰冻灾害，造成 9 个乡镇 8.6 万人受灾，转移安置 13 人；损坏房屋 50 间；农作物受灾面积 5961.1 公顷、成灾面积 639.7 公顷、绝收面积 60.8 公顷；林业受灾面积 1993.3 公顷；损坏水利管道工程 29 件，小水窖 150 口。直接经济损失 513.4 万元。

（8）永德县 1 月中下旬低温及霜冻灾害。1 月 16—23 日，永德县出现低温及霜冻灾害，造成 7645 人受灾；农作物受灾面积 1019.4 公顷、成灾面积 393.7 公顷、绝收面积 167 公顷；死亡大牲畜 1 头。直接经济损失 75.8 万元，其中农业经济损失 75.5 万元。

（9）个旧市 1 月中旬冰冻灾害。1 月 15—18 日，个旧市出现冰冻灾害，造成 28 500 人受灾，紧急转移安置 2 人；倒塌房屋 1 间；农作物受灾面积 280 公顷。直接经济损失 182 万元。

（10）元阳县 1 月上中旬低温冻害。1 月 9—21 日，元阳县出现低温冻害。农作物受灾面积 2116.19 公顷、成灾面积 474.2 公顷、绝收面积 18.34 公顷。直接经济损失 803.9 万元。

（11）滇中及以东 3 月中旬低温冷冻灾害。3 月 15—18 日，受冷空气影响，滇中及以东地区出现"倒春寒"天气，昭通市的威信县，曲靖市的陆良县，昆明市的安宁、寻甸、宜良、嵩明 4 个县市，红河哈尼族彝族自治州的红河、元阳、绿春、开远、建水、屏边、个旧、金平 8 个县市，文山壮族苗族自治州的砚山、文山两个县发生低温冷冻灾害，造成 512 929 人受灾。作物受灾面积 41 940.3 公顷、成灾面积 13 426.3 公顷、绝收面积 2019.9 公顷。直接经济损失 21 106.8 万元，其中农业经济损失 15 790.5 万元。[①]

二、2012 年

（1）冬季低温霜冻灾害。2012 年云南省的低温雨雪冰冻灾害偏轻，主要是低温霜冻灾害对农作物和经济作物造成影响。1 月上旬，迪庆藏族自治州香格里拉县、维西傈僳族自治县、德钦县和怒江傈僳族自治州贡山独龙族怒族自治县发生雪灾。1 月中下旬，昭通、玉溪、红河、保山、普洱、临沧 6 州（市）的昭阳、水富、易门、石屏、弥勒、泸西、施甸、昌宁、孟连、镇康、耿马 11 县区发生低温霜冻灾害，农作物及滇西南部分地区的橡胶、咖啡、香蕉遭受影响。灾害造成 19.9 万人受灾；房屋受损 126 间、倒塌 334 间；农作物受灾面积 1.36 万公顷、绝收面积 0.17 万公顷；死亡大牲畜 32 头。直接经济损失 0.6 亿元，其中农业经济损失 0.5 亿元。

（2）玉溪等州市霜冻灾害。1 月中下旬，玉溪、红河、保山、普洱等州（市）的 6 个县发生霜冻灾害，造成 17 233 人受灾；农作物受灾面积 3243.9 公顷、成灾面积 1030.4 公顷、绝收面积 63 公顷。直接经济损失 1663.3 万元。

（3）耿马傣族佤族自治县发生霜冻灾害。1 月 14 日—2 月 8 日，耿马傣族佤族自治县四排山乡发生霜冻灾害，造成 2505 人受灾；农作物受灾面积 185 公顷、成灾面积 124 公顷。直接经济损失 36.4 万元。[②]

三、2013 年

（1）滇中及以东以南发生霜冻灾害。12 月 16 日夜间至 17 日清晨，受高空冷平流降

---

① 云南减灾年鉴编委会：《云南减灾年鉴：2010—2011》，昆明：云南科技出版社，2012 年，第 111—112 页。
② 云南减灾年鉴编委会：《云南减灾年鉴：2012—2013》，昆明：云南科技出版社，2014 年，第 119—120 页。

温和地面晴空辐射降温共同影响，全省大部地区最低气温明显下降，并在其后的 5 天内持续偏低。气温最低的 19 日全省有 86 县最低温度在 0℃以下，有 23 县低于–4℃。11 个站日最低气温创历史新低，造成滇中及以东以南发生低温霜冻灾害。霜冻造成昆明、临沧、德宏、曲靖、保山、普洱、西双版纳、楚雄、文山、红河、玉溪 11 个州（市）40 个县 327 个乡镇 221.9 万人受灾；死亡大牲畜 9 头、羊只 258 只；农作物受灾面积 19.45 万公顷、绝收面积 2.29 万公顷。直接经济损失 12.4 亿元，其中农业经济损失 12.1 亿元。

（2）陆良等地低温冷害。1 月上中旬，陆良、河口、开远等县发生低温冷害，造成 22.0 万人受灾；农作物受灾面积 8871.7 公顷、成灾面积 6531.3 公顷。直接经济损失 5654.9 万元，其中农业经济损失 5349.9 万元。

（3）广南县"2·1"霜冻灾害。2 月 1 日，广南县发生霜冻灾害，造成 26.8 万人受灾；农作物受灾面积 25 223.1 公顷、成灾面积 9969.4 公顷、绝收面积 420.6 公顷。直接经济损失 3807 万元。

（4）陇川县霜冻灾害。1 月 26—31 日，陇川县发生霜冻灾害，造成 1.2 万人受灾；农作物受灾面积 1338.2 公顷。直接经济损失 2650 万元。[1]

四、2014 年

（1）滇中及以东发生雪灾冻害。2 月 17—19 日，云南出现了 2014 年第 3 次强寒潮天气过程，并伴有明显降水。滇中及以东地区的日最低气温普遍下降到 6℃以下，其中昆明东部、曲靖大部、昭通大部下降到 0℃以下。滇中及以东的 22 个站出现降雪。滇中及以东地区的大幅降温及低温霜冻对小春作物、蔬菜、花卉、药材等作物产生冻害，特别是对文山、红河的热带作物影响较大。

（2）广南县发生低温冻害。2 月 10—18 日，广南县持续降温降雨天气，造成珠街、杨柳井、曙光、石山农场 8 个村民委员会 76 个村小组 19 640 人受灾；农作物受灾面积 488.8 公顷、成灾面积 197.5 公顷；家畜死亡 11 头；林木受灾面积 42.5 公顷、成灾面积 16.2 公顷。直接经济损失 1448.7 万元，其中农业经济损失 1366.3 万元。[2]

五、2015 年

（1）滇中及以东以北发生雪灾霜冻。2015 年冬季强寒潮造成雪灾、霜冻灾害突

① 云南减灾年鉴编委会：《云南减灾年鉴：2012—2013》，昆明：云南科技出版社，2014 年，第 120 页。
② 云南减灾年鉴编委会：《云南减灾年鉴：2014—2015》，昆明：云南科技出版社，2016 年，第 95 页。

出。11 月上旬、12 月中旬的两次寒潮过程降温幅度大，并伴有雨雪天气，滇中及以北以东地区的怒江、迪庆、昭通、曲靖、昆明、玉溪、楚雄、丽江、大理、保山、临沧、红河、文山 13 个州（市）65 个县（市）发生低温冷害、雪灾、霜冻等灾害，文山、大理、楚雄、红河、玉溪等州（市）的灾害损失较重。灾害共造成 204.0 万人受灾；农作物受灾面积 16.97 万公顷、绝收面积 0.8 万公顷；房屋倒塌 131 间、损坏 2212 间。直接经济损失 20.1 亿元，其中农业经济损失 18.3 亿元。由于灾害持续时间短，灾害损失在近 10 年中属偏轻的年份。

（2）中北部发生雪灾霜冻。1 月 8—11 日，云南大部地区出现强降温、降雨（雪）天气，12 日转晴后在晴空辐射降温和高空冷平流降温双重作用下，全省大部地区最低气温在 0℃附近，出现了强霜冻天气。怒江、迪庆、大理、保山、楚雄中南部、昆明北部、文山、红河等州（市）发生雪灾、霜冻灾害，造成 161.1 万人受灾、紧急转移安置 67 人；农作物受灾面积 11.12 万公顷、绝收面积 0.37 万公顷；损坏房屋 1910 间、倒塌 115 间。直接经济损失 16.4 亿元，其中农业经济损失 14.8 亿元。①

---

① 云南减灾年鉴编委会：《云南减灾年鉴：2014—2015》，昆明：云南科技出版社，2016 年，第 97 页。

第四章　2011—2017 年云南地质灾害

地质事件是指在地球的发展演化过程中，由各种地质作用形成的灾害性地质事件。地质事件在时间和空间上的分布变化规律，既受制于自然环境，又与人类活动有关，往往是人类与自然界相互作用的结果。本章主要介绍了云南省经常发生的山体滑坡及泥石流。

第一节　历年地质灾害概述

一、2011 年

2011 年云南省共发生地质灾害 346 起。其中滑坡 234 起、崩塌 43 起、泥石流 53 起、地面塌陷 4 起、地裂缝 8 起、地面沉降 4 起。全年发生特大型地质灾害 4 起，大型地质灾害 1 起、中型地质灾害 18 起、小型地质灾害 323 起。地质灾害共造成 17 人死亡、5 人失踪、27 人受伤，直接经济损失 2.756 亿元，属轻灾年。2011 年全省地质灾害高发期为 6—10 月。其中 7 月、8 月发生特大型地质灾害 3 起、大型地质灾害 1 起。迪庆、大理、怒江因灾造成的直接经济损失居全省前 3 位，昭通、临沧、大理因灾死亡失踪人数居全省前 3 位。因持续干旱，地质灾害发生频次和造成人员伤亡明显低于常年平均水平；受地震影响，德宏傣族景颇族自治州、保山市部分县（市）新增一些地质灾害隐患点。①

---

① 云南减灾年鉴编委会：《云南减灾年鉴：2010—2011》，昆明：云南科技出版社，2012 年，第 142 页。

二、2012 年

2012 年全省发生地质灾害 571 起。其中滑坡 367 起、崩塌 74 起、泥石流 74 起、地面塌陷 29 起、地裂缝 26 起、地面沉降 1 起。全年发生特大型地质灾害 6 起、大型地质灾害 4 起、中型地质灾害 26 超、小型地质灾害 535 起，共造成 46 人死亡、17 人失踪、89 人受伤，直接经济损失 3.029 亿元。总体属正常年份。2012 年全省地质灾害高发期为 6—10 月，其中 7 月、8 月发生特大型地质灾害 4 起、大型地质灾害 4 起。昭通、普洱、德宏、大理、红河等州（市）受灾严重。全省 16 个州（市）均有地质灾害发生，其中昭通市、文山壮族苗族自治州、丽江市因灾死亡失踪人数居全省前 3 位，大理白族自治州、普洱市、曲靖市因灾直接经济损失居全省前 3 位。因持续干旱，地质灾害发生频次和造成直接经济损失、死亡失踪人数低于"十一五"期间年平均水平，但与 2011 年相比，略有增加。受地震影响，昭通市部分县（市）新增一些地质灾害隐患点。①

三、2013 年

2013 年全省发生地质灾害 425 起。其中滑坡 247 起、崩塌 83 起、泥石流 68 起、地面塌陷 9 起、地裂缝 10 起、地面沉降 8 起。全年发生特大型地质灾害 7 起、大型地质灾害 2 起、中型地质灾害 28 起、小型地质灾害 388 起，共造成 69 人死亡、3 人失踪、33 人受伤，直接经济损失 5.198 亿元。总体属正常偏重年份。2013 年全省地质灾害高发期为 6—10 月，其中 8 月、9 月发生特大型地质灾害 5 起、大型地质灾害 2 起。昭通、德宏、大理等州（市）受灾严重。全省 16 个州（市）均有地质灾害发生，其中昭通市、曲靖市和大理白族自治州因灾死亡失踪居全省前 3 位，昭通市、大理白族自治州、德宏傣族景颇族自治州因灾直接经济损失居全省前 3 位。因灾死亡失踪人数低于"十一五"期间年平均水平，但与 2012 年相比有明显加重。受地震影响，迪庆藏族自治州部分县新增一些地质灾害隐患点。②

四、2014 年

2014 年云南省发生地质灾害 646 起。其中滑坡 483 起、崩塌 71 起、泥石流 72 起、地面塌陷 7 起、地裂缝 11 起、地面沉降 2 起。有特大型地质灾害 11 起、大型地质灾害 6 起、中型地质灾害 28 起、小型地质灾害 601 起。共造成 83 人死亡、37 人失踪、60 人

---

① 云南减灾年鉴编委会：《云南减灾年鉴：2012—2013》，昆明：云南科技出版社，2014 年，第 150 页。
② 云南减灾年鉴编委会：《云南减灾年鉴：2012—2013》，昆明：云南科技出版社，2014 年，第 150 页。

受伤，直接经济损失 99 564.184 万元。属偏重灾年份。2014 年云南省地质灾害高发时期为 6 月中旬至 9 月下旬，其中 7 月发生特大型地质灾害 8 起、大型地质灾害 4 起。全省 16 个州（市）均有达到统计标准的地质灾害发生，其中昆明市、德宏傣族景颇族自治州、怒江傈僳族自治州、迪庆藏族自治州、昭通市、临沧市等州（市）受灾严重，德宏傣族景颇族自治州、怒江傈僳族自治州、昆明市、临沧市因灾死伤人数居全省前 4 位，昆明市、迪庆藏族自治州、怒江傈僳族自治州因灾直接经济损失居全省前 3 位。与 2013 年相比，2014 年云南省地质灾害发生的数量增多，死亡失踪人数和直接经济损失均较严重。受地震影响，昭通市鲁甸县新增一些地质灾害隐患点。[①]

五、2015 年

2015 年云南省发生地质灾害 515 起。其中滑坡 327 起、崩塌 63 起、泥石流 99 起、地面塌陷 15 起、地裂缝 7 起、地面沉降 4 起。有特大型地质灾害 3 起、大型地质灾害 6 起、中型地质灾害 28 起、小型地质灾害 478 起。地质灾害造成 26 人死亡、18 人受伤，直接经济损失 32 095.63 万元。属偏轻灾年份。2015 年云南省地质灾害高发时期为 7 月中旬至 10 月中旬，其中 8 月、9 月发生特大型地质灾害 2 起、大型地质灾害 6 起。全省 16 个州（市）（含滇中产业新区）均有达到统计标准的地质灾害发生，其中普洱市、德宏傣族景颇族自治州、大理白族自治州、昭通市、文山壮族苗族自治州、保山市等州（市）受灾严重，文山壮族苗族自治州、保山市、红河哈尼族彝族自治州、曲靖市因灾死伤人数居全省前 4 位，保山市、大理白族自治州、德宏傣族景颇族自治州因灾直接经济损失居全省前 3 位。与 2014 年相比，2015 年云南省地质灾害发生数量有所减少，死亡人数和直接经济损失均明显降低。[②]

第二节　山　体　滑　坡

一、2011 年

（1）宣威市田坝镇集镇滑坡。4 月 8 日，宣威市田坝镇集镇发生滑坡，滑坡规模约

① 云南减灾年鉴编委会：《云南减灾年鉴：2014—2015》，昆明：云南科技出版社，2016 年，第 123 页。
② 云南减灾年鉴编委会：《云南减灾年鉴：2014—2015》，昆明：云南科技出版社，2016 年，第 123 页。

3 万立方米，造成直接经济损失 200 万元。

（2）盐津县兴隆乡集镇滑坡。汶川地震后，盐津县兴隆乡政府驻地农贸市场一带沿兴隆河右岸出现地面开裂，形成滑坡隐患，4 月 21 日滑坡变形加剧，滑坡长 80 米、宽 250 米。灾害直接经济损失 300 万元。

（3）富宁县新华镇那平村滑坡。6 月 26 日，受降雨影响，富宁县新华镇那平村发生滑坡，造成 1 人死亡。

（4）镇康县凤尾镇仁和村公路滑坡。7 月 16 日，镇康县凤尾镇仁和村附近公路发生小型滑坡，造成 2 人失踪、1 人受伤。

（5）云龙县漕涧镇仁山村滑坡。8 月 17 日，云龙县漕涧镇仁山村发生滑坡，造成房屋损毁，直接经济损失 180 万元。

（6）罗平县旧屋基乡旧屋基村滑坡。9 月 5 日，罗平县旧屋基乡旧屋基村发生滑坡，造成房屋损毁，直接经济损失 150 万元。

（7）寻甸回族彝族自治县转龙镇以代块村滑坡。9 月 23 日，受降雨影响，寻甸彝族自治县转龙镇以代块村发生滑坡，造成房屋损毁，直接经济损失 200 万元。[1]

二、2012 年

（1）贡山独龙族怒族自治县茨开镇滑坡。3 月 3 日，受强降雨影响，怒江傈僳族自治州贡山独龙族怒族自治县茨开镇南方电网公司对面坡体发生滑坡灾害，造成 3 人死亡、2 人受伤。

（2）镇雄县花山乡大火地村滑坡。7 月 22 日，昭通市镇雄县花山乡大火地村下厂组发生滑坡灾害，造成 1 人死亡、2 人失踪、3 人受伤，直接经济损失 110 万元。

（3）盐津县盐井乡老街村崩塌。2012 年 7 月 22 日，昭通市盐津县盐井乡老街村发生崩塌灾害，造成 2 人死亡，直接经济损失 20 万元。

（4）马关县都龙镇李子坪林区滑坡。7 月 25 日，文山壮族苗族自治州马关县都龙镇李子坪林区小旱滩发生滑坡灾害，滑坡规模约 10 000 立方米，造成 2 人死亡、1 人受伤。

（5）宣威市双河乡宫家山自然村滑坡。8 月 29 日凌晨 5 时许，受强降雨影响，曲靖市宣威市双河乡宫家山自然村发生滑坡灾害，造成 5 人死亡、3 人受伤，直接经济损失 70 万元。[2]

① 云南减灾年鉴编委会：《云南减灾年鉴：2010—2011》，昆明：云南科技出版社，2012 年，第 144 页。
② 云南减灾年鉴编委会：《云南减灾年鉴：2012—2013》，昆明：云南科技出版社，2014 年，第 150—151 页。

三、2013 年

（1）镇雄县果珠乡高坡村滑坡。1 月 11 日，受降雨、冻融的影响，昭通市镇雄县果珠乡高坡村发生滑坡灾害，造成 46 人死亡、2 人受伤，直接经济损失 4550 万元。

（2）富源县墨红镇九河村煤矿滑坡。7 月 2 日 8 时，受持续强降雨的影响，曲靖市富源县墨红镇九河村发生滑坡灾害。造成 6 人死亡、4 人受伤，约 60 多人被迫撤离，直接经济损失 59 万元。

（3）盐津县盐井镇高桥村滑坡。7 月 5 日，昭通市盐津县盐井镇高桥村发生滑坡灾害，造成 5 人死亡、4 人受伤（2 人轻伤、2 人重伤），1 户村民房屋被毁，直接经济损失约 30 万元。

（4）永善县黄花镇、黄华镇交界处滑坡。7 月 21 日，昭通市永善县黄花镇、黄华镇甘田村庆云 2 组与庆云 3 组交界处发生滑坡灾害，滑坡规模约 60 万立方米，造成 2 人死亡，直接经济损失约 5200 万元。

（5）大关县天星镇青杠村滑坡。8 月 2 日，昭通市大关县天星镇一带出现局地强降雨，导致大关县天星镇青杠村发生滑坡灾害。造成 1 名铁路部门聘请的隐患点监测员死亡、6 户房屋被掩埋、1 户房屋严重受损，内昆铁路、彝岔公路中断，南方电网高压线受损，直接经济损失约 15 000 万元。

（6）绥江县南岸镇珍珠社区滑坡。8 月 6 日，昭通市绥江县南岸镇珍珠社区发生滑坡，滑坡规模约 12 万立方米，直接经济损失 1120 万元。

（7）绥江县新滩镇石龙村滑坡。8 月 16 日，受强降雨影响，昭通市绥江县新滩镇石龙村 20 组、21 组发生滑坡，滑坡规模约 164 万立方米，直接经济损失 1075 万元。

（8）施甸县木老元乡龙潭村滑坡。9 月 10 日，保山市施甸县木老元乡龙潭村发生滑坡地质灾害，滑坡造成 1 人死亡。[①]

四、2014 年

（1）永善县务基镇白胜村滑坡。4 月 24 日 1 时 20 分，昭通市永善县务基镇白胜村发生滑坡，滑坡规模约 300 万立方米，直接经济损失 2000 万元。灾害发生前，138 人紧急转移，成功避险。

（2）腾冲县五合乡金塘村滑坡。7 月 10 日 5 时，受降雨影响，保山市腾冲县五合乡金塘村发生滑坡，滑坡规模约 90 立方米，造成 4 人死亡。

---

① 云南减灾年鉴编委会：《云南减灾年鉴：2012—2013》，昆明：云南科技出版社，2014 年，第 151—152 页。

（3）元江哈尼族彝族傣族自治县咪哩乡甘岔村滑坡。7月20—21日11时38分，受"威马逊"台风影响，玉溪市元江哈尼族彝族傣族自治县咪哩乡连降大雨，咪哩乡甘岔村陆家店组发生滑坡，滑坡规模约150立方米，造成5人死亡。

（4）东川区因民镇小新村滑坡。10月28日10时50分，昆明市东川区因民镇小新村金水矿业有限责任公司选厂厂房后山发生山体滑坡，造成正在厂区内作业的9人死亡、3人受伤，金水选厂一分厂化验室、砂泵、浮选车间等生产设施被掩埋、毁坏，直接经济损失4000万元。^①

五、2015年

（1）富宁县花甲乡公路滑坡。8月22日19时，受暴雨影响，文山壮族苗族自治州富宁县花甲乡富宁至花甲公路K32+800m处北侧山体发生滑坡，造成12人死亡，掩埋路基158米。

（2）广南县坝美镇那洞村滑坡。8月27日6时30分，受强降雨影响，文山壮族苗族自治州广南县坝美镇那洞村发生滑坡，造成1人死亡，直接经济损失7万元。

（3）耿马傣族佤族自治县大兴乡龚家寨村滑坡。9月3日17时，受降雨影响，临沧市耿马傣族佤族自治县大兴乡龚家寨村发生滑坡，造成1人死亡，直接经济损失0.5万元。^②

第三节 泥 石 流

一、2011年

（1）贡山独龙族怒族自治县捧当、丙中洛特大型泥石流。6月23日下午，怒江傈僳族自治州贡山独龙族怒族自治县境内普降大到暴雨，受强降雨影响，该县北部捧当、丙中洛发生泥石流灾害。6月23日16时左右，地质灾害群测群防监测人员发现泥石流征兆，及时向乡党委、人民政府做了报告，当地党委、人民政府和国土资源部门立即组织危险区内的群众转移撤离，丙中洛乡毕比利村撤离群众256户679人，捧当乡

---

① 云南减灾年鉴编委会：《云南减灾年鉴：2014—2015》，昆明：云南科技出版社，2016年，第123页。
② 云南减灾年鉴编委会：《云南减灾年鉴：2014—2015》，昆明：云南科技出版社，2016年，第124页。

格咱村和龙坡村受威胁村民和厂矿工作人员也及时撤出。18时30分泥石流发生，大量民房、企业厂房、办公设施被冲毁，并造成公路、农田损毁，其中仅毕比利村就有42户民房被冲毁，500多亩农作物受损。直接经济损失4482万元。

（2）香格里拉县金江镇兴隆河特大型泥石流。7月2日凌晨1时，由于突降暴雨，香格里拉县金江镇兴隆河发生大型滑坡，引发特大型泥石流灾害。泥石流冲毁民房55间，水电站2座，桥梁4座；700米高压电线路及1座输电钢塔、3000多米人畜饮水管道和2000多米沟渠被冲毁；农田受灾面积1500亩，直接经济损失达1.2亿元。由于避险及时，无人员伤亡。

（3）云龙县功果桥镇功果村特大型泥石流。8月15日19时20分许，云龙县功果桥镇功果村因大雨引发特大型泥石流灾害。泥石流冲毁78间房屋和84间铺面；毁坏农田648亩、经济林木4920棵；功果桥水电站部分单位受灾，直接经济损失3286万元。由于预警及时，当地政府和国土资源部门及时安全转移群众1000余人，无一人员伤亡。[①]

二、2012年

（1）玉龙纳西族自治县鸣音乡阿海电站山洪泥石流。6月14日，受单点暴雨影响，丽江市玉龙纳西族自治县鸣音乡阿海电站右岸发生山洪泥石流灾害，致使沟口两个工棚被冲毁，造成6人失踪、1人受伤，直接经济损失10万元。

（2）禄劝彝族苗族自治县乌东德乡泥石流。6月22日，受强降雨影响，昆明市禄劝彝族苗族自治县乌东德乡发生泥石流灾害，造成1人死亡、2人失踪，直接经济损失105万元。

（3）盈江县新城乡芒胆、新寨泥石流。6月23日7时许，受持续降雨影响，德宏傣族景颇族自治州盈江县新城乡芒胆、新寨后山发生泥石流灾害，冲毁房屋、道路和自来水管道，直接经济损失1310万元。

（4）麻栗坡县大坪镇戈令村泥石流。7月25—26日，受持续降雨影响，文山壮族苗族自治州麻栗坡县大坪镇戈令村相继发生2起泥石流灾害，共造成2人死亡、3人失踪、4人受伤。7月28日，受持续降雨影响，文山壮族苗族自治州麻栗坡县大坪镇戈令村再次发生泥石流灾害，造成2人死亡、1人失踪。[②]

---

① 云南减灾年鉴编委会：《云南减灾年鉴：2010—2011》，昆明：云南科技出版社，2012年，第144页。
② 云南减灾年鉴编委会：《云南减灾年鉴：2012—2013》，昆明：云南科技出版社，2014年，第150页。

三、2013 年

（1）马关县都龙乡泥石流。7 月 3 日，受降雨影响，文山壮族苗族自治州马关县都龙乡暴发泥石流灾害，造成 1 人死亡。

（2）云龙县苗尾乡水井村泥石流。7 月 29 日，大理白族自治州云龙县苗尾乡水井村暴发泥石流灾害，造成 1 人死亡、1 人失踪，直接经济损失约 315 万元。

（3）陇川县户撒乡潘乐村泥石流。9 月 8 日，受强降雨影响，德宏傣族景颇族自治州陇川县户撒乡潘乐村发生泥石流，直接经济损失 1278.9 万元。[①]

四、2014 年

（1）鲁甸县乐红镇红布村泥石流。7 月 7 日 6 时 20 分，受连续降雨影响，昭通市鲁甸县乐红镇红布村小坝组鱼塘溃坝，发生泥石流，造成 1 人死亡、5 人失踪、4 人受伤，直接经济损失 60 万元。

（2）福贡县匹河乡沙瓦村泥石流。7 月 9 日凌晨 2 时 57 分至 3 时 30 分，受强降雨影响，怒江傈僳族自治州福贡县匹河乡沙瓦村发生泥石流，造成福贡金安硅业有限公司员工及家属 9 人死亡、8 人失踪、1 人受伤，冲毁农田 20 余亩、拖拉机 2 辆、空心砖厂房 1 间，直接经济损失 2107 万元。

（3）云龙县功果桥镇民主村泥石流。7 月 9 日 4 时 40 分左右，受强降雨影响，大理白族自治州云龙县功果桥镇民主村发生泥石流，造成 6 人死亡、8 人失踪、1 人受伤，河道沿线村庄大面积受灾，交通、电力、通信等基础设施不同程度受损，直接经济损失 7000 万元。

（4）香格里拉县上江乡、金江镇泥石流。7 月 10 日 5 时左右，受前期持续降雨和突发暴雨影响，迪庆藏族自治州香格里拉县上江乡的福库村、格兰村、土旺村及金江镇的兴隆村、安乐村民房等受损，直接经济损失 21 200 万元。

（5）芒市芒海镇吕英村泥石流。7 月 21 日 6 时，受"威马逊"台风影响，德宏傣族景颇族自治州芒市芒海镇吕英村发生泥石流，造成 17 人死亡、3 人失踪、7 人受伤，直接经济损失 500 万元。

（6）云县幸福镇泥石流。7 月 28 日 3 时 30 分，受特大暴雨影响，临沧市云县幸福镇发生泥石流，对幸福镇集镇部分街道、建筑造成严重破坏，沟谷两岸耕地、厂

---

① 云南减灾年鉴编委会：《云南减灾年鉴：2012—2013》，昆明：云南科技出版社，2014 年，第 151 页。

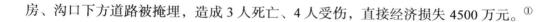

房、沟口下方道路被掩埋，造成 3 人死亡、4 人受伤，直接经济损失 4500 万元。①

五、2015 年

（1）盈江县盏西镇帮朗村泥石流。8 月 7 日 20 时，受强降雨影响，德宏傣族景颇族自治州盈江县盏西镇帮朗村发生泥石流，造成 1470 人受灾，房屋、道路、农田、水利设施、经济作物等不同程度受到损毁，直接经济损失 798.12 万元。

（2）昌宁县田园乡新城社区泥石流。9 月 16 日 8 时，保山市昌宁县田园乡新城社区发生泥石流，造成 7 人死亡、8 人受伤，7 间房屋倒塌，650 间房屋损坏，直接经济损失 14 408 万元。

（3）梁河县河西乡光坪村泥石流。10 月 9 日 22 时 15 分，受强降雨影响，德宏傣族景颇族自治州梁河县河西乡光坪村发生泥石流，冲毁房屋、农田和公路等设施，直接经济损失 1003 万元。②

---

① 云南减灾年鉴编委会：《云南减灾年鉴：2014—2015》，昆明：云南科技出版社，2016 年，第 123—124 页。
② 云南减灾年鉴编委会：《云南减灾年鉴：2014—2015》，昆明：云南科技出版社，2016 年，第 124 页。

参 考 文 献

董学荣、吴瑛：《滇池沧桑——千年环境史的视野》，北京：知识产权出版社，
　　2013 年。

吕忠梅：《环境资源法》，北京：中国政法大学出版社，1999 年。

施诺、苏日娜：《媒体报道、声誉共同体受损成本与企业环境信息披露——基于紫金
　　矿业环境污染事件的案例分析》，《经济研究导刊》2018 年第 15 期。

王彬辉：《与自然和谐相处——中国环境法治 60 年检视》，杭州：浙江工商大学出版
　　社，2009 年。

熊华斌等：《云南少数民族的生态智慧与环境保护案例汇编》，北京：科学出版社，
　　2018 年。

云南减灾年鉴编委会：《云南减灾年鉴：2014—2015》，昆明：云南科技出版社，
　　2016 年。

云南年鉴编辑委员会：《云南年鉴》，昆明：云南年鉴社，2013 年。

云南省环境保护委员会编：《云南省志·卷六十七·环境保护志》，昆明：云南科技
　　出版社，1998 年。

云南卫生年鉴编委会：《云南卫生年鉴：2013》，昆明：云南人民出版社，2014 年。

赵光洲等：《云南洱海湖区资源保护与利用：可持续发展能力》，北京：科学出版
　　社，2018 年。

周国强、张青：《环境保护与可持续发展概论》，北京：中国环境出版社，2017 年。

周琼、杜香玉：《云南省生态文明排头兵建设事件编年（第二辑）》，北京：科学出
　　版社，2017 年。

后　记

　　《云南环境史志资料汇编（2011—2017 年）》的收集整理工作历时两年完成。本书尽可能地汇集了十几年来发生在云南省的重要环境事件，但是面对知识爆炸的信息化时代，相信还有诸多事件尚未被收录进来，这是今后需要进一步做的事情。在收集资料的过程中，最大的感受就是对云南省有了更为直观的了解。云南省向来是人们心中的旅游胜地，这里山清水秀、空气清新、植被茂密，但是在快速的工业化、城镇化过程中，云南省一些地方的自然环境遭到了严重破坏，使得政府的治理工作愈加困难。同时，云南省同全国其他省份一样，遇到了如何恰当处理经济发展与环境保护相协调的难题，在急剧变化的时代变革中，云南省选择了生态优先的发展理念，发展绿色经济。因此，云南省的环境治理工作走在全国前列，取得令人瞩目的成绩，依然保持着青山绿水、空气清新的良好形象，这是值得赞扬的地方。

　　目前，我们国家的环境保护工作还有诸多不尽如人意的地方，但是我们仍对中国未来的环境保护事业抱以期待，因为环境的改善正是许许多多的人、星星点点的智慧和行动汇成的长河。尽管我们的力量很弱小，但通过自己的努力或许可以为它添砖加瓦，才是最让我们心中释怀的。敬畏自然，与自然和谐相处，就是我们每一个人都在身体力行地实践着的"小善"。

周　琼

2019 年 10 月 22 日